Hoenow/Meißner/Hernschier

Entwerfen und Gestalten im Maschinenbau

Gerhard Hoenow/Thomas Meißner/Stephan Hernschier

Entwerfen und Gestalten im Maschinenbau

Bauteile – Baugruppen – Maschinen

5., aktualisierte und erweiterte Auflage

HANSER

Die Autoren:

Prof. Dr. sc. techn. Gerhard Hoenow

Prof. Dr.-Ing. Thomas Meißner

Stephan Hernschier (M. Eng.)

Bibliografische Information der Deutschen Nationalbibliothek:
Die Deutsche Nationalbibliothek verzeichnet diese Publikation in der Deutschen Nationalbibliografie; detaillierte bibliografische Daten sind im Internet über http://dnb.d-nb.de abrufbar.

Kolbergerstraße 22 | 81679 München | info@hanser.de
Internet: www.hanser-fachbuch.de

Lektorat: Frank Katzenmayer
Herstellung: Frauke Schafft
Covergestaltung: Max Kostopoulos
Coverkonzept: Marc Müller-Bremer, www.rebranding.de, München
Titelbild: © stock.adobe.com/vizafoto
Satz: Eberl & Kœsel Studio GmbH, Altusried-Krugzell
Druck und Bindung: Elanders Waiblingen GmbH, Waiblingen
Printed in Germany

Print-ISBN 978-3-446-47417-8
E-Book-ISBN 978-3-446-47432-1

Vorwort

Dieses Buch entstand aus dem wesentlichen Inhalt der langjährigen Lehrveranstaltung **Gestaltungslehre** für Maschinenbaustudenten der TU Dresden. An der seit 1991 bestehenden Fachhochschule Lausitz in Senftenberg – Land Brandenburg – wurde diese Gestaltungslehre mit der Berufung von Herrn Prof. Dr. *Meißner* seit 1994 in wesentlichen Teilen auch zum Inhalt der Lehre für die Grundlagen der Konstruktion. Hauptanliegen des Buches ist es, insbesondere den künftigen Konstrukteuren des Maschinenbaus und natürlich auch allen anderen Studierenden auf dem Gebiet des Maschinenbaus eine praxisgerechte Gestaltungslehre zu vermitteln und damit eine Lücke zu schließen. Diese Lücke besteht darin, dass der hier behandelte Inhalt in der Maschinenelementeliteratur meist nur fragmentarisch enthalten ist, andererseits in der fertigungstechnischen Literatur vorrangig aus der Blickrichtung des Fertigungstechnikers dargestellt und damit den Bedürfnissen der Konstrukteure weniger angemessen ist. Die beiden Schwerpunkte des Buches stellen erstens das Gestalten unter Berücksichtigung der auf die Maschinenteile wirkenden Kräfte dar (Abschnitt 3) und zweitens das fertigungsgerechte Gestalten von der Teilefertigung (Abschnitt 4) bis zum Fügen und zur Baugruppenmontage (Abschnitt 5). Da es nicht möglich ist, in einem gut handhabbaren Buch die gesamte Palette der fertigungstechnischen Anforderungen zu behandeln, wurde der Bereich der kleineren Fertigungsmengen (Einzel- und Kleinserienfertigung) als Grundlage bevorzugt. Hier sind die Möglichkeiten der additiven Fertigung am Wachsen, das wird in Ergänzungen dargestellt.

Dem Leser wird empfohlen, sich mit dem ersten Durcharbeiten einen Überblick zu verschaffen, um das Buch dann beim Bearbeiten von konstruktiven Übungsaufgaben ständig heranzuziehen. Für den Konstrukteur im Bereich der oben genannten Fertigungsmengen wird es auch ein guter Begleiter in der betrieblichen Konstruktionspraxis sein. Insbesondere wird der Wert des Buches darin gesehen, bei der Herausbildung des beruflichen Erfahrungsschatzes des Konstruktionseinsteigers eine systematische Hilfe zu leisten und das nicht allein den einsatzbedingten Zufällen zu überlassen. Die Verfasser möchten mit dem vorgelegten Buch zum Erfahrungsaustausch anregen und versichern hiermit, dass Hinweise und Vorschläge aufgeschlossen entgegengenommen werden.

Das Buch wäre nicht entstanden ohne die intensiven Hinweise des Herrn Dr.-Ing. *Bernd Platz*– über viele Jahre Oberassistent des Verfassers Hoenow – und seine Bemerkungen über die weiter oben erwähnte Lücke in der Literatur für den Maschinenbaukonstrukteur. Dafür gebührt unserem Freund *Bernd Platz* besonderer Dank. Weiterhin haben mitgewirkt: Frau Dipl.-Ing. *Ina Meißner* beim Umsetzen umfangreicher handschriftlicher Aufzeichnungen, Frau *Mandy Ehrlich* beim Aufbereiten vieler Bilder, Herr *Christian Schreiber* beim Erstellen zeichnerischer Darstellungen und das STUDIO WIR DRESDEN unter besonderer Mitwirkung des Herrn Diplomfotografiker *Andreas Meschke* bei der Anfertigung fotografischer Abbildungen. Allen genannten Mitarbeitern sei hiermit herzlich gedankt. Nicht unerwähnt bleiben darf die freundschaftliche Unterstützung des Herrn Dr.-Ing. *Harry Thonig* der Firma Trumpf Sachsen GmbH. Ebenfalls sei Frau *Ute Eckardt* und *Katrin Wulst* vom Fachbuchverlag Leipzig im Carl Hanser Verlag für die gute Zusammenarbeit gedankt.

Gerhard Hoenow

Thomas Meißner

Inhalt

Vorwort **5**

1 Einführung **11**

1.1 Was ist Gestalten, was ist Entwerfen? 11

1.2 Welche Voraussetzungen sollte der Leser mitbringen und was wird nicht behandelt? 13

1.3 Gestaltungseinflüsse und Gestaltungsschwerpunkte 15

1.4 Wo findet man Anregungen für gute Konstruktionen? 16

1.5 Analyse einfacher Konstruktionen 19

1.6 Konstruktionsanalyse - Lösungen 24

2 Nicht gestalten, sondern kaufen **30**

3 Kraftgerechtes Gestalten - ein zentrales Anliegen **32**

3.1 Die Grundregeln des kraftgerechten Gestaltens steifer Maschinenteile . . . 34

3.2 Kraftgerechte Gussstückgestaltung 45

3.2.1 Lagerbockgestaltung, Einführung 46

3.2.2 Geteilte Getriebegehäuse und das Flanschproblem 55

3.2.3 Gestaltungsbeispiele weiterer kraftbeanspruchter Gussstücke 59

3.2.4 Gestaltungsregeln für kraftgerechte Gussstückgestaltung 60

3.3 Kraftgerechte Schweißkonstruktionen 61

3.4 Kraftgerechte Blechteilgestaltung 64

3.5 Flächenpressung, Punkt- und Linienberührung 71

3.6 Zur Gestaltung elastischer Bauteile 74

3.7 Beispiele und Aufgaben 76

3.8 Kraftgerechtes Gestalten - Lösungen 83

4 Fertigungsgerechtes Gestalten der Einzelteile 87

4.1 Einführung 87
4.1.1 Fertigungsgerechte Gestalt, Fertigungsmenge und Baugröße 89
4.1.2 Fertigungsgerechtes Gestalten und Kostendenken 90
4.1.3 Wahl des Werkstoffs, des Grundfertigungsverfahrens und des Halbzeugs 93
4.1.4 Die klassischen und die neuen Konstruktionswerkstoffe 94
4.1.5 Genauigkeiten der Fertigung im Maschinenbau 99

4.2 Fertigungsgerechtes Gestalten für die Einzelfertigung 101

4.3 Gestalten von Gussstücken (urformgerechtes Gestalten) 107
4.3.1 Die Berücksichtigung der Formherstellung bei der Gussstückgestaltung 112
4.3.2 Sicherung der Gussstückqualität durch den Konstrukteur 124
4.3.3 Berücksichtigung des Putzens und Entgratens 128
4.3.4 Gussstückfeingestaltung – Berücksichtigung der Rohgusstoleranzen 129
4.3.5 Zur fertigungsgerechten Durchbildung eines Gussstückes 133

4.4 Gestalten von Bauteilen für additive Fertigung 134

4.5 Gestalten von Strangteilen 137

4.6 Gestaltung geschweißter Maschinenteile 142
4.6.1 Einführung 142
4.6.2 Die Nahtarten und ihre wesentlichen Eigenschaften 148
4.6.3 Zum Gestalten der Schweißteile 155
4.6.4 Gestaltung bei dynamischer und statischer Beanspruchung 160
4.6.5 Beispiele, Aufgaben und Lösungen 163

4.7 Blechteilgestaltung 166
4.7.1 Ziele, Grenzen und Anwendung der Blechteilgestaltung 166
4.7.2 Gestalten von Blechflachteilen 172
4.7.3 Gestalten von Blechbiege- und Blechfaltteilen 177
4.7.4 Blechhohlkörper und Blechformteile 181
4.7.5 Gestalten von Blechverbindungen 182

4.8 Schmiedestücke 186

4.9 Gestalten für die spanende Bearbeitung 186
4.9.1 Allgemeines 186
4.9.2 Zum Spannen auf Werkzeugmaschinen 192
4.9.3 Gestalten für Bohren, Senken, Reiben, Gewinden 194
4.9.4 Gestalten für Drehbearbeitung 195
4.9.5 Gestalten von Bauteilen mit ebenen Arbeitsflächen 199

4.9.6 Gestalten für die Bearbeitung auf Bohr- und Fräszentren 202
4.9.7 Gestaltung von Profilbohrungen 204

4.10 Feingestaltung - die Berücksichtigung der Fertigungstoleranzen 205
4.10.1 Überbestimmungen 206
4.10.2 Tolerieren mit Abmaßen und mit ISO-Toleranzen 207
4.10.3 Kompensieren von Summentoleranzen 216
4.10.4 Oberflächenangaben 221
4.10.5 Form- und Lagetoleranzen 222

4.11 Fertigungsgerechtes Gestalten - Lösungen 230

5 Fügen und Montieren 235

5.1 Welle-Nabe-Verbindungen und Axialsicherungen 235

5.2 Die montagegerechte Baugruppe 250

5.3 Justieren 255

5.4 Fügen und Montieren - Lösungen 260

6 Zur Darstellung 261

7 Zusammenfassende Bemerkungen und Ausblick 265

Literatur- und Bildquellen/Weiterführende Literatur 270

Sachwortverzeichnis 272

1 Einführung

Das vorliegende Buch richtet sich an die Studierenden im Maschinenbau allgemein und an die Studierenden konstruktiver Fachrichtungen ganz speziell. Es will ein **unverzichtbares Teilgebiet** des Grundwissens der allgemeinen Maschinenbaukonstruktion vermitteln, das in der Maschinenelementeliteratur häufig auf wenigen Seiten abgehandelt wird. Der Buchinhalt ist ausgerichtet auf das Konstruieren für kleine Fertigungsmengen (Einzel- und Kleinserienfertigung), bei dem man meist mit den grundlegenden Möglichkeiten aus dem umfassenden Gebiet der Fertigungstechnik auskommen muss. Es darf als Grundkurs für die allgemeine Maschinenbaukonstruktion angesehen werden. Dem künftigen Sondermaschinenkonstrukteur wird hiermit auch ein Buch in die Hand gegeben, welches ihn in der Betriebspraxis begleiten kann, denn die Konstruktionsaufgaben der Studienzeit sind wohl an allen Bildungseinrichtungen nicht ausreichend, um einen **gefestigten Erfahrungsschatz** herauszubilden. So wird man kaum selbst die für die kleinen Fertigungsmengen noch recht große Breite der Gestaltung von Gussstücken, Schweißkonstruktionen, Blechteilen und dem Spanen aus dem Vollen gefestigt und abrufbereit im Kopf haben.

Dafür wird dieses Buch über eine gewisse Anlaufzeit Hilfe und Rat geben können. Dem späteren Konstrukteur für Großserienerzeugnisse (Automobilbau, Küchen- und Haushaltgeräte, elektrische Handwerkzeuge und dergl.), dem die volle Palette der Fertigungstechnik zur Verfügung steht, wird der Umstieg ohne nennenswerte Schwierigkeiten möglich sein, wenn er mit dem hier Dargelegten gut umgehen kann.

1.1 Was ist Gestalten, was ist Entwerfen?

Konstruieren im Maschinenbau ist ein äußerst komplexer Vorgang. Intensive Bemühungen um die Aufklärung dieses Vorganges führten zur Empfehlung einer **systematischen Vorgehensweise**, die in der entsprechenden Literatur sowie in der Lehre an vielen Technischen Bildungseinrichtungen Eingang gefunden hat. Dieses systematische Vorgehen bildet für den Einsteiger und durchaus auch für den Praktiker einen brauchbaren Leitfaden, an dem sich von der **Aufgabenstellung** bis zur Lösung „entlanghangeln“ lässt. Sehr viel Wert wird dabei nach dem **Präzisieren der Aufgabe** auf die **Ausarbeitung von Lösungsprinzipien** und die Auswahl eines optimalen Lösungsansatzes - denn mehr ist ein Lösungsprinzip nicht - gelegt.

Ein derartiges Lösungsprinzip bringt jedoch keine Maschine zum Arbeiten. ■

Hierzu ist gestalteter Werkstoff nötig, d. h. für jedes Bauelement oder Bauteil sind in folgenden Schritten **Grundwerkstoff** und **Grundfertigungsverfahren** festzulegen. Beides ist untrennbar verknüpft und Voraussetzung für das eigentliche Gestalten der Maschinenteile. Das geschieht in der Regel nicht für ein Maschinenteil allein, sondern eingebunden in ein komplexes Gebilde, eine Funktionsgruppe bzw. eine Baugruppe einer Maschine. Diese Phase des Konstruktionsprozesses ist bisher am wenigsten geklärt. Der erfahrene Konstrukteur arbeitet auf Grundlage eines breiten Erfahrungsschatzes intuitiv, eventuell gemischt mit systematischen Arbeitsschritten. Er ist in der Lage, gleichzeitig alle wesentlichen Anforderungen zu berücksichtigen, in schneller Folge durchzuchecken und sich damit dem Optimum schnell zu nähern. Eine iterative Arbeitsweise ist nicht bzw. kaum erkennbar, es läuft eine Polyoptimierung im Kopf ab. Der Einsteiger ohne Erfahrung ist überfordert und flüchtet sich gern in Berechnungen. Jede Berechnung oder Dimensionierungsmethode setzt jedoch mindestens einen Gestaltansatz und eine Werkstoffannahme voraus. Auf welchem Weg kann sich aber nun der Einsteiger einen Erfahrungsschatz in möglichst kurzer Zeit erarbeiten? Einen brauchbaren Weg glauben die Verfasser in der gründlichen Analyse bestehender Konstruktionen anbieten zu können, die ständig mit der Frage nach dem **Warum** verknüpft sein muss.

Warum sind die Einzelteile so gestaltet? Warum befindet sich hier ein Radius und dort eine scharfe Kante? Warum ist die Fase nicht mit 45° sondern mit 15° abgeschrägt?

Dabei muss mit einfachen Objekten begonnen und schrittweise zu schwierigen hingearbeitet werden. In gleicher Weise sollten sich die Gestaltungsaufgaben vom überschaubaren Maschinenteil zur komplexen Baugruppe steigern, wobei zunächst Werkstoff und Hauptfertigungsverfahren vorgegeben sein sollten:

Konstruiere einen Gusshebel für ... Konstruiere eine Abstützung aus Stahlblech für... usw.

Die späteren Aufgaben sollten diese Einschränkung vermeiden, aber immer eine Aussage zur Fertigungsmenge enthalten, denn die zu fertigende Stückzahl (z. B. einmalig 1 Stück oder 10 Stück, halbjährlich 50 Stück) muss den entscheidenden Beitrag zur Wahl des Werkstoffs und der Fertigungsverfahren leisten.

Im Mittelpunkt des Entwerfens und Gestaltens steht: **Funktionsgerecht Gestalten**, aber **unter ständiger Berücksichtigung der Herstellbarkeit** (fertigungsgerechtes Gestalten). Diese beiden Anforderungen bestehen immer, wogegen viele weitere Einflüsse (z. B. ergonomisches Gestalten von Bedienelementen, Berücksichtigung von Korrosion, Design, Recycling u. v. a. m.) je nach Verwendungszweck eine Rolle spielen können, aber nicht müssen und daher hier nicht behandelt werden.

Wenn im Entwicklungsablauf das Funktionsprinzip geklärt ist, beginnt eine Entwurfsphase, die mit Entwurfsberechnungen gemischt sein kann. Welche Entwurfsberechnungen notwendig sind, muss der Entwerfende für seine Aufgabe selbst entscheiden. Die Vielfalt des Aufgabenspektrums verhindert, hier zweckentsprechende Angebote vorzulegen. Das **Entwerfen** wird als Ermittlung der **ungefähren Konturen** der Einzelteile einer Baugruppe betrachtet, die durch das **Gestalten** schrittweise zur **Grobgeometrie** überführt werden. Darunter sollen die sichtbaren geometrischen Eigenschaften – die geometrische

Gestalt - verstanden werden. Die Gestaltungsarbeit endet mit dem Festlegen der **Feingeometrie**. Darunter sind zu verstehen Angaben zur:

- Maßgenauigkeit (Maße und Maßtoleranzen)
- Formgenauigkeit (z. B. Ebenheit, Zylinderform)
- Lagegenauigkeit (z. B. Parallelität, Rechtwinkligkeit)
- Oberflächenrauigkeit

Zur fertigen Einzelteilzeichnung gehören dann selbstverständlich noch exakte Werkstoffangaben und eventuell Angaben zur Wärmebehandlung. Die Arbeit ist aber erst nach Einordnung jedes Bauteils und jeder Baugruppe in ein betriebsgebundenes Zeichnungs-Nummernsystem oder ein anderes Ordnungssystem beendet. Dieser notwendige Arbeitsschritt wird hier nicht behandelt und bleibt der Betriebspraxis vorbehalten.

Es muss aber darauf verwiesen werden, dass der Weg vom ersten Entwurf zur Einzelteilzeichnung kein linearer Ablauf ist. Keine erste Entwurfszeichnung ist ohne Mängel und man muss sich schrittweise auf umständlichen iterativen Wegen dem Ziel - der angestrebten Optimallösung - nähern. Ohne den Willen zur mehrmaligen Überarbeitung ist noch keine gute Konstruktion entstanden.

1.2 Welche Voraussetzungen sollte der Leser mitbringen und was wird nicht behandelt?

Ein Arbeiten in der Maschinenbaukonstruktion ist ohne Kenntnisse des **Technischen Zeichnens** nicht denkbar. Möglichst gute Grundkenntnisse dieses Fachgebietes einschließlich der Angabe von Toleranzen aller Art (Maß, Form, Lage und Oberfläche) werden vorausgesetzt. Einsteigerfehler sollten überwunden sein, wie z. B. Schraffuren bei Schnitten durch Rippen oder Wellen, Bruchlinien als Körperkanten und dergleichen.

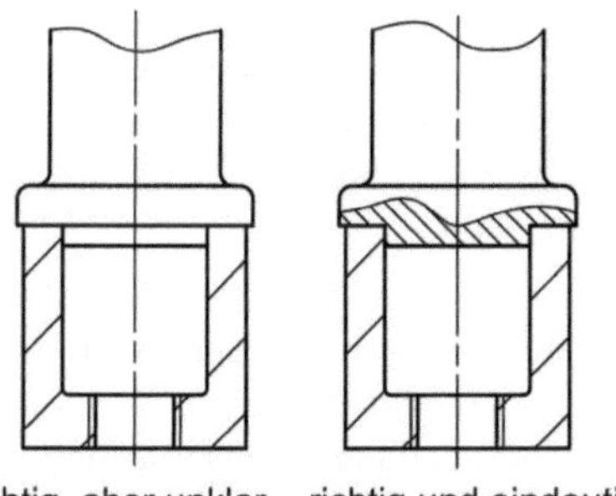

Bild 1.1 Ungünstige und eindeutige Bruchdarstellung

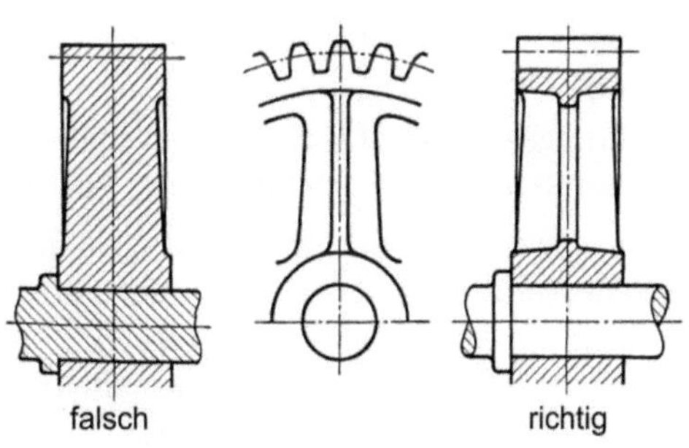

Bild 1.2 Falsche und richtige Schnittführung an Zahnrad und Welle [43]

Eigene Gestaltungsarbeit wird die Kenntnisse des technischen Zeichnens ständig erweitern und vertiefen. Die konstruktionsanalytischen Aufgaben des *Abschnitts 1.5* können als Test für die Überprüfung des eigenen Kenntnisstandes im Technischen Zeichnen benutzt werden. Durch übliche zeichnerische Vereinfachungen *(Bild 1.3)* sollte man sich dabei nicht täuschen lassen. Dem Technischen Zeichnen hinzugerechnet werden auch Kenntnisse über die **Normteile** des Maschinenbaus. Das sind Schrauben und Muttern, Gewindestifte, Stifte (z. B. Zylinder-, Kegel-, Kerb-, Spannstifte usw.), Passfedern, Keile u. v. a. m.

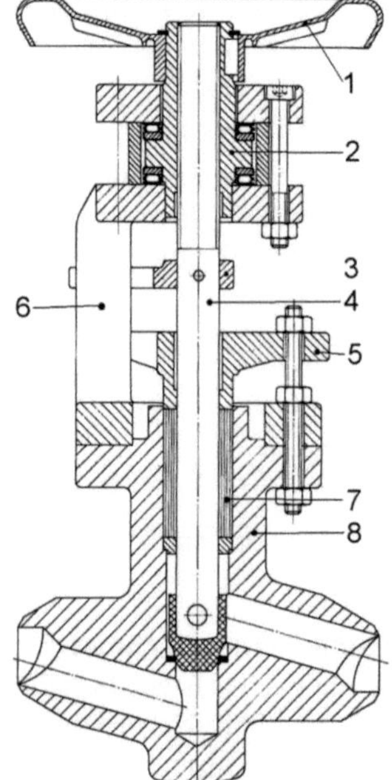

Bild 1.3 Hochdruckventil [12]
1 Handrad
2 Spindelmutter
3 Verdrehsicherung für Spindel
4 Spindel
5 Stopfbuchsbrille
6 Träger für Spindelmutter
7 Stopfbuchse
8 Gehäuse
Die gewählte Darstellung lässt die Funktionssicherheit des Ventils bezweifeln.

Aufgabe 1.1 Stelle fest, welche Art der zeichnerischen Vereinfachung hier gewählt wurde.

Ein weiteres Gebiet, über welches der Leser informiert sein möchte, sind die **Maschinenelemente**. Dieses Gebiet kann während der Beschäftigung mit ersten Entwurfs- und Gestaltungsarbeiten ständig ergänzt und erweitert werden. **Ein Standardwerk über Maschinenelemente muss ständig zur Verfügung stehen.**

Einen sehr umfangreichen Komplex stellen Kenntnisse über die maschinenbauliche **Fertigungstechnik** dar. Sie sind keinesfalls allein aus der Literatur und dem Lehrbetrieb der Hochschulen ausreichend zu erwerben. Betriebspraktika in möglichst vielen Fertigungsbereichen sind unverzichtbar. Dazu gehören neben den Hauptgebieten der Fertigung wie die spanende Fertigung (z. B. Bohren, Drehen, Fräsen) und die Montage auch Gießerei, Blechschneiden und -umformen und Schweißbetrieb. Aus der spanenden Fertigung werden die Kenntnisse über die **Werkzeuge** mit ihren Einsatzgebieten sowie über **Spannmittel** und **Vorrichtungen** benötigt.

Für die **Werkstoffe** des Maschinenbaus wird hier nur eine Übersicht über die wesentlichen Werkstoffgruppen zur Unterstützung der Auswahl eines Grundwerkstoffs vorgestellt. Alle weiteren Kenntnisse zur exakten Bestimmung konkreter und lieferbarer Werkstoffe für jedes Maschinenteil müssen ebenfalls vorausgesetzt bzw. erworben werden; hier sei auf den Gebrauch entsprechender Tabellenwerke oder betrieblicher Auswahllisten verwiesen.

Das gesamte Gebiet der **Berechnungsverfahren** (Berechnung der Maschinenelemente, Technische Mechanik, Dynamik, Betriebsfestigkeit usw.) wird hier weder behandelt noch die Einbindung in den Konstruktionsprozess als Entwurfs- oder Nachrechnung angegeben. Was zu welchem Zeitpunkt durch Berechnungen zu belegen ist, muss der Konstrukteur selbst entscheiden, sofern er seinem gestalterischem Gefühl oder dem seiner Vorbilder nicht vertrauen will oder bei Leistungssteigerungen einer Maschine nicht vertrauen darf.

Von Bedeutung zum Verständnis des vorliegenden Buches sind Begriffe aus der Technischen Mechanik wie die Beanspruchungen durch Zug, Druck, Biegung, Torsion usw., die dadurch hervorgerufenen Spannungen (z.B. Zugspannung usw., auch Schubspannung) sowie Kenntnisse über den Verlauf von Biegemomenten in Kragträgern und anderen Fällen der Biegebeanspruchung.

Bezüglich der Verwendung und Erläuterung von Begriffen im vorliegenden Buch war es nicht in jedem Fall möglich, beim erstmaligen Auftauchen des Begriffes diesen auch zu erläutern. Dem Leser wird empfohlen weiter zu lesen, denn eine Erläuterung folgt später, er kann aber auch mit dem Stichwortverzeichnis am Ende des Buches arbeiten.

1.3 Gestaltungseinflüsse und Gestaltungsschwerpunkte

Zu den Einflüssen, die der Konstrukteur zu berücksichtigen hat, gibt es z.T. sehr umfassende Auflistungen. Sie lauten z.B.: Konstruiere funktionsgerecht, kraftflussgerecht, beanspruchungsgerecht, werkstoffgerecht, normgerecht, fertigungsgerecht, bedienungsgerecht, umweltgerecht usw. Es werden bis zu 25 „Gerechtheiten“ aufgezählt und mehr oder weniger knapp erläutert. Wie kann der Einsteiger in das Entwerfen und Konstruieren von Maschinen damit arbeiten?

Das vorliegende Buch soll dem Einstieg in den **allgemeinen Maschinenbau** dienen. Branchentypisches z.B. für Werkzeugmaschinen, Fahrzeuge, Verfahrenstechnik bleibt unberücksichtigt. Es wird versucht, fachrichtungsunabhängige Grundlagen des Entwerfens und Gestaltens zu vermitteln. Wie bereits im *Abschnitt 1.1* erwähnt, stehen

Funktion und Herstellung immer im Mittelpunkt

konstruktiv-gestalterischer Arbeiten. Die Funktionsgerechtheit im Maschinenbau hat mit der Beherrschung von Kräften durch die vorrangig aus Eisenwerkstoffen herzustellenden Maschinenteile zu tun und ausschließlich um solche geht es in diesem Buch. Dazu gehören Hebel, Grundplatten, Gehäuse und andere Teile mit Stütz- oder Haltefunktion. Die elektrischen Antriebe einschließlich ihrer Steuerung, die heute fast ausschließlich auf elektronischem Wege arbeitet, bleiben unerwähnt. Durch die Beherrschung wirkender Kräfte *(Abschnitt 3)* werden die Einflüsse „kraftflussgerecht, beanspruchungsgerecht und werkstoffgerecht“ mit erfasst. Das herstell- oder fertigungsgerechte Gestalten beginnt mit der Verwendung von Normteilen und Zulieferkomponenten *(Abschnitt 2)* und endet mit dem montagegerechten Gestalten *(Abschnitt 5)*.

Die Berücksichtigung des Transportes spielt vorrangig für große Objekte eine Rolle und wird an passender Stelle erwähnt.

Die vielen Teilgebiete des nutzungsgerechten Gestaltens sind sehr stark branchenbezogen und bleiben hier unberücksichtigt. Hierzu gehören z. B.:

- Aussehen/Formschönheit/Maschinendesign
- sicherheitsgerechtes Gestalten
- bediengerechtes/ergonomisches Gestalten
- wartungsarmes, instandhaltungsgerechtes und reinigungsgerechtes Gestalten
- angemessene Lebensdauer
- der Nutzung angemessen (denke von Bergbau bis Feinmechanik)
- Umweltfreundlichkeit und Recyclinggerechtheit

Mit den im Buch behandelten Schwerpunkten wird die Einarbeitung in jeden Maschinenbauzweig möglich sein. Kaum ein Betrieb kann erwarten, einen speziell ausgebildeten Konstrukteur seines Gebietes von einer Ausbildungseinrichtung zu erhalten, aber er kann eine Grundarbeitsweise erwarten, sodass der junge Konstrukteur nach einer Einarbeitungszeit voll im betriebstypischen Aufgabenfeld arbeiten kann.

1.4 Wo findet man Anregungen für gute Konstruktionen?

Anregungen sind häufig zu finden, man muss nur hinschauen und Fragen stellen. Sie könnten lauten:

- Wie funktioniert das?
- Warum ist es so ausgeführt, wie es vorliegt?

Einige Beispiele sollen das verdeutlichen. *Bild 1.4* zeigt eine Baugruppe, die zu einem selbst zu montierenden Hängeschrank gehört. Hat man das Original vorliegen, ist die Funktion dieser recht geschickt ausgeführten Baugruppe leicht durchschaubar.

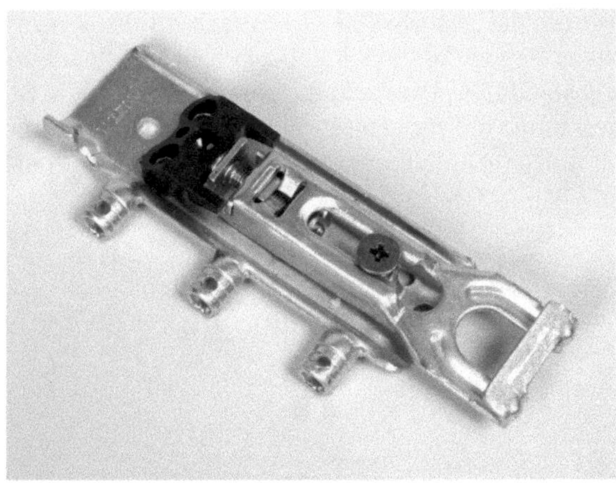

Bild 1.4 Blech-Kunststoff-Baugruppe für Hängeschrankbefestigung [45]
Die komplizierte Gestaltung der Einzelteile weist auf Großserienfertigung hin. Zum senkrechten Ausrichten des Hängeschrankes ist eine Justiermöglichkeit integriert.

Das ist nicht in jedem Fall so. Zum Beispiel sind die Scharniere für Dreh- und Kippbewegungen moderner Fenster mit Justiereinrichtungen versehen, die nach dem Einbau ein seitliches Verschieben der Fenster ermöglichen, sodass der bewegliche Fensterflügel richtig in den Rahmen hineinpasst und gut dichtet. Diese Funktion offenbart sich bei einer Betrachtung des fertigen Beschlages nicht ohne weiteres. Der Leser möge das selbst überprüfen. Am Hängeschrankbeschlag sollte der Betrachter noch den Sinn der drei aus Blech geformten Zapfen ermitteln. Sie dienen zur Befestigung am Schrank durch Einstecken in einfach herzustellende Bohrungen. Der Blechgrundkörper erfordert recht komplizierte Umformvorgänge, die in dieser Gestalt nur bei großen Stückzahlen kostengünstig herstellbar sind. *Bild 1.5* zeigt einen aus Kunststoff gefertigten Vorratsbehälter für Süßstoff in Tablettenform. Das geriffelte Teil enthält Führungsnasen, die in entsprechenden Schlitzen des Behälters gleiten und eine Axialbewegung zulassen. Am gleichen Teil befinden sich weiterhin ein trichterförmig erweiterter Führungskanal zur Vereinzelung der Tabletten und die deutlich erkennbare schräge Nase, die hier als Rückholfeder wirkt. Es darf als sicher angenommen werden, dass für diese geschickt ausgeführte Konstruktion mehrere iterative Entwurfsschritte notwendig waren.

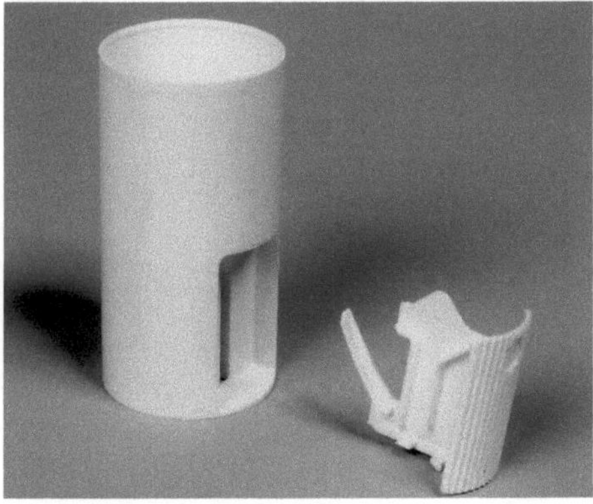

Bild 1.5 Vorratsbehälter mit Vereinzelungsvorrichtung [45]

Geradezu einfach durchschaubar ist dagegen das geschweißte Gestell der Parkbank nach *Bild 1.6*, wie die hinzugefügte Zeichnung erkennen lässt. Es lohnt sich aber trotzdem einmal richtig hinzuschauen, aus welchen Bestandteilen das Gestell zusammengeschweißt ist und welche Halbzeuge und Fertigungsvorgänge hierfür erforderlich waren. Das recht ansprechende Erscheinungsbild der Bank dürfte ebenfalls nicht in einem einzigen geradlinigen Entwurfsablauf entstanden sein.

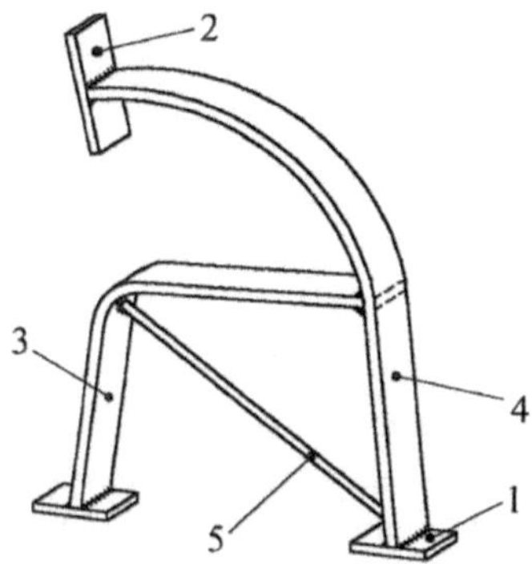

Bild 1.6 Parkbank
Schweißteile: 1 Fußplatten (Flachstahl), 2 Riegel für Rückenlehne (Flachstahl), 3 Hinterer Fuß (Flachstahl gebogen), 4 Vorderer Fuß (Flachstahl gebogen), 5 Zugstrebe (Rundstahl)

Schweißkonstruktionen können an vielen Orten unserer gebauten Umwelt betrachtet werden. Der Fuß des Fahrdrahtmastes ist ein derartiges Beispiel *(Bild 1.7)*. Der Mastkörper ist als geschweißter Hohlkörperausgebildet. Unklar bleibt dem Betrachter der unten angebrachte Mastfuß mit Doppelflansch. Ein funktioneller Grund könnte darin bestehen, dass der untere helle Flansch in einer noch nicht aufgebrachten Deckschicht „verschwindet“ und der Mast einfach demontierbar bleiben soll. Oder hat ein Maßfehler vorgelegen, der einen Höhenausgleich erforderlich machte? Eine andere Schweißkonstruktion zeigt *Bild 1.8*. Die Stangenköpfe für die Verbindung der blechverkleideten Tragseile weisen eine interessante Gestalt auf. Die Hauptbeanspruchung läuft über schubbeanspruchte Nähte. Das Hauptteil des Kopfes besteht aus einem gebogenen Grobblech. Es muss hier aber festgestellt werden, dass sich die Gründe für die aufgefundene Gestaltung dem fremden Betrachter nicht unbedingt offenbaren.

Bild 1.7 Fahrdrahtmast für Straßenbahn (Mastfuß)

Bild 1.8 Seilhängebrücke (Detail)

Diese kleinen und großen Beispiele aus der alltäglichen Umgebung sollen genügen, das Interesse des Lesers zu wecken. Weitere sind fast überall zu finden, nicht alle sind durchschaubar.

Zu bedauern ist, dass praktisch keine Quelle bekannt ist, in der Konstruktionsfehler besprochen werden. Jeder erfahrene Konstrukteur weiß, wie intensiv selbst verursachte Fehler den eigenen Erfahrungsschatz bereichern und immer gegenwärtig sind. Aber wer wagt es, seine Konstruktionsfehler als Lehrstoff zu verwenden? Im vorliegenden Buch werden mehrfach ausgeführte Beispiele mit gestalterischen Mängeln vorgestellt und zweckmäßigere Lösungen benannt und begründet (siehe z. B. das Flanschproblem, geschweißte Nietkonstruktionen, eine Grundplatte, die auf den Begriff Platte verzichtet und trotzdem ihre Funktion erfüllt). Die Analyse von Konstruktionen mit echten, jedoch z. T. sehr versteckten Fehlern würde den Rahmen dieses Buches jedoch sprengen; deshalb wird hier darauf verzichtet.

■ 1.5 Analyse einfacher Konstruktionen

Die Modifizierung bestehender Maschinenbaugruppen ist bei sehr vielen Konstruktionsarbeiten vorherrschend (Anpassungskonstruktion). Daher gehört die Beurteilung von Maschinenbauzeichnungen zu den ständigen Arbeiten des Konstrukteurs. Der Einsteiger ist gut beraten, sich schrittweise in das Lesen, Erkennen und Beurteilen technischer Zeichnungen hineinzuarbeiten, den Blick für das Erkennen von Fehlern und Mängeln zu schärfen und damit den „Respekt" vor komplizierten Zeichnungen abzubauen. Gleichzeitig baut er sich damit im Kopf einen Vorrat an Gestaltungselementen auf, die für das Konstruieren nutzbar sein sollten. Die Analyse von Fremdkonstruktionen darf aber nicht dazu verführen, sie als alleingültiges Leitbild zu benutzen, denn oft sind weder die näheren Umstände ihres Entstehens noch die Fertigungsbedingungen des Herstellers bekannt. Jedes technische Gebilde stellt einen Kompromiss zwischen gewünschter Funktion und „bezahlbarer" Herstellung dar. Welche Bedingungen und Zwänge der betrachteten Lösung zugrunde liegen, kann höchstens erahnt werden. Eine Analyse sollte daher eine Grundlage zum Weiterdenken sein, wobei sich der Einsteiger zunächst um kleinere Schritte bemühen sollte.

Die langjährigen Erfahrungen der Verfasser mit einer eigenständigen Lehrveranstaltung unter dem Titel **Konstruktionskritische Analyse** sind recht positiv. Bemerkenswert sind dabei Diskussionsrunden mit den Studierenden an mängelbehafteten Objekten, denn das Ringen um bessere Lösungen hat echte Gestaltungsprozesse in Gang gesetzt.

Ein besonderes Kapitel sind Einsteigerkonstruktionen, wenn kein „Rückenwind" - keine Beispiellösung - verfügbar ist. Selbstverständlich muss eingeräumt werden, dass es sehr schwierig ist, einen ersten Entwurf zu Papier zu bringen. Nicht umsonst spricht Jung [20] den Studierenden **Mut zur ersten Skizze** zu; dem schließen sich die Verfasser im vollen Umfang an. Die ersten Schritte, eine eigene Konstruktionsidee zu Papier zu bringen, sind schwierig, aber sie müssen ausgeführt werden, denn sie sind Grundlage für weitere Überlegungen und schrittweise Verbesserungen. Es gibt keine einigermaßen optimale Konstruktion, die nach dem ersten Aufzeichnen fertig war. Jede erste Skizze/Zeichnung ist immer nur Grundlage für ein schrittweises Weiterdenken und Weiterentwickeln. Mit den zwei folgenden Bildern werden Detailobjekte von Einsteigerkonstruktionen zur Diskussion gestellt. Bei der Zwischenräderlagerung *(Bild 1.9)* fallen dem geübten Betrachter auf den ersten Blick der große Abstand der Zahnräder von der Lagerung und der geringe Lagerabstand ins Auge. Das führt zur größeren Verformung der Achse und zu großen Lagerkräften.

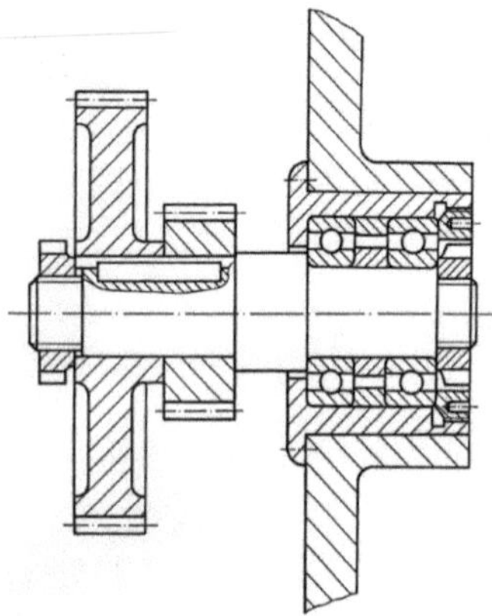

Bild 1.9 Zwischenräderlagerung (Abbildung enthält konstruktive Mängel) Geforderte Funktion: Die Zahnräder sind Umsteckräder (verschiedene Größen), die einfach wechselbar sein sollten.

Aufgabe 1.2 Finden Sie weitere Mängel dieser Konstruktion.

Eine begründete Beurteilung setzt jedoch Angaben zu den herrschenden Kräften bzw. Momenten voraus. Ein weiterer Mangel sollte durch die Bezeichnung **Umsteckräder** deutlich werden. Es fehlt eine Möglichkeit zum Festhalten der Achse für das Lösen und Festziehen der Nutmutter. Ein dritter Mangel ist ebenfalls deutlich erkennbar: Für die Befestigung der Lagerbuchse am Gehäuse sind lediglich die Mittellinien dargestellt, für Schrauben in zweckmäßiger Größe ist der Bauraum zu gering, die Schraubenkopfauflage ist durch die unmotivierte starke Abrundung der Buchse unzureichend. Hierbei handelt es sich um einen Einsteigermangel - anstelle der Befestigungsschrauben nur Mittellinien zu zeichnen. Eine derartige „Bequemlichkeit" kann sich nur der Erfahrene leisten, denn er „sieht" die Schrauben in der richtigen Größe.

Beim Kontrollieren der Lagerung nach *Bild 1.10* ist ein Fehler offensichtlich: Der Kontrollierende prüft, ob die gewünschte Bewegung möglich ist und ob eine ausreichende axiale Fixierung vorhanden ist. Die Schwenkbewegung ist möglich, die axiale Fixierung dagegen ist unzureichend. Damit ist die Prüfung auf Funktion erfolgt und der Prüfvorgang zunächst beendet.

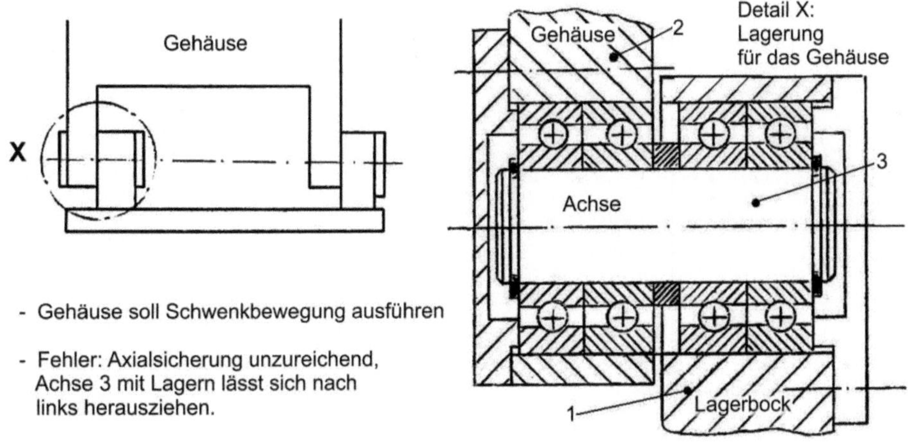

Bild 1.10 Lagerung (Abbildung enthält konstruktive Mängel)

Aufgabe 1.3 Mindestens ein weiterer Fehler ist zu finden.

Bei den folgenden Aufgaben handelt es sich um ausgeführte Konstruktionen mit steigendem Schwierigkeitsgrad. Sie sollten vom Leser schrittweise analysiert werden. Die analytischen Fragestellungen und Beurteilungsgesichtspunkte sind in *Tabelle 1.1* zusammengestellt.

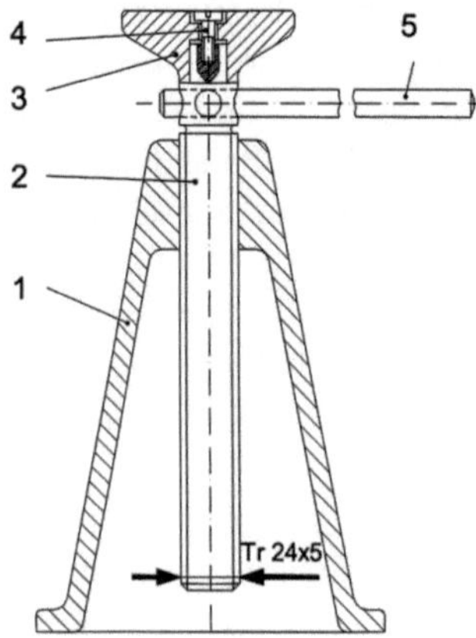

Bild 1.11 Schraubenwinde
Die Funktion dieser Winde, geeignet zur zusätzlichen Abstützung eines aufgebockten Fahrzeuges, ist einfach durchschaubar und bedarf keiner weiteren Erläuterung.

Aufgabe 1.4 Setzen Sie sich insbesondere mit der Gestalt von Teil 1 auseinander und treffen weiterhin Aussagen zu allen weiteren Einzelteilen.

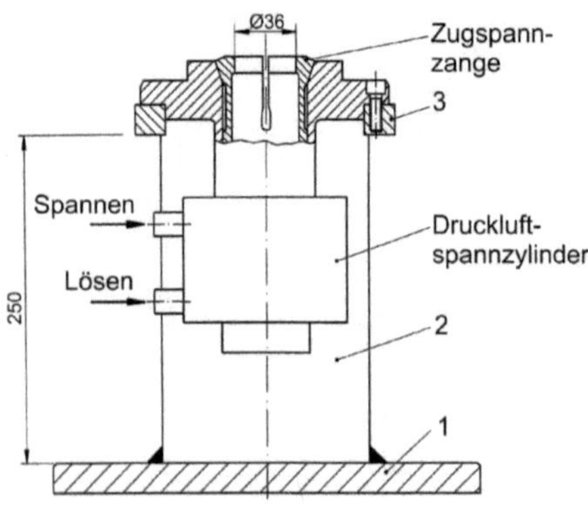

Bild 1.12 Spanneinrichtung
Diese Spanneinrichtung aus dem Vorrichtungsbau dient zum senkrechten Spannen zylindrischer Bauteile mit dem Durchmesser 36 mm, um am herausragenden Ende Fräs- und Bohrvorgänge auszuführen.

Aufgabe 1.5 Entwerfen Sie das geschweißte Grundgestell, das aus den Schweißteilen 1, 2 und 3 besteht.

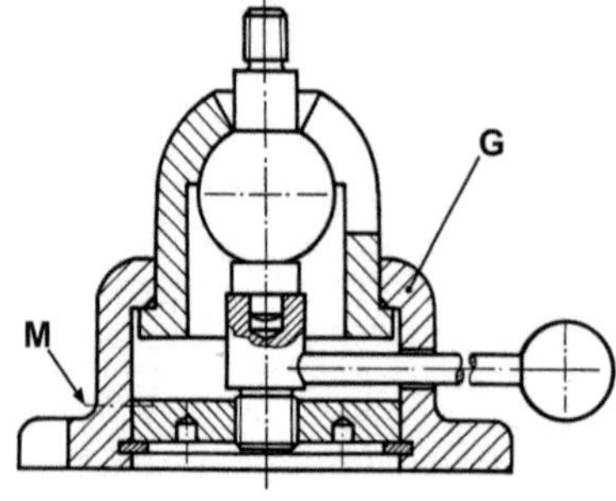

Bild 1.13 Kugelkopf [34]
Der Kugelkopf ist ein Vorrichtungsgrundelement für leichte Bearbeitungsaufgaben. Die eigentliche Spannvorrichtung (hier nicht dargestellt) wird auf den oben herausragenden Gewindezapfen geschraubt. Durch manuelle Betätigung des Kugelgriffs kann der Gewindezapfen um maximal 90° geschwenkt werden und in jeder beliebigen Lage zwischen 0° und 90° festgestellt werden.

Aufgabe 1.6 Ermitteln Sie die Gestalt von *G*. Welchen Sinn hat die Mittellinie *M*?

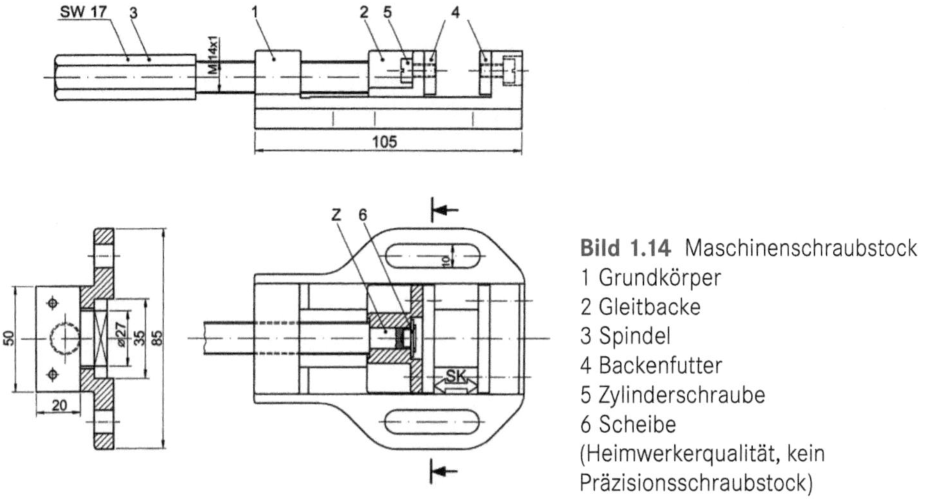

Bild 1.14 Maschinenschraubstock
1 Grundkörper
2 Gleitbacke
3 Spindel
4 Backenfutter
5 Zylinderschraube
6 Scheibe
(Heimwerkerqualität, kein Präzisionsschraubstock)

Aufgabe 1.7 Führen Sie hier die komplette Analyse durch.

Tabelle 1.1 Gesichtspunkte für die analytische Beurteilung einer gegebenen Konstruktion in Gestalt einer Zusammenbauzeichnung. Diese Liste erhebt keinen Anspruch auf Vollständigkeit, sie ist für den Einstieg gedacht.

1. Funktion erkennen und durchdenken Ermittle:	▪ Feststehende Bauteile ▪ Bewegte Bauteile (Rotation, Translation) ▪ Kräfte und Kraftleitung ▪ Verformungen ▪ Funktionsmängel	Hinweis: Die Bearbeitung von 1. und 2. steht in enger Wechselbeziehung und ist getrennt kaum möglich.
2. Gestalt der Einzelteile erkennen Ermittle:	Begrenzung der Einzelteile Skizzen der Einzelteile können hilfreich sein!	
3. Genauigkeiten und Toleranzen durchdenken Hinweise:	▪ Spielsitze (enges und weites Spiel) ▪ Presssitze (geringe und große Übermaße) ▪ Summentoleranzen (wie werden sie beherrscht?) ▪ Überbestimmungen vorhanden?	
4. Herstellung der Einzelteile erkennen Hinweise:	▪ Gussstück spanend bearbeitet ▪ Schweißkonstruktion spanend bearbeitet ▪ Aus dem Vollen gearbeitet ▪ Strangteil ▪ Blechteil ▪ Erkennbare Fertigungsprobleme	
5. Montagefolge ermitteln	Ist Montagevereinfachung möglich?	

Tabelle 1.1 *(Fortsetzung)*

6. Fehler und Mängel zusammenstellen Hinweise:	▪ Zeichnungsfehler ▪ Funktion; ist das Funktionsprinzip zweckmäßig? ▪ Teilefertigung ▪ Montage

1.6 Konstruktionsanalyse – Lösungen

Lösung zu Aufgabe 1.1, Hochdruckventil

Die gewählte Darstellung ist für größere Rohrleitungsventile üblich. Derartige Ventile zeigen in den technischen Zeichnungen zwei Ansichten in einer Darstellung. So hat man sich im vorliegenden Bild das Teil 6 voll symmetrisch zur senkrechten Mittellinie vorzustellen. Gezeichnet ist der Verbindungsarm (unschraffiertes Teil mit Positionsnummer 6) nur im linken Bildteil. In gleicher Art ist die Stopfbuchsbrille 5 zu sehen, hier nur im rechten Bildteil mit Verschraubung dargestellt. Die dargestellten Geometrien von 5 und 6 hat man sich um 90° versetzt zueinander vorzustellen.

Lösung zu Aufgabe 1.2, Zwischenräderlagerung

Zusätzlich zu den bereits vorgestellten Mängeln ist die axiale Festlegung der zwei Kugellager zu kritisieren. Die gewählte Ausführung zielt auf die axiale Verspannung sowohl der Außenringe als auch der Innenringe gegen Distanzbuchsen. Hier kann es zur axialen Verschiebung (Verspannung) von Innen- und Außenring eines Lagers kommen, wodurch unkalkulierte Axialkräfte auftreten können. Die Kugellagerinnenringe drehen sich mit der Achse, bei konstanter Querkraftrichtung tragen sie eine Umfangslast und sollten fest auf der Achse sitzen (Achs-Ø Toleranz k6). Deshalb sollten sie auch axial über eine Distanzbuchse verspannt werden. Hierbei muss die Verspannmöglichkeit dadurch gewährleistet werden, dass der tragende Achsabsatz etwas kürzer als die Summe der Breiten dieser Teile ist; außerdem benötigt man in der Regel einen Gewindeauslauf oder eine Gewinderille.

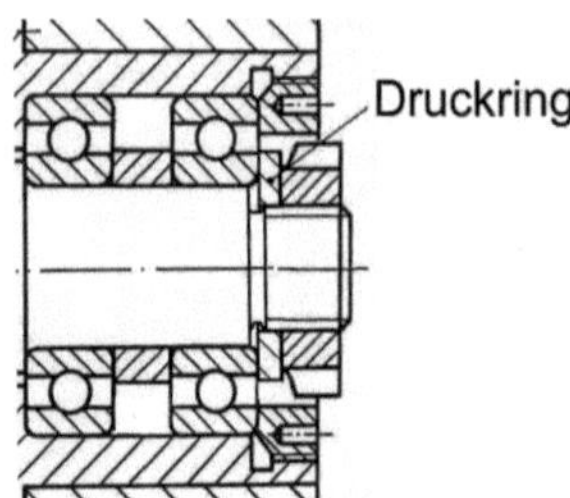

Bild 1.15 Axiales Verspannen der Kugellagerinnenringe
Das direkte Verspannen der Innenringe erfordert aber auch die Gewährleistung eines Mindestdurchmessers von der Anpressseite (Lagerrundung), die in der Vorlage gewählten Proportionen würden das kaum zulassen. Zweckmäßig käme hier ein Druckring zum Einsatz.

Die Außenringe wären in einer Gehäusebohrung mit Toleranz H6 verschiebbar; wenn kein Axialspiel zulässig ist, könnte das mit dem Gewindering eingestellt werden. Allerdings muss hier eine Sicherung gegen Verdrehen erfolgen. Die Buchse zwischen den Außenringen ist nicht erforderlich.

Lösung zu Aufgabe 1.3, Lagerung

Bisherige Feststellungen aus der Funktionskontrolle: Schwenkbewegung möglich, Axialsicherung nach links nicht gewährleistet. Die doppelte Lagerung der Achse 3 beinhaltet aber einen entscheidenden Nachteil - die Achse könnte sich um sich selbst drehen und hätte damit einen völlig überflüssigen Freiheitsgrad. Das heißt die Achse könnte in Teil 1 oder Teil 2 festsitzen und das entsprechende Lagerpaar könnte entfallen. Höchstwahrscheinlich ist auch der Einsatz eines Lagerpaars (zwei gleiche Rillenkugellager) an sich nicht sinnvoll; ohne Kenntnis der Belastung ist jedoch keine sichere Aussage möglich.

Lösung zu Aufgabe 1.4, Schraubenwinde

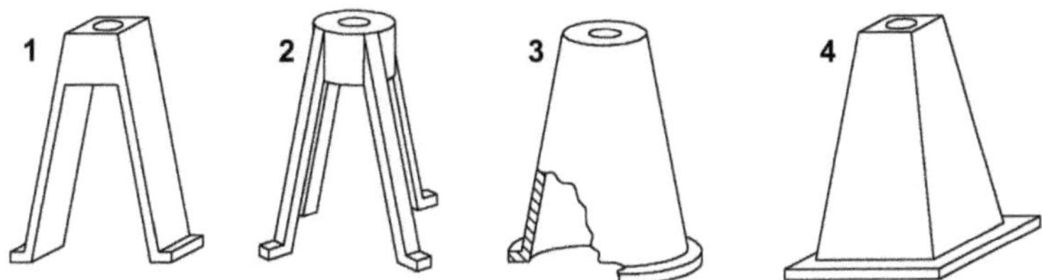

Bild 1.16 Grundkörper in vier Varianten

Das Bild zeigt Varianten des Grundkörpers der Schraubenwinde. Es ist festzustellen, dass im Umgang mit technischen Zeichnungen und statischen Problemen Ungeübte zu Lösungen neigen können, wie die Varianten 1 und 2 zeigen, obgleich damit die Zeichnung in *Bild 1.11* mit ihrer durchgehenden Grundlinie falsch interpretiert wurde. Die Zeichnung lässt nur die Gestalt nach Variante 3 oder 4 als richtig zu.

Die Herstellung durch Gießen - erkennbar an den Gussrundungen - erfordert ein Modell. Variante 3 lässt die Modellherstellung durch Drechseln zu und stellt damit die kostengünstigste Lösung dar.

Teil 2:	Spindel, Drehteil mit Trapezgewinde und zwei sich kreuzenden Querbohrungen.
Teil 3:	Teller, Gusskörper mit Drehbearbeitung innen und oben, denn an der Außenkontur sind Gussrundungen vorhanden. Spielsitz mit reichlichem Spiel zwischen 3 und 2, da keine Führungsqualität benötigt wird.
Teil 4:	Zylinderschraube, sichert 3 gegen Verlieren, lässt aber Verdrehung zwischen 2 und 3 zu. Die Schraube soll offensichtlich am Gewindeende verspannt sein, damit dass gezeichnete Spiel zwischen 3 und 4 erhalten bleibt. Die Darstellung des Gewindegrundlochs ist nicht exakt (Kernlochüberlänge ist nicht dargestellt), in diesem Fall aber zulässig.
Teil 5:	Stift (Stange) zum Einstecken in 2 (reichliches Spiel) zum Drehen von 2. Das linke Stiftende zeigt eine Fase, das rechte eine Kuppe. Die Fase ist leichter herstellbar und sollte rechts ebenfalls Verwendung finden.

Lösung zu Aufgabe 1.5, Spanneinrichtung

Das Spannen mit einer Spannzange, die in einen Kegel hineingezogen wird (hier durch Pneumatikzylinder) ist bei Rundteilen bis ca. 100 mm Ø eine häufig verwendete Möglichkeit. Unerfahrene Betrachter legen nicht selten folgende Entwürfe für das Schweißgestell vor:

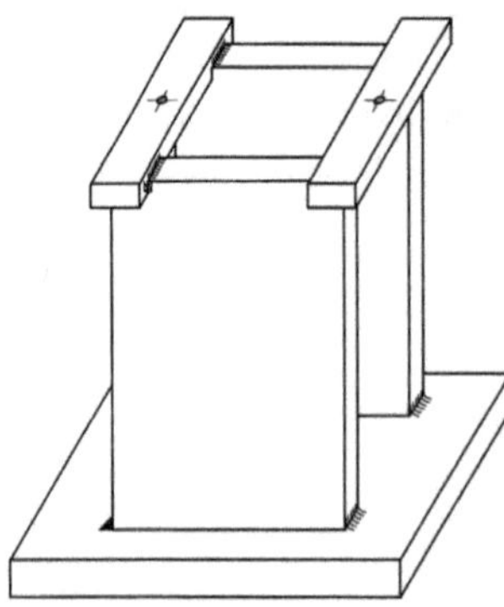

Bild 1.17 Grundkörper für Spanneinrichtung nach Bild 1.12 Fehlinterpretation!

Der erschrockene Konstruktionslehrer war sehr erstaunt und fragte, wie es denn möglich sei, auf diese vermeintlich unsinnige Lösung zu kommen, denn er sah vor seinem geistigen Auge eine Deckplatte mit Aufnahmebohrung für den runden Tragkörper der Zangenspanneinrichtung. Die Erklärung eines Studenten: „Wenn es nicht zwei Leisten sind, sondern eine Platte mit Bohrung ist, fehlt in der gegebenen Zeichnung die untere Bohrungskante.“ Damit hatte der Student unzweifelhaft Recht, aber die Lehrkraft ebenfalls. Warum? Für die erfahrene Lehrkraft war es völlig klar, dass Spannzange und Spannzylinder (alles **runde Bauelemente**) in einem **runden** Aufnahmekörper angeordnet sind und folglich Teil 3 eine große Aufnahmebohrung besitzt. Außerdem kommt hinzu, dass der erfahrene Betrachter mit zwei gegenüber liegenden Befestigungsschrauben nach *Bild 1.17* nicht zufrieden gewesen wäre, sondern mehrere auf den Umfang verteilte Schrauben (*Bild 1.12* zeigt davon nur eine Schraube) vor seinem geistigen Auge sah. Die vom Studenten angemahnte Bohrungskante fehlt tatsächlich; es handelt sich um einen Zeichnungsfehler - die Kante wurde einfach vergessen.

Aus dem dargelegten Disput entstand der Begriff **Maschinenbaulogik**. Darunter soll hier verstanden werden:

Der Logik des Maschinenbaus folgend, gehört zu der runden Spannzange und dem runden Pneumatikzylinder ein runder Aufnahmekörper, der in einer runden Bohrung der Platte 3 sitzt und mit mehreren Schrauben (mindestens drei) befestigt ist. Die fehlende Bohrungskante wird vom erfahrenen Praktiker nicht unbedingt bemerkt. Die Verfasser arbeiten seitdem häufiger mit dem Begriff Maschinenbaulogik und sind der Meinung, dass er zum Wortschatz eines Maschinenkonstrukteurs gehören sollte.

Lösung zu Aufgabe 1.6, Kugelkopf

Funktion: Der Grundkörper G kann mithilfe von Schrauben, die in einseitig offene Langlöcher eingreifen, auf einem Werktisch oder Maschinentisch befestigt werden. Zum Verstellen der Winkellage wird die im Zentrum angeordnete Spannschraube mithilfe des

Kugelgriffs um wahrscheinlich deutlich weniger als 180° gedreht. Um diese Bewegung zu ermöglichen, muss im Grundkörper G eine Nut bzw. ein Langloch eingebracht sein, die hier nur als Bohrung mit der durchgesteckten Stange mit Kugelgriff zu erkennen ist. Die Breite dieses Langlochs muss so groß sein, dass die senkrechte Bewegung der Stange infolge der Gewindesteigung nicht behindert wird.

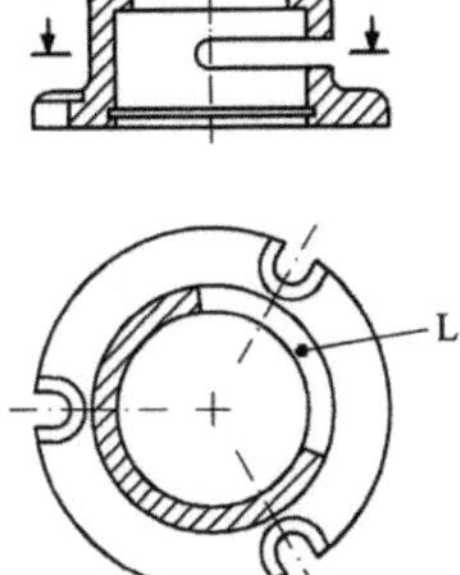

Bild 1.18 Grundkörper für Kugelkopf (siehe *Bild 1.13*)
Der Grundkörper **G** mit dem beschriebenen Langloch **L** für einen Schwenkwinkel von ca. 90°. **L** darf keinesfalls wesentlich länger sein, da sonst die Steifigkeit von **G** gefährdet wäre.

Am oberen Ende ist die Spannschraube mit einem runden Druckelement aus einem weicheren Werkstoff (Bronze, AL, Thermoplast) versehen.

Zur Mittellinie M: Mit dieser Mittellinie wird ein Element angedeutet, welches die Gewindeplatte mit den beiden Grundbohrungen gegen Verdrehen sichert. Für diesen Zweck kommen Gewindestifte infrage (siehe *Bild 5.21*). Um ein sicheres Spannen des Kugelkörpers bei dem hier vorliegenden begrenzten Schwenkwinkel zu gewährleisten, muss die Gewindeplatte durch Verdrehung justiert werden. Nach dem Justieren wird der Gewindestift eingebracht. Je nach Art des Gewindestiftes muss vor dem Einschrauben ein Zapfenloch oder eine Kegelsenkung gebohrt werden.

Weitere Bemerkungen: Alle Bauteile des Kugelkopfes sind Drehteile. Der Grundkörper G zeigt die typischen Rundungen eines Gussstücks mit unbearbeiteter Außenkontur. Für die Befestigungsschrauben sollten daher die Schrauben- bzw. Mutterauflageflächen bearbeitet sein, wie im *Bild 1.18* dargestellt. Es bleibt zu klären, warum der Grundkörper mit dem glockenförmigen Oberteil zweiteilig ausgeführt ist, denn die beschriebene Funktion ist gewährleistet, wenn die beiden Gehäuseteile aus einem Stück gebildet werden. Dazu lassen sich zwei Gründe finden: Die Bearbeitung der inneren Kugelfläche bereitet bei einer Einstückausführung größere Probleme wegen der Arbeitstiefe. Der Hauptgrund wird allerdings in der Beweglichkeit (Drehbewegung) der „Glocke" zu suchen sein, denn bei festgespanntem Grundkörper G ist es so möglich, dem herausragenden Gewindezapfen jede beliebige Lage innerhalb eines Halbkugelraumes zu geben.

Lösung zu Aufgabe 1.7, Maschinenschraubstock

Die **Funktionen Spannen und Spannung lösen** durch Drehen an der Spindel direkt manuell am Sechskant oder mithilfe eines Schraubenschlüssels ist so offenbar, dass keine weiteren Erklärungen dazu notwendig sind.

Gestalt und Herstellung der Einzelteile:

Teil 1:	Gegossener Grundkörper (erkennbar an den vielen Gussrundungen), bearbeitet durch Fräsen, Bohren, Senken und Gewinden (M 14 x 1).
Teil 2:	Es handelt sich ebenfalls um ein durch Spanen bearbeitetes Gussstück *(Bild 1.19)*
Teil 3:	Die Spindel ist aus Sechskantstahl mit Schlüsselweite 17 durch Drehen hergestellt. Der Zapfen Z sitzt mit Spiel in Teil 2. Auf dem ausgebohrten Zapfenende sitzt die Scheibe 6 und wird durch den aufgebördelten Zapfen gehalten. Dadurch ist 2 mit der Spindel 3 verbunden.
Teil 4:	Zwei Backenfutter 4 sind mit dem Grundkörper bzw. der Gleitbacke verschraubt. Derartige Bauteile sind in der Regel gehärtet (aus der Zeichnung nicht ersichtlich).

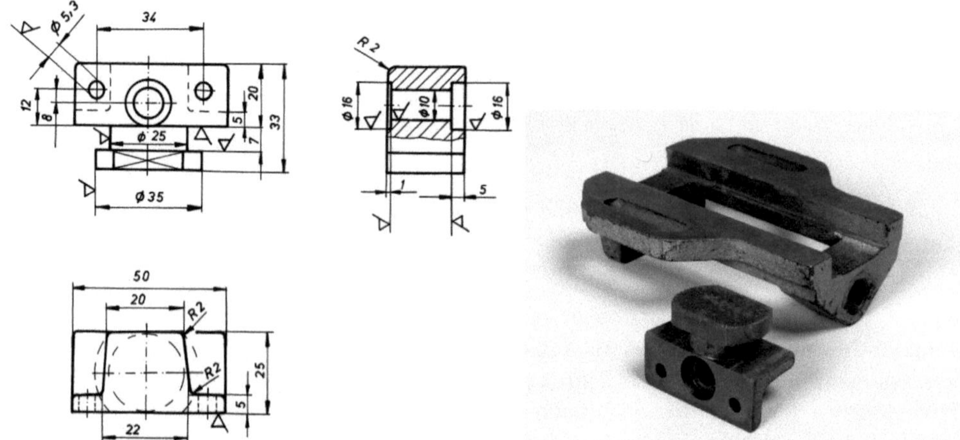

Bild 1.19 Gleitbacke
Einzelteilzeichnung, unvollständig

Bild 1.20 Gussstücke für Bastlerschraubstock [45]
Am Grundkörper ist die Bearbeitung der Flächen für die seitliche Führung der Gleitbacke erkennbar (Maß 35 in Bild 1.14)

Die **Montage** der Gleitbacke ist ungewöhnlich und nicht ohne weiteres erkennbar. Die Backe wird von oben, um 90° gegenüber der Funktionslage verdreht, in den Grundkörper 1 eingesetzt und mit einer 90°-Drehung eingerenkt. Danach wird Spindel 3 eingeschraubt, die Gleitbacke auf die Spindel gesteckt, die Scheibe 6 aufgesteckt und das Spindelende aufgebördelt. Dann werden die Backenfutter 4 angeschraubt.

Geführt wird die Gleitbacke zum einen durch ihren Spielsitz auf der Spindel 3 und zum anderen mit Maß 7 am Ø 25 im Grundkörper 1 (ebenfalls Spielsitz). Beide Maße bedürfen der Toleranzangabe (siehe *Abschnitt 4.9*). Einen Funktionsmangel stellt die Rundführung zwischen 2 und 3 dar, was ebenfalls für einen Einsteiger schwer erkennbar sein dürfte. Man stelle sich dazu ein außermittig eingespanntes Werkstück vor. Es wirkt die Spannkraft **SK** (siehe *Bild 1.14*), die Teil 2 auf 3 verdrehen will und es kommt zur Kantenpressung **KP** an den Enden des Führungszapfens von 3 (siehe *Bild 1.21*).

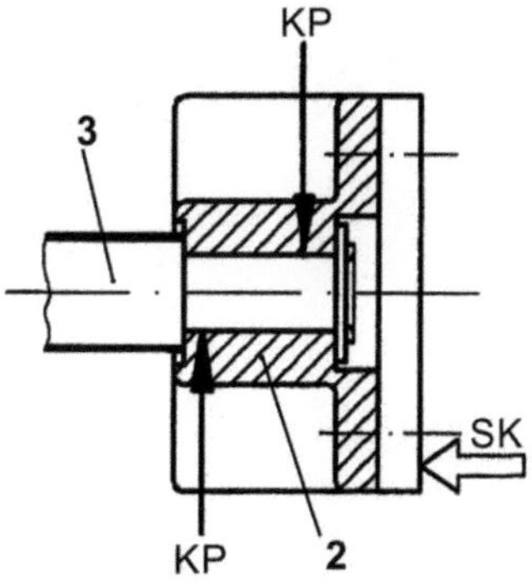

Bild 1.21 Kantenpressung durch exzentrische Spannkraft

Bei jedem außermittigen Spannen würde diese Kantenpressung zu Verschleißerscheinungen am Führungszapfen von 3 und in der Bohrung von 2 führen. Für häufige Benutzung im gewerblichen Bereich ist diese Lösung wenig geeignet. Kritischer kann sogar noch ein Verbiegen der Spindel 3 bei außermittigem Spannen und Festziehen mittels Schraubenschlüssel sein. Die Verwendung des sechskantigen Griffstücks, das zum Anziehen mit dem Schraubenschlüssel geradezu „auffordert“, sollte daher überdacht werden.

2 Nicht gestalten, sondern kaufen

Der Konstrukteur muss nicht nur seine Bauteile und Baugruppen selbst konstruieren, sondern auch aus Gründen einer rationellen Entwicklung und Fertigung immer prüfen, welche Zukäufe zweckmäßig und sinnvoll sind. Die älteste Möglichkeit dafür sind **Normteile**. Normteile aller Art sind heute selbstverständliche Kaufteile. Die heute üblichen Werkzeuge des Konstrukteurs - CAD-Systeme - integrieren meist Normteilbibliotheken. Eine andere Möglichkeit ist die Verwendung von **Wiederholteilen** und -**gruppen** aus der eigenen Fertigung. Auf Bauteile aus Vorgängererzeugnissen oder ähnlichen Entwicklungen zurückzugreifen, hat den Vorteil, dass erprobte Objekte zur Verfügung stehen, Fertigungsabläufe und Fertigungsmittel bzw. Gießereimodelle bereits vorhanden sind. Einen dritten Weg stellen **Zulieferkomponenten** aller Art dar. Die verfügbare Palette ist heute umfassend und erweitert sich ständig, sodass eine Aufzählung höchstens bezüglich bestimmter Erzeugnisgruppen möglich erscheint. Für das vorliegende Buch, als Grundlage für den allgemeinen Maschinenbau angelegt, können keine Vorzugskomponenten benannt werden.

Für Zukäufe sollten folgende Grundsätze gelten:

- Was ein anderer besser kann, soll man nicht selbst machen.
- Know-How-Teile dienen der Absicherung der eigenen Wettbewerbsfähigkeit und gehören in die Eigenfertigung.

Während der erstgenannte Grundsatz für jeden Maschinenbaubetrieb gültig ist, wendet sich der zweite besonders an Betriebe mit bekanntem Erzeugnisspektrum.

Welche Vorteile die Verwendung von Zulieferkomponenten u. a. bietet, soll hier kurz zusammengefasst werden:

- Der Zulieferer produziert in der Regel wirtschaftlicher, als es durch Eigenfertigung möglich ist. Das betrifft neben den Standardzulieferungen (z. B. Elektromotoren, hydraulische und pneumatische Arbeitszylinder und Steuerventile) auch Elemente, die bisher der Maschinenbauer in eigener Fertigung hatte (z. B. Rundschalttische).
- Auf Spezialmaschinen für besondere Bauelemente kann verzichtet werden.
- Verringerung des Entwicklungsrisikos.
- Gewährleistungspflicht und Produkthaftung sowie Ersatzteil- bzw. Ersatzbeschaffung erfolgen über den Zulieferer.
- Entlastung der eigenen Montageabteilung.

Auch wenn eigene Entwicklungsarbeiten durch Zulieferungen entfallen können, darf der Aufwand für Recherche, Termin- und Preisverhandlungen nicht unterschätzt werden. Positiv bei renommierten Zulieferern sind Außendienstmitarbeiter u. ä. Möglichkeiten und Maßnahmen, die bei der Auswahl und Spezifizierung gute Unterstützung leisten können. Zukauf muss nicht mit der Anlieferung und eigener Montage enden, sondern es kann auch durch den Zulieferer montiert werden. So sind z. B. Blechteilbetriebe bereits zu dieser Arbeitsweise übergegangen, denn zum Zeitpunkt des Anbaus von Verkleidungselementen kann die Grundmaschine bereits weitgehend fertig sein.

3 Kraftgerechtes Gestalten – ein zentrales Anliegen

Allgemeine Vorbemerkungen

Unter kraftgerechtem Gestalten soll das Entwerfen von Maschinenteilen unter Berücksichtigung der Hauptbeanspruchungsart des Maschinenbaus – der Einwirkung von Kräften und Momenten – verstanden werden. Da die Beanspruchung durch ein Moment immer auf eine Kraft, am Hebelarm angreifend, zurückgeführt werden kann, wird hier grundsätzlich nur mit dem Begriff **„kraftgerechtes Gestalten"** gearbeitet.

Dass eine Maschinenbaukonstruktion so ausgeführt sein muss, dass sie durch mechanische Beanspruchung nicht zu Bruch gehen darf, ist für jedermann selbstverständlich. Dieses „Zu Bruch gehen" kann bedeuten: Zerstörung eines Bauteiles durch zu hohe

- Zugbeanspruchung,
- Druckbeanspruchung,
- Biegebeanspruchung,
- Torsionsbeanspruchung oder
- beliebige Kombinationen vorstehender Beanspruchungsarten.

Eine nicht so selbstverständliche Art des Versagens von Maschinenteilen kann **unzulässig große Verformung** sein:

- Dehnung durch Zug (selten),
- Stauchung durch Druck (sehr selten),
- Durchbiegung,
- Verdrehung durch Torsion,
- Stabilitätsverlust (Knicken, Beulen …) oder
- Schwingungen (meist Resonanzen, hier nicht betrachtet).

In der Regel wird daher von sehr vielen Maschinenteilen eine hohe Steifigkeit gefordert. Verschiedentlich wird anstelle des Begriffs Steifigkeit mit dem Begriff Starrheit gearbeitet. Da starr als nicht verformbar gedeutet werden kann, ist dieser Begriff falsch, denn es gibt keinen Werkstoff, der sich unter Einwirkung von Kräften nicht verformt. (Diese Tatsache ist jederzeit mit entsprechenden Messmitteln nachweisbar, bleibt aber dem bloßen Auge häufig verborgen.) Es gibt nur leicht verformbare und schwerer verformbare Werkstoffe. Daher wird hier stets mit dem Begriff Steifigkeit gearbeitet und die Forderung nach hoher Steifigkeit ist der Forderung nach geringer Verformung gleichzusetzen.

Welche Beziehungen bestehen zwischen dem kraftgerechten Gestalten und dem Fachgebiet Technische Mechanik? Die Technische Mechanik beschäftigt sich mit der Berechnung von Spannungen oder Verformungen ausgehend von gegebenen Maschinenteilen. Das **kraftgerechte Gestalten** liegt im Konstruktionsprozess **vor dieser Berechnungsphase** und erhebt den Anspruch, die Grobgestalt eines Maschinenteiles weitgehend den herrschenden Kräften so anzupassen, dass mit möglichst geringem Werkstoffaufwand der gewünschte Effekt erreicht wird. Dabei geht es nicht um extreme Leichtbauforderungen, wie sie z. B. der Flugzeugbau stellt, bei denen die minimale Masse der Bauteile durch hohen fertigungstechnischen Aufwand und zum Teil hochwertige Werkstoffe erkauft wird, sondern um geringe Masse bei **möglichst minimalen Gesamtkosten für Werkstoff/Halbzeug, Teilefertigung und Montage.**

Bevor der Konstrukteur mit dem kraftgerechten Gestalten beginnt, sollte er sich über folgende Hinweise bzw. Fragen Klarheit verschaffen:

- Sind Spannungen oder Verformungen die kritische Größe?
- Übersicht schaffen über Kräfte und Reaktionskräfte nach Größenordnung, Dynamik, Hauptrichtung und eventuelle Nebenkraftrichtungen!
- Übersicht schaffen über „berufstypische Umgangsformen“ des
  - Bedienungspersonals (Facharbeiter, ungelernter Bediener) und
  - Wartungs-, Reinigungs- und Reparaturpersonals

  beim Umgang mit der Maschine/Gerät.

Extreme Gegensätzlichkeiten bestehen zwischen Feinmechanik und Bergbau/Bauwesen. Ist mit Besteigen, Mitfahren oder dergleichen an dafür nicht vorhergesehenen Bereichen zu rechnen? Reinigungskräfte haben kein „Maschinengefühl“, müssen aber Schmutz aus jedem Winkel entfernen (denke an Maschinen für Lebensmittelindustrie, Medizintechnik usw.)

- Jede konstruktive Bearbeitung einer bestehenden Maschine sollte auch zu einer Leistungssteigerung führen. Schlussfolgerungen über die Proportionen kraftbeanspruchter Bauteile müssen die jeweiligen Entwicklungstendenzen berücksichtigen.

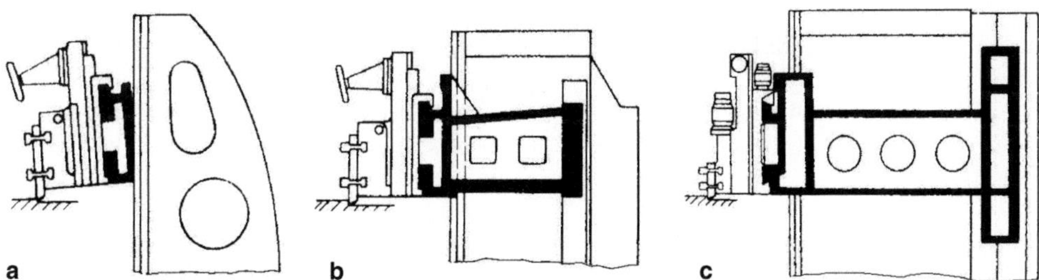

Bild 3.1 Meißelträger (Querbalken) von Langhobelmaschinen
Die Entwicklung der Querschnitte des Querbalkens von 1910 (a) bis 1960 (c). Schlussfolgerungen über die Proportionen kraftbeanspruchter Bauelemente müssen die Entwicklungstendenzen berücksichtigen!

3.1 Die Grundregeln des kraftgerechten Gestaltens steifer Maschinenteile

Die erste Grundregel lautet:

K1: Leite Kräfte auf kurzen und direkten Wegen!

Zur Ergänzung lässt sich formulieren:

K1.1: Zug ist die ökonomischste Beanspruchungsart!

K1.2: Jede vermiedene Kraftumlenkung beseitigt werkstoffaufwendige bzw. verformungsungünstige Biegung!

Die folgenden Bilder mit ihren Erläuterungen dürften ausreichend zum Verständnis dieser Regeln beitragen.

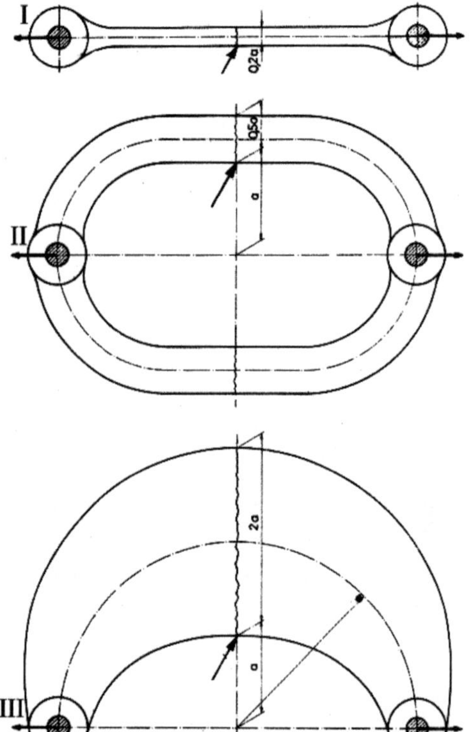

Bild 3.2 Anschauliche Darstellung zur Grundregel des kraftgerechten Gestaltens nach Leyer [25]: Leite Kräfte auf direkten Wegen!

FALL I – Zwischen den Kraftangriffspunkten ist eine direkte Verbindung möglich: Geringster Werkstoffaufwand – Zugbeanspruchung.

Fall II – Keine direkte Kraftleitung möglich, aber das Hindernis (nicht dargestellt) kann beidseitig umfasst werden: Werkstoffaufwand wächst durch Biegeanteile.

Fall III – Muss ein Hindernis einseitig umgangen werden, wächst der Werkstoffaufwand bei gleicher Maximal-Beanspruchung an den mit Pfeil markierten Stellen auf den 10-fachen Wert.

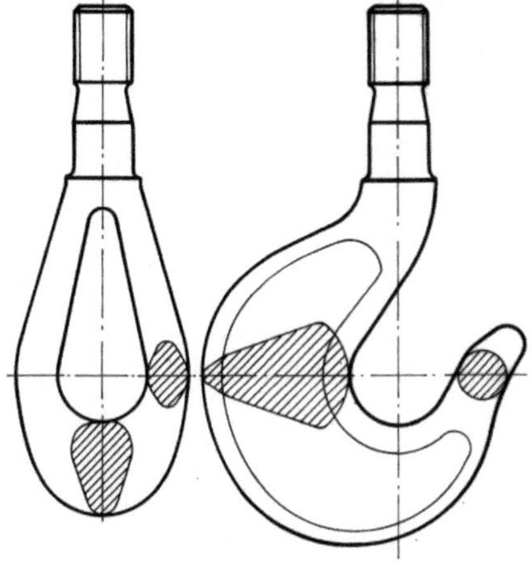

Bild 3.3 Lasthaken und Lastöse [25]
Die Lastöse entspricht der Variante II und der Lasthaken der Variante III (nach Bild 3.2).
Der Werkstoffaufwand spricht eindeutig für die Lastöse. Infolge der schlechten Handhabbarkeit ist jeder Kran mit dem werkstoffaufwendigen Kranhaken ausgerüstet.

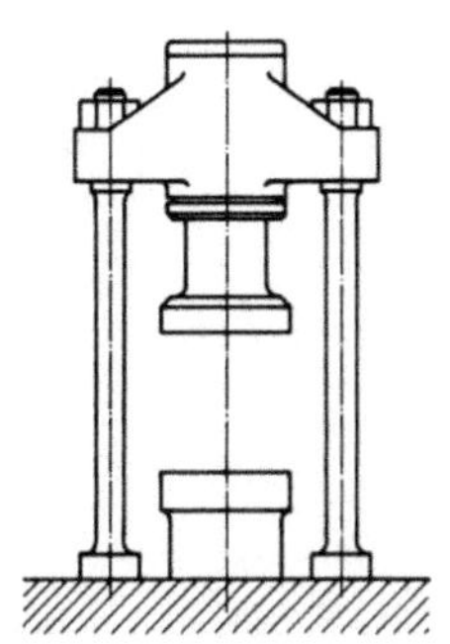

Bild 3.4 Pressengestell - Schema [25]
Praktisches Beispiel für Fall II (nach Bild 3.2).

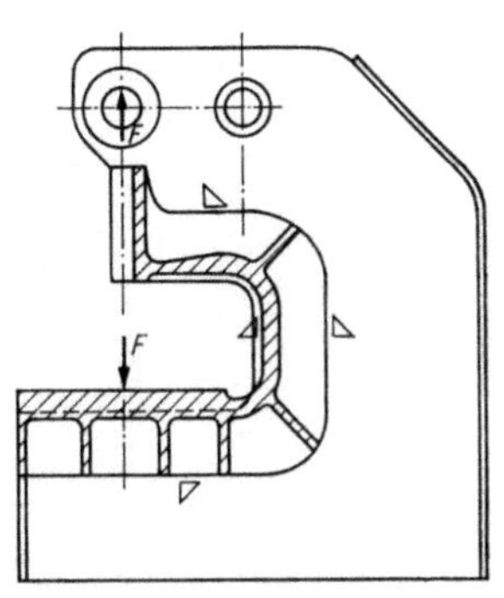

Bild 3.5 C-Gestell [27]
Praktisches Beispiel für Fall III.

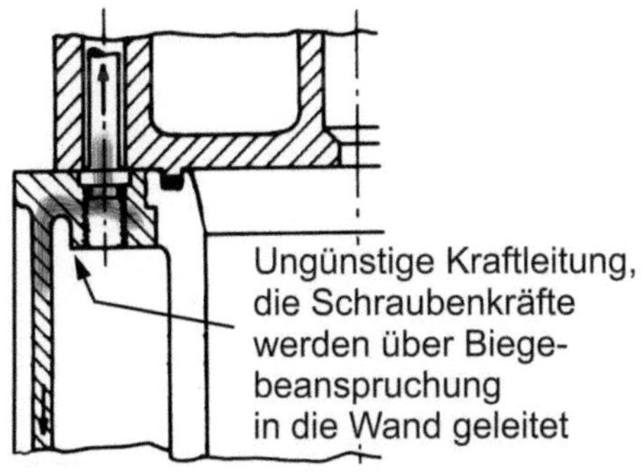

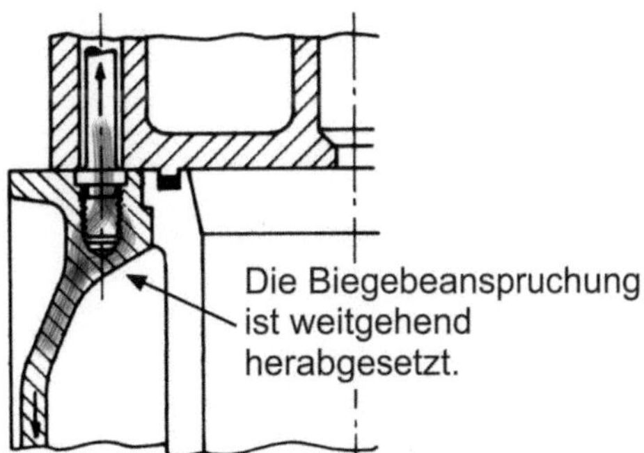

Bild 3.6 Zylinderkopfverschraubung [25]

K2: Strebe bei nicht vermeidbarer Biegung kurze Biegelängen an!

Auch diese Regel wird mithilfe der *Bilder 3.7* bis *Bild 3.11* so illustriert, dass keine weiteren Erklärungen notwendig sind.

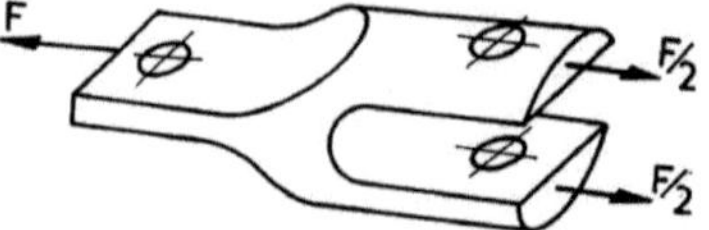

Für Einzelfertigung aus dem „Vollen" (Rundstab) gearbeitet; die Zugkraft **F** wird im Verbindungsstück gut geleitet, Biegebeanspruchung ist gering

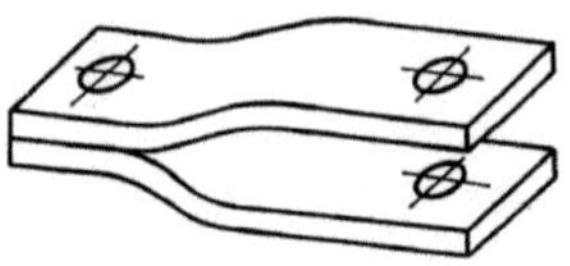

Kraftgerechte Blechkonstruktion aus zwei einfachen Blechteilen hergestellt

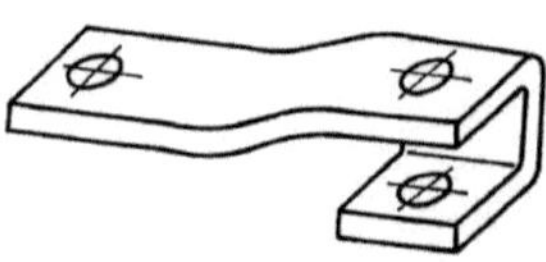

Unbefriedigende einteilige Blechkonstruktion, die Gestaltung widerspricht der Forderung nach direkter Kraftleitung

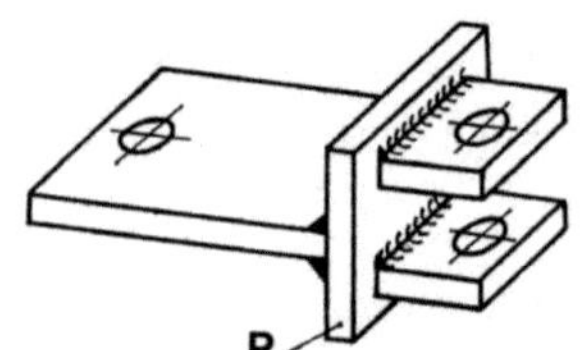

Unbefriedigende Schweißkonstruktion, Biegung der Platte **P** erfordert höheren Werkstoffaufwand, außerdem ist die Anzahl der Schweißnähte zu kritisieren

Bild 3.7 Gabelförmige Verbindungsstücke – Varianten [nach 40]

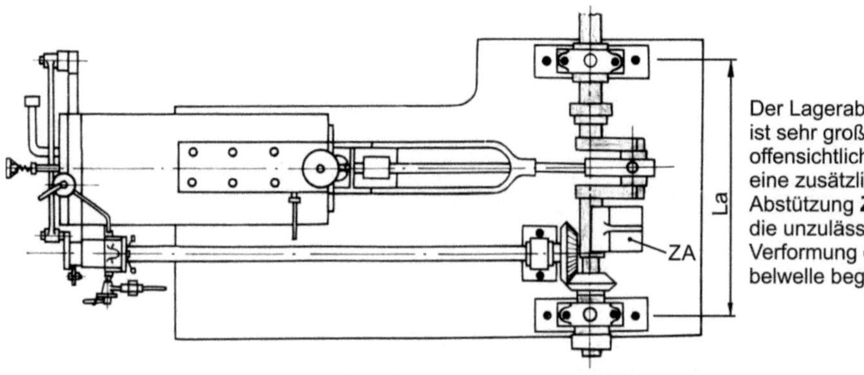

Der Lagerabstand La ist sehr groß, offensichtlich musste eine zusätzliche Abstützung **ZA** die unzulässig große Verformung der Kurbelwelle begrenzen.

Bild 3.8 Ottosche Versuchs-Viertaktmaschine (1876) [38]

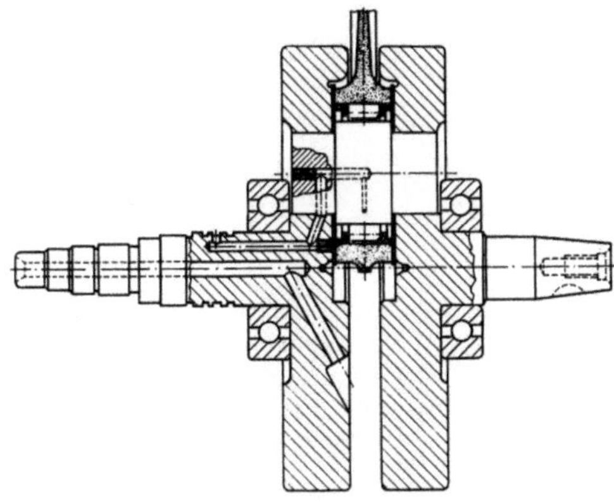

Bild 3.9 Kurbelwelle eines Einzylinderkompressors
Die axiale Baulänge ist extrem kurz, die Lager sind in die Kurbelwangen „hineingebaut".

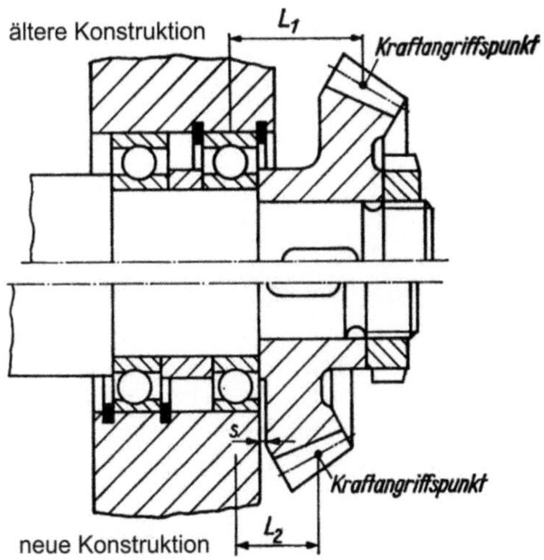

Bild 3.10 Kegelradlagerung
Die Biegebeanspruchung kann erheblich eingeschränkt werden, wenn die Kraglänge **L** möglichst kurz gehalten wird. Moderne Konstruktionen zeichnen sich durch extrem kurze Kraglängen $\mathbf{L_2}$ aus. Der Abstand **s** wird teilweise < 1 mm ausgeführt.

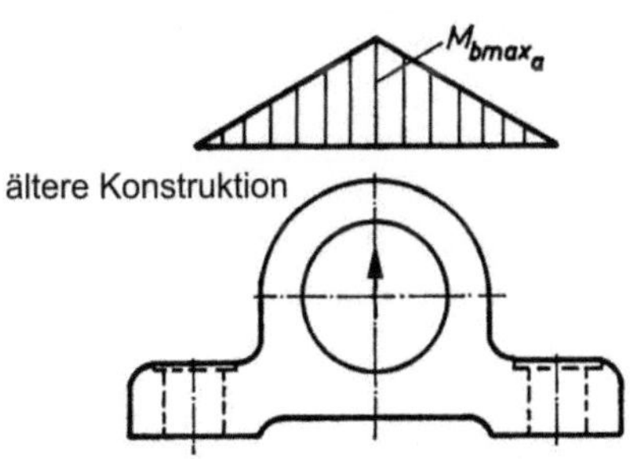

das maximale Biegemoment wird durch den extrem verkleinerten Abstand s der Befestigungsschrauben verringert

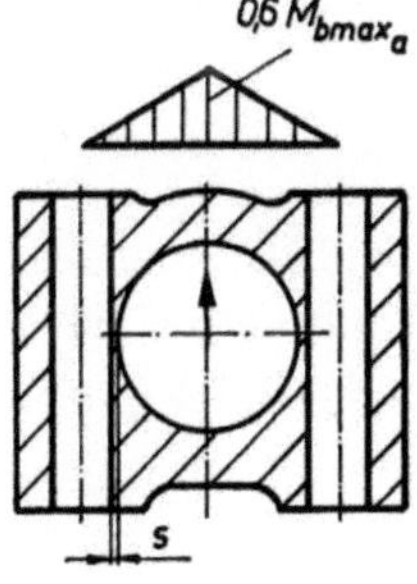

Bild 3.11 Lagerbock bei abhebender Beanspruchung
Der Abstand **s** wird heute bis auf 1 mm herabgesetzt. (Die Pfeile zeigen die Kraftrichtung an.)

K3: Ordne jeder Beanspruchungsart den entsprechenden materialökonomischen Querschnitt zu!

Tabelle 3.1 Zuordnung von Bauteilquerschnitten zu Beanspruchungsarten

Beanspruchungsart	geeignete Profile	Bemerkungen
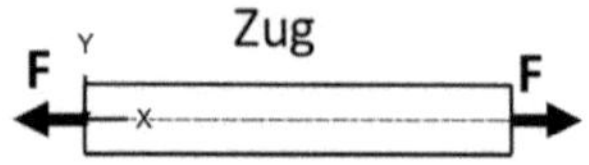 Zug (F, Y, X, F)	beliebig Auf billige Halbzeuge zurückgreifen!	Querschnitt beliebig wählbar, da nur beanspruchte Flächengröße und Werkstoff von Bedeutung sind
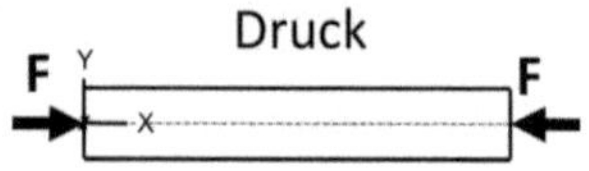 Druck (F, Y, X, F)	beliebig  ist aber schlecht	Länge der Bauteile im Vergleich zum Querschnitt sollte klein bleiben - Knickgefahr!
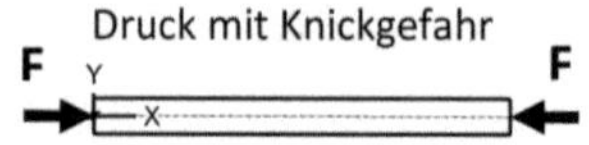 Druck mit Knickgefahr (F, Y, X, F)	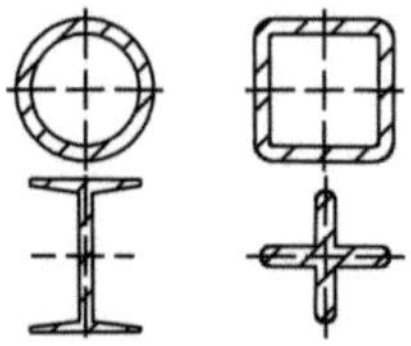	Bei langen schlanken Bauteilen ist der Nachweis der Sicherheit gegen Knicken zu führen!
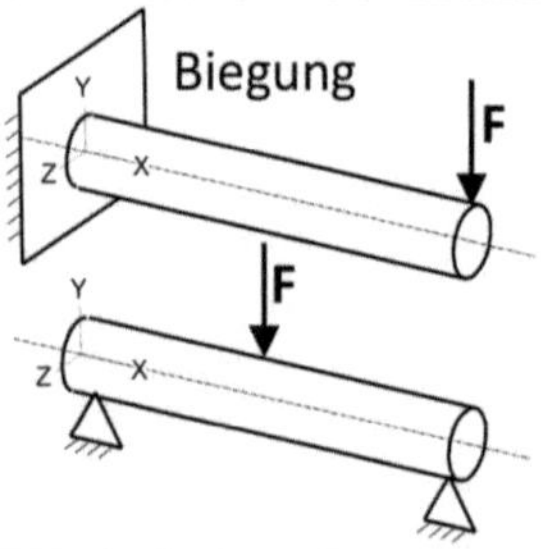 Biegung (Y, Z, X, F)	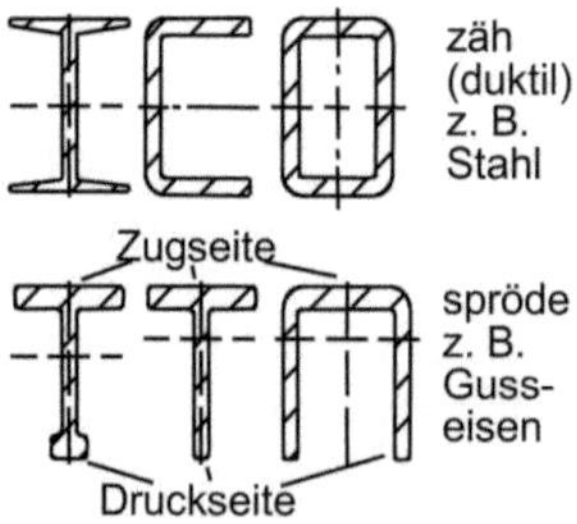 zäh (duktil) z. B. Stahl Zugseite spröde z. B. Guss-eisen Druckseite	Nach Möglichkeit solche Profile verwenden, die weit von der neutralen Faser entfernt Material aufweisen. Für Gusswerkstoffe mehr Material auf der Zugseite anordnen!  ist ungünstig!
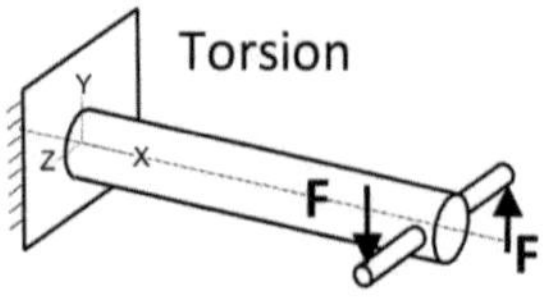 Torsion (Y, Z, X, F, F)	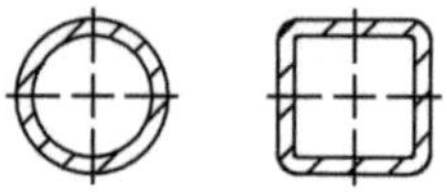	Bei Torsion geschlossene Profile verwenden! 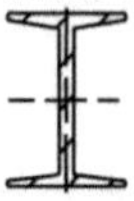 ist ungünstig

Die Bedeutung der bewussten Zuordnung von Profil- bzw. Querschnittsformen wird noch deutlicher bei der Betrachtung der wesentlichen Geometrieeinflüsse auf Spannung und Verformung.

Bild 3.12 Vergleich der relativen Biegespannungen (σ_b) und Durchbiegungen (f) von Kragbalken mit verschiedenen Profilen gleichen Flächeninhalts

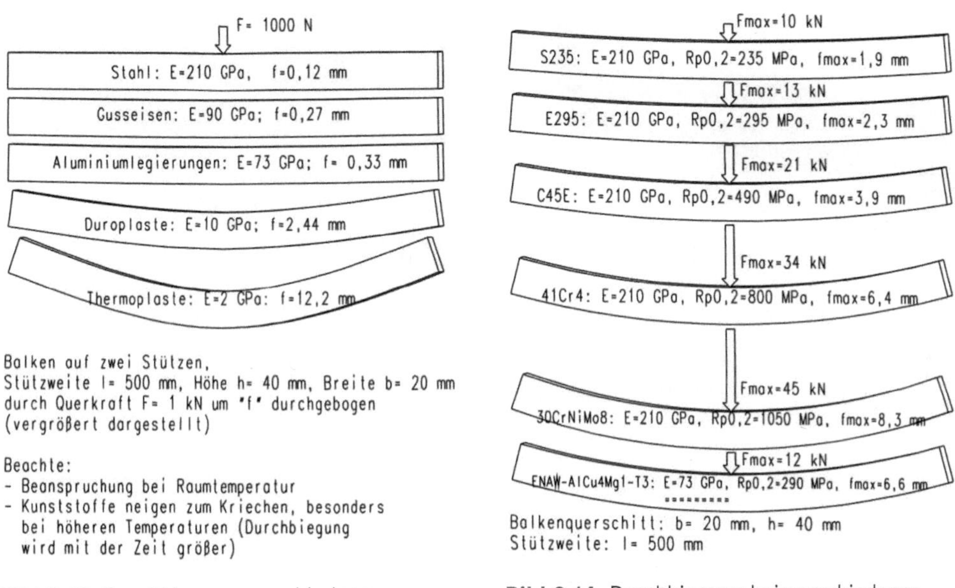

Bild 3.13 Durchbiegung verschiedener Werkstoffe bei gleicher Last

Bild 3.14 Durchbiegung bei verschiedener Streckgrenze (ENAW-AlCu4Mg1-T3 zum Vergleich)

Bei der Biegung sind rechnerische Dimensionierungen oft einfach, aber die Wahl einer günstigen Basisgeometrie erspart Aufwand.

Hinsichtlich der Wahl des Werkstoffs sind Festigkeit **und** Verformungsverhalten zu beachten. So steigt beispielsweise bei gleicher Last die Durchbiegung, wenn der Elastititätsmodul sinkt *(Bild 3.13)*. Mit höherer Festigkeit steigen elastische Verformbarkeit und zulässige Kraft. Übersteigt die vorhandene Spannung die ertragbare Spannung (z. B. die Biegefließgrenze), kann also ein festerer Werkstoff gewählt werden *(Bild 3.14)*. Ist jedoch die Durchbiegung zu groß, bringt das bei gleicher Geometrie keinen Erfolg! Es ist ein Werkstoff mit höherem Elastizitätsmodul oder eine steifere Geometrie zu wählen (siehe *Bild 3.19* und *Bild 3.12*).

Während ein Torsionsmoment in einem Abschnitt konstant ist, wächst ein Biegemoment mit dem Hebelarm. So tritt die im *Bild 3.14* genannte Maximalbeanspruchung nur in der Mitte auf, an den Auflagern ist hier die Biegespannung Null.

Ergänzung:

K3.1: Biegeträger sollten dem Biegemomentenverlauf angepasst werden!

K3.2: Beachte Größeneinfluss und Herstellbarkeit bzw. Herstellaufwand!

Neben *Bild 3.13* und *Bild 3.14* sollen die folgenden Bilder zur Ausprägung und zum Verständnis des kraftgerechten Gestaltens beitragen.

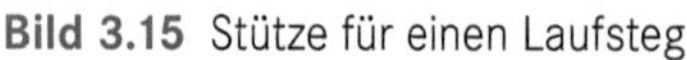

Bild 3.15 Stütze für einen Laufsteg

Das folgende Bild zeigt die beispielhafte Anwendung der Regel **K3.2.**

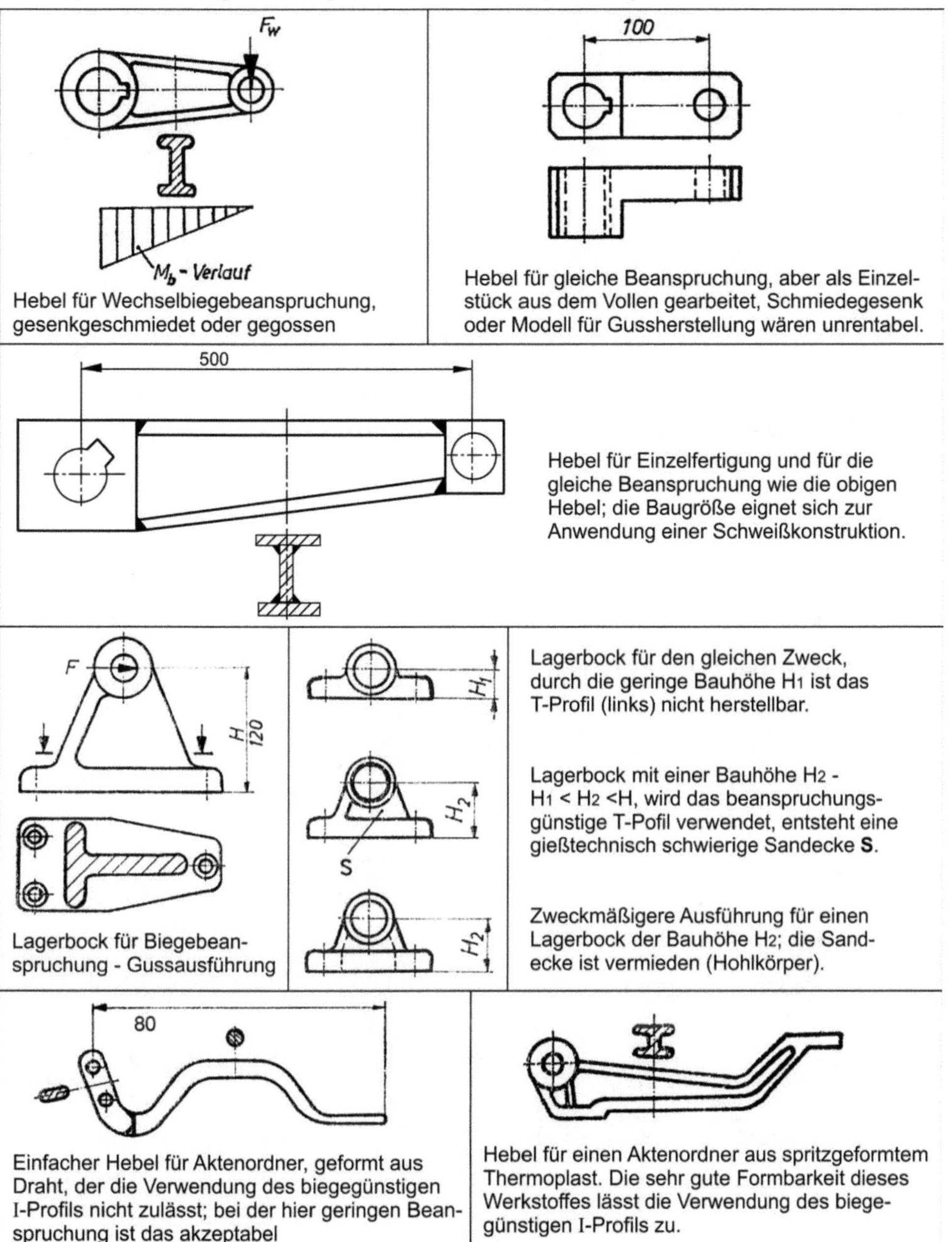

Bild 3.16 Herstell- und Größeneinfluss auf den Bauteilquerschnitt

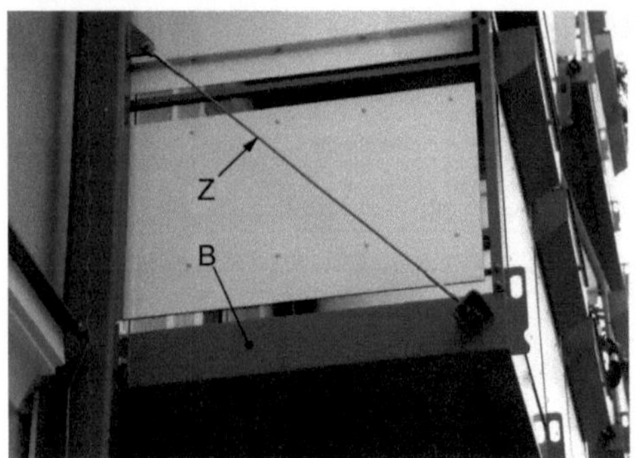

Bild 3.17 Balkongerüst, Stahlkonstruktion
Der geringe Durchmesser des Zugstabes **Z** macht den viel höheren Materialaufwand bei Biegung deutlich (**B** = biegebeanspruchter Träger)

Bild 3.18 Klappbrücke
Der unterschiedliche Materialaufwand bei Zug- und Biegebeanspruchung ist deutlich erkennbar. Die oben liegenden Biegebalken mit den runden Gegengewichten sind dem Verlauf des Biegemoments angenähert. Der Materialaufwand ist mehrfach höher als bei den zugbelasteten Verbindungen zwischen Biegebalken und Brücke.

Torsion und offener Querschnitt

Die Berechnung der Torsionsbeanspruchung und der Verdrillung von nicht kreisförmigen und offenen Querschnitten ist aufwendig, mit den Angaben nach *Bild 3.19* soll ein Eindruck zum Verhalten verschiedener Profile vermittelt werden.

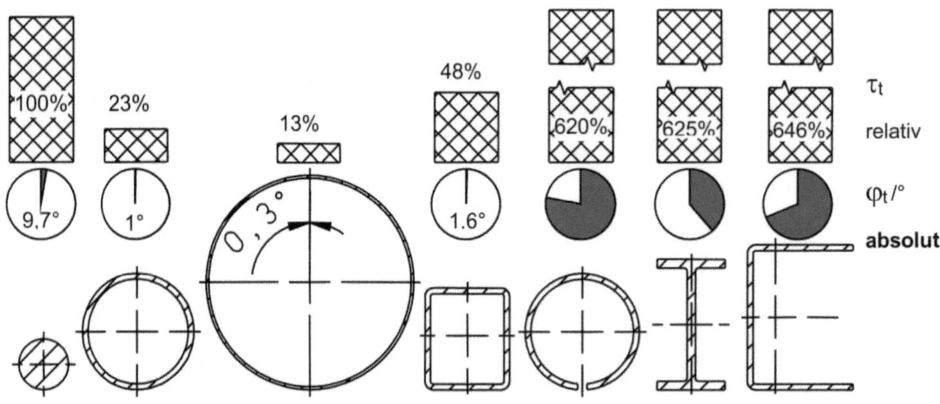

Bild 3.19 Vergleich der relativen Torsionsschubspannungen (τ_t) und der Verdrehwinkel (φ_t) für verschiedene Profile (gleicher Flächeninhalt A = 960 mm^2 bei einer identischen Belastung T = 2 kNm, zugrunde gelegt wurde eine freie Länge von 1 m)

Bei Torsion bzw. kombinierter Beanspruchung mit Torsionsanteilen ist es nicht in jedem Fall fertigungstechnisch vertretbar, geschlossene Querschnitte (Rohr, Hohlprofile) anzuwenden. Wie ist bei offenem Bauteilquerschnitt eine möglichst hohe Torsionssteifigkeit erreichbar? Zum besseren Verständnis sei ein kleines Experiment mit dem Pappkern einer Küchenpapierrolle empfohlen. Man prüfe die Torsionssteifigkeit dieses Kerns im unversehrten und im geschlitzten Zustand *(Bild 3.20)*. Der Rückgang der Torsionssteifigkeit nach dem Schlitzen (Verhältnis ca. 100:1) in der fühlbaren Größe dürfte nicht erwartet worden sein. Eine weitere wichtige Beobachtung ist die Verformung durch Schub - am Schlitz tritt ein deutliches Verschieben der Schlitzkanten gegeneinander ein.

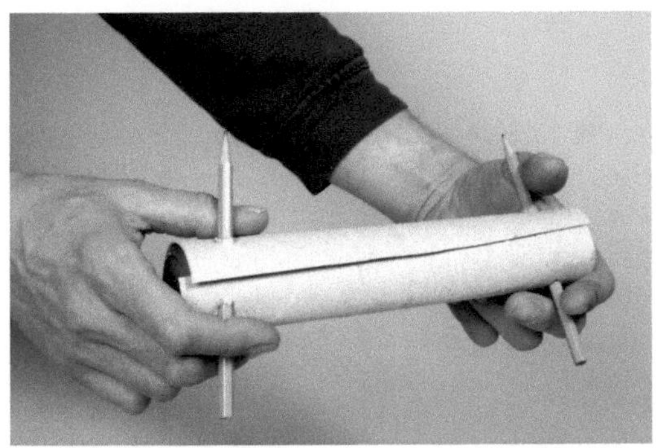

Bild 3.20 Demonstration der Verformung durch Torsion [45]
An dem längs geschlitzten Papprohr lässt sich die Verformung deutlich erkennen

Diese Erscheinung führt zur Lösung für ein torsionssteifes Bauelement mit offenem Querschnitt. Es gilt, die Verschiebung durch zweckmäßige Verrippung zu behindern. In der Regel wird ein derartiges Bauelement nicht rohrförmig sondern kastenförmig sein. Bei den Kastenwänden tritt die gleiche Verschiebung wie beim geschlitzten Rohrmodell ein und diese lässt sich durch schräge Verrippung am besten bekämpfen.

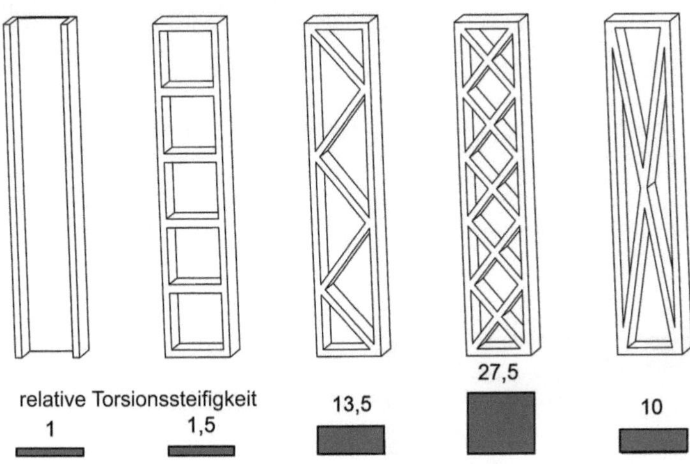

Bild 3.21 Relative Torsionssteifigkeit von U-Profilen mit und ohne Verrippung nach [5]

Die in der Praxis immer wieder anzutreffende Querverrippung und zu kleine Verrippungswinkel (Diagonalverrippung sehr schlanker Bauteile) zeigen keine wesentliche Versteifung.

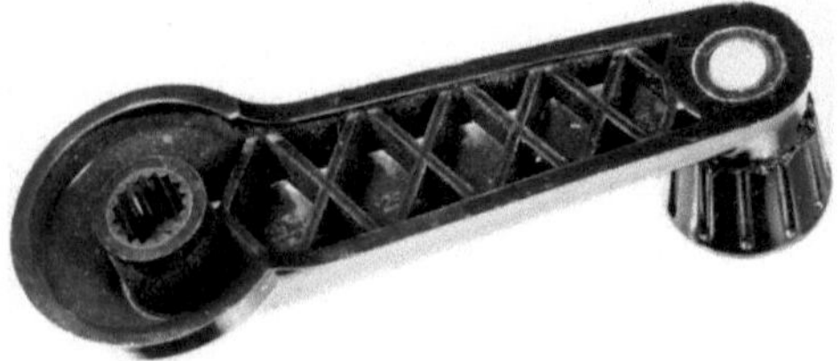

Bild 3.22 Fensterkurbel für PKW
Die Kurbelkräfte bewirken neben Biegung eine Torsionskomponente. Das fertigungsgünstige U-Profil erfordert eine Kreuzverrippung.

In ähnlicher Weise wie die Fensterkurbel ist der Fuß des Bürostuhls *(Bild 3.23)* verrippt. Die Torsionskomponente entsteht bei seitlicher Stellung der Rolle. Einen anderen Weg hat der Gestalter des Fußgestells nach *Bild 3.24* beschritten. Biegung und Torsion werden hier durch ein Stahlprofil aufgenommen. Der optische Eindruck dieser „mageren" Arme wird durch eine übergestülpte Kunststoffverkleidung beseitigt. Diese Art der optischen Gestaltung durch „Verhüllen" ist abzulehnen. Die Lösung nach *Bild 3.23* ist zu bevorzugen.

Bild 3.23 Fußgestell für Bürostühle [45]
Kunststoffausführung mit zweckmäßiger Dreieckverrippung wegen Torsionskomponente

Bild 3.24 Fußgestell in Stahl – Schweißausführung [45]
Hohlprofil mit Kunststoffverkleidung

Für kurze und gedrungene Bauteile kann auch eine Diagonalverrippung empfohlen werden *(Bild 3.25)*.

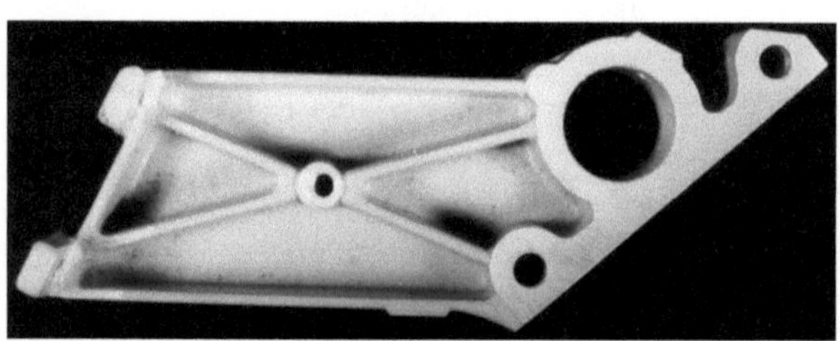

Bild 3.25 Gussstück mit Diagonalverrippung
Länge: 110 mm
Min. Wanddicke: 2,5 mm
Max. Wanddicke: 8 mm
Werkstoff: Al-Gusslegierung

Zusammengefasst kann formuliert werden:

K4: Torsion bei offenem Querschnitt verlangt Dreieck- oder Diagonalverrippung ■

Torsion und Öffnungen bei geschlossenen Querschnitten

Die Verringerung der Torsionssteifigkeit eines kastenartigen Hohlprofils durch seitliche Öffnungen darf nicht vernachlässigt werden - siehe *Tabelle 3.2.*

Tabelle 3.2 Eine mit Deckel verschraubte Öffnung bringt unwesentliche Verbesserung [24]

	Biegesteifigkeit	Torsionssteifigkeit
	100 %	100 %
	85 %	28 %
	89 %	35 %

Bei Gusskonstruktionen bevorzugt die Gießerei möglichst große Öffnungen für die Halterung der Kerne und für das Abführen der Kerngase, während der Konstrukteur im Sinne einer hohen Torsionssteife auf jede Öffnung verzichten möchte. In einem solchen Fall muss ein Kompromiss angestrebt werden, der mit wenigen kleinen Öffnungen funktionsgerecht ist und andererseits von der Gießerei nichts Unmögliches verlangt (siehe *Abschnitt 4.3*).

K5: Öffnungen in geschlossenen Torsionsquerschnitten in Größe und Anzahl auf ein Minimum begrenzen. ■

■ 3.2 Kraftgerechte Gussstückgestaltung

Gießen ermöglicht die kostengünstige Herstellung kompliziert gestalteter Bauteile, wie es z. B. Getriebegehäuse, Motorengehäuse und dergl. sind. Aber auch einfachere Bauelemente wie Hebel, Lagerböcke, Grundplatten und andere Stützelemente werden durch Gießen hergestellt. Die Lagerbockgestaltung wird im Folgenden zum Einstieg in die kraftgerechte Gussstückgestaltung behandelt.

3.2.1 Lagerbockgestaltung, Einführung

In *Bild 3.27* bis *Bild 3.29* sind unterschiedliche Lagerböcke dargestellt. Alle Bilder zeigen deutlich die Bestandteile der Lagerböcke:

- Das **Lagerauge** in dem das zu lagernde/zu haltende Element
  - direkt,
  - in einer Gleitbuchse oder
  - in einem Wälzlager aufgenommen wird,
- den **Lagerkörper** - Verbindung zwischen Lagerauge und Fußplatte/Grundplatte - der in Rippenguss oder Hohlguss ausgeführt sein kann,
- die **Fußplatte oder Grundplatte** mit Bohrungen für die Befestigungsschrauben.

Aus dem richtig gestalteten Lagerkörper und der Anordnung der Befestigungsschrauben kann die Hauptbelastungsrichtung erkannt werden. Da bei den am meisten verwendeten Gusswerkstoffen die Druckfestigkeit höher ist als die Zugfestigkeit, muss bei Biegebeanspruchung auf der Zugseite mehr Werkstoff angeordnet sein als auf der Druckseite oder anders betrachtet, Rippen sollten immer im Druckbereich angeordnet werden. Das heißt, der für biegebeanspruchte Bauteile aus Stahl bekannte Doppel-T-Querschnitt (I-Profil) ist für Gusskonstruktionen nicht optimal, da bei Auslastung der Zugseite die Druckseite überdimensioniert wäre. In Kenntnis dieser Zusammenhänge ist die Kräftezuordnung im *Bild 3.27* zu erklären.

Bild 3.26 Lagerbock (H = 60 mm)
Gestaltung und Befestigung mit 2 Schrauben deutet auf sehr geringe Lagerkräfte und sehr geringe Drehzahlen hin. Eine derartige Ausführung darf keinesfalls als Vorbild für kraftbeanspruchte Maschinenteile dienen.

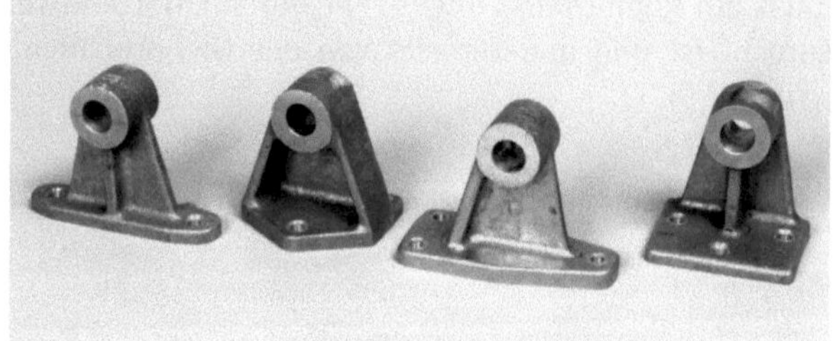

Bild 3.27 Lagerböcke in Rippenguss [45]
Von links:
- Kreuzprofil für Hauptkraft von oben
- U-Profil für Kräfte von oben und hinten (Biegung)
- T-Profil für Kräfte von oben und links
- T-Profil für Kräfte von oben und hinten

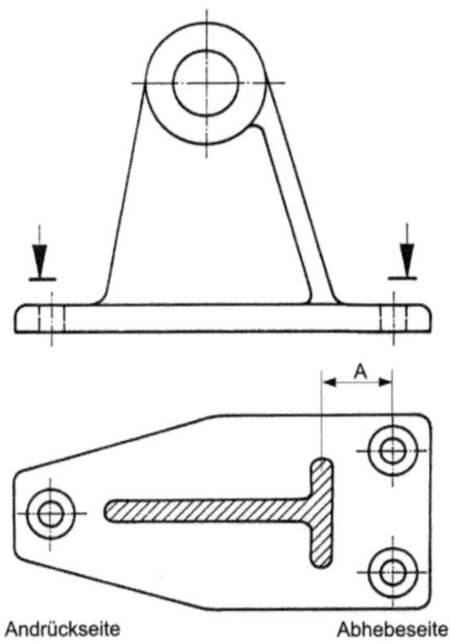

Bild 3.28 Gusslagerbock (T-Profil) ausgelegt für Hauptkraft von rechts

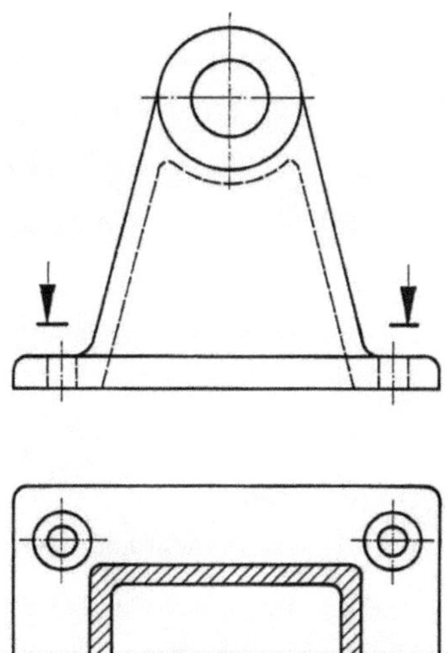

Bild 3.29 Gusslagerbock (Hohlprofil) ausgelegt für Torsionsbeanspruchung

Bei den Befestigungsschrauben sollten Kraftschrauben und Heftschrauben (im Sinne von anheften) unterschieden werden. Ein durch abhebende Kräfte beanspruchter Lagerbock benötigt nur Kraftschrauben (siehe *Bild 3.11*). Ein von oben beanspruchter Lagerbock benötigt nur Heftschrauben, da keine abhebenden Kräfte auftreten. Beim biegebeanspruchten Lagerbock muss zwischen Abhebeseite und Andrückseite unterschieden werden *(Bild 3.28)*. Die Abhebeseite wird mit Kraftschrauben befestigt, die Gegenseite nur angeheftet – dafür würden kleinere Schrauben genügen. Da aus Gründen der rationellen Fertigung in einem Bohrbild nur eine Schraubengröße verwendet werden sollte, kann die Andrückseite mit weniger Schrauben als die Abhebeseite befestigt werden. Das spiegelt sich in *Bild 3.27* und *Bild 3.28* durch die Verwendung von jeweils zwei Schrauben auf der Abhebeseite gegenüber einer Schraube auf der Andrückseite wieder.

Lagerböcke in Hohlguss *(Bild 3.29)* sind für wechselnde Kräfte aus beliebigen Richtungen geeignet bzw. sollen Torsionskräfte aufnehmen. Die Befestigungsschrauben werden in diesem Fall gleichmäßig verteilt, es sind immer Kraftschrauben, die über Haftreibung wirksam sind.

Der Lagerbock nach *Bild 3.28* lässt jedoch noch einen Nachteil an der Fußplatte erkennen. Der große Abstand **A** der Schrauben führt zu Biegung in der Fußplatte, die Gestaltungsregeln **K1** und **K1.1** sind verletzt. Ähnlich schlecht ist der Hohlgusslagerbock nach *Bild 3.29* sofern nicht nur Torsionskräfte auftreten. Eine bessere Gestaltung zeigt der Lagerbock nach *Bild 3.30*.

Bild 3.30 Lagerbock, Hohlguss [45]
Biege- und torsionssteifer Hohlkörper, die Anordnung der Befestigungslöcher gewährleistet minimale Biegeanteile

Im *Bild 3.31* ist ein Doppellagerbock aus Gusseisen mit Lamellengrafit (EN-GJL, früher GG) dargestellt, der ohne Beachtung der Auflagerkräfte der beiden zu lagernden Wellen konstruiert wurde und nach kurzer Betriebszeit durch Rissbildung bei ***A*** schadhaft wurde. Es war nicht beachtet worden, dass Auflagerkräfte nach *Bild 3.32* vorlagen. Werden die resultierenden Auflagerkräfte $\boldsymbol{F}_1$ und $\boldsymbol{F}_2$ in Horizontal- und Vertikalkräfte zerlegt, so findet man zwei entgegengesetzte gleich große Horizontalkräfte $\boldsymbol{F}_{1H}$ und $\boldsymbol{F}_{2H}$. Der Lagerbock nach *Bild 3.31* bewirkt demnach eine starke Kraftumlenkung (Biegung) und weist bei ***A*** eine nur schmale Rippe im Zugbereich auf.

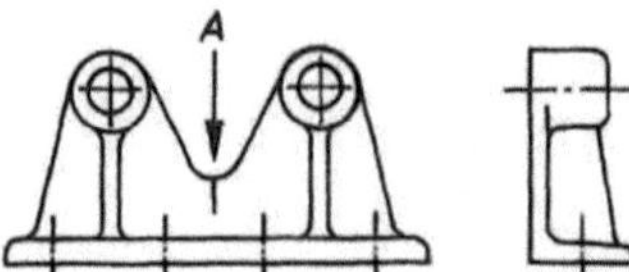

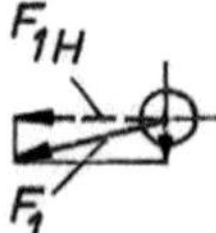

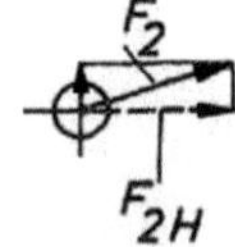

Bild 3.31 Doppellagerbock-Ausgangsteil

Bild 3.32 Belastung des Doppellagerbocks

Wenn die Einbuchtung zwischen den beiden Lageraugen erforderlich ist (z.B. zur Baufreiheit für benachbarte Bauteile), wäre eine Gestalt nach *Bild 3.33* notwendig. Besser ist die Ausführung nach *Bild 3.34,* da die Horizontalkräfte entsprechend der Regel **K1** auf kurzem Wege von Lagerauge zu Lagerauge geleitet werden und Biegung überhaupt vermieden wird. Das macht deutlich, dass für das kraftgerechte Gestalten die im Lagerauge **angreifenden Kräfte nach Größe und Richtung bekannt** sein müssen.

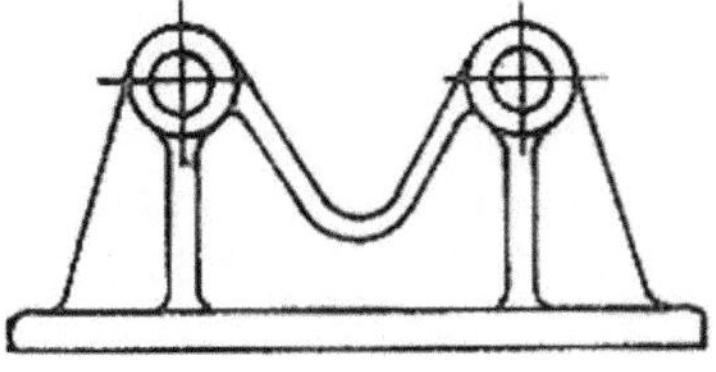

Bild 3.33 Doppellagerbock - verstärkt

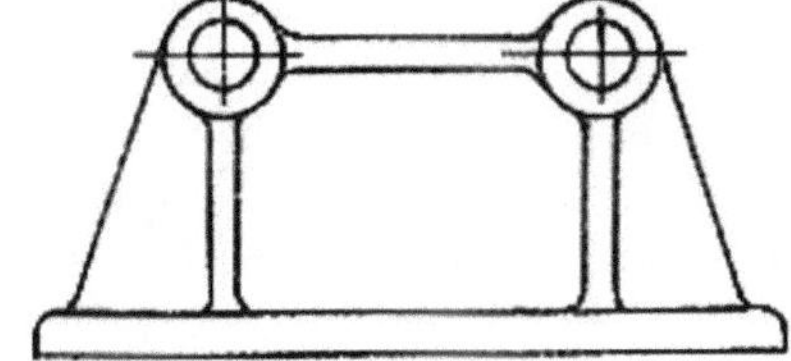

Bild 3.34 Doppellagerbock - neu gestaltet

Gestaltung des Lagerkörpers

Das Vorgehen bei der Entwicklung des Lagerkörpers sei durch die im *Bild 3.35* dargestellten vier Gestaltungsaufgaben mit Angabe der Richtung der angreifenden Kräfte erläutert.

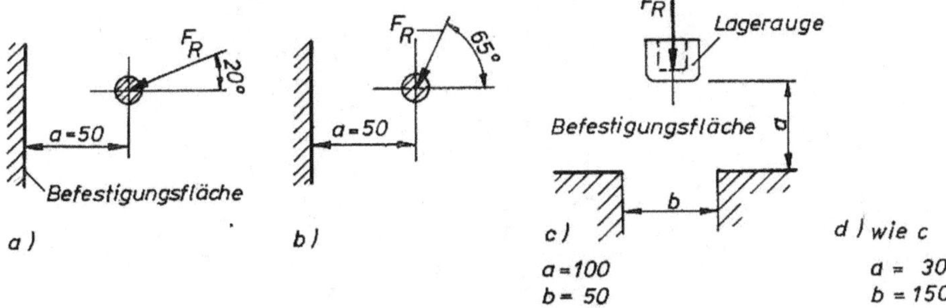

Bild 3.35 Allgemeine Belastungssituationen für Lagerböcke

Lösung der Aufgabe nach Bild 3.35a:

Dem Konstrukteur sei eine senkrechte Befestigungsfläche, z. B. an einem Maschinenständer, gegeben. In einem Abstand von 50 mm soll eine Stange befestigt werden. Die resultierende Auflagerkraft F_R dieser Stange ist gegeben. Eine zweckmäßige Gestalt für den Bauteilkörper des durch Gießen herzustellenden Stützbauteiles ist gesucht. Bei Erarbeitung der Lösung ist es zweckmäßig, zunächst zu untersuchen, ob die Regel **K1** erfüllt werden kann. Das ist hier der Fall, denn wird der Bauteilkörper in Verlängerung der Kraftwirkungslinie angeordnet, so ergibt sich ein druckbeanspruchtes Bauteil *(Bild 3.36a)*.

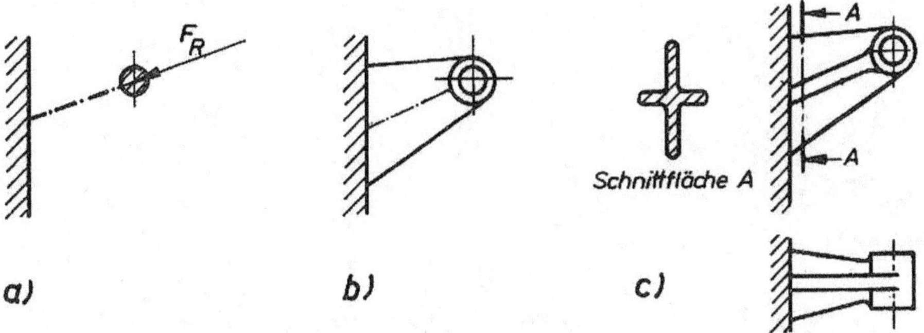

Bild 3.36 Schrittweise Gestaltung eines Lagerbocks als druckbeanspruchtes Bauteil

Um die nach *Bild 3.36a* gedachte Mittellinie des zu gestaltenden Körpers ist Werkstoff so anzuordnen, dass sich der Körper vom Lagerauge zur Befestigungsfläche hin verbreitert um eine gute Standfestigkeit zu erreichen. Am Lagerauge wird tangential angeschlossen – Bild 3.36b. Ein druckbeanspruchter Lagerbock dieser Baugröße wird in der Regel mittels einer mittig angeordneten Rippe versteift, so dass ein Bauteilkörper mit Kreuzprofil entsteht *(Bild 3.36c);* die Wanddicke nach *Tabelle 4.10* ausführen.

Lösung der Aufgabe nach Bild 3.35b:

Versucht man hier, ein druckbeanspruchtes Bauteil zu gestalten, so würde sich ein sehr großes Bauteil ergeben, da es ebenfalls in Verlängerung der Kraftwirkungslinie gestaltet werden müsste *(Bild 3.37a).*

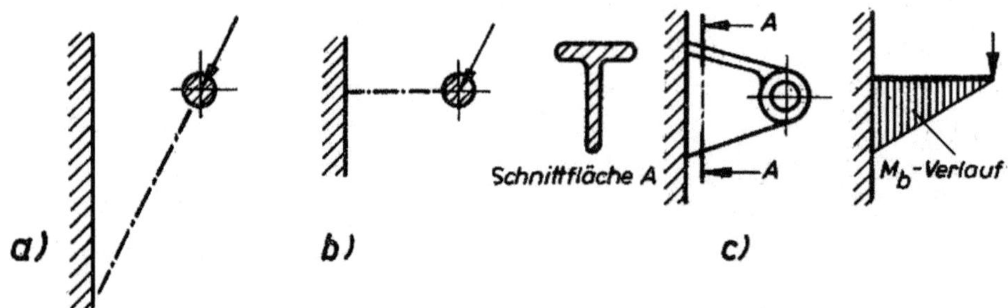

Bild 3.37 Schrittweise Gestaltung eines Lagerbocks als biegebeanspruchtes Bauteil

Daher ist es zweckmäßiger, das Lagerauge auf dem kürzesten Wege mit der Befestigungsfläche zu verbinden *(Bild 3.37b),* d. h. ein biegebeanspruchtes Bauteil zu gestalten. Bei Biegung und Gussausführung wird vorzugsweise ein T-Profil angewendet *(Bild 3.37c).* Die Verbreiterung vom Lagerauge zur Befestigungsfläche hat hier neben der Standfestigkeit auch den Grund, **biegebeanspruchte Teile entsprechend dem Biegemomentenverlauf zu gestalten** *(Bild 3.37c)* Es ist zu beachten, dass trotz starker Ähnlichkeit der Aufgaben a und b recht unterschiedliche Lösungen zweckmäßig sind!

Lösung der Aufgabe Bild 3.35c:

Hier ist ein Lagerbock zu gestalten, dessen Auge mit nicht durchgehender Bohrung über einer Öffnung der Befestigungsfläche liegen soll. Bei den gegebenen Abmessungen kann wiederum auf Druck gestaltet werden *(Bild 3.38).*

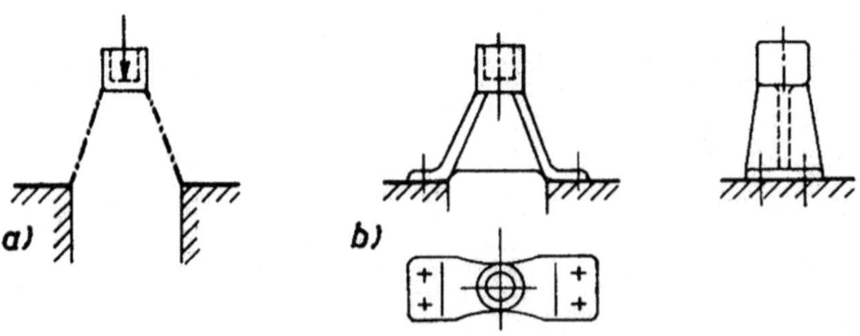

Bild 3.38 Gestaltung eines druckbeanspruchten Lagerkörpers

Lösung der Aufgabe Bild 3.35d:

Die Aufgabe ist der Aufgabe c ähnlich. Infolge der geringen Höhe a würde man aber bei Gestaltung eines druckbeanspruchten Teiles sehr große horizontale Kräfte $\mathbf{F_H}$ am Befestigungsteil erhalten (Kniehebelwirkung *Bild 3.39a*). Daher wird hier besser ein biegebeanspruchtes Teil gestaltet (*Bild 3.39b* bis *d*).

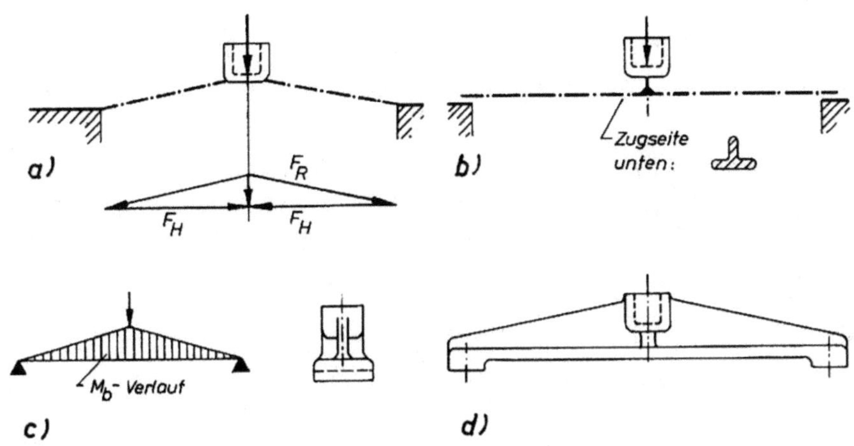

Bild 3.39 Gestaltung eines biegebeanspruchten Lagerkörpers

Die Grenze für den Übergang von Druck auf Biegung sollte etwa bei α = 30° bzw. etwa bei β = 75° liegen *(Bild 3.40)*.

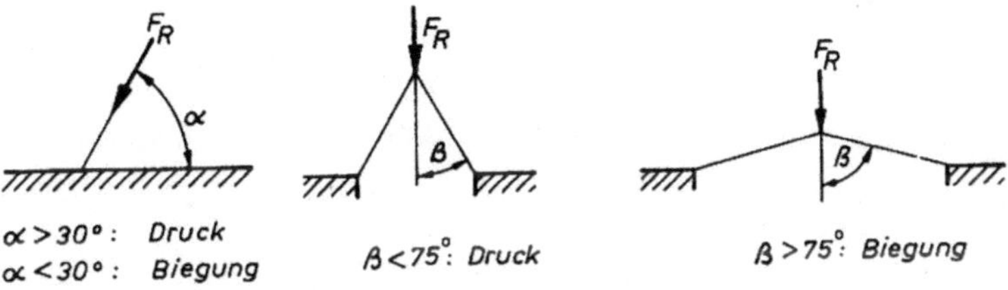

Bild 3.40 Kraftrichtungswinkel für druck bzw. biegebeanspruchte Lagerkörper

Im *Bild 3.41* ist ein Lagerbock dargestellt, der winkelförmig gestaltet werden musste, um benachbarte Bauteile zu umgehen. Im horizontalen Teil des Lagerbocks tritt Biegung auf, daher wurde ein T-Profil verwendet, während im senkrechten Teil Biegung und Torsion auftreten, sodass zweckmäßig ein Hohlprofil verwendet wird.

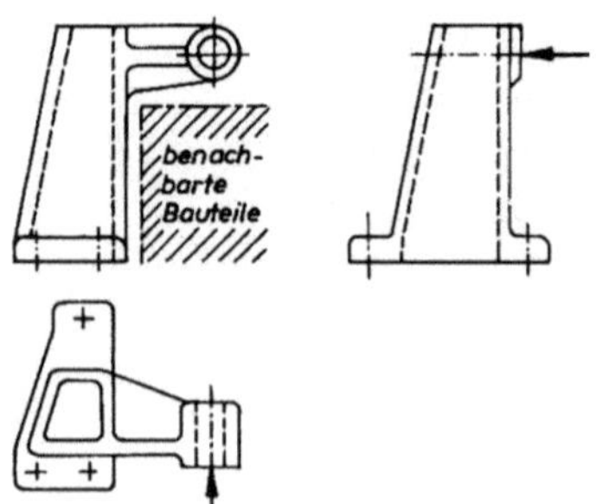

Bild 3.41 Winkelförmiger Lagerbock

Ob das Hohlprofil wegen der gleichzeitig wirkenden Biegebeanspruchung auf der Druckseite durch eine Stützrippe verstärkt wird oder besser das Hohlprofil auf der Zugseite verbreitert wird, ist im jeweiligen Fall in Abhängigkeit von Baugröße, Herstellbarkeit, Design usw. unterstützt durch Berechnung zu entscheiden.

Gestaltung der Krafteinleitungen (Lagerauge, Lagerfuß)

Die Wanddicke der **Lageraugen** wird bei gegossenen Bauteilen im Allgemeinen etwas dicker ausgeführt als der Bauteilkörper. Richtwerte für den Entwurf enthält *Bild 3.42.* Die Wanddicken des Lagerbockkörpers sind in Abhängigkeit von der Baugröße zu bestimmen - siehe *Abschnitt 4.3.*

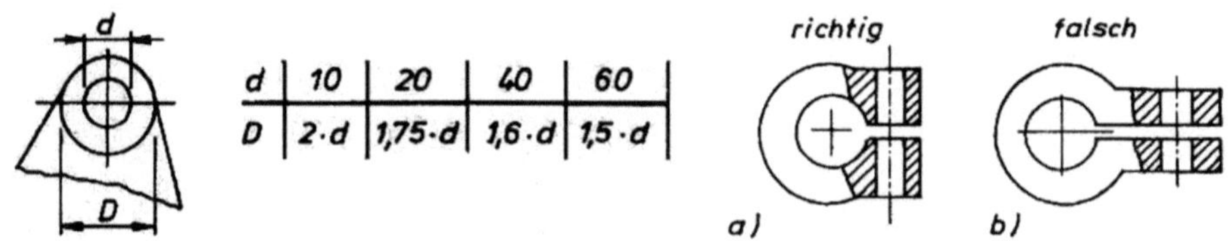

d	10	20	40	60
D	2·d	1,75·d	1,6·d	1,5·d

Bild 3.42 Richtwerte für Lageraugendurchmesser

Bild 3.43 Auge mit Klemmschraube und Schlitz

Wird das Auge mit Klemmschraube und Schlitz ausgeführt *(Bild 3.43a),* um das zu befestigende Teil durch Klemmung festzulegen und bei Bedarf lösen zu können, so ist die Klemmschraube dicht an die Bohrung heranzurücken. Ausführungen nach *Bild 3.43b* sind wenig funktionstüchtig. Die schwachen Schenkel sind biegebeansprucht und nicht in der Lage, die Bohrung beim Anziehen der Klemmschraube gleichmäßig zu verengen.

In ähnlicher Weise ist ein geteiltes Lagerauge zu gestalten - siehe *Bild 3.44* und *Bild 3.105ff.*

Bild 3.44 Lagerdeckel (Gussstücke) [45]
Links: zweckmäßige Gestalt für minimalen Schraubenabstand
Rechts: Dieses Gussstück ähnelt mehr einem Blechbiegeteil. Leider ist eine derartig mangelhafte Gestalt immer wieder anzutreffen.

Für die Gestaltung der **Fußplatte** sind Andrückseite und Abhebeseite zu unterscheiden, wie bereits weiter oben dargestellt und durch *Bild 3.45* nochmals verdeutlicht.

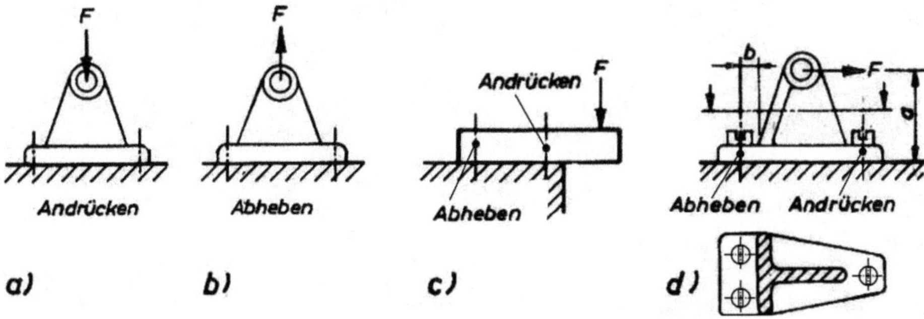

Bild 3.45 Gestaltung der Fußplatte

Besondere Aufmerksamkeit verlangt die Abhebeseite mit entsprechend dimensionierten Kraftschrauben, während auf der Andrückseite zur Beherrschung der Betriebskräfte keine Schrauben erforderlich wären. Es werden dort aber grundsätzlich Schrauben vorgesehen um ein Abheben durch Kräfte, die bei Transport, Pflege und Wartung, unsachgemäße Bedienung usw. auftreten können, zu vermeiden. Weiterhin ist bei derartigen Befestigungen mit Fußflansch zu beachten, dass auf der Abhebeseite Biegung im Lagerfuß auftritt. Je kleiner der Abstand b ausgeführt wird, umso kleiner ist das Biegemoment *(Bild 3.45d)*. Werden an Stelle von Sechskantschrauben Innensechskantschrauben verwendet, so lässt sich dieser Abstand verringern *(Bild 3.46)*.

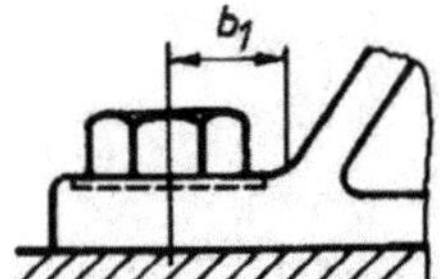

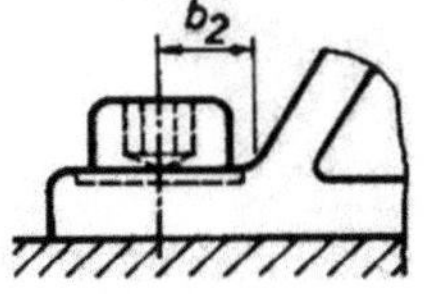

Bild 3.46 Platzbedarf von Schraubenköpfen unter Berücksichtigung der Montagefreiheit $b_2 < b_1$

Bei großen Abhebekräften kann es günstiger sein, die Schrauben in Schraubentaschen *(Bild 3.47a)* oder auf einem Ansatz *(Bild 3.47b)* anzuordnen und den Biegeanteil damit weitgehend herabzusetzen (siehe auch *Bild 3.56*).

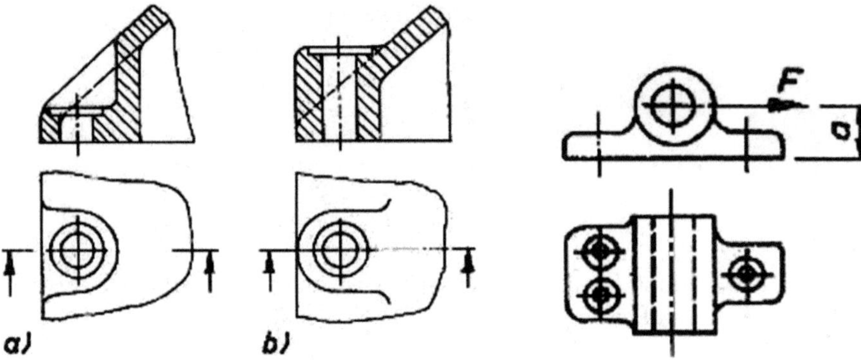

Bild 3.47 Schraubentasche und Schraubenansatz als Alternative zum Flansch

Bild 3.48 Abhebeseite trotz geringer Höhe berücksichtigt

Es ist nicht selten, dass die Höhe eines Lagerbocks so gering ausfällt, dass der Lagerbockkörper entfällt und nur noch Lagerauge und Fußplatte bzw. Befestigungsaugen vorhanden sind. Auch in diesem Fall sollten Abhebeseite und Andrückseite unterschieden werden, wie in *Bild 3.48* erkennbar.

Günstige Gestaltvarianten sind in den Aufgabe 3.1 enthalten.

Aufgabe 3.1 Analysiere die Lagerböcke nach *Bild 3.49*.

a) Für welche Kraftrichtung sind die Lagerböcke zweckmäßig einzusetzen?

b) Wo kommen Kraftschrauben, wo Heftschrauben zur Anwendung?

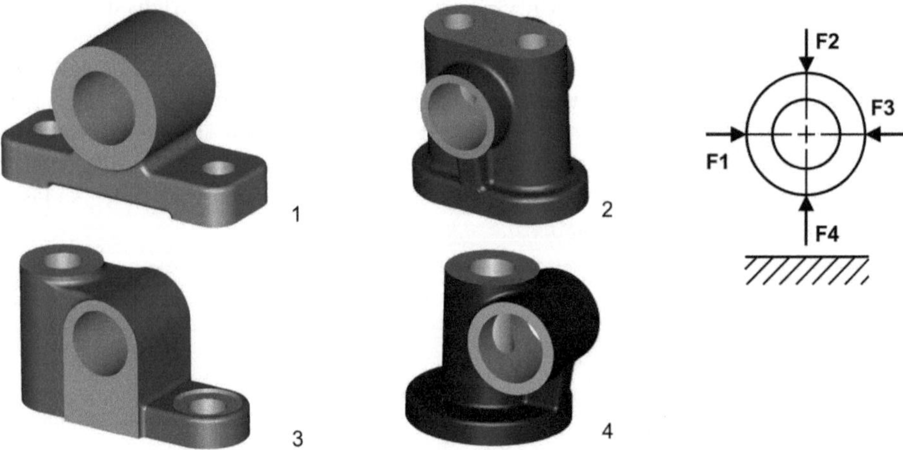

Bild 3.49 Lagerbockzeichnungen nach Praxisfällen und prinzipielle Kraftrichtungen

3.2.2 Geteilte Getriebegehäuse und das Flanschproblem

Während in der Maschinenelementeliteratur die Berechnung der Zahnräder sehr umfassend behandelt wird - die Berechtigung soll hier keinesfalls infrage gestellt werden - wird die Gestaltung der Gehäuse recht dürftig behandelt und die Feststellungen „maßgebend ist die Formsteifigkeit des Getriebegehäuses nicht die Festigkeit“ und „das Versteifen der Gehäuse ist durch Stege und Rippen zu erreichen“ [7] sind mitunter schon alle Aussagen zu diesem Thema. Das Flanschproblem bleibt ausgespart. Was soll darunter verstanden werden? *Bild 3.50* zeigt ein Getriebe mit Verbindungsflansch und Fußflansch sowie einfachen Versteifungsrippen ohne Kommentar zur Flanschgestaltung.

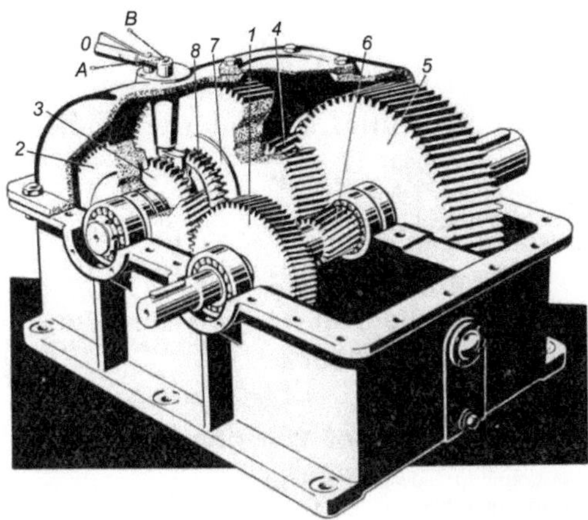

Bild 3.50 Getriebegehäuse mit Flanschen [28]

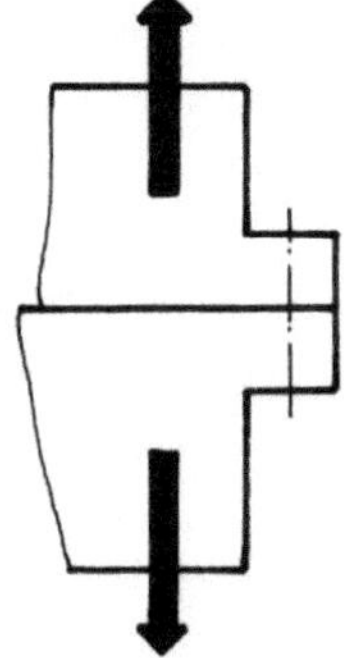

Bild 3.51 Flansche sind Kraftumlenkungen

Ein Flansch ist aber eine Kraftumlenkung und widerspricht der Regel **K1** (siehe *Bild 3.51*) Mit Blechmodellen kann dieser Sachverhalt sehr anschaulich gemacht werden *(Bild 3.52)*.

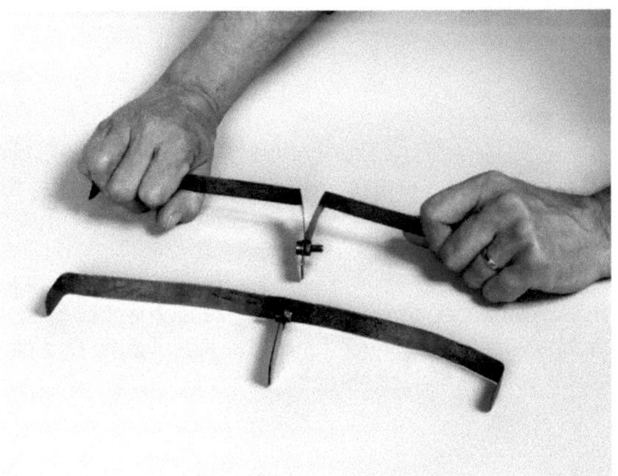

Bild 3.52 Demonstrationsmodelle Flanschbiegung [45]
Die Blechmodelle zeigten deutlich die negative Auswirkung eines großen Schraubenabstandes und die positive Wirkung bei Minimalabstand

Bild 3.53 bietet Lösungsansätze, die die Biegung weitgehend einschränken.

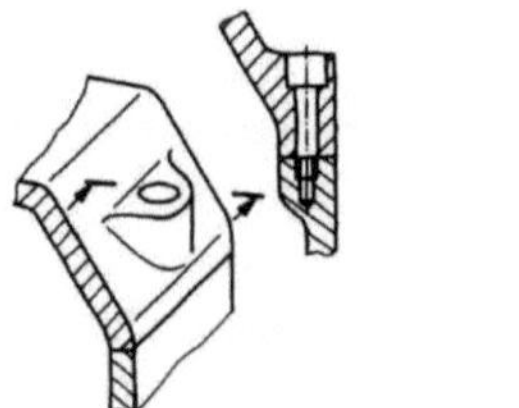

Schraubenansatz für Innensechskantschraube

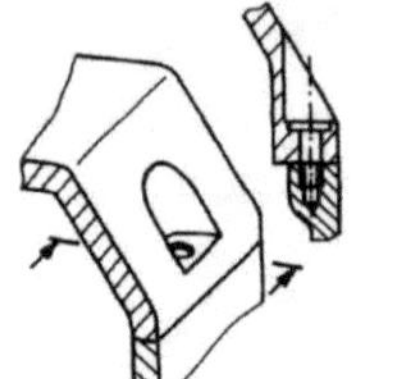

Anwendung gegossener Schraubentaschen

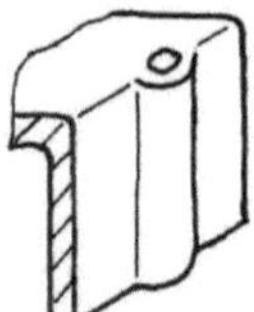

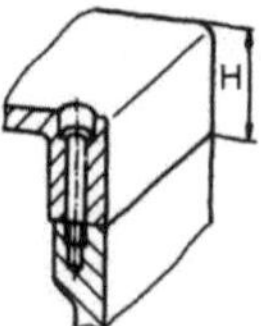

Verbindung bei senkrechten Wänden, wenn H in erträglichen Grenzen bleibt (max. Schraubenlänge und max. sinnvolle Bohr- bzw. Senktiefen nicht überschreiten)

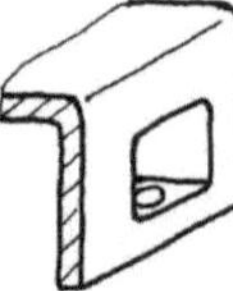

Unzweckmäßige Schraubentasche bei großem H wegen der ungünstigen Bearbeitung der Auflagefläche für den Schraubenkopf

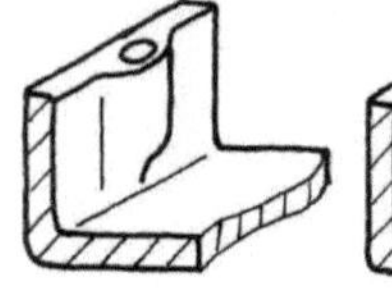

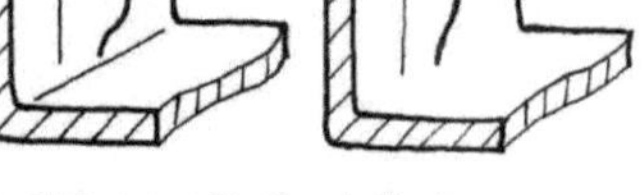

Verstärkungen für Gewindbohrungen im Gehäuseunterteil

Bild 3.53 Flanschlose Gehäuseverbindungen (Schrauben nicht dargestellt)
Die Variantenvielfalt ist mit den dargestellten Beispielen nicht erschöpft

Die unzureichende Berücksichtigung des Flanschproblems am Kegelradgetriebe einer Strohpresse zeigt das folgende Bild.

Bild 3.54 Gehäuseoberteil eines Kegelradgetriebes
Der nachgezeichnete Flansch führte zur Rissbildung und ist schließlich vollständig abgebrochen.

In *Bild 3.55, Bild 3.56* und *Bild 3.57* sind weitere gute Lösungsvarianten aufgezeigt.

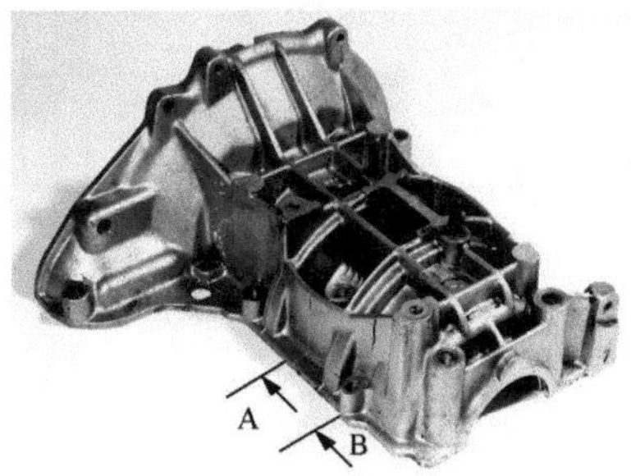

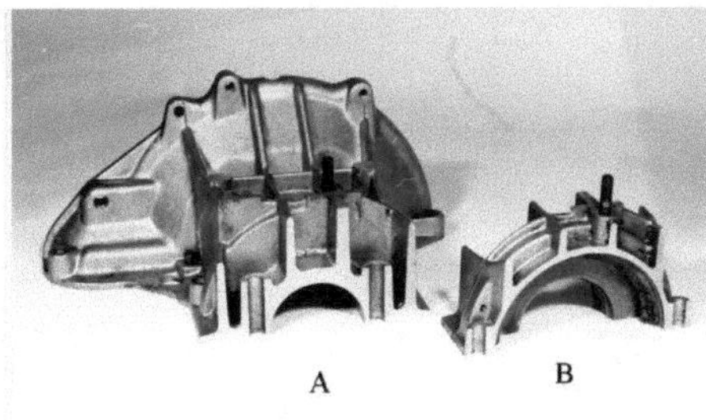

Bild 3.55 Getriebegehäuse eines Klein-PKW
Die kraftgerechte Lagerdeckelgestaltung nach *Bild 3.44* ist hier in ein Getriebegehäuse in integrierter Gestalt angewendet worden (die rechte Bildseite zeigt Schnitte bei A und B).

Bild 3.56 Dampfhammer (Baujahr ca. 1925)
Die hohe dynamische Beanspruchung bei Betrieb des Hammers hat schon zur damaligen Zeit die zweckmäßige Gestalt der Schraubenansätze (Pfeile) für die Hammerbefestigung zwingend erforderlich gemacht.

Bild 3.57 Flanschähnliche Verschraubung für höhere Beanspruchung
Mit Gewinde M 36 verschraubte Stahlgussgehäuseteile einer Pumpe. Die rohrartigen Ansätze, durch Abschrägung gut abgestützt, zeigen eine hohe Belastbarkeit.

Dass das Flanschproblem nicht nur bei Getriebegehäusen eine Rolle spielt, zeigt *Bild 3.58*. Der ungewöhnliche Lösungsvorschlag in *Bild 3.59* darf als Anregung angesehen werden.

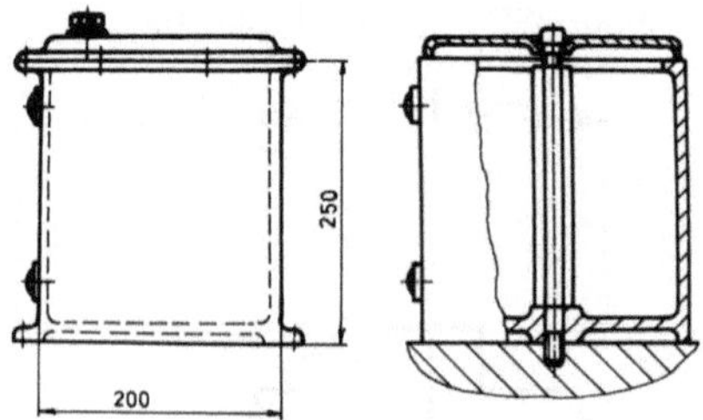

Bild 3.58 Ölbehälter, 2 Varianten
Links: Mit Bodenflansch und Deckelflansch (8 Schrauben!)
Rechts: Flanschlose Konstruktion

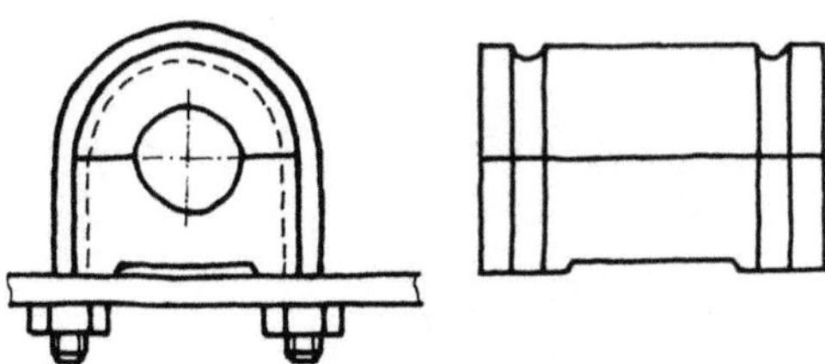

Bild 3.59 Flanschlose Verbindung mittels Rundstahlbügel DIN 3570
Der Rundstahlbügel dient zur Verbindung der Gehäuseteile und gleichzeitig zur Gehäusebefestigung; biegebeanspruchte Flansche sind vermieden.

An Stelle eines Fußflansches (siehe *Bild 3.50*) sind Einzelfüße materialsparend.

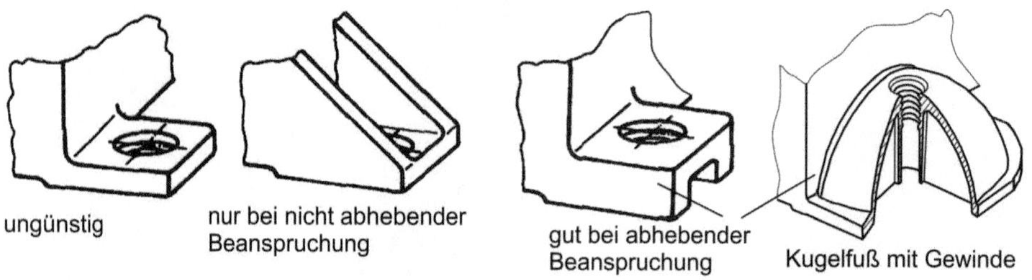

Bild 3.60 Fußgestaltung

Bei ihrer Gestaltung sind immer zweckmäßige Verrippungen zu bevorzugen. „Klumpfüße“ wie in *Bild 3.61* sind weder materialsparend noch kraftgerecht.

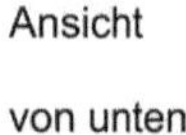

Bild 3.61 Getriebegehäuse (Al-Guss) – unzweckmäßige „Klumpfüße“

3.2.3 Gestaltungsbeispiele weiterer kraftbeanspruchter Gussstücke

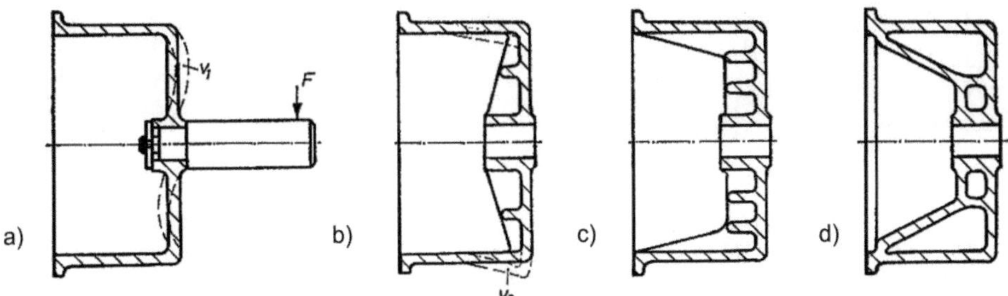

Bild 3.62 Varianten für eine Achsbefestigung [29]
a) Biegeempfindliche ebene Wand - Bodenwölbung v_1
b) Mit Ring- und Radialrippen Verformbarkeit gegenüber a stark eingeschränkt - aber Verformung v_2
c) Innenrippen versteifen auch die Seitenwände - Verformung v_2 wird eingeschränkt
d) Fertigungsaufwendig (Kernarbeit bei Formherstellung), aber bei großen Kräften lässt der doppelwandige Baukörper nur geringe Verformungen zu. Kernlagerung nicht berücksichtigt (siehe 4.3).

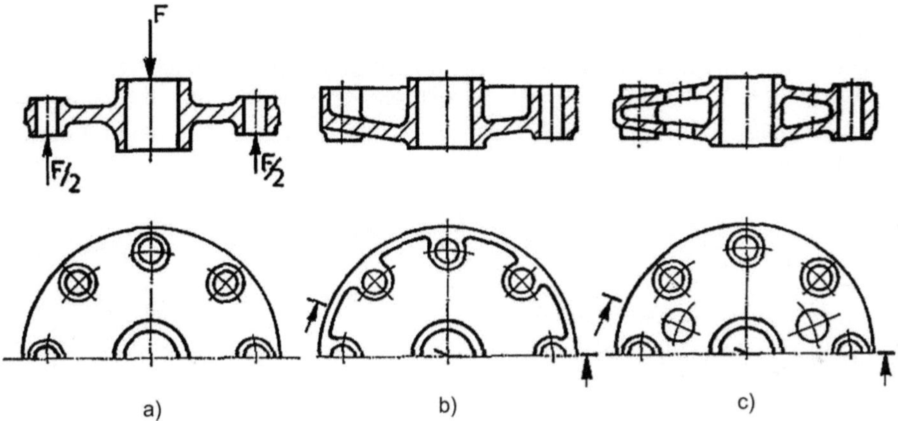

Bild 3.63 Mehrfachwerkzeugträger [29]
a) Flache, biegeweiche Scheibe
b) Günstigere, biegesteife Gestalt
c) Aufwendige Gestaltung (Kerne erforderlich), bei großen Kräften sind jedoch nur geringe Verformungen zu erwarten.

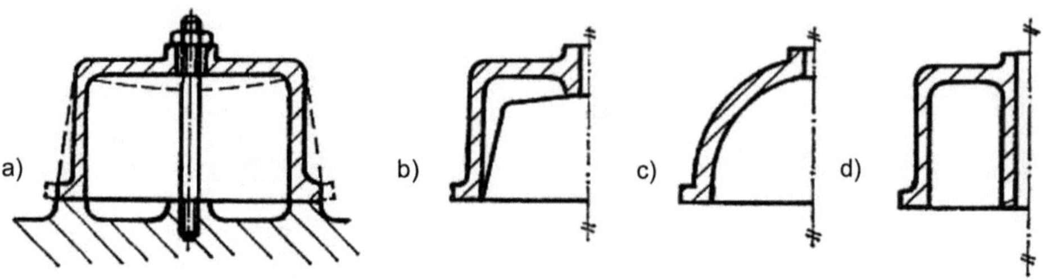

Bild 3.64 Haubenbefestigung [29]
a) Deckel verformt sich beim Anziehen der Mutter stark
b) Innenrippen verringern die Deckelverformung
c) Glockenform beseitigt die Biegebeanspruchung, es herrscht Druckbeanspruchung; diese Haubenform zeichnet sich durch hohe Steifigkeit aus, ohne dass Rippen angewendet werden müssen.
d) Muss die Kastenform beibehalten werden (z. B. aus Gründen des Aussehens), kann die hülsenartige Verlängerung an der Schraubenbohrung die Durchbiegung der Haube vermeiden.

3.2.4 Gestaltungsregeln für kraftgerechte Gussstückgestaltung

In sehr vielen Fällen ist nicht die zulässige Spannung (Festigkeit), sondern eine geringe Verformung (Steifigkeit) die entscheidende Größe für ein Gussstück (z. B. Bauelemente für Werkzeugmaschinen): Der Konstrukteur sollte sich daher vor dem Entwerfen und Gestalten Klarheit verschaffen, ob Festigkeit oder Steifigkeit gefordert ist.

Regeln für die Gussstückgestaltung auf Steifigkeit

Steifigkeit nicht aus großen Wanddicken gewinnen!

KG1: Geringe Verformung erreichen durch:

1.1: geradlinige Kraftleitung – Flansche sind Kraftumlenkungen

1.2: Verrippung auf der Druck- oder Zugseite

1.3: zweckmäßigen Querschnitt *(Tabelle 3.1)*

1.4: Hohlkörper bzw. Doppelwände (Aufwand für Kernarbeit beachten!) ■

Regeln für Gussstückgestaltung auf Festigkeit

KG2: Geringe Spannung erreichen durch:

2.1: geradlinige Kraftleitung

2.2: Verrippung stets auf der Druckseite

2.3: Bevorzugung durchlaufender Rippen gegenüber dreieckförmigen Rippen *(Bild 3.65)* ■

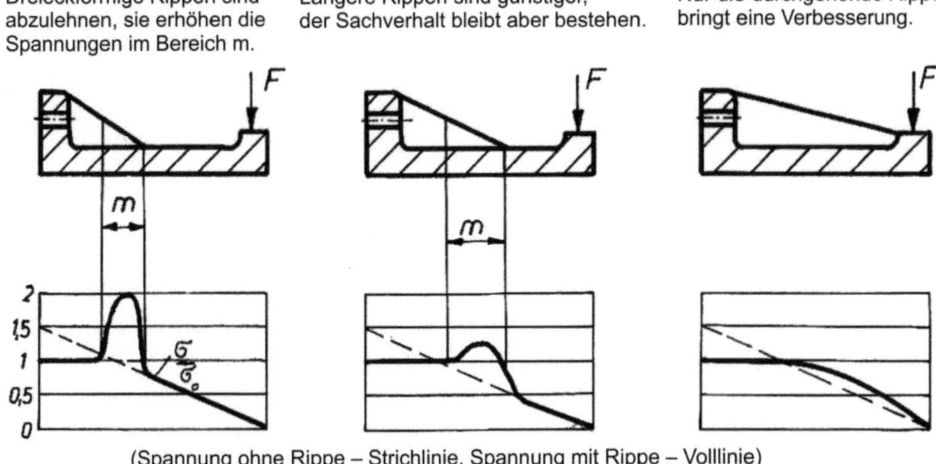

Bild 3.65 Spannungsüberhöhung am Rippenauslauf

3.3 Kraftgerechte Schweißkonstruktionen

Selbstverständlich gelten die Grundregeln des kraftgerechten Gestaltens auch für Schweißkonstruktionen im vollen Umfang und ein geschweißter Lagerbock, wie im *Bild 3.66* – offensichtlich ohne Beachtung der Hauptkraftrichtung konstruiert – muss kritisiert werden, da er jeglicher „kraftgerechter Vernunft“ widerspricht.

Bild 3.66 Abrichteinrichtung für eine Sonderschleifmaschine
Hauptkraft wirkt in Pfeilrichtung
Hauptmangel: Die vier sattelartigen Rippen werden auf Biegung beansprucht. Für die Steifigkeit dieser Einrichtung in Pfeilrichtung ist die Rippendicke verantwortlich.
Nebenmängel: Nähte unter dem Rohr sind für den Schweißer schwer zugänglich, zwischen den Sattelblechen sammelt sich Schmutz, Reinigen ist schwierig

Aufgabe 3.2 Dem Leser wird empfohlen, zweckmäßige Lösungen zu entwerfen, um die benannten und vielleicht weiterhin aufgefundene Mängel zu beseitigen.

Typisch für Schweißkonstruktionen ist die Verwendung von Walzstahl oder anderen Strangmaterialien. Dabei kann es zu Steifigkeitssprüngen bzw. Verformungsbehinderungen kommen. *Bild 3.67, Bild 3.68, Bild 3.69* schildern diesen Sachverhalt bei Zug, Biegung und Torsion und zeigen zweckmäßige Ausführungen. Alle dargestellten Steifigkeitssprünge sind bei rein statischer Beanspruchung relativ wenig bedenklich, müssen aber bei dynamischen Kräften unbedingt vermieden werden:

KS1: Steifigkeitssprünge/Verformungsbehinderungen vermeiden! ■

Zur Ergänzung lässt sich formulieren:

KS1.1: Besondere Gefährdung besteht bei dynamischer Beanspruchung.

KS1.2: Besonders kritisch ist der sprunghafte Übergang vom offenen zum geschlossenen Profil bei Torsion. ■

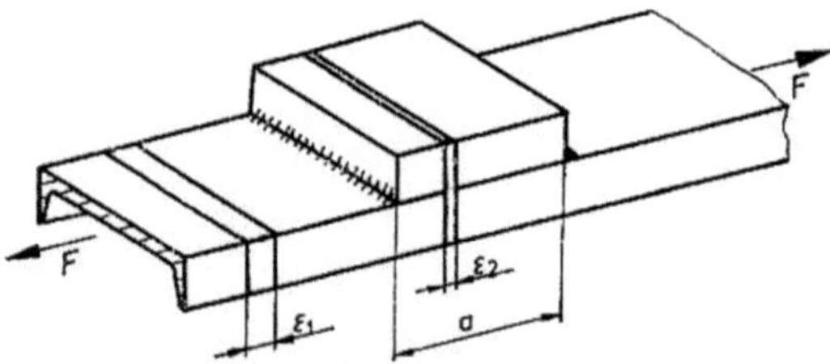

Bild 3.67 Zugbeanspruchter U-Träger mit Verformungsbehinderung

Die auf den Träger als Arbeitsfläche aufgeschweißte dickwandige Verstärkung verändert das Verformungsverhalten des Trägers. Die Verformung ε_1 kann sich im Bereicha a nicht ausbilden. Da die Trägerdehnung ε_2 gleich der Dehnung in der massiven Verstärkung sein muss, haben die Kehlnähte die dafür erforderlichen Kräfte zu übertragen. Das ruft in den Kehlnähten Spannungskonzentrationen hervor, für die sie normalerweise nicht ausgelegt sind.

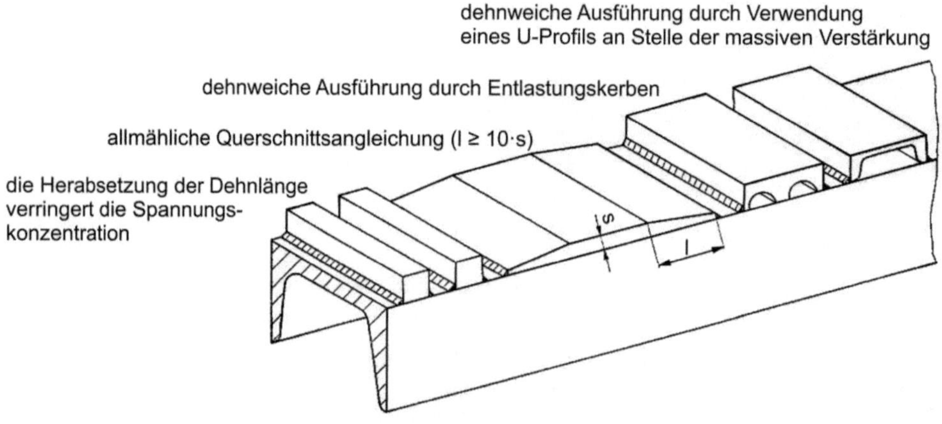

dehnweiche Ausführung durch Verwendung eines U-Profils an Stelle der massiven Verstärkung

dehnweiche Ausführung durch Entlastungskerben

allmähliche Querschnittsangleichung (l ≥ 10·s)

die Herabsetzung der Dehnlänge verringert die Spannungskonzentration

s

l

Bild 3.68 Abhilfe für Verformungsbehinderung nach Bild 3.67

Die Werkstofffasern der Zugseite des Balkens A können sich im Bereich B nicht frei dehnen.

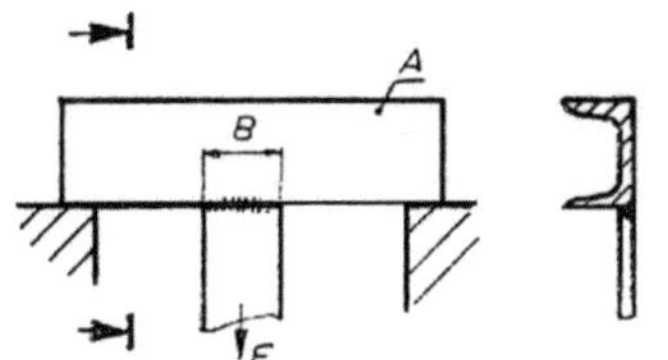

Der Zugstabanschluss in der Trägermitte (neutrale Faser) ist bei dynamisch beanspruchten Konstruktionen zu bevorzugen (Korrosionsgefahr im Spalt s beachten!)

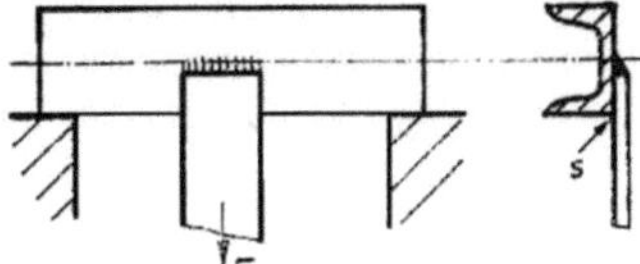

Bild 3.69 Biegeträger mit Verformungsbehinderung durch Zugstabanschluss

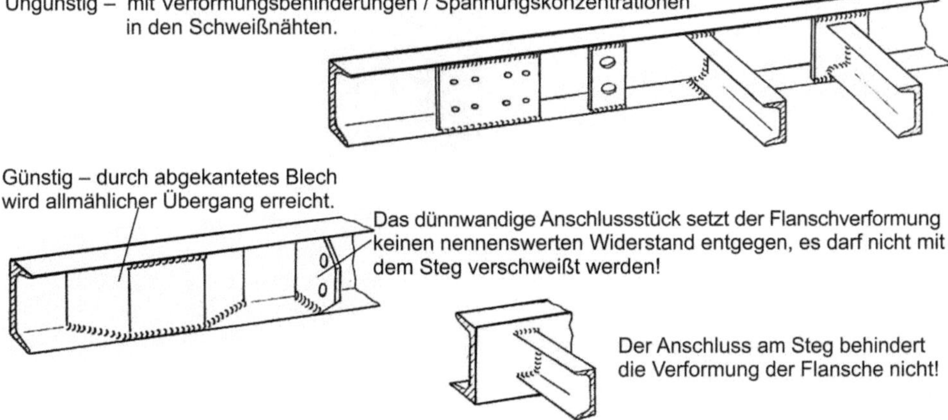

Bild 3.70 Torsionsbeanspruchter U-Träger mit Verformungsbehinderungen

Für die Beherrschung der Verformung durch Torsion bei offenen Kästen kann die Dreieckverrippung wie bereits mit Regel **K4** belegt - angewendet werden. Diese Lösung ist jedoch wenig brauchbar, wenn der Raum im Kasten benötigt wird. In diesem Fall bietet sich bei Schweißkonstruktion die Verwendung einer hohlen Eckaussteifung *(Bild 3.71)* an:

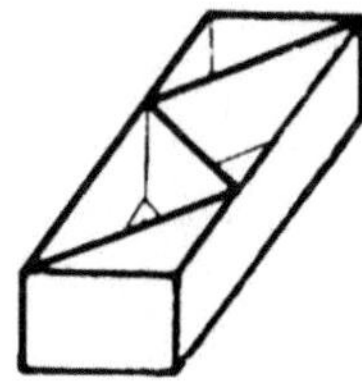

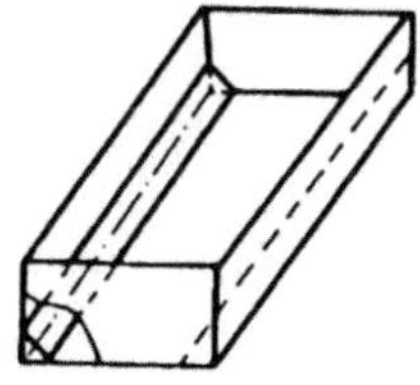

Bild 3.71 Aussteifung offener Kästen für Torsion
Links - Dreieckverrippung
Rechts - Eckaussteifung

Derartige Lösungen sind von Ladeschalen für große Kipper-Lastkraftwagen bekannt. Ob der Hohlraum durch eingeschweißte Hohlprofile, durch Abkantung oder dergleichen gebildet wird, muss bei der Gestaltung des ganzen Objektes entschieden werden (siehe *Bild 3.72*, *Bild 3.73* und *Bild 3.74*).

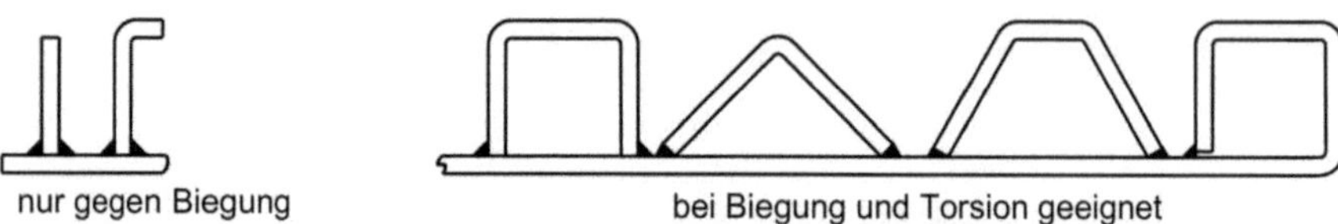

Bild 3.72 Versteifungen flächiger Teile durch aufgeschweißte Profile

Bild 3.73 Blechaussteifung mit Abkantung

Bild 3.74 Planierschild
Planierarbeiten an ungleichmäßigen Erdschichten können eine Torsionsbelastung des Schildes hervorrufen. Die hohlen Aussteifungen mit Winkel- und U-Profil sorgen für Torsionssteifigkeit.

■ 3.4 Kraftgerechte Blechteilgestaltung

Die typischen Formelemente zur Versteifung von Blechteilen – **Sicke, Bördel, Abkantung, Wölbung und Spiegel** *(Bild 3.75)* finden vorrangig an Bauteilen aus Feinblech (Dicke < 4 mm) Anwendung. Sie sind aber nicht beschränkt auf diesen Dickenbereich und werden je nach Gestalt, Fertigungsmenge und verfügbarem Maschinenpark auch bei Grobblech (ab 4 mm) verwendet. Im vorliegenden Abschnitt geht es vorwiegend um Feinblechanwendungen.

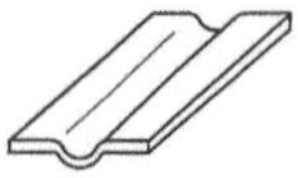 **Sicke**	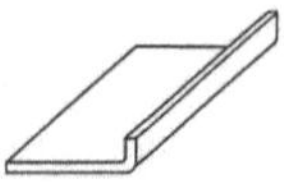 **Bördel**	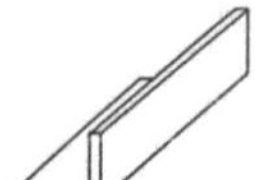 **Abkantung**	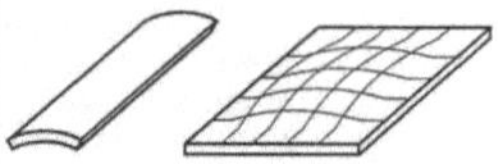 **Wölbung**	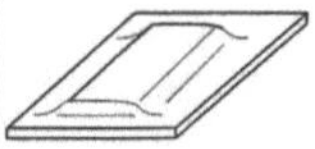 **Spiegel**
Halbrunde lineare Vertiefung/ Erhöhung (auch trapezförmig	Hochgestellte Kante geringer Höhe (meist rechtwinklig	Hochgestellte Kante größerer Höhe	Einfache Wölbung vorrangig für stabartige, schalenförmige Wölbung für flächige Blechteile	Flächige Vertiefung/ Erhöhung

Bild 3.75 Übersicht – Formelemente zur Versteifung von Blechteilen

Die Versteifungswirkung wird erreicht, indem Elemente des Blechteiles aus der Blechebene herausgehoben werden. Die Sicke - das Element mit der geringsten Versteifungswirkung - zeigt am Demonstrationsmodell *(Bild 3.76)* bereits deutliche Verbesserung der Biegesteifigkeit. Die gleiche positive Wirkung ist bei Druck (Knickgefahr!) zu verzeichnen, allerdings nur dann, wenn die Knickkraft in Richtung der Sicke wirkt *(Bild 3.77)*.

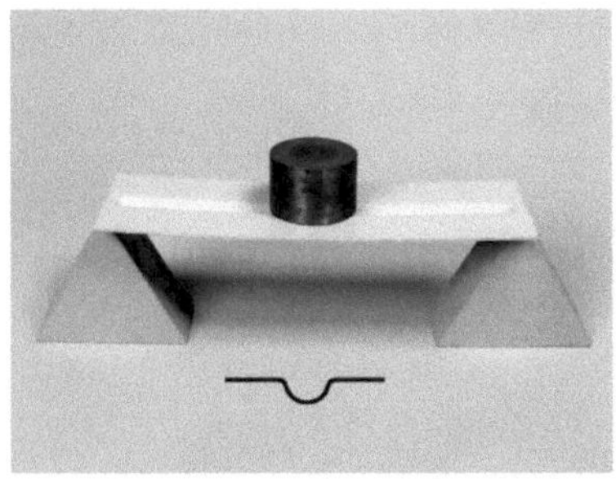

Bild 3.76 Demonstrationsmodelle für Blechversteifungen [45]
Das unversteifte Bauteil verformt sich bei Biegung sichtbar (rechtes Bild). Das Bauelement mit Sicke erweist sich als biegesteifer (linkes Bild).

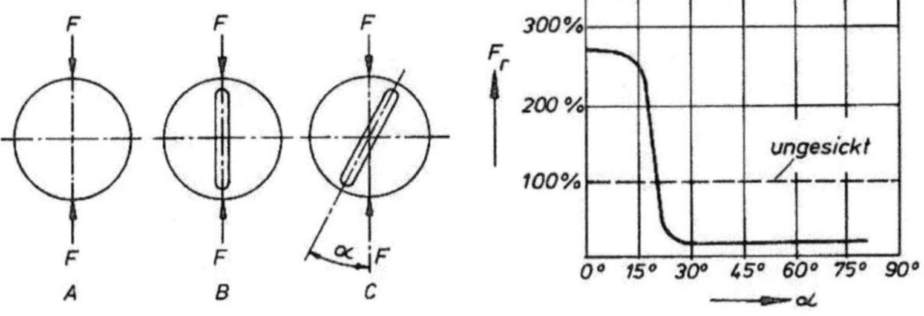

Bild 3.77 Blechscheibe unter Knickbeanspruchung [30]
Knickkraft ohne Sicke: 100%
Knickkraft mit Sicke: 280%
Knickkraft quer zur Sicke: 20%

Liegt die Sicke quer zur Kraftrichtung, tritt eine nennenswerte Verschlechterung ein, das Absinken der Knickkraft setzt bereits bei 15° Schräge der Kraft zur Sicke ein. Bei Mehrfachanordnung von Sicken ist außerdem die Lage der Sicken zueinander zu beachten. Es darf nicht möglich sein, dass in das Sickenbild Geraden hineingelegt werden können, die keine Sicke schneiden, denn im Verlaufe dieser Geraden wäre das Blech unverstärkt. Eine derartig ungünstige Anordnung zeigen *Bild 3.78a* und *b*.

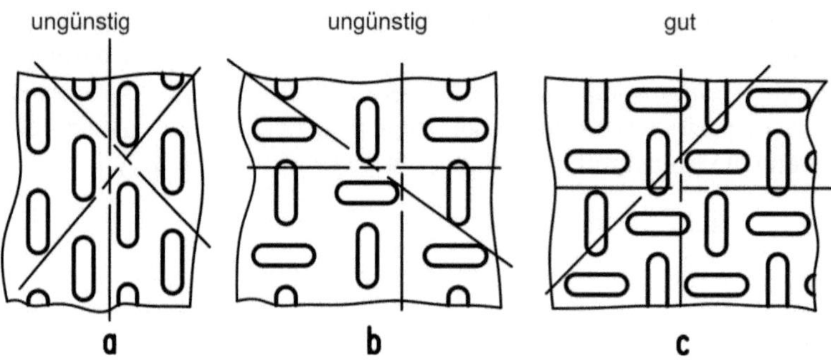

Bild 3.78 Sickenbilder [30]

Werden die Sicken im *Bild 3.78b* enger angeordnet, treten derartige Geraden nicht mehr auf. Im *Bild 3.79* sind weitere günstige und ungünstige Sickenbilder dargestellt.

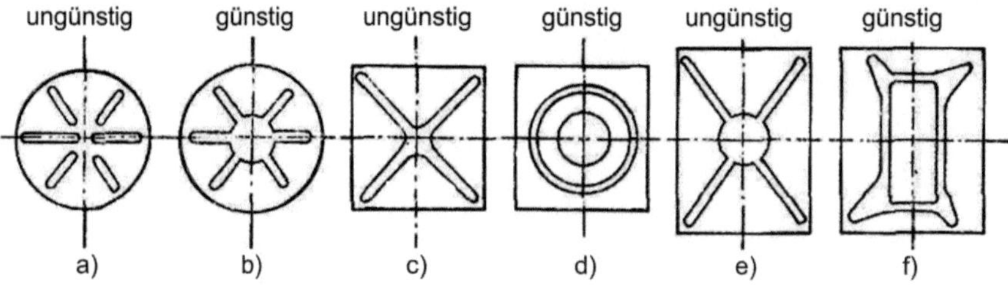

Bild 3.79 Sickenbilder [30]

Im Bild 3.79c bzw. e treten zwar solche Geraden nicht auf, aber der Verstärkungseffekt der Sicken bezüglich der Trägheitshauptachsen (Symmetrielinien) ist gering. Die Anwendung der Sicken ist nicht allein auf halbkreisförmige Sicken und gleich breite Sicken beschränkt (siehe *Bild 3.80* und *Bild 3.79f*), bedarf aber der Berücksichtigung des Einflusses der Fertigungsmenge. So ist z. B. eine Sickenkreuzung oder ein Sickenbild nach *Bild 3.79f* nur mittels Formwerkzeug herstellbar (siehe *Abschnitt 4.6*).

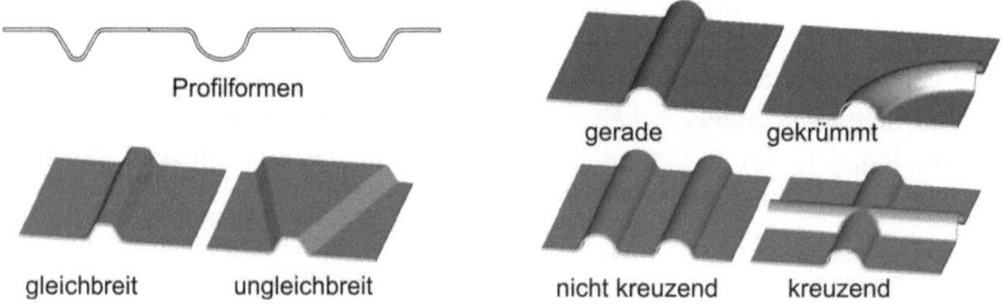

Bild 3.80 Sickenquerschnitte und Sickenverläufe

Die Wirkung der weiteren Versteifungselemente zeigen *Bild 3.81* und *Bild 3.82*. Die beste Versteifungswirkung wird beim Hutprofil erreicht.

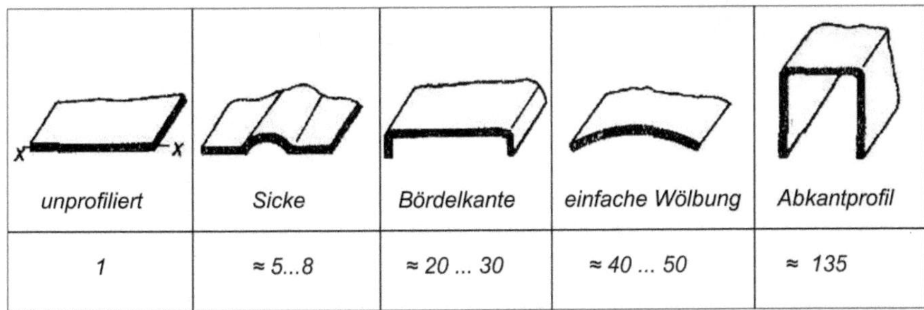

Bild 3.81 Erhöhung des Widerstandsmoments Wb bezogen auf die Achse x-x [37]

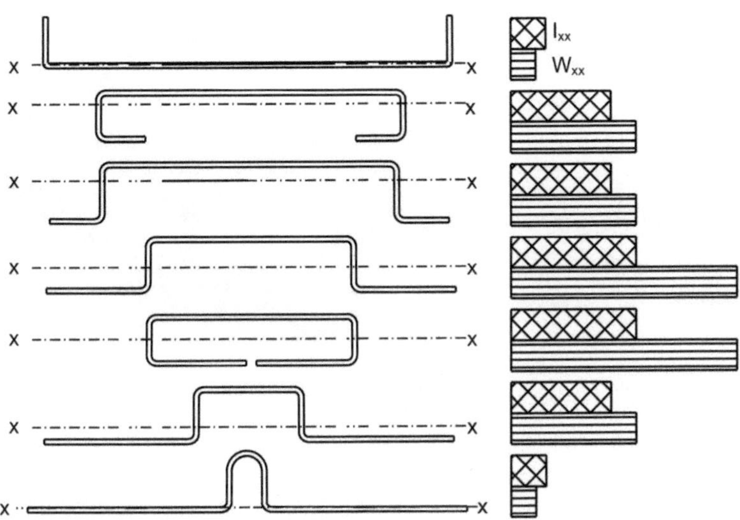

Bild 3.82 Vergleich von U-Profil, Hutprofil und Rechteckprofil gleicher Querschnittsfläche bezüglich Flächenträgheitsmoment I_{xx} und Biegewiderstandsmoment W_{xx} [30]
Alle Profile aus dem gleichen Blechstreifen geformt; max. Wirkung durch gleiche Blechanteile oberhalb und unterhalb der neutralen Achse x-x

Angewendet werden die Versteifungselemente sehr häufig in kombinierter Form (*Bild 3.83* und *Bild 3.85*) und nicht nur in Blech *(Bild 3.84)*. Der Kleinanhänger im *Bild 3.86* benötigt neben seinen abgekanteten Bordwänden eine Randversteifung, die durch Umformung des Randes (geringer Fertigungsaufwand) oder angefügte Elemente (höherer Fertigungsaufwand) ausgeführt werden kann (siehe *Bild 3.87*).

Bild 3.83 Sicken- und Bördelversteifung eines Kotflügels
Blechversteifungselemente werden häufig kombiniert angewendet.

Bild 3.84 PKW-Hutboden, Ausschnitt [45]
Trapezförmige Sicken versteifen das dünnwandige Bauteil, Kunststofffolie thermisch geformt.

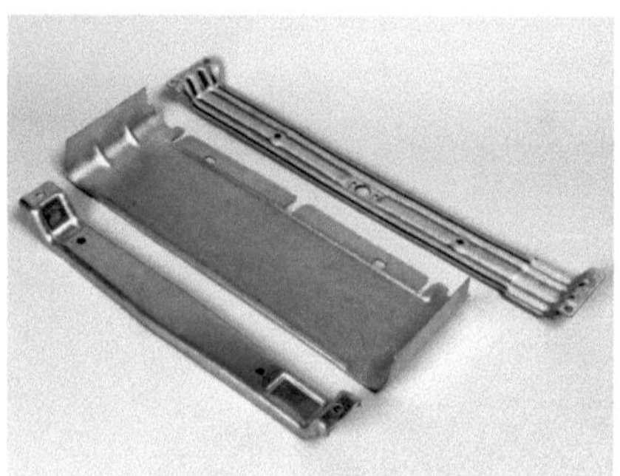

Bild 3.85 Blechformteile mit typischen Versteifungsformen [45]
Von unten nach oben: - Spiegel und Bördel kombiniert - Ecksicken und Bördel - mehrere durchlaufende Sicken

Bild 3.86 PKW-Kleinanhänger
Bordwände zur Erhöhung der Steifigkeit als Abkantprofil ausgeführt.

Bauteilart	Anwendung der Blechumformung	Anwendung der Fügetechnik
Behälter (Randversteifung)		Versteifungselemente punkt- oder Lichtbogen geschweißt

Bild 3.87 Randversteifungen [nach 37]

Zur Anwendung von Fügeverfahren sollte immer erst gegriffen werden, wenn die gewünschte Wirkung durch Umformung allein nicht erreicht werden kann. Bei Bauteilen aus Feinblech bietet sich vorzugsweise das Punktschweißen an. Es verlangt allerdings überlappende Verbindungen *(Bild 3.88)*.

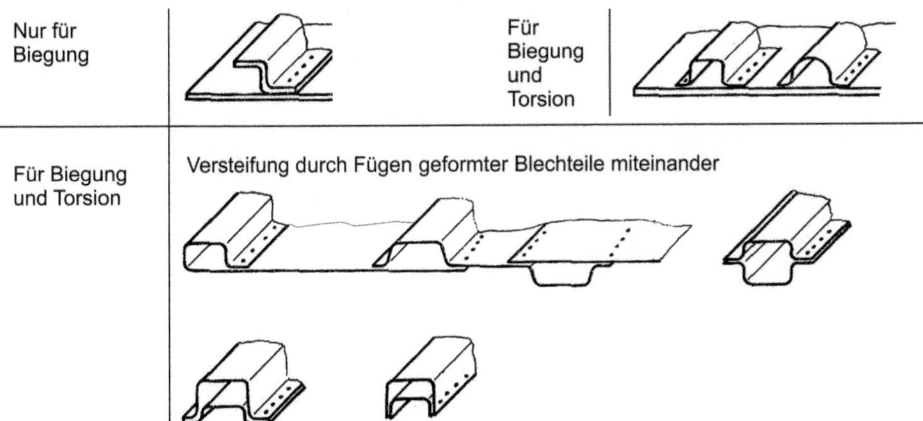

Bild 3.88 Grundelemente kraftgerechter Feinblechteile mit punktgeschweißten Abkant- oder Sonderprofilen

Die *Bild 3.89* zeigt Versteifungsformen für Blechwinkel und Abstandstege. Fast alle aufgeführten Formen verlangen kostenaufwendige Formwerkzeuge und sind daher bei kleinen Fertigungsmengen ungeeignet.

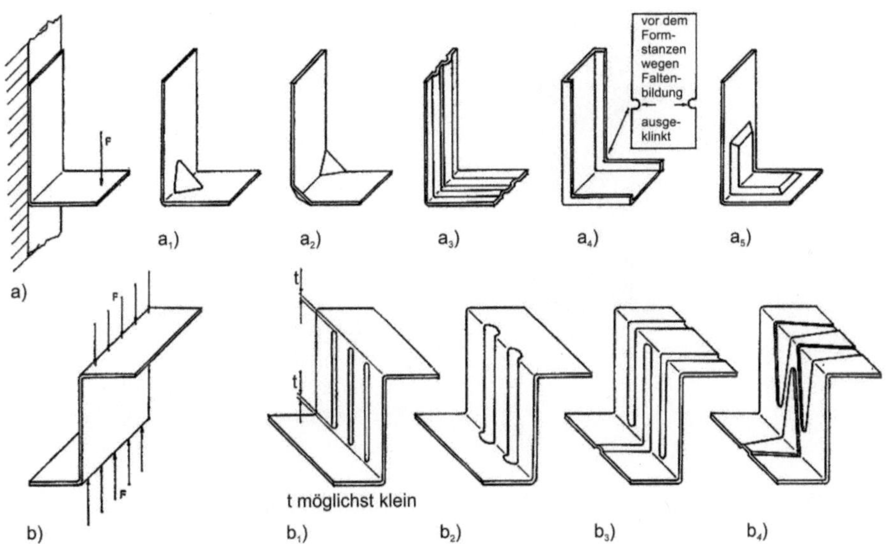

Bild 3.89 Blechwinkel und Abstandsstege [30]
a) ungenügende Ausgangsform. Derartige Winkel sind wegen der für die Formen a_1 bis a_5 notwendigen Formwerkzeuge nur bei größeren Fertigungsmengen zulässig; a_1) Ecksicke; a_2) Ecken eingedrückt; a_3) Sickenversteifung; a_4) Bördelversteifung; a_5) Spiegelversteifung;
b) ungenügende Ausgangsform; b_1) Sicken nur im Steg; b_2) Sicken bis in den Biegeradius laufend; b_3) Sicken versteifen auch gegen Aufbiegen der Winkel; b_4) Sicken ungleicher Breite

Eine für Kleinserie geeignete Flächenversteifung zeigt *Bild 3.90*. Diese Sonderform des Spiegels ist ohne Formwerkzeug, d. h. auch bei Einzelfertigung herstellbar.

Bild 3.90 Stabilität durch diagonales Abkanten

Bei den Arbeitselementen einer Bodenbearbeitungsmaschine wurde eine gute Seitenstabilität durch geschickte Verformung und Schweißen erreicht *(Bild 3.91)*.

Bild 3.91 Arbeitselemente einer Bodenbearbeitungsmaschine

Bild 3.92 Punktgeschweißte Blechdiagonalstrebe zur Befestigung eines Kotflügels an einem LKW

Aufgabe 3.3 Welche Vorteile hat die gewählte Gestalt nach *Bild 3.92?*

Zusammenfassung:

Entscheidend für die Steifigkeit von Blechteilen sollte nicht die Blechdicke sein!

Für den ersten Gestaltungsansatz:

KB1: Blechversteifungselemente Sicke, Bördel, Abkantung, Wölbung und Spiegel einzeln oder kombiniert anwenden

■

Erst im zweiten Gestaltungsansatz zu Fügeverfahren greifen:

KB2: Blechversteifung durch:
- Verschweißen umgeformter Bleche zu Hohlkörpern
- Aufgeschweißte Blechprofile, dabei Werkstoffdopplungen weitgehend vermeiden
- Einbeziehen von Hohlprofilen in die Blechkonstruktion - Rohr, Vierkantrohr ■

3.5 Flächenpressung, Punkt- und Linienberührung

Zum Verständnis für Beanspruchungen durch Kräfte gehört Verständnis für Flächenpressung. Völlig unproblematisch ist die gleichmäßige Verteilung der Kraft, was jedoch selten der Fall ist. Durch Verformung oder Spiel an Füge- oder Verbindungsstellen kommt es zu ungleichmäßiger Pressung. *Bild 3.93* zeigt dafür ein Beispiel mit möglichen Gegenmaßnahmen. Die ungleichmäßige Verteilung der Pressung bei Spiel kann an einer Sechskantschraube und einem Maulschlüssel sehr gut beobachtet werden *(Bild 3.94)*. Hat der Maulschlüssel ein sehr geringes Spiel am Schraubenkopf, kann die Schraube kräftig festgezogen werden. Ist reichliches Spiel vorhanden, entsteht eine derartig hohe Kantenpressung, dass der Werkstoff des Schraubenkopfes über die Fließgrenze hinaus beansprucht wird und die Ecken plastisch verformt werden. Dem Leser mit Heimwerkstatt sei empfohlen, mit einer Schraube geringer Festigkeit (Schraubenkopf ohne Festigkeitsangabe bzw. mit Festigkeit 4.4) einen Versuch mit geringem und größerem Spiel zu wagen (ein Maulschlüssel kann dieser Empfehlung allerdings zum Opfer fallen).

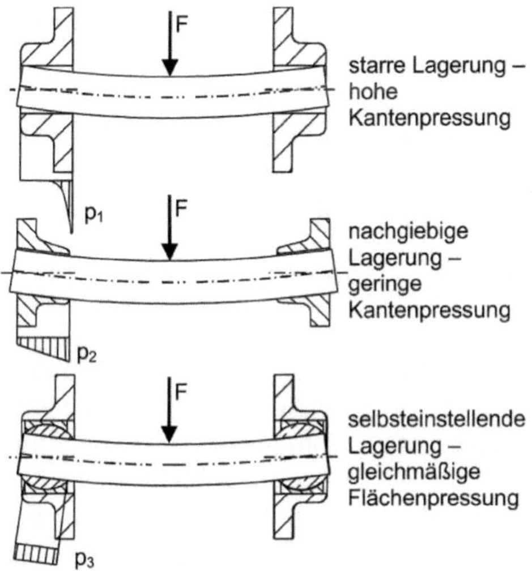

Bild 3.93 Kantenpressung einer gleitgelagerten Welle

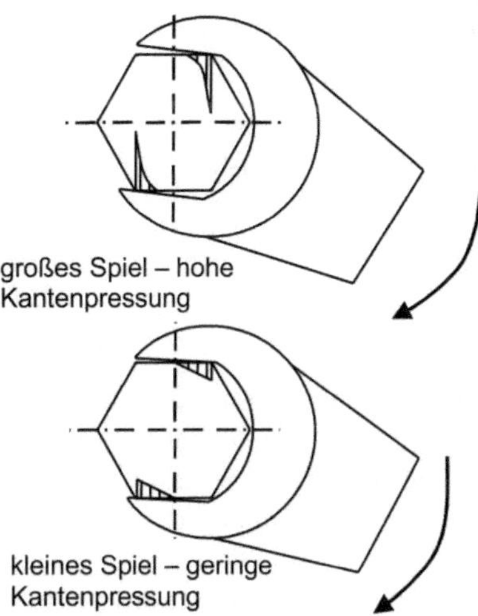

Bild 3.94 Flächenpressung an Sechskantkopf einer Schraube

Bei modernen hochfesten Schrauben (Festigkeitsklasse 8.8 oder höher) ist die Gefahr der Beschädigung des Schraubenkopfes geringer. Bei Verwendung von Steckschlüsseln oder Ringschlüsseln werden alle sechs Ecken zur Übertragung des Drehmomentes herangezogen, Eine Beschädigung ist weitgehend ausgeschlossen. Ein Vergleich mit der Vierkantschraube - heute nicht mehr in Anwendung - soll zeigen, dass diese Kopfform, insbesondere bei Schraubenstählen geringer Festigkeit und Spiel des Maulschlüssels günstiger ist. *(Bild 3.95)* Noch ungünstiger ist in dieser Hinsicht der Übergang zur Innensechskantschraube. Das war nur möglich durch die Verwendung hochfester Schraubenwerkstoffe.

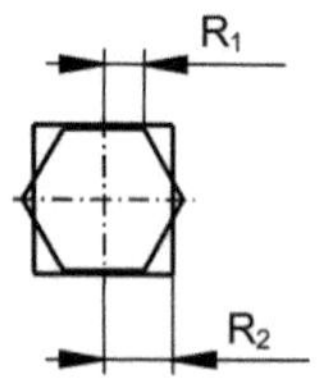

Bild 3.95 Kraftangriff an Vierkant- und Sechskantkopf
$R_1 < R_2$
bedeutet bei gleichem Drehmoment
$p_1 > p_2$

Ähnliche Beobachtungen sind an Schlitzschrauben möglich. Schlecht passende Schraubendreher führen zu Beschädigungen an den Schraubenschlitzen, bei gut passenden Schraubendrehern tritt diese Erscheinung nicht auf. Durch den heute üblichen Kreuzschlitz ist dieser Mangel beseitigt (gerade bei den Drehmomentübertragungsgeometrien für Schraubelemente gibt es weitere Entwicklungen z. B. Torx, Torx plus). Bei Passfedern kann man in ungünstigen Fällen ebenfalls Ähnliches beobachten. In keinem Fall ist die Pressungsverteilung an der Passfeder gleichmäßig.

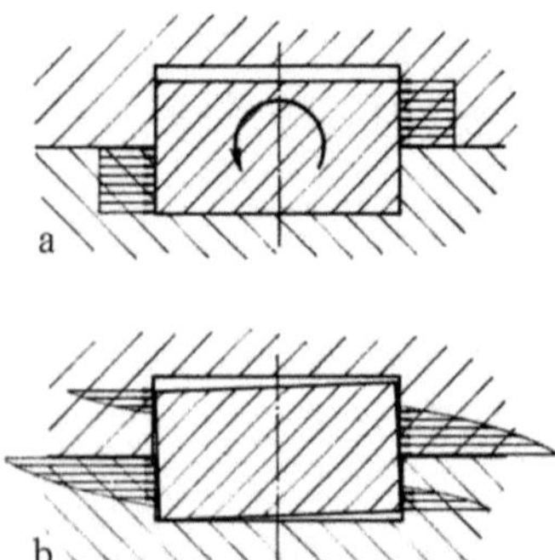

Bild 3.96 Flächenpressung Passfeder [25]
a) Die scheinbar einfachen Kraftverhältnisse an der Passfeder ergeben kein Gleichgewicht.
b) Nur wenn die Druckverteilung sehr ungleichmäßig angenommen wird, ist Gleichgewicht möglich.

Die Berechnung der Annahme nach *Bild 3.96a* ist daher eine grobe Näherung und führt nur deshalb nicht zu Schäden, weil die zulässigen Pressungswerte sehr niedrig angesetzt sind. Eine derartige Berechnung ist eine grobe Überschlagsrechnung und eine Beachtung der Stellen hinter dem Komma zeugt von Nichtwissen über diesen Sachverhalt. Sehr wichtig ist, dass die Passfeder in beiden Nuten mit sehr geringem Spiel passt - also ihrer Bezeichnung „Ehre macht“. Bei größerem Spiel treten ähnliche Erscheinungen, wie zum Sechskantkopf beschrieben, auf.

Punkt- und Linienberührung sind in der Regel ungünstig und eigentlich nur bei gehärteten Paarungen zulässig (z. B. Wälzlager). *Bild 3.97* zeigt Möglichkeiten der Beseitigung von Punkt- und Linienberührung durch eine zweckentsprechende Gestaltung.

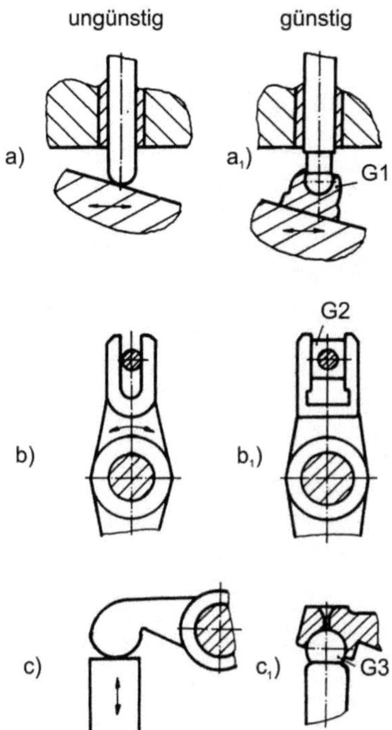

Bild 3.97 Beseitigung von Punkt- und Linienberührung
a) Punktberührung zwischen den Bauteilen
b, c) Linienberührung zwischen den Bauteilen
Gleitschuh G1, Gleitstein G2 und Gleitgelenk G3 bewirken bei gleichem kinematischem Freiheitsgrad eine flächenhafte Berührung!

Zusammenfassend kann formuliert werden:

K6: Ungleichmäßige Flächenpressung (Kantenpressung) durch Verformung oder Spiel beachten!
Punktberührung, Linienberührung bzw. Flächenberührung anstreben!

Bild 3.98 zeigt einen Teil einer Spanneinrichtung. Mittels Maulschlüssel soll Teil 2 gedreht werden und durch das Gewinde zwischen 2 und Hohlwelle 1 eine Axialbewegung erzeugen. Diese wird durch den Stift 4 auf 3 übertragen - der Stift greift dazu in Nut a des Teils 3 ein. Damit soll in der Hohlwelle 1 ein Nocken fest gespannt werden (nicht dargestellt).

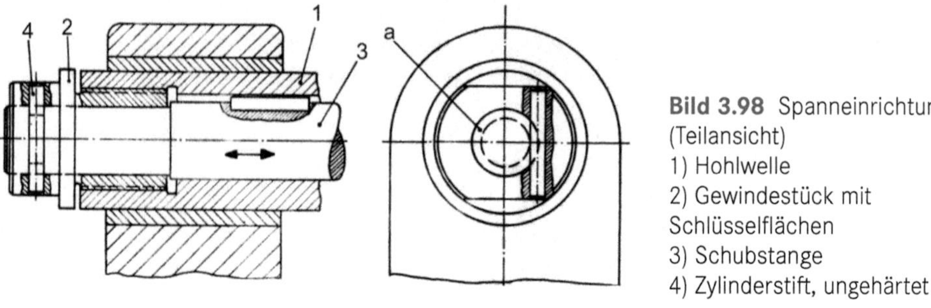

Bild 3.98 Spanneinrichtung (Teilansicht)
1) Hohlwelle
2) Gewindestück mit Schlüsselflächen
3) Schubstange
4) Zylinderstift, ungehärtet

Aufgabe 3.4 Gesucht ist eine Einschätzung dieser Einrichtung.

3.6 Zur Gestaltung elastischer Bauteile

Es darf hier nochmals auf die Kurzform des Titels des *Abschnitts 3.1* - Gestaltung steifer Bauteile - hingewiesen werden. Sollen Bauteile elastisch sein, und hierzu zählen alle Metallfedern, sind die bisher dargestellten Gestaltungsregeln umzukehren:

K7: Für Bauteile mit gewünschter großer Verformbarkeit sind Vollquerschnitte mit Biegung und Torsion zu bevorzugen.

Zu derartigen Bauteilen gehören z. B. die elastischen Federn, die als Blattfedern (Biegebeanspruchung), als volle runde Torsionsstäbe und in der häufigsten Anwendungsform als Schraubendruck- bzw. Zugfedern ausgeführt werden. Der runde Federstahl der Schraubenfedern ist gleichzeitig biege- und torsionsbeansprucht. Die folgenden Bilder zeigen sowohl bekannte als auch weniger bekannte Anwendungsfälle elastisch gestalteter Bauelemente.

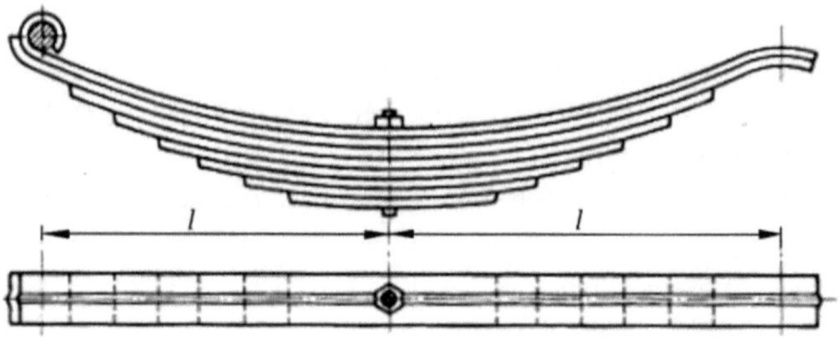

Bild 3.99 Blattfeder, geschichtet
Biegefeder für große Kraftfahrzeuge

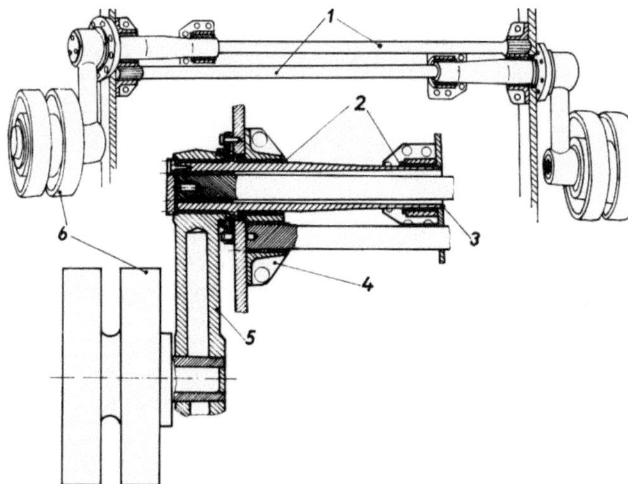

Bild 3.100 Torsionsfederung der Laufrollen eines Gleiskettenfahrzeuges [29]
1) Torsionsstäbe mit Kerbverzahnung
2) Gleitlager
3) Achse (Hohlkörper)
4) Lagerung für Torsionsstab mit Kerbzahnprofil
5) Schwingarm für Rad 6

Am Schnittkraftmesser des Instituts für Werkzeugmaschinen der TU Dresden *(Bild 3.101)* wurde ein Torsionsvierkant als elastisches Glied verwendet. Zur Zuführung des Wassers einer Wasserstrahlschneidmaschine vom Druckerzeuger zum bewegten Schlitten (x-y-Bewegungsachsen) kam eine elastisch gestaltete Rohrleitung *(Bild 3.102)* zur Anwendung.

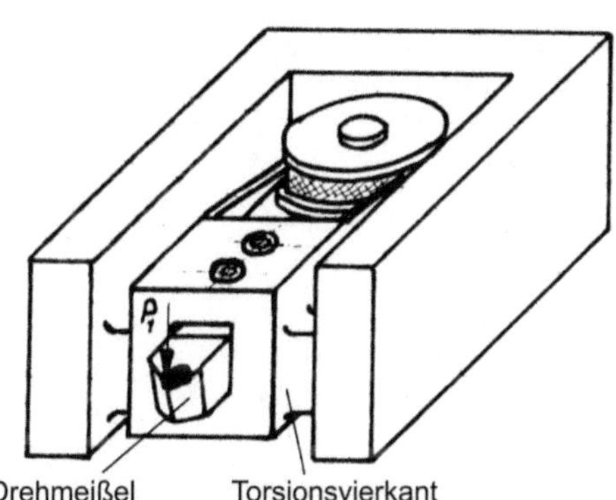

Bild 3.101 Schnittkraftmesser für Drehversuche Gehäuse, Torsionsvierkant und Meißelaufnahme aus einem Stück gearbeitet

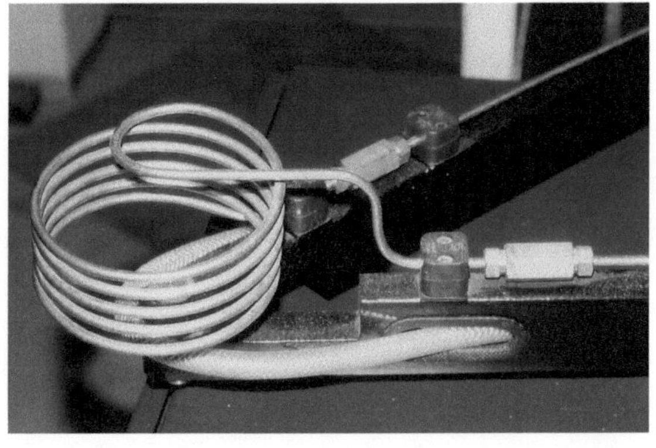

Bild 3.102 Hochdruckwasserleitung für Wasserstrahlschneidmaschine Anstelle einer drehbaren Verbindung mit eventuellen Dichtungsproblemen wurde eine elastische Leitungsführung gewählt

Auf die Biegegelenke an Deckeln von Kunststoffbehältern mit Schnappverschlüssen (Behälter für Kosmetikerzeugnisse und dgl.) - siehe *Bild 3.103* - darf in diesem Zusammenhang ebenfalls hingewiesen werden.

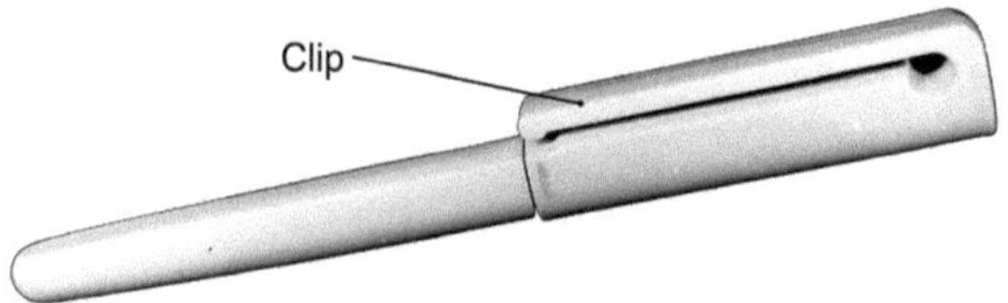

Bild 3.103 Biegeelastische Elemente mit rechteckigem Vollquerschnitt finden nicht nur im Maschinenbau Verwendung

■ 3.7 Beispiele und Aufgaben

Wirkende Kräfte sind nicht immer erkennbar und kraftbeanspruchte Bauelemente nicht immer einfach durchschaubar. Trotzdem kann versucht werden, in der alltäglichen Umgebung lohnende Objekte zu finden und zu „befragen“. Die drei Zugstäbe zur Regendachhalterung *(Bild 3.104)* fordern geradezu eine derartige „Befragung“ heraus. Welche Kräfte wirken? Ursachen können nur Schnee, Regen und Wind sein; Regen dürfte zu vernachlässigen sein. Eine Schneelast will das einseitig gelagerte Dach auf der linken Seite nach unten klappen, während Wind/Sturm von links zu einer Kraftkomponente führt, die das Dach hochklappen könnte. Vor dem Aufsuchen der Lösung ist der Leser gut beraten, die Frage zum Bild zunächst selbst zu beantworten.

Aufgabe 3.5 Wie viele Stäbe und welche sind erforderlich?

Bild 3.104 Regendach für Briefkastenanlage
Der Dachrahmen ist mit den Säulen gelenkig verbunden, ein Rohr bildet den Gelenkpunkt. Drei schräg angeordnete Zugstäbe Z halten das Dach.

Für die Befestigung von Straßenschildern werden häufig aus Flachstahl gebogene **Schellen** verwendet. Die rechte Ausführung in *Bild 3.105* entspricht diesem Beispiel.

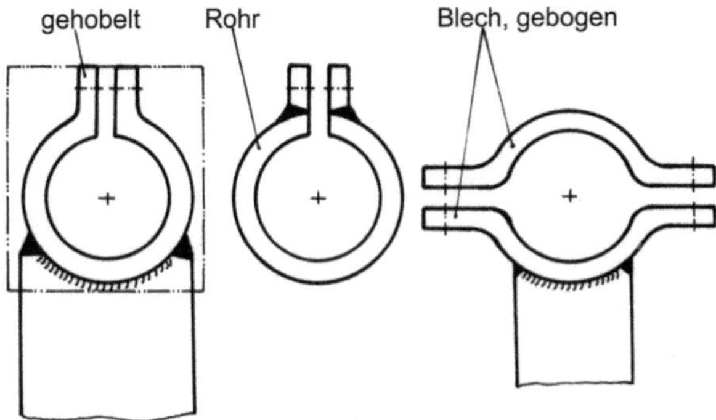

Bild 3.105 Schellen/Klemmverbindungen in unbefriedigender Ausführung
Nur für geringe Klemmkräfte geeignet. Derartige Ausführungen sollten im Maschinenbau keine Verwendung finden.

In gleicher Gestaltung findet man auch Schellen, die größere Klemmkräfte aufbringen sollen und mitunter schon beim ersten Anziehen verbogen werden. Es handelt sich dabei immer um Kraftumlenkungen und Verletzungen der Regel **K1**. Das Nachbilden der Blech- oder Flacheisenschellen ist kraftgerechter Unfug und Lösungen von *Bild 3.106* bis *Bild 3.109* sind zu bevorzugen.

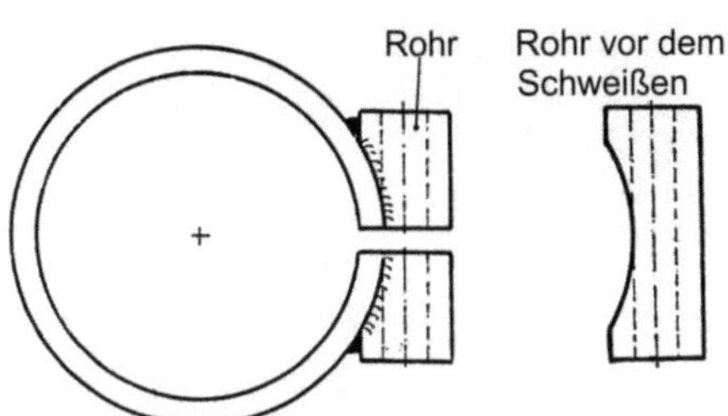

Bild 3.106 Klemmelement (St-geschweißt)
Diese Klemmung ist kraftgerecht gestaltet, die Klemmschraube muss das geschlitzte Rohr wie ein Spannband um das Gegenstück herumziehen und vollflächig zur Anlage bringen. Hinweis: Der Schlitz wird nach dem Schweißen eingebracht.

Bild 3.107 Klemmverbindung (Al-Guss-legierung, Bauteil aufgeschnitten)
Sehr zweckmäßige kraftgerechte Gestaltung. Der Schraubenabstand ist minimal, die Schraubenbohrung schneidet bereits die Hauptbohrung an. Die Forderung „Schraube muss Schelle vollflächig zur Anlage bringen" wird erfüllt.

Bild 3.108 Blechschelle geschweißt
Das Verbiegen des unverstärkten Blechlappens ist beseitigt. Verwendung bei großen Durchmessern (> 300 mm) und mittleren Kräften.

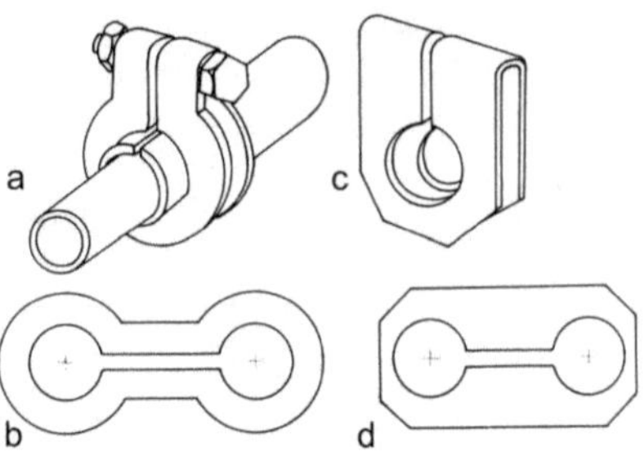

Bild 3.109 Schellen in Blechausführung
b) Abwicklung von a
d) Abwicklung von c
Mit Ausführung c könnte auch ein engerer Schraubenabstand verwirklicht werden.

Grundplatten sind häufig verwendete Bauelemente, wobei bereits durch die Bezeichnung **Platte** eine geometrische Grundgestalt vorgezeichnet ist.

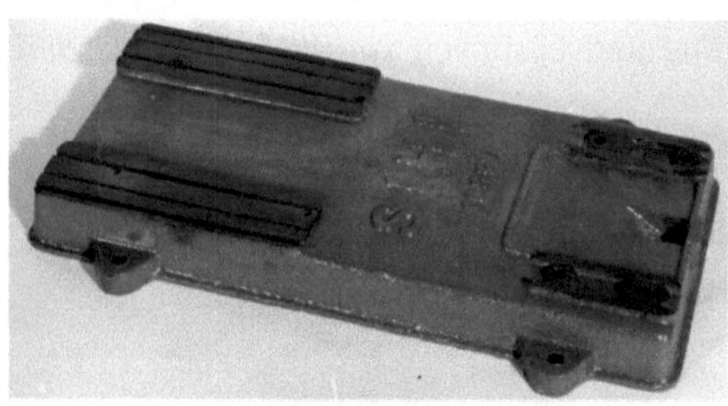

Kastenartige Grundform mit kleinen Arbeitsflächen

Verrippung, Füße in hohler Gestaltung

Bild 3.110 Grundplatte für Fundamentierung eines Elektromotors und einer Pumpe

Bild 3.110 zeigt eine Gussgrundplatte in der Größe 500 × 220 × 40 mm³ mit einer durchschnittlichen Wanddicke von ca. 8 mm und einer Masse von 11 kg. Welche Beanspruchungen muss die Platte ertragen?

- Die Übertragung des Antriebsmomentes vom Motor zur Pumpe wirkt als Gegenmoment (Aktionskraft = Reaktionskraft) in der Platte (Torsion!).
- Die Masse von Pumpe und Motor wirkt je nach Plattengestalt als Druck oder Biegebeanspruchung geringer Größe.
- Beim Krantransport sind Biegebeanspruchungen möglich *(Bild 3.111)*.

Als Hauptbeanspruchung ist die Torsion zu berücksichtigen.

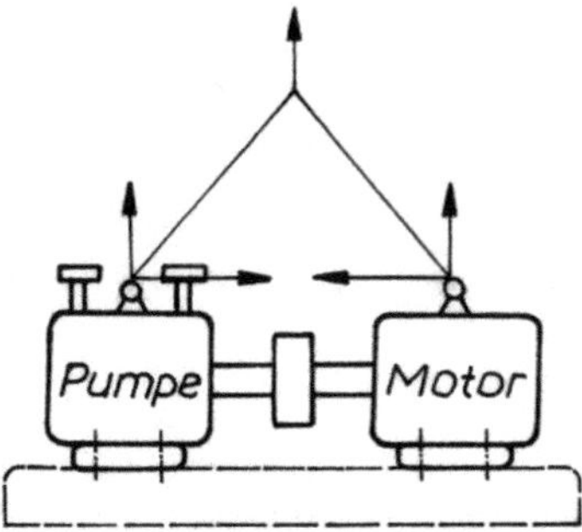

Bild 3.111 Kräfte bei Krantransport

Aufgabe 3.6 Die Gestaltung der Platte ist hinsichtlich Grundform, Fußausbildung und Verrippung zu beurteilen.

Aufgabe 3.7 Gesucht ist ein Bauelement zur Vereinigung eines gegebenen Motors mit einer gegebenen Pumpe zu einer geschlossenen Baugruppe, die zur Befestigung auf einem Fundament benutzt werden kann aber auch den Betrieb in unbefestigtem Zustand ermöglicht (Beanspruchungen siehe oben).

Beim Mast für ein Windrad *(Bild 3.112)* wird die Querkraftschubbeanspruchung durch zugbeanspruchte Diagonalstreben (Rundstahl mit Spannschlössern) aufgenommen. Die geschraubten Parallelverstrebungen aus Winkelstahl stabilisieren die Maststreben, sie sind druckbeansprucht. Eine Montage vor Ort ist möglich. Bei ähnlichen Masten (Hochspannungsmaste sind fast überall auffindbar) werden zug-/druckbeanspruchte Diagonalstreben verwendet - diese Lösung bereitet weniger Aufwand.

Bild 3.112 Mast für ein kleines Windrad (Teilansicht)

Bild 3.113 Hochspannungsmaste

Großzahnräder werden sowohl gegossen als auch geschweißt. Über die Radkörpergestaltung wird, ähnlich wie über die im *Abschnitt 3.2.2* behandelte Gehäusegestaltung wenig ausgesagt - siehe hierzu *Bild 3.114*.

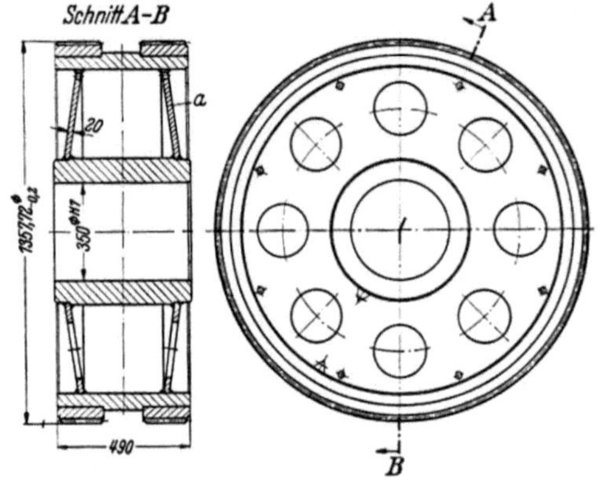

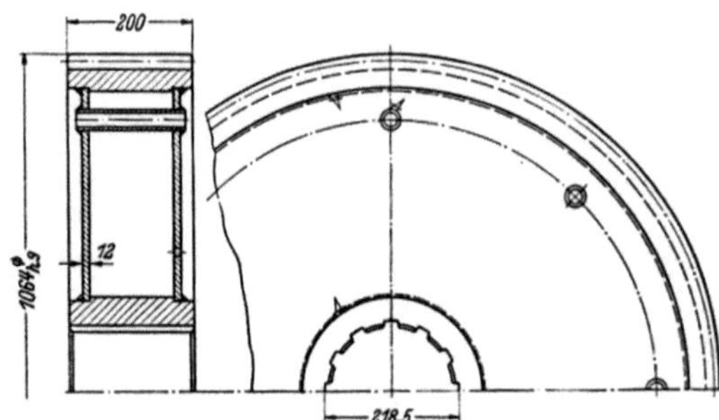

Bild 3.114 Großzahnräder [28]
In der Quelle ist keine Aussage zur kegelförmigen oder flachen Ausführung der Radscheiben enthalten, obgleich bei axialen Kraftkomponenten (Schrägverzahnung) nennenswerte Steifigkeitsunterschiede zu erwarten sind. Die Schrägstellung durch die Kegelgestalt führt anstelle von Biegung (unteres Rad) zu Zug- bzw. Druck in den Scheiben.

Am gegossenen Zahnrad nach *Bild 3.115* sind die biegebeanspruchten Speichen als Kreuzprofil ausgeführt, während das geschweißte Rad nach *Bild 3.116* kraftgerecht ausgelegte Speichen mit Doppel T-Profil aufweist. Sollte die Kreuzprofilspeiche verworfen werden? Von der Form- und Gießbarkeit sind beide Profile in Guss gut herstellbar und als Gestaltungsansatz sollte die Ausführung nach *Bild 3.116* bevorzugt werden. Sind jedoch die gießbaren Wanddicken bereits so dimensioniert, dass ein Flachprofil der vorhandenen Biegebeanspruchung genügt und die abgeschrägten Rippen nur noch zur Gewährleistung einer gewissen Seitenstabilität dienen, kann dem Kreuzprofil zugestimmt werden. Mit heutigen Berechnungsverfahren kann das überprüft werden.

Ähnlich muss ein Hebel mit Flachprofil *Bild 3.117* nicht bereits vom Ansatz her falsch sein. Es sind immer die ökonomisch vertretbaren Mindestwanddicken beim Gießen oder Schmieden zu berücksichtigen. Ist die Wanddicke bereits so groß, dass bei relativ gering belasteten Bauteilen das Flachprofil ausreichende Festigkeit besitzt (durch Berechnung prüfen), so wäre es verfehlt, ein T- oder I-Profil anzuwenden und damit den Werkstoffverbrauch ungerechtfertigt zu erhöhen. Falsch ist es aber, wenn derartige Flachprofile dort verwendet werden, wo größere Kräfte herrschen und die technologisch bedingten Mindestwanddicken aus Festigkeitsgründen überschritten werden müssen.

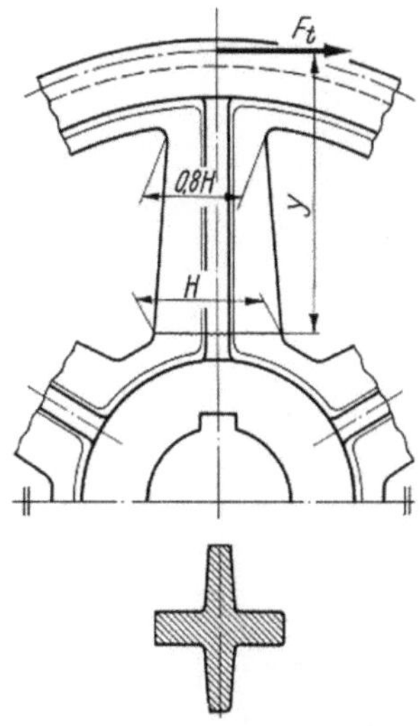

Bild 3.115 Großzahnrad, Gussausführung [7]

Bild 3.116 Großzahnrad, Schweißkonstruktion

Aufgabe 3.8 Ist die Speiche in *Bild 3.115* kraftgerecht gestaltet?

Bild 3.117 Hebel (Profil geschnitten, bearbeitete Flächen hell)

Mit der **Mehrfachspanneinrichtung** wird ein komplexeres Objekt zur Beurteilung gestellt.

Aufgabe 3.9 Die kraftgerechte Gestaltung ist zu beurteilen!

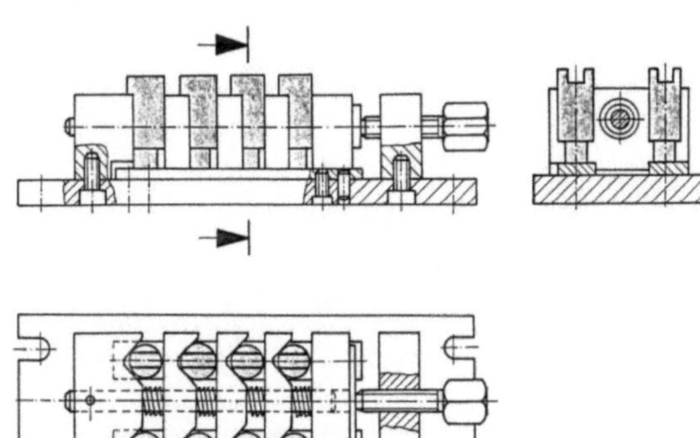

Bild 3.118 Mehrfachspannvorrichtung zum Fräsen einer stirnseitigen Nut an kleinen Zylinderstiften
Die nur zentrisch geführten Spannbacken werden durch die Druckschraube (Sechskantkopf) gegen die Stifte gedrückt, am Ende (links) wirkt ein Klotz als Widerlager.

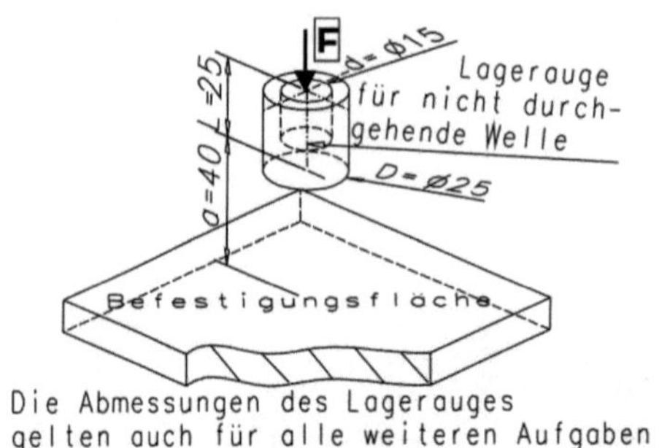

Aufgabe 3.10 Lagersituation 1

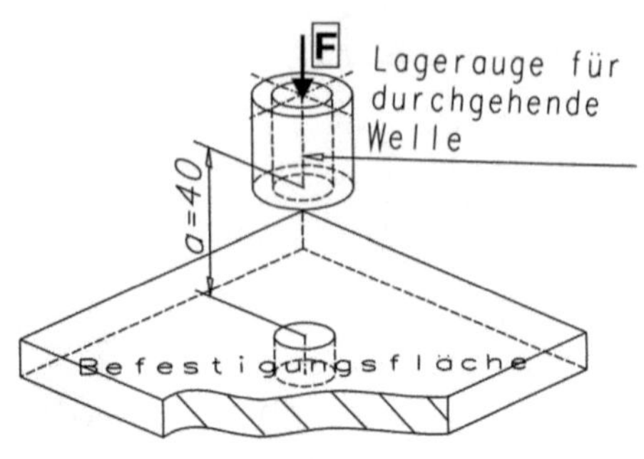

Aufgabe 3.11 Lagersituation 2

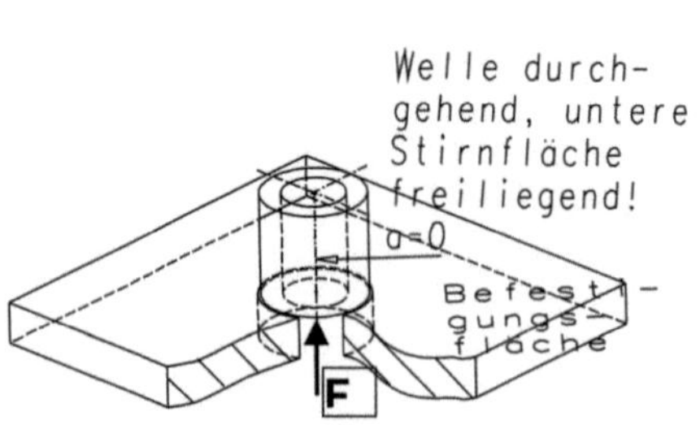

Aufgabe 3.12 Lagersituation 3

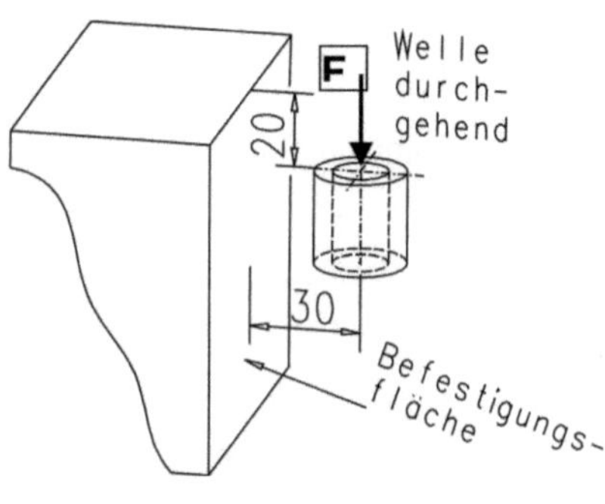

Aufgabe 3.13 Lagersituation 4

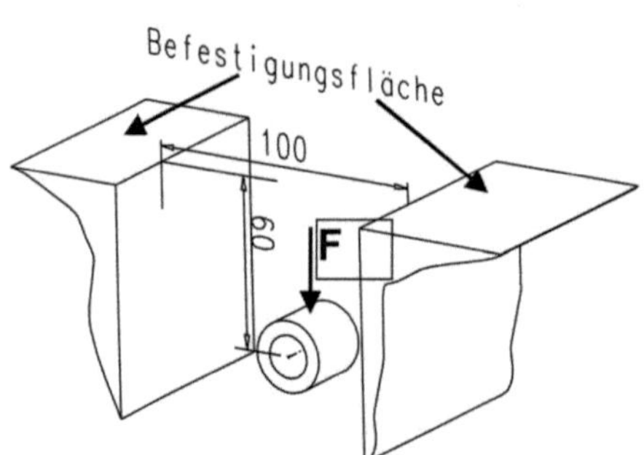

Aufgabe 3.14 Lagersituation 5

3.8 Kraftgerechtes Gestalten - Lösungen

Lösung zu Aufgabe 3.1

Lagerbock 1: F2, aber Biegung in Fußplatte!
Ungünstige veraltete Ausführung
Nur Heftschrauben

Lagerbock 2: F4, zwei Kraftschrauben

Lagerbock 3: F1, links Kraftschraube, rechts Heftschraube

Lagerbock 4: Für kleine Kräfte beliebiger Richtung Kraftschraube
Der Fußflansch ersetzt die Heftschraube
Schraube durchdringt Lagerbohrung und dient als Lagesicherung

Lösung zu Aufgabe 3.2, Lösung zu *Bild 3.66* Lagerbock einer Abrichteinrichtung

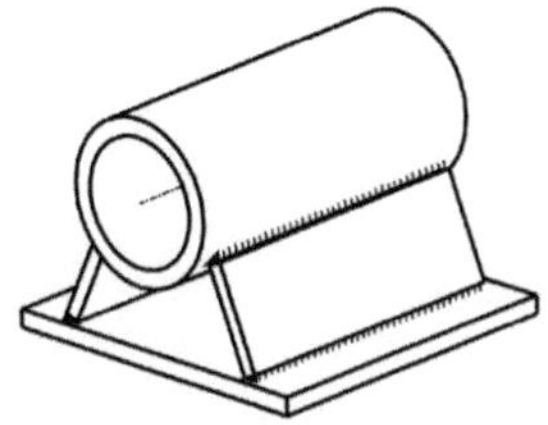

Bild 3.119 Lagerbock als Schweißteil
Beseitigung des Hauptmangels durch zwei schräge Wände nach nebenstehender Skizze bei stark verringerter Dicke. Der entstehende Hohlraum sollte vorn und hinten mit Blechen geringer Dicke verschlossen werden. Damit sind die oben genannten Nebenmängel ebenfalls beseitigt.

Lösung zu Aufgabe 3.3

Sickenkreuz

Kreuzung mit gegenüberliegenden Sicken führt zu kräftiger Versteifung des Zentrums und verringert die Knicklänge auf weniger als 50 % der Länge der unverschweißten Blechlaschen.

Lösung zu Aufgabe 3.4 von *Bild 3.98*

Der ungehärtete Zylinderstift 4 greift in eine rechtwinklige Nut der Schubstange 3 halb ein (siehe unsichtbare Darstellung des Nutgrundes in linker Darstellung in *Bild 3.98* und vergleiche *Bild 3.120*), d. h. zwischen Stift und Nut herrscht Punktberührung P. Das führt bereits bei Erstbetätigung zu plastischer Abplattung. Eine tiefere Nut und weiter zum Zentrum versetzter Stift würde zu einer Linienberührung führen.

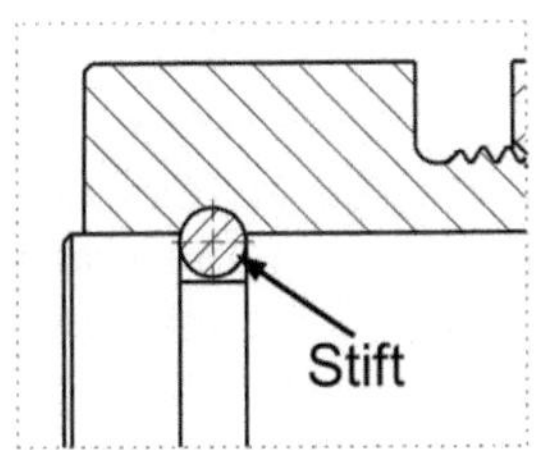

Bild 3.120 Detail der Stiftführung
Hier bereits mit etwas vergrößerter Nuttiefe.

Eine weitere Verbesserung könnte durch eine halbrunde Nut und mit gehärteten Bauteilen erreicht werden. Trotz der genannten Verbesserungsmöglichkeiten ist dieser Lösungsansatz abzulehnen.

Lösung zu Aufgabe 3.5, Regendach *Bild 3.104*

Für Schneelast Z1 oder Z3 ausreichend.

Für Wind von Links Z2 verwenden, Z3 ungeeignet wegen großer Knicklänge

Kompromiss 1: Z1 und Z2 verwenden

Kompromiss 2: Anstelle des Zugstabs Z1 einen Zug-Druckstab (Rohr) verwenden.

Lösung zu Aufgabe 3.6

Die kastenartige Grundform in gut gießbarer Wanddicke (siehe *Abschnitt 4.3*) ist üblich. Keinesfalls sollte eine Platte größerer Wanddicke Verwendung finden. Die hohle Fußausbildung ist kraftgerecht und gießtechnisch zu befürworten. Die Verrippung ist falsch - Torsion verlangt Diagonal- oder Dreieckverrippung, die aufgrund der geringen Beanspruchung im vorliegenden Fall nicht unbedingt erforderlich sein dürfte.

Lösung zu Aufgabe 3.7, Lösungsansatz

Das Lösen vom Begriff Grundplatte kann zu einer völlig neuen Gestalt führen. Torsionsbeanspruchung zielt auf Rohr- oder Hohlprofil. Das Bild zeigt eine Lösungsvariante in geschweißter Form.

Bild 3.121 Grundgestell als Variante anstelle einer Grundplatte

Ausführung:

Zentralrohr Ø 20 mm, Wanddicke 2 mm, Torsionsbelastbarkeit ist mit Gussplatte identisch. Vier U-Profile zur Befestigung von Motor und Pumpe, davon Zwei Profile schräg geschnitten zur Aufnahme der 4 Schrauben für die Befestigung am Fundament. Masse: 1,5 kg

Wie eine Gussausführung aussehen könnte, die nicht auf dem Begriff Platte beruht, darf der Leser selbst herausfinden

Lösung zu Aufgabe 3.8, Großradspeiche

Durch die Pfeilverzahnung entstehen keine äußeren Axialkräfte. Die Umfangskräfte erzeugen eine Biegebeanspruchung, die zur Nabe hin zunimmt. Die weiterhin auftretenden Radialkräfte wirken als Längskräfte in der Speiche, verbiegen allerdings den Außenrand des Radkörpers, der also ausreichend steif sein muss. Das I-Profil (Doppel-T) ist prinzipiell kraftgerecht, wobei die Steghöhe der Speiche qualitativ kraftgerecht zur Radmitte hin größer werden sollte. Durch eine Schweißkonstruktion ist das gut zu realisieren.

Lösung zu Aufgabe 3.9, Mehrfachspanneinrichtung

Hauptmangel: Die Spannschraube (Druckschraube) bewirkt über die Biegung der beiden Endlager eine Biegung der Grundplatte. Die Größe der Biegung ist abhängig von der manuellen Anzugskraft und hebt die zu fräsenden Bolzen unterschiedlich hoch *(Bild 3.122)*, dadurch werden unterschiedliche Nutentiefen gefräst.

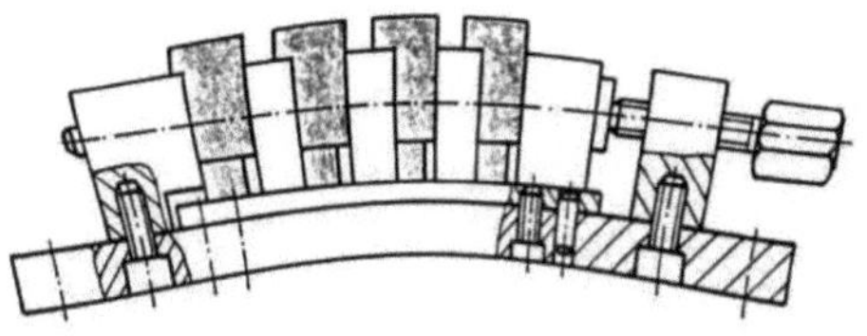

Bild 3.122 Vorrichtung würde sich beim Spannen deformieren

Nebenmangel: Die beiden Endlager sind nicht sehr günstig befestigt; es wird nicht zwischen Abhebe- und Andrückseite unterschieden.

Abhilfe: Eine auf Zug arbeitende durchgehende Spannschraube beseitigt die Grundplattenbiegung und die Biegebeanspruchung der Endlager.

Lösung zu Aufgabe 3.10 bis Aufgabe 3.14, Lösungen der Lagersituationen

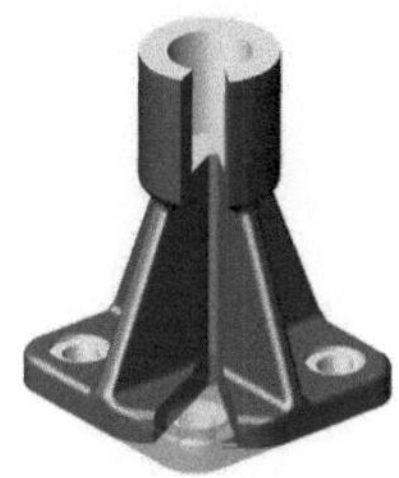

Bild 3.123 Lösungsvariante zu Lagersituation 1
Das Kreuzprofil nimmt den Druck auf, Befestigung mit zwei Heftschrauben (zur besseren Erkennbarkeit aufgeschnitten). Sind Schwingungen, z. B. durch Unwucht, zu erwarten, sind besser 4 Heftschrauben anzuwenden (durchsichtige Ergänzung).

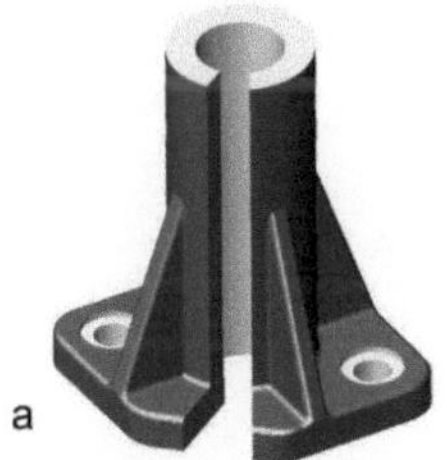

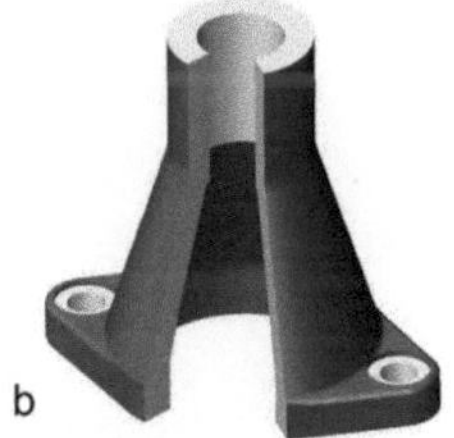

Bild 3.124 Gussteile als Lösungsvarianten zu Lagersituation 2
a) Unzweckmäßige Gussausführung einer Lösungsvariante, die Bohrung kann bei geg. Länge und geg. Durchmesser nicht vorgegossen werden (zur besseren Erkennbarkeit aufgeschnitten).
b) Gussausführung einer Lösungsvariante, wegen durchlaufender Welle wird zum vollständigen Hohlkörper übergegangen; Befestigung mit zwei Heftschrauben (zur besseren Erkennbarkeit aufgeschnitten).

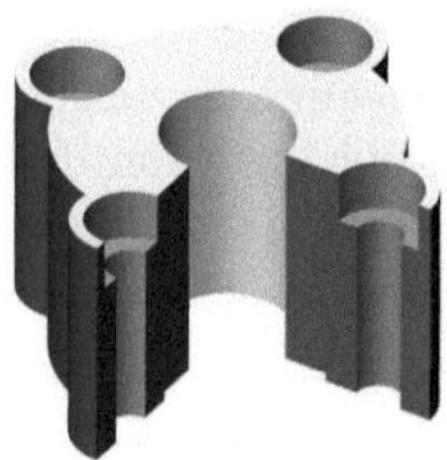

Bild 3.125 Gussteil als Lösungsvariante zu Lagersituation 3

Bild 3.126 Gussteil als Lösungsvariante zu Lagersituation 4

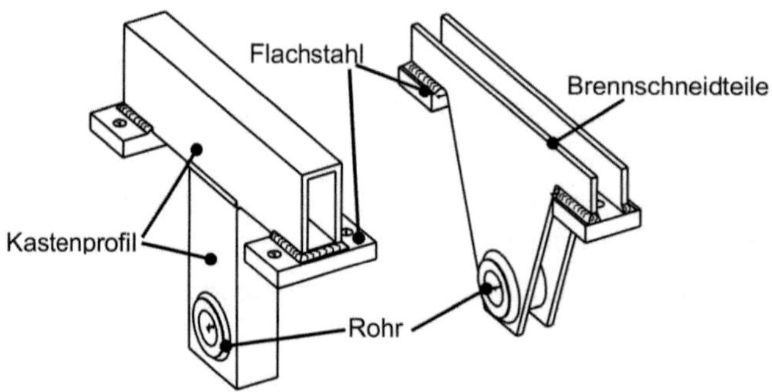

Bild 3.127 Schweißteile als Lösungsvarianten zu Lagersituation 5

4 Fertigungsgerechtes Gestalten der Einzelteile

Mit einem einfachen Beispiel aus dem Büroalltag soll der Begriff **Fertigungsgerechtes Gestalten** verdeutlicht werden. Die Klammern zum Verschließen großer Briefumschläge hatten über viele Jahre die Gestalt nach *Bild 4.1a*. Dafür muss der Kopf aus Feinblech durch einen Ziehvorgang geformt und die ganze Klammer aus einer Blechtafel herausgeschnitten werden - Abfall war bei dieser Gestalt nicht vermeidbar. Die jetzt übliche Klammer wird aus einem Blechstreifen abfallfrei durch Biegen hergestellt *(Bild 4.1b)* und zeigt, wie die Fertigungsgerechtigkeit selbst an einem derartig einfachen Objekt verbessert werden kann.

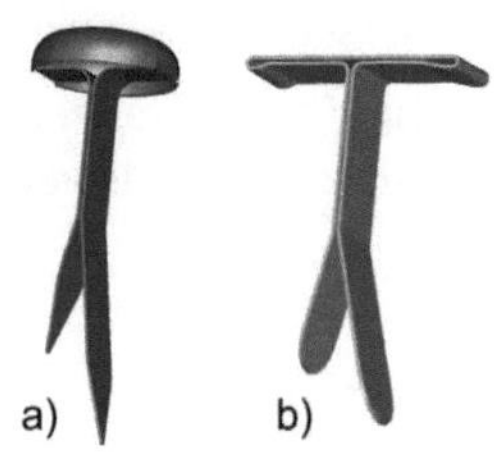

Bild 4.1 Klammer
a) alte Ausführung, fertigungsaufwendig
b) neue Ausführung, nur Biegevorgänge erforderlich

4.1 Einführung

Die Fertigungsverfahren sind in der fertigungstechnischen Literatur in sechs Gruppen gegliedert *(Tabelle 4.1)*.

Tabelle 4.1 Gliederung der Fertigungsverfahren nach DIN 8580 [13]

<table>
<tr><th>Zusammenhalt schaffen</th><th>Zusammenhalt beibehalten</th><th>Zusammenhalt vermindern</th><th colspan="2">Zusammenhalt vermehren</th></tr>
<tr><td rowspan="4">1. Urformen
Form schaffen</td><td colspan="3">Form ändern</td><td rowspan="3">5. Beschichten</td></tr>
<tr><td>2. Umformen</td><td>3. Trennen</td><td>4. Fügen</td></tr>
<tr><td colspan="3">6. Stoffeigenschaften ändern</td></tr>
<tr><td>Umlagern von Stoffteilchen</td><td>Aussondern von Stoffteilchen</td><td>Einbringen von Stoffteilchen</td><td></td></tr>
</table>

Für den Konstrukteur ist diese Einteilung wenig hilfreich, da die herstellbare Formenwelt nicht im Vordergrund steht und Verfahren der unterschiedlichen Mengenbereiche (Einzelfertigung, Serienfertigung, Massenfertigung) unzureichend getrennt sind. Der Konstrukteur muss bei der gedanklichen Entwicklung der Gestalt der Maschinenteile von einem Fertigungsverfahren ausgehen. Die dem Verfahren angemessene Gestalt wird unter Berücksichtigung der gewünschten Funktion schrittweise durchgebildet, d. h. stets **Funktion** und **Herstellung** im Blick zu haben – also **dual denken**. Die richtige Forderung von Rögnitz [33] – bereits 1955 formuliert – „eine Werkform gestalten, heißt in Fertigungsverfahren denken“ soll damit um die ständige Berücksichtigung der Funktion ergänzt sein. Aber der Umfang der Fertigungsverfahren – damals schon recht groß – ist beträchtlich gewachsen und wächst ständig weiter. Hinzu kommt das spezielle Know-how der Gießereien, Gesenkschmieden und der anderen Roh- und Fertigteilhersteller und Zulieferer. Wenn heute festgestellt wird „Die Vielfalt der Gusswerkstoffe und der Verfahren der Gießereitechnik mit ihren Bedingungen und Verfahrensgrenzen ist vom maschinenkundlich ausgebildeten Konstrukteur nicht zu überschauen“ [4], so ist damit nur **ein** Teilgebiet der Fertigungstechnik benannt, auf alle anderen Gebiete trifft diese Aussage ebenfalls zu. Der Einsteiger in den Konstrukteurberuf steht vor einer äußerst schwierigen Aufgabe. Es kommt hinzu, dass die Einführung in die Fertigungstechnik, ob Lehrveranstaltung oder Buch, in der Regel von Fertigungstechnikern mit dem Blick auf die Fertigung gemacht wird. Welche Kenntnisse des jeweiligen Verfahrens aber der Konstrukteur braucht, ist dabei selten herausgearbeitet bzw. zusammengefasst dargestellt. Wesentliche Fragen hierzu sind in *Tabelle 4.2* aufgeführt. Es fehlt besonders die Vermittlung von Verständnis für eine **konstrukteurgerechte Sicht auf die Fertigungstechnik**. Darunter soll u. a. verstanden werden:

- Quellen für Form- und Lagetoleranzen (Flimm [13] erwähnt Form- und Lagetoleranzen lediglich am Beispiel Drehen, trifft aber keine Aussage über die Beherrschung dieser Toleranzen)
- Beherrschung der Form- und Lagetoleranzen durch
  - steife Werkstücke (aber der Konstrukteur soll Leichtbau durchsetzen)
  - richtiges Spannen
  - geringe Abtragsleistung bei steigender Bearbeitungszeit
  - Einfluss des Umspannens
- Spannen mit Standardspannzangen und Notwendigkeit von Sonderspannmitteln (Vorrichtungen)
- Formenwelt mit Normalwerkzeugen, mit Sonderwerkzeugen und durch Sondermaßnahmen

Tabelle 4.2 Vom Konstrukteur benötigte Angaben über Fertigungsverfahren

1. Formenwelt	Herstellbare Formenwelt und vorzugsweise herstellbare Formen
2. Menge	Mengenbereich und Mengenleistung (Einzel-, Serien-, Massenfertigung)
3. Toleranzen	Erreichbare Toleranzen (Maß-, Form-, Lagetoleranz) und Oberflächen bei Normalaufwand und bei erhöhtem Aufwand
4. Kosten	Kostenvergleich (Relativkosten) zu Verfahren mit gleicher bzw. ähnlicher Formenwelt
5. Eigenschaften	Eigenschaftsvergleich (Festigkeit, Härte und dgl.) für vergleichbare Verfahren

4.1.1 Fertigungsgerechte Gestalt, Fertigungsmenge und Baugröße

Einerseits beeinflusst das für ein Bauteil ausgewählte Hauptfertigungsverfahren (z. B. Gießen, Schneiden, Schweißen) die Gestalt, andererseits ist die Auswahl abhängig von der Fertigungsmenge und der Baugröße. Die Gestaltung des Dachgepäckträgers nach *Bild 4.2* zeigt einen deutlichen Einfluss der Großserienfertigung. Für das große Blechformteil wird ein kostenaufwendiges Formstanzwerkzeug und für die Kunststoffkappe eine Spritzform benötigt. Lediglich für das Hohlprofil - hier ein Sonderprofil - könnte aus dem umfangreichen Zulieferangebot auch für kleinere Fertigungsmengen ein passender Querschnitt gefunden werden.

Bild 4.2 Dachgepäckträger für PKW (Teilansicht) [45]
Kombinierte Anwendung von Blechformteilen, Strangmaterial und Kunststoffspritzteilen. Der Einfluss der Großserienfertigung ist unverkennbar.

Mit der Zusammenstellung der Bilder aus *Tabelle 4.3* wurde von Koller [23] versucht, den Einfluss der Fertigungsverfahren auf die Bauteilgestalt aufzuzeigen, aber weder zu Fertigungsmenge noch zu Baugröße werden Angaben gemacht. Damit dürfte beim Konstruktionseinsteiger anstelle Klarheit wohl nur Verwirrung erreicht werden. Mit den folgenden Erläuterungen zu den fünf Hebelvarianten wird versucht, diesen Mangel auszugleichen.

Tabelle 4.3 Hebel in 5 Varianten in unbefriedigender Gestalt und ohne Größenangaben [nach 23]

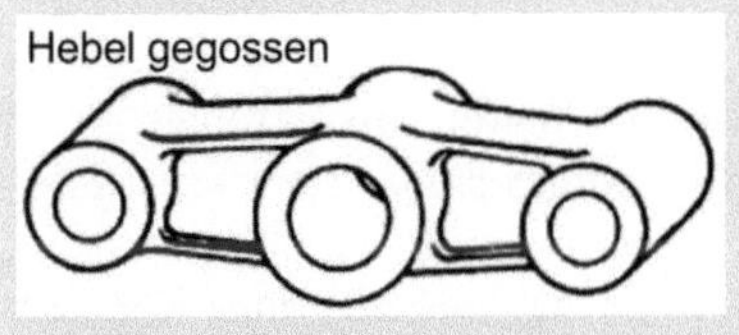	Die Modellkosten erfordern eine Mindestmenge von ca. 10 bis 20 Stück bei Sandformguss. Für größere Stückzahlen können bei gleicher Gestalt produktivere Gießverfahren zum Einsatz kommen. Sinnvolle Baugrößen liegen im Bereich von ca. 80 bis 800 mm Länge. Sofern eine Torsionsbeanspruchung auftreten sollte, ist das Profil unzweckmäßig.
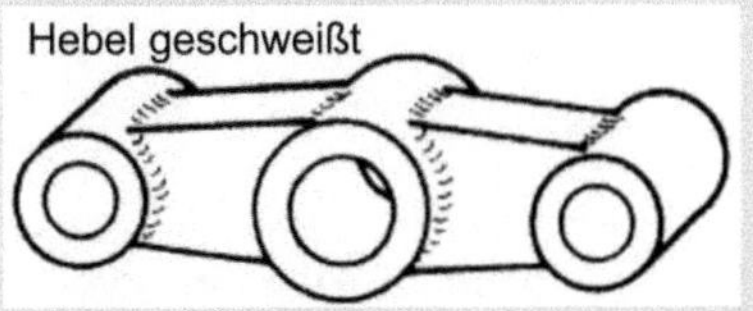	Die Gestalt ist für Schweißkonstruktionen untypisch. Bei Einzelfertigung werden in der Regel kantige Formen bevorzugt (siehe *Abschnitt 4.2*). Bei einer Hebellänge größer 300 mm sollten die Arme als Hohlkörper ausgebildet werden.
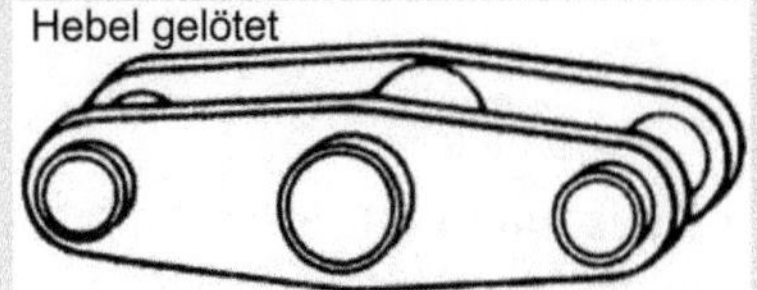	Lötkonstruktionen für diesen Zweck sind selten üblich. Das Fügen von fünf Einzelteilen ist in der Regel zu kostenaufwendig. Als Bastlerlösung ist dieser Hebel denkbar.

Tabelle 4.3 *(Fortsetzung)*

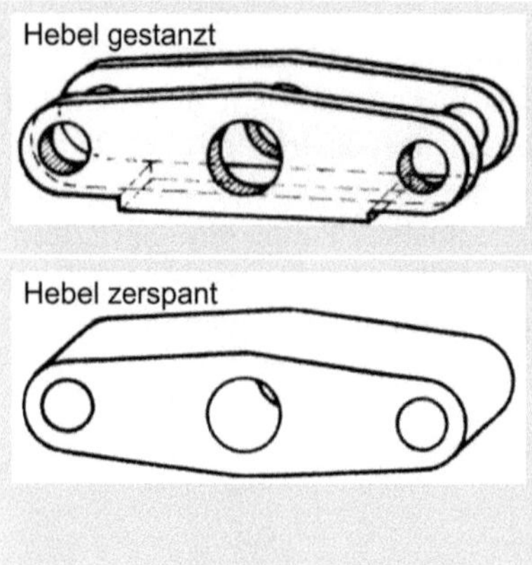 Hebel gestanzt	Die langen Bohrungen der anderen Varianten sind hier nicht vorhanden. Eine derartige Gestaltung ist für Blechteile durchaus üblich (siehe *Abschnitt 4.6*), es dürften jedoch auch flache Hebelvarianten mit gezogenen Lageraugen zweckdienlich sein. Für Längen über 200 mm kaum zu empfehlen. Für Feinwerktechnik geeignet.
Hebel zerspant	Spanen aus dem Vollen ist für Einzelfertigung und Kleinserie durchaus üblich, jedoch nicht in der dargestellten Form, da mehrere Aufspannungen erforderlich sind. Die Gestalt ist typisch für Brennschneiden. Wegen der großen Masse ist dieser Hebel für schnelle Bewegungen/hohe Beschleunigungen keinesfalls geeignet. Bei kleiner Baugröße (< 100 mm) und Einzelfertigung sind auch von Flachstahl abgetrennte kantige Lösungen denkbar.

Im vorliegenden Buch wird der Einsteiger über **Konstruktionen**, die **für** die **Einzelfertigung** bzw. **Kleinserie** bestimmt sind, unterrichtet. Die Einflüsse der Serien- und Großserienfertigung werden nicht behandelt (z.B. Fließpressen, Druckgießen, Kokillengießen) bzw. nur exemplarisch vorgestellt. Hat sich der Leser mit dem Bereich der kleinen Fertigungsmengen gründlich auseinandergesetzt, fällt der Einstieg bzw. Umstieg zu den großen Fertigungsmengen (z.B. Haushaltsgeräte, KFZ) nicht schwer. Aufbauend auf die erworbenen Grundfähigkeiten muss man sich schrittweise in die Anforderungen der Großserienfertigung einarbeiten. Ein Weg, der von vornherein die volle Palette der fertigungstechnischen Möglichkeiten berücksichtigt, wird von den Verfassern für nicht zweckmäßig gehalten.

4.1.2 Fertigungsgerechtes Gestalten und Kostendenken

Der Konstrukteur hat immer **minimale Stück- und Montagekosten** anzustreben. Er ist aber oft durch die betriebliche Trennung der Abteilung Kostenrechnung von der Konstruktionsabteilung über tatsächliche Kosten wenig informiert. Lediglich das Einholen von Zulieferangeboten *(Abschnitt 2)* macht davon eine Ausnahme. Kostenbewusstes Konstruieren lässt sich aber durch Beachtung **übergeordneter Zielstellungen** anstreben.

F1: Werkstoff gut ausnutzen! ■

Das heißt gleichzeitig geringe Abfallmengen anzustreben. Verwirklicht wird diese Forderung durch:

- Rohteil gleich Fertigteil (z.B. bearbeitungsfreie Gussstücke) oder
- Rohteil dem Fertigteil weitgehend angenähert

Je größer die Fertigungsmenge und je größer das Erzeugnis, umso schärfer sind diese Forderungen umzusetzen. In der Einzel/Kleinserienfertigung stehen infolge hoher Werkzeug- und Rüstkosten viele Fertigungsverfahren nicht zur Verfügung und eine hohe Werkstoffausnutzung ist deshalb schwer zu verwirklichen. Daher steht die Regel **F1** in diesem Konstruktionsbereich berechtigterweise im Hintergrund.

Die zweite Zielstellung lautet:

F2: Stufenarmen Fertigungsprozess anstreben! ■

Die ideale Lösung ist oben schon benannt, denn Rohteil gleich Fertigteil heißt, in einem Fertigungsschritt wird das einbaufertige Teil erzeugt - von Entgrat- oder Putzvorgängen wird hier abgesehen. Sehr gut verwirklicht wird dieser Weg durch die Spritzgießtechnik mit Thermoplastwerkstoffen (selten für den Maschinenbau geeignet, für Einzelfertigung völlig ungeeignet). Im *Abschnitt 4.3* werden maschinenbaugeeignete Beispiele vorgestellt. Infolge der Präzisionsanforderungen des Maschinenbaus sind sie aber selten, während die Möglichkeit - Rohteil dem Fertigteil weitgehend angenähert - mit vielen Gussstücken bei spanende Fertigbearbeitung belegt werden kann (*Abschnitt 4.3* und *4.8*).

Bei spanende Bearbeitung gilt die Zielstellung:

F3: Minimale Anzahl von Aufspannungen anstreben! ■

Das heißt in idealer Verwirklichung:

F3.1: In einer Aufspannung fertig bearbeiten! ■

Damit treten Rüstarbeiten nur einmal auf, Zwischentransporte entfallen, die Logistik ist einfach zu beherrschen, Durchlaufzeiten werden klein und kurze Termine werden gut realisierbar.

Zur Erfüllung der Regeln **F2** und **F3** beim Gestalten sollte der **erste Ansatz** daher immer auf ein **Einstückbauteil** (Herstellung ohne Fügeoperation) und erst der **zweite Ansatz** auf ein **gefügtes Bauteil** (Schweiß-, Löt-, Klebekonstruktion) gerichtet sein. Je mehr Einzelteile zusammengefügt werden müssen, umso kritischer ist die Lösung zu betrachten - siehe *Bild 4.3*.

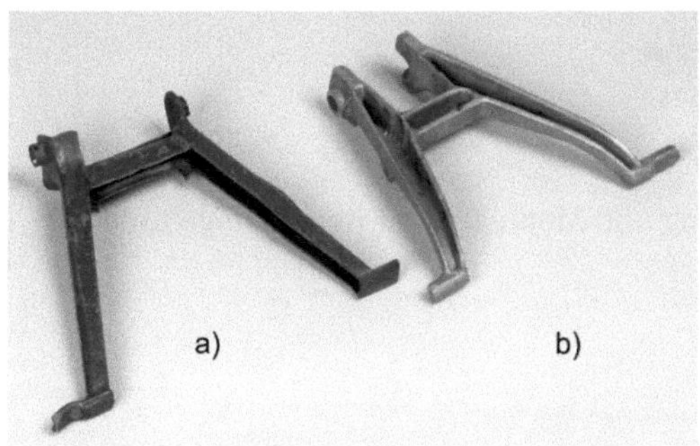

Bild 4.3 Kippständer für Zweiradmotorfahrzeuge [45]
a) Stahlblechvariante aus acht Einzelteilen geschweißt
b) Einstückausführung als Al-Gussstück

Die Gussvariante dürfte nennenswert kostengünstiger sein, vorausgesetzt, sie ist den Gebrauchsbeanspruchungen gewachsen.

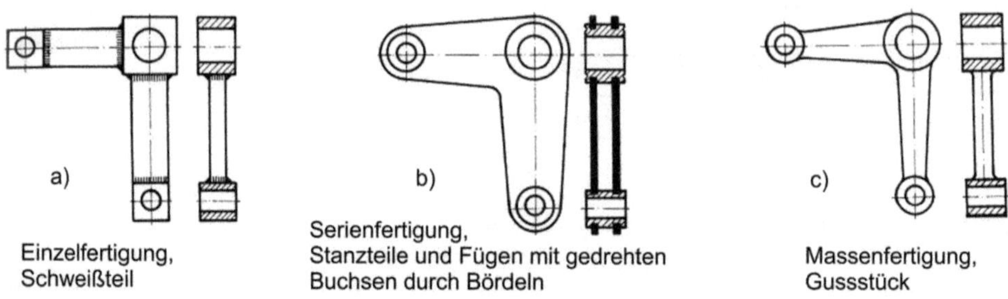

Bild 4.4 Winkelhebel für unterschiedliche Mengenbereiche [18]

Wenig hilfreich sind andererseits Beispiele wie in *Bild 4.4* dargestellt, denn auch hier sind weder Baugröße noch angreifende Kräfte (statisch, dynamisch, Kraftrichtung) benannt und u.a. werden gefügte Bauteile aus fünf Einzelteilen empfohlen. Weitere Mängel des Bildes sind:

a) An den kleinen Augen ist eine umlaufende Kehlnaht in der Schnittdarstellung gezeichnet, aber die Vierkantaugen sind dafür zu klein. Für größere Hebel kommen anstelle des Flachprofiles Rechteckhohlprofile in Frage (bereits ab Armlänge 150 mm zweckmäßig). Sofern nicht durch andere Bauteile behindert, könnte auch eine direkte Verbindung der kleinen Hebelaugen gewählt werden *(Bild 4.5)*.

b) Bördeln ist im Feingerätebau verbreitet, im Maschinenbau aber seltener in Anwendung. Anstelle des gestanzten Hebels bietet sich ein gelaserter Hebel größerer Dicke an.

c) Für Massenfertigung und nennenswerte Kräfte ist ein Doppel-T-Profil materialsparender. Das könnte sowohl ein Gusshebel oder ein Gesenkschmiedeteil sein. Die Schnittdarstellung erfolgt üblicherweise vollständig schraffiert.

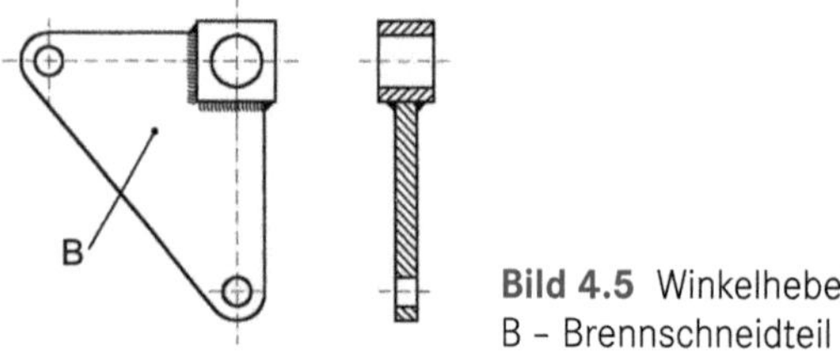

Bild 4.5 Winkelhebel
B - Brennschneidteil

Mit besonderer Auswirkung auf Teilefertigung und Montage wird weiterhin gefordert:

F4: Wenige Einzelteile anstreben!

Dass jedes nicht erforderliche Einzelteil weder hergestellt, transportiert, noch montiert werden muss, klingt zwar trivial, wird aber sicher mit den Beispielen des *Abschnitts 5.2* gut illustriert. An dieser Stelle darf die berufspraktische Erfahrung vieler Konstrukteure zusammengefasst werden: **Kompliziert zu konstruieren ist einfach, einfach zu konstruieren ist schwer!** Wer sich ernsthaft bemüht, gut funktionierende und gut durchgebildete Konstruktionen zu „Papier zu bringen", wird sich den Wahrheitsgehalt dieser Erfahrung erschließen können. Das geht aber nur mit viel Geduld, Beratung mit erfahrenen Lehrern oder Kollegen und viel Interesse an der Sache. Ein schneller Erfolg darf nicht erwartet werden.

4.1.3 Wahl des Werkstoffs, des Grundfertigungsverfahrens und des Halbzeugs

Einem Bauteil Gestalt geben, ohne einen Werkstoff - besser eine Werkstoffgruppe, ein Halbzeug und ein Grundfertigungsverfahren ausgewählt zu haben, ist nicht zweckdienlich. In vielen Bereichen des Maschinenbaus geschieht diese Wahl mehr oder weniger unbewusst, z. B. wenn ein langjähriges Erzeugnisspektrum vorliegt und damit bestimmte Werkstoffe und Hauptfertigungsverfahren „Allgemeingut" sind. Als Beispiel sei der klassische Bau spanender Werkzeugmaschinen betrachtet:

- Großteile - Gusseisen
- Kleine Rundteile, Wellen - Stahl gedreht
- Buchsen - Guss gedreht
- Hebel, Schaltgabeln - Temperguss, Fräs- und Bohrbearbeitung
- Verkleidungen - Stahlblech flach und gekantet

Ähnliches lässt sich über andere Maschinenbaubereiche aussagen und der Konstruktionseinsteiger ist gut beraten, diese eingefahrenen Wege ebenfalls zu beschreiten, bevor er sich an Neues wagt.

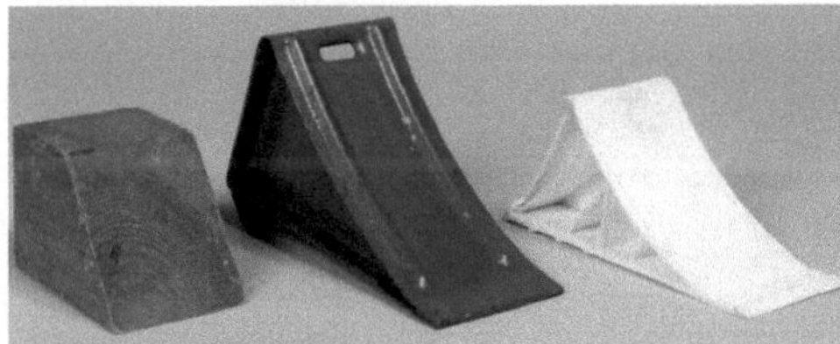

Bild 4.6 Vorlegekeile [45]
Von links:
1. Holzausführung,
2. Blechschweißkonstruktion (5 Einzelteile),
3. Kunststoff, Einstückvariante mit zweckmäßiger Verrippung
Variante 3 ist vollautomatisch bei hoher Produktivität herstellbar, Voraussetzung ist eine Fertigungsmenge > 50 000 Stück

Bild 4.7 Keilriemenscheiben [45]
Gestalteinfluss durch Fertigungsmenge und Baugröße. Von links:
1. Einzelfertigung - Drehteil aus dem Vollen gefertigt,
2. Großserienfertigung- dünnwandiges Kunststoffspritzteil mit Rippenverstärkung, teures Formwerkzeug verlangt eine Mindestfertigungsmenge von ca. 10 000 Stück,
3. baugrößenbedingter Übergang zum Speichenrad

Bild 4.6 und *Bild 4.7* belegen den Gestalteinfluss des gewählten Grundfertigungsverfahrens, das allerdings nicht von der Fertigungsmenge abgetrennt betrachtet werden kann. Hinzu kommt der Baugrößeneinfluss (siehe Speichenrad anstelle Scheibenrad). Der Vorlegekeil in Holzausführung kann bereits bei geringster Fertigungsmenge rationell hergestellt werden (Dass eine derartige Lösung heute nicht mehr zeitgemäß ist, steht hier nicht zur Betrachtung). Die Blechvariante verlangt wegen der notwendigen Formstanzwerkzeuge einen Mengenbereich von mehreren 1000 Stück, während das Kunststoffspritzen erst ab Mengen mehrerer 10 000 Stück rentabel sein wird.

4.1.4 Die klassischen und die neuen Konstruktionswerkstoffe

Zu den klassischen und in großen Mengen verwendeten Konstruktionswerkstoffen im Maschinenbau gehören Stahl und die Eisengusswerkstoffe. In Zusammenhang mit der Entwicklung von Metallflugzeugen kam es zur Anwendung von Leichtmetallen (zunächst Al- und Mg-Legierungen), die inzwischen zu den selbstverständlichen Werkstoffen im Maschinenbau, aber besonders im Fahrzeugbau, gehören. Das betrifft sowohl Gusslegierungen, als auch gewalztes und gezogenes Strangmaterial. Eine weitere Werkstoffgruppe sind Schwermetalle auf Kupfer-, Zinn- und Zinkbasis (Bronzen und Messinge). Sie haben z. B. als Lagermetalle einen nennenswerten Beitrag bei der Entwicklung des Maschinenbaus geleistet, sind aber heute nur noch in geringem Umfang oder auf Spezialgebieten in Anwendung. Hier werden sie nicht behandelt.

Neben den metallischen Werkstoffen sind an dieser Stelle auch die Kunststoffe zu nennen. Obgleich nicht so belastbar wie Metalle sind Bauteile aus modernen Kunstoffen vor allem aus dem leichtbaugeprägten Fahrzeugbau nicht mehr wegzudenken.

In den folgenden Werkstoffübersichten geht es nicht darum, alle wichtigen Werkstoffe mit ihren Kennwerten aufzuführen, sondern lediglich zusammenfassend die Werkstoffgruppen zu benennen und einige Aussagen zur Anwendung zu treffen. Für alle weiteren Angaben steht ausreichend Literatur – besonders Tabellenbücher – zur Verfügung und beim Einstieg in die Konstruktionspraxis sollten betriebliche Werkstoffauswahllisten verfügbar sein. Die betrieblichen Möglichkeiten der Wärmebehandlung sollten bei der Auswahl unbedingt berücksichtigt werden. *Tabelle 4.4* soll helfen, in dem umfangreichen Stahlsortiment Übersicht zu gewinnen. Im allgemeinen Maschinenbau können mit dem dargestellten Sortiment praktisch alle Ansprüche erfüllt werden. Das in *Tabelle 4.5* aufgeführte Gusseisen mit Kugelgrafit unterliegt aufgrund der guten Gießbarkeit und der stahlähnlichen Festigkeit in der Anwendungshäufigkeit einem überproportionalen Wachstum. Tabelle 4.6 zeigt eine Übersicht der wichtigsten Konstruktionskunststoffe.

Tabelle 4.4 Stähle für den allgemeinen Maschinenbau (auszugsweise)

Kurzname	Eigenschaften und Verwendung		
Allgemeine Baustähle (nicht für Wärmebehandlung, Verwendung bei Umgebungstemperatur)			
S185 (alt St 33)	Geringe Festigkeit	untergeordnete Zwecke, Bauschlosserei	
S235JR (alt St 37-2)		Maschinenteile mit geringer Beanspruchung, z. B. Hebel, Schweißkonstruktionen, gut bearbeitbar	
S275JR (alt St 44-2)			
S355JO (alt St 52-3U)	Mittlere Festigkeit	Achsen, Wellen, Hebel, gut bearbeitbar	Gut schweißbar
E295 (alt St 50-2)			Keine besondere Schweißeignung und Zähigkeit
E335 (alt St 60-2)	Höhere Festigkeit	Maschinenteile aller Art mit höherer Beanspruchung, schon schwer bearbeitbar	
E360 (alt St 70-2)			
Schweißgeeignete Feinkornbaustähle (gut schweißbar, zäh und alterungsunempfindlich)			
S275N / S275NL S355N / S355NL S420N /S420NL	Hohe Zugbeanspruchbarkeit	Leichtbau von Gestellen und Rahmenkonstruktionen, Förderanlagen; für geringe dynamische Spannungsamplituden	
Vergütungsstähle (vergütet zähe und feste, legierte oder unlegierte Stähle, härtbar)			
C60E (alt Ck60)	Für kleinere Dicke	Nockenwellen, Kurbelzapfen	
34CrMo4	Für größere Dicke	Keilwellen, Lenkhebel, Achsschenkel	
Einsatzstähle (durch Aufkohlen oberflächenhärtbar, verschleißfest)			
C15E (alt Ck15)	Niedrige Festigkeit, direkt härtbar	Kleine Teile, Bolzen, Buchsen, Mitnehmer, Hebel, Gelenke, Zapfen	
16MnCr5	Hoch beanspruchbar	Kleinere Zahnräder und Wellen, Bolzen, Nockenwellen, Rollen, Messzeuge	
20MnCr5	Hohe Festigkeit, direkt härtbar	Teile mit hoher Kernfestigkeit, mittlere Zahnräder und Wellen im Getriebe- und Fahrzeugbau	
Nitrierstähle (verzugsarmes Härten durch Nitrieren in speziellen Anlagen, verschleißfest)			
31CrMoV9	Hohe Verschleiß- und Dauerfestigkeit	Warmfeste Verschleißteile,	
34CrAlNi7		Große verschleißbeanspruchte Bauteile	
Stähle für Flamm- und Induktionshärten (Härten durch örtliches Erhitzen und Abschrecken)			
C45G (alt Cf45)	Reine und gleichmäßige Teile, Ritzel, Wellen		
45Cr2	Dickere Teile	Kurbelwellen, Keilwellen, Zahnräder	
Automatenstähle (gut zerspanbar, sehr gut für kleine Drehteile (bis Ø30) von Stange gearbeitet)			
11SMn30 (alt 9SMn28)	Nicht härtbar	Kleinteile, Bolzen/Stifte, Füße, Scheiben	
10S20	Zum Einsatzhärten	Verschleißfeste Kleinteile, Bolzen/Stifte	
35S20	Zum Vergüten	Wellen, Spindeln, Gewindeteile	
Unlegierte Blankstähle (im kaltgezogenen Zustand, glatte Oberfläche, hohe Maßgenauigkeit)			
Nichtrostende Stähle (chemisch beständig, teuer, oft vergleichsweise schlecht bearbeitbar)			

Zur Beschreibung der mechanischen Eigenschaften insbesondere der metallischen Werkstoffe werden neben der Festigkeit auch Begriffe wie hart und weich, zäh (duktil) und spröde, elastische und plastische Verformung verwendet. Gerade für Gusswerkstoffe (besonders Gusseisen mit Lamellengrafit) erliegt der Anfänger dem Trugschluss, dass spröde Werkstoffe nicht verformbar sind; tatsächlich sind sie in den Grenzen der Zugfestigkeit (je nach Elastizitätsmodul) genauso elastisch verformbar wie zähe Werkstoffe, ihnen fehlt aber die plastische Verformbarkeit nach Erreichen der Streckgrenze (duktiler Werkstoffe).

Tabelle 4.5 Gusswerkstoffe (Übersicht)

Werkstoffe Kurzzeichen (alt)	Anwendungsumfang; (nur Fe-Guss)	Preisverhältnis je cm^3	Gießbarkeit	Zerspanbarkeit	Weitere Eigenschaften	Anwendung
Gusseisen mit Lamellengrafit DIN EN 1561 EN-GJL-150 (GG15) - EN-GJL-350 (GG35)	64 % ↓	1	++	++	nicht für höhere dynamische Beanspruchung, gute Gleiteigenschaften, nicht schweißbar	Allgemeiner Maschinenguss, Gehäuse, Ständer, Kleinteile
Gusseisen mit Kugelgrafit DIN EN 1563 EN-GJS-350-22 (GGG35.3) - EN-GJS-900-2	27 % ↑	1,5	++	++	gut für mittlere dynamische Belastung, nicht für schlagartige Beanspruchung, nicht für Konstruktions- und Reparaturschweißung	Anwendung häufig anstelle: Gesenkschmiedestück, Stahl-Schweißkonstruktion, GE wegen guter Gießbarkeit, Bearbeitbarkeit und Festigkeit
Temperguss DIN EN 1562 EN-GJMW-350-4 (GTW-35-04 weißer Temperguss) - EN-GJMW-550-4 GJMB-300-6 (GTS-30-06 schwarzer Temperguss) - EN-GJMB-800-1	3 %	1,7	+	+	gut für mittlere dynamische Belastung, teilweise gut schweißbar und gut zerspanbar	Kleinteile aller Art, typisch für Hebel, teilweise Alternative zu Schmiedeteilen

Werkstoffe Kurzzeichen (alt)	Anwendungsumfang; (nur Fe-Guss)	Preisverhältnis je cm^3	Gießbarkeit	Zerspanbarkeit	Weitere Eigenschaften	Anwendung
Stahlguss DIN 1681 GE200(GS-38) - GE300 (GS-60)	6%	2	o*	o	wie Stahl, gut schweißbar, gut schmiedbar, Richten möglich	für Guss hoher Festigkeit und Zähigkeit
Leichtmetallgusslegierung Aluminiumlegierungen Gusslegierung Magnesiumlegierungen	/	1,5	+	+	Leichtbauguss, Al-Leg. 2,8 g/cm^3; Mg-Leg. leichteste Gusslegierung: 1,8 g/cm^3, schweißbar	Gehäuse für Motor und Getriebe, Hebel, Verkleidungen, Türen, Klappen bei Leichtbau,

* große Schwindung, verlangt besondere Gestaltung

Der Vergleich mit metallischen Konstruktionswerkstoffen zeigt die schwächeren mechanischen Eigenschaften von Kunststoffen in Bezug auf Festigkeit oder Steifigkeit. So stehen beispielsweise 32 N/mm^2 für ABS einer Zugfestigkeit von 360 N/mm^2 für einen einfachen Baustahl (S235) gegenüber. Gleiches gilt auch für das E-Modul. Dieses beträgt für ABS 2400 N/mm^2 und ist damit um ein Vielfaches geringer als das von S235 mit 210 000 N/mm^2. Dennoch kann man im Vergleich der Kunststoffe untereinander mit den Begrifflichkeiten hart, fest oder steif arbeiten.

Tabelle 4.6 Konstruktionskunststoffe (auszugsweise) nach [1]

Werkstoffe Kurzzeichen	Eigenschaften, Verarbeitung und Verwendung		
Standard-Thermoplaste			
PE, PE-HD Polyethylen	Fest, steif, zäh, sehr gute chemische Eigenschaften	Spritzguss, schweißbar	Medizinprodukte, Gas- und Benzintanks, Flaschenkästen, Koffer, Gartenmöbel, Rohre
PET Polyethylenterephthalat	Hart, fest, steif	Spritzguss, schweißbar	Lager, Zahnräder, Führungen, Motorgehäuse, Schalter, Sensoren
PP Polypropylen	Fester, steifer als PE, zäh	Spritzguss, Extrusion, schweißbar	Pumpengehäuse, Automobilanwendungen, Abdeckungen, Gehäuse

Tabelle 4.6 *(Fortsetzung)*

Werkstoffe Kurzzeichen	Eigenschaften, Verarbeitung und Verwendung		
PS Polystyrol	Steif, hart, spröde, hohe Dimensionsstabilität	Spritzguss, Extrusion, schweißbar	Einwegverpackungen, Haushaltswaren, Behälter, Massenprodukte
PVC Polyvinylchlorid	Hart, steif, zäh, exzellente Witterungsstabilität	Extrudieren, Kalandieren, gelegentlich Spritzguss, schweißbar	Fittings, Spielzeuge, Schläuche (Weich-PVC), Rohre, Fensterprofile
Technische Thermoplaste			
PA Polyamid	Hart, fest, steif, hervorragende Gleit-Reib-Eigenschaften, sehr gute chemische Resistenz	Spritzguss, Extrusion, schweißbar	Zahnräder, Gleitlager, Verkleidungen, Gehäuse, Kugellagerkäfige
PC Polycarbonat	Fest, schlagzäh, hochtransparent	Spritzguss, Extrusion, schweißbar	KFZ-Leuchten, optische Linsen, Medizintechnik, Gehäuse
PBT Polybutylenterephthalat	fest, steif, gute Gleit-Reib-Eigenschaften, sehr guter Isolator	Spritzguss	Bauteile für Haushaltsgeräte, Gleitlager, Ventilteile, Pumpengehäuse
POM Polyoxymethylen	Hohe Zugfestigkeit, steif	Spritzguss, Extrusion, schweißbar	Zahnräder, Hebel, Lager, Schnappverschlüsse, Lüfterräder
ABS Acrylnitril-Butadien-Styrol-Copolymer	Fest, steif, zäh	Spritzguss, Extrusion, schweißbar	Gehäuse für Elektrogeräte Sicherheitshelme, Spielzeug, Sportanwendungen
ASA Acrylnitril-Butadien-Acrylat-Copolymer	Fest, steif, zäh, Witterungsstabilität	Spritzguss, Extrusion, schweißbar	Karosserieaußenteile, Gehäuse, Gartenmöbel, Boote
PMMA Polymethylmethacrylat	Fest, steif, wärmeformbeständig, kratzfest	Spritzguss, Extrusion, schweißbar	Sanitäreinrichtungen, Gläser, Linsen, Lichtkuppeln
Hochleistungsthermoplaste			
PA11 / PA12 Polyamid	Hart, fest, steif, schlagzäh, hervorragende Gleit-Reib-Eigenschaften, sehr gute chemische Resistenz	Spritzguss, Extrusion, schweißbar	Zahnräder, Gleitlager, Verkleidungen, Gehäuse, Kugellagerkäfige, Dichtungen, Gleitstücke, Führungen

Werkstoffe Kurzzeichen	Eigenschaften, Verarbeitung und Verwendung		
PSU Polysulfon	Hart, fest, steif auch bei höheren Temperaturen, gute Gleit-Reib-Eigenschaften, sehr gute chemische Resistenz	Spritzguss, schweißbar	Luftfahrt-Kfz-Anwendungen, Medizinprodukte, Steuerventile, Druckerkartuschen
PEI Polytherimid	Hart, fest, steif auch bei höheren Temperaturen	Spritzguss, Extrusion, Schäumen	Luftfahrt-Kfz-Anwendungen, Medizinprodukte, Vergaserteile, Hochtemperatur Kugellagerkäfige
PPS Polyphenylensulfid	Hart, fest, steif, schlagzäh auch bei höheren Temperaturen	Spritzguss, schweißbar	KFZ-Motorraum, Lampen- Scheinwerfersockel, Pumpengehäuse
PEEK Polyetheretherketon	Hart, fest, steif auch bei höheren Temperaturen, gute Gleit-Reib-Eigenschaften	Spritzguss, Extrusion	Spritzgussteile für KFZ-, Luftfahrt-, Elektronikbranche, chemische Pumpen, Ventile
PTFE Polytetrafluorethylen	gute Gleit-Reib-Eigenschaften, wenig steif und fest	Sinterverfahren, Extrusion	Dichtungen, Kolben, Beschichtungen, Folien

Neben den vorgenannten Werkstoffgruppen haben weitere Konstruktionswerkstoffe in den Maschinenbau Eingang gefunden. Dazu gehören z. B.:

- Faserverstärkte Kunststoffe (Glasfaser- und Kohlefaserverstärkungen)
- Hartgestein (z. B. Granit) u. a. für Gestellbauteile von Präzisionsmaschinen
- Polymerbeton

Auf Aussagen zur Anwendung und Gestaltung muss aus Platzgründen in diesem Buch verzichtet werden.

4.1.5 Genauigkeiten der Fertigung im Maschinenbau

Beim Einstieg in die Maschinenbaukonstruktion ist es schwer, sich in die erreichbaren Genauigkeiten hineinzudenken, wenn man nicht über gute Werkstattkenntnisse verfügt. Ein mehrwöchiges, besser mehrmonatiges Vorpraktikum ist dringend zu empfehlen. Wer darauf nicht aufbauen kann, dem können die folgenden *Tabellen 4.7 - 4.9* einen Einblick verschaffen, der durch praktisches Arbeiten in Konstruktion und Fertigung vertieft und gefestigt werden muss. Bei allen Angaben handelt es sich um Richtwerte, die in einigen Betrieben durchaus deutlich unterschritten werden, in manchen Fällen aber auch überschritten werden können.

Tabelle 4.7 Genauigkeit der spanenden Fertigung im Maschinenbau, Überblick (Angaben in mm)

Feinheit der Bearbeitung	Abspan-volumen	Bearbeitungs-zugabe, Dicke des Abtrags	Bearbeitungs-verfahren	Erreichbare Genauigkeit	Aussehen der Oberfläche
Schruppen	groß	> 1 ... 10 und auch > 10	Fräsen, Drehen, Bohren	Bei Nennmaß 0 ... 200: ± 0,1 ... ± 0,5 Bei Nennmaß 200 ... 500: ± 0,2 ... ± 1	grobe Riefen, deutlich sichtbar
Schlichten	gering	0,2 ... 0,5	Fräsen, Drehen, Bohren	± 0,1 ... ± 0,05	nicht gut sichtbare Riefen
Feinschlichten	sehr gering	0,2 ... 0,05	Fräsen, Drehen, Rund- und Flachschleifen	± 0,01	Riefen nicht mehr sichtbar
Grenze für den normalen Maschinenbau					
Feinst-bearbeitung	unbe-deutend	≤ 0,02	Feinschleifen, Läppen, Honen	≤ 0,001	Keine sichtbaren Riefen
Hochpräzisionsfertigung! Zur Prüfung temperierte Räume erforderlich.					

Tabelle 4.8 Genauigkeiten beim Trennen von Strangmaterial und Blech (Angaben in mm)

Sägen von Walzmaterial	± 0,3 ... ± 2 für Nennmaße 100 ... 1000
Brennschneiden von Grobblech	± 0,5 ... ± 2 für Nennmaße 100 ... 1000
Blechschneiden (Feinblech) mit	
▪ Blechscheren	± 0,2 ... ± 1 für Nennmaße 100 ... 1000
▪ NC Nibbelmaschinen	± 0,1 ... ± 0,5 für Nennmaße 100 ... 1000
▪ Wasserstrahlschneidanlagen	± 0,1 für Messlängen von 1000
▪ Laserschneidanlagen	± 0,1 für Messlängen von 1000

Tabelle 4.9 Genauigkeiten bei Rohguss und Schweißkonstruktion (alle Angaben in mm)

geputzte Rohgussstücke	Nennmaße bis 1000: ± 1 ... ± 5
unbearbeitete Schweißkonstruktionen	Nennmaße > 1200 ... 2000: ± 8

Eine weitere Hilfe soll *Bild 4.8* mit der Angabe typischer Messmittel geben. Das Genauigkeitsproblem ist aber mit den Tabellenaussagen nur für den Bereich Maßgenauigkeiten erfasst. Daneben spielen Form- und Lagetoleranzen eine wesentliche Rolle - siehe *Abschnitt 4.9.5.*

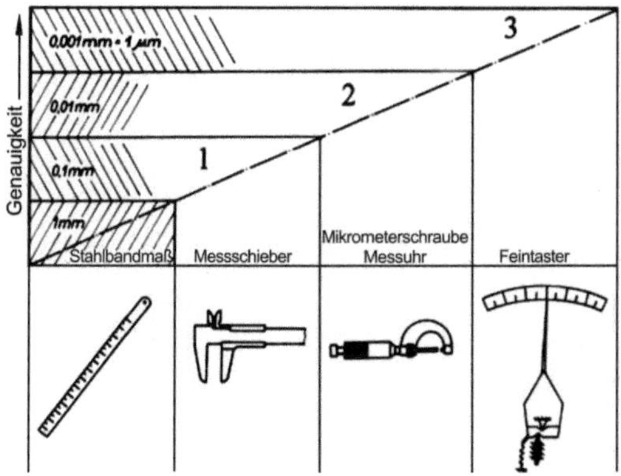

Bild 4.8 Genauigkeitsbereiche und Messzeuge:
1) Auf 0,1 mm genau, Bereich wird sicher beherrscht
2) Auf 0,01 mm genau, Präzisionsfertigung
3) Auf 0,001 mm genau, Grenzbereich, mitunter mehr Wunsch als Realität

4.2 Fertigungsgerechtes Gestalten für die Einzelfertigung

Der Konstrukteur im Bereich der Einzelfertigung (und Kleinstserie) steht im Allgemeinen vor kurzfristigen Terminen von der Auftragsbestätigung bis zur Auslieferung der fertigen Maschine oder Einrichtung. Voraussetzung für termingerechtes Konstruieren ist die genaue Kenntnis über den Fertigungsablauf vom eigenen Materiallager über den Zuschnitt (Absägen, Ausbrennen usw.) und die Teilefertigung bis zur Montage. Dazu gehören auch Kenntnisse über die Tragfähigkeit der Hebezeuge und die lichte Weite der Werkstatttore. Im Gegensatz zum Konstrukteur der Großserienfertigung, der sich mit vielen Fertigungsspezialisten beraten kann, muss er alle Fragen der Fertigungsgerechtigkeit selbst entscheiden. Inwieweit auf Materialzulieferungen und Fertigungsmittel bewährter Partner zurückgegriffen wird, bleibt hier unberücksichtigt. Mit der Übersicht über Materiallager und Fertigung in *Bild 4.9* ist die verfügbare Formenwelt indirekt beschrieben.

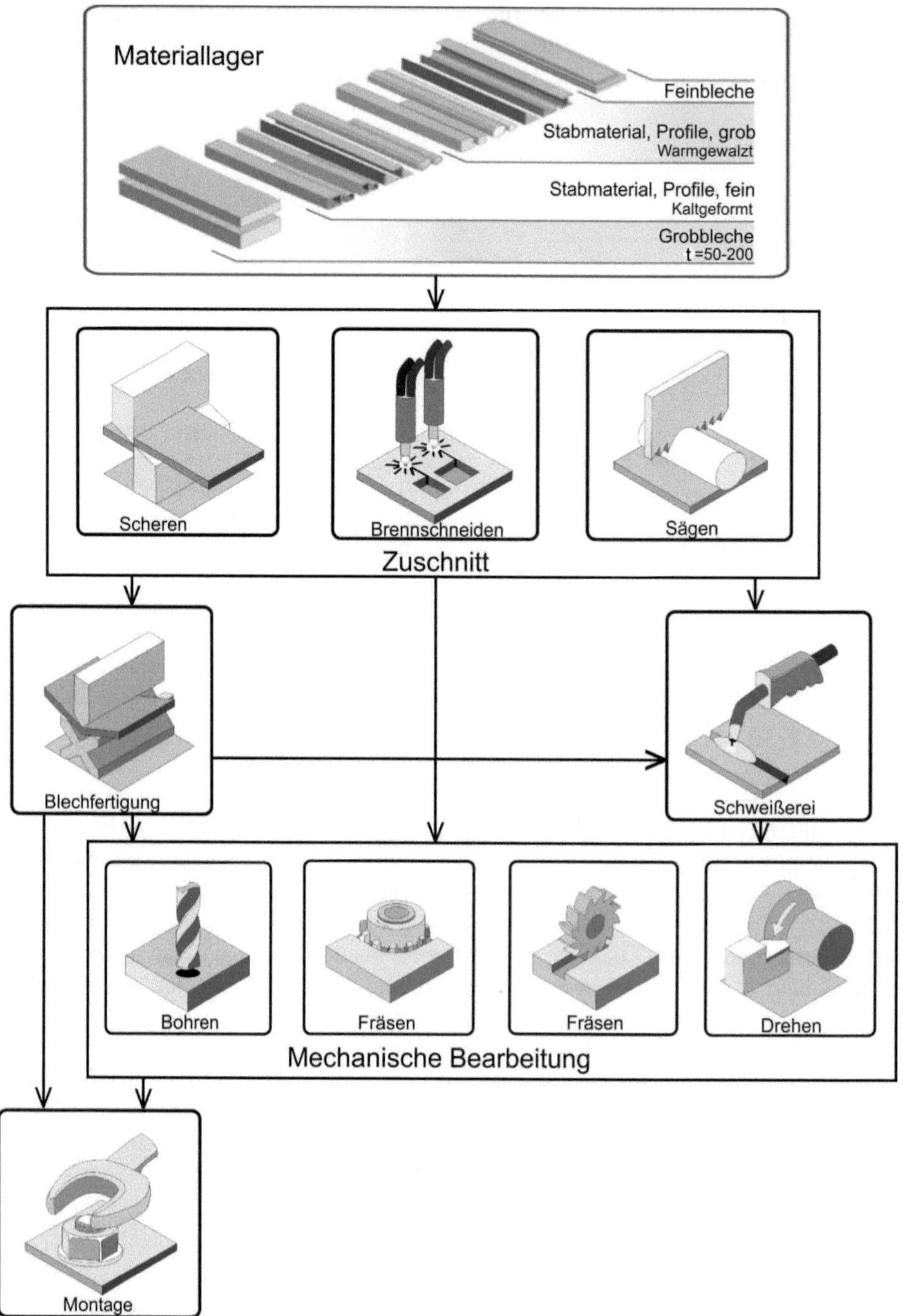

Bild 4.9 Fertigungsdurchlauf bei Einzelfertigung (Schema)

Große Gestaltungsfreiheit bieten das Brennschneiden bzw. die modernen Varianten Laser- und Wasserstrahlschneiden bis zu Blechdicken von 100 mm und darüber (siehe *Bild 4.10*).

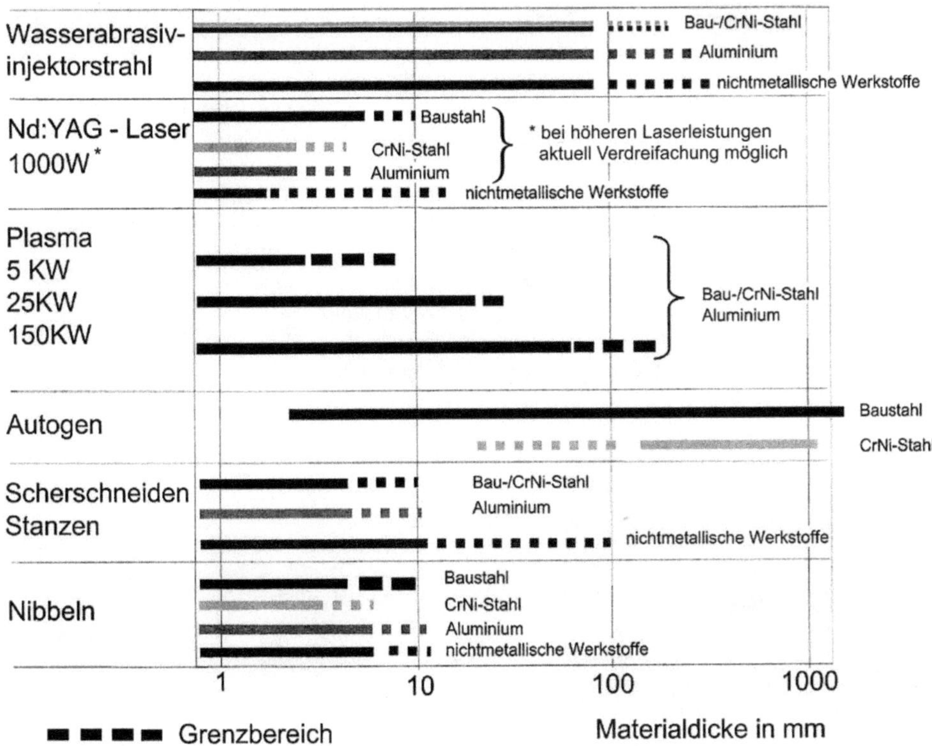

Bild 4.10 Schneidbare Materialdicken [42]

Sofern die Brennschneidflächen keine Funktionsflächen sind, sollten sie unbearbeitet bleiben (siehe *Bild 4.16* und *Bild 4.17*).

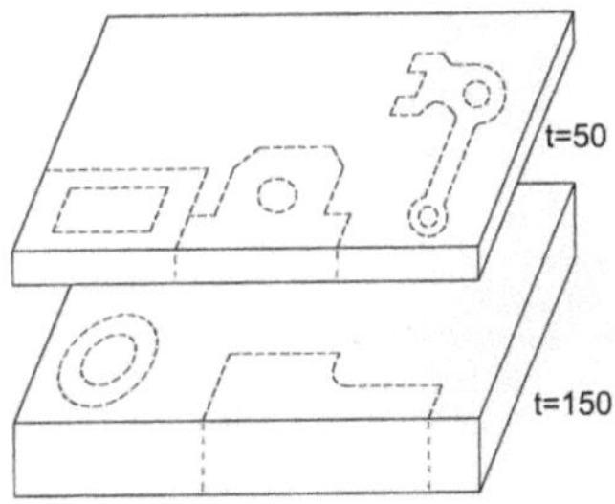

Bild 4.11 Brennschneidteile aus Grobblech
Blechdicken bis weit über 100 mm und frei wählbare, zweidimensionale Konturen lassen eine umfangreiche Formenwelt zu, die durch Bohren, Fräsen, Drehen ergänzt werden kann (die Dickenangaben sind Beispiele).

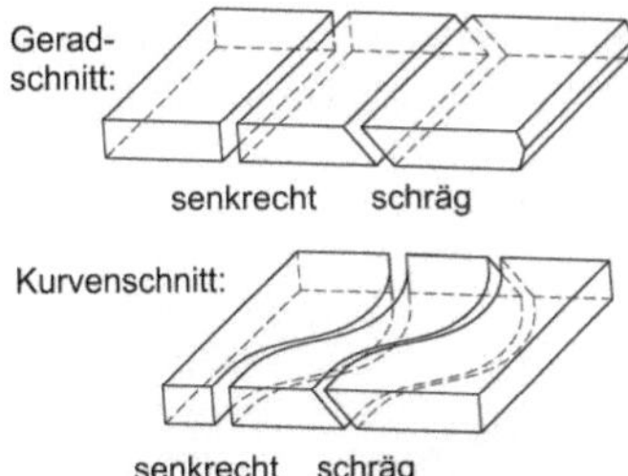

Bild 4.12 Schneidkanten beim Brennschneiden

Bild 4.13 Schnittfläche beim autogenen Brennschneiden

Bild 4.14 Wasserstrahlschneiden mit Trennschnitt
= maximale Schneidgeschwindigkeit
Deutlich zu erkennen ist eine Glattschnittzone mit guter Oberfläche und eine Restfläche mit welliger Riefenstruktur. Beim Qualitätsschnitt (= halbe Trenngeschwindigkeit) ist die Riefenstruktur deutlich feiner (nicht dargestellt).

Bild 4.15 Wasserstrahlschneiden mit Feinschnitt
= ein Viertel der Trenngeschwindigkeit
Der Glattschnittanteil ist sehr groß, die Kanten sind sehr gut rechtwinklig.

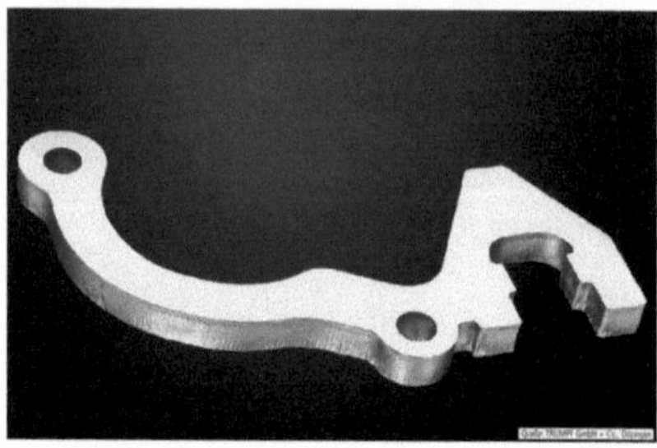

Bild 4.16 Lasergeschnittenes Grobblechteil [42] (Blechdicke 20 mm)

Bild 4.17 Schnellspannschraubstock
Das Rohteil für die Grundplatte ist ein Brennschneidteil. Die Brennriefen wurden nicht überarbeitet.

Da die Zuschnitte für die mechanische Bearbeitung durch Drehen, Bohren, Fräsen usw. vielfach nur sehr grob vorgearbeitet sind, müssen die Bauteilkonturen durch Schruppvorgänge herausgearbeitet werden – man spricht von **Arbeiten aus dem Vollen**. Das schlägt sich in kantigen Formen nieder, wie sie in den *Bildern 4.16* bis *4.19* zu sehen sind.

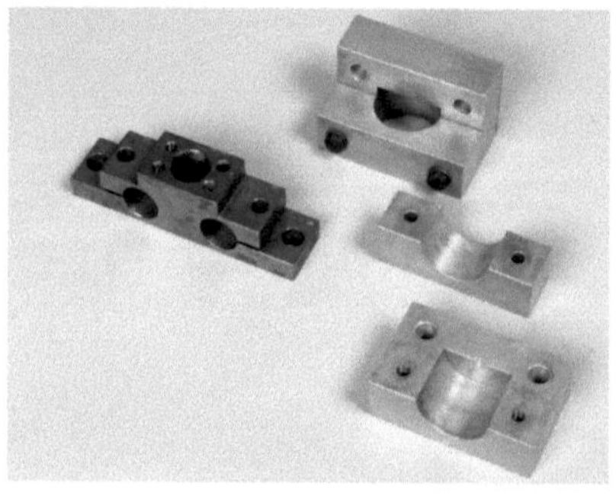

Bild 4.18 Kantige Formen der Einzelfertigung [45]

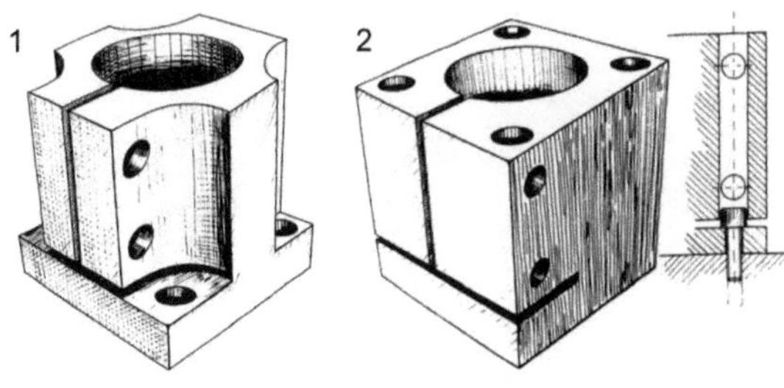

Bild 4.19 Säulenfüße mit Klemmeinrichtung
Aus dem Vollen gespant. Für Variante 2 werden verlängerte Innensechskantschlüssel benötigt, der Zerspanaufwand ist aber geringer als bei 1.

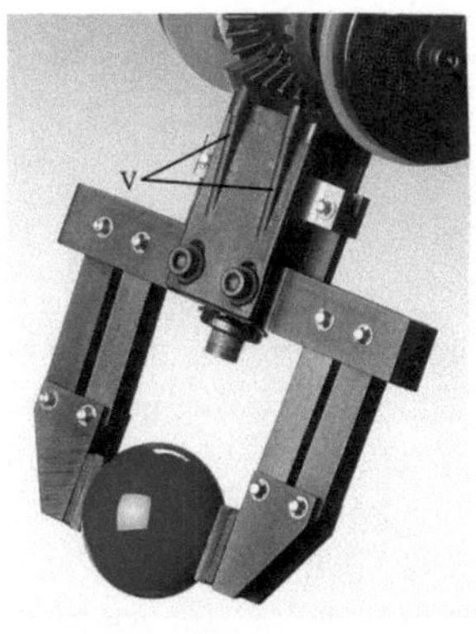

Bild 4.20 Greiferkopf eines Übungsroboters
Der Greifer zeigt die typische kantige Gestaltung der Kleinserienfertigung. Untypisch sind die schrägen Verstärkungen V. Sie sind entweder aus dem Vollen aufwendig herausgearbeitet oder es sind Gussstücke (z. B. Feinguss). Warum Gussstücke nur partiell zur Anwendung kamen, ist unbekannt.

Abgerundete Kanten, runde Hebelnaben und dergleichen, an Gussstücken selbstverständlich, werden nur in funktionsbedingten Fällen ausgeführt. Das betrifft nicht die einfach herstellbaren Rundungen an Brennschneidteilen (*Bild 4.17* und *Bild 4.21*). Die zu bevorzugende kantige Gestaltung findet sich auch bei Schweißkonstruktionen *(Bild 4.22)* und vollständigen Erzeugnissen der Einzelfertigung und des Vorrichtungsbaus *(Bild 4.23)* wieder. Bei der Gestaltung von Maschinengestellen, Tischen, Ständern und dergleichen stehen dem Sondermaschinenbau zwei Wege offen:

- Schweißkonstruktionen- ausführlich siehe *Abschnitt 4.5*
- Montagesysteme aus Al-Strangprofilen - siehe Firmenschriften

Bild 4.21 Zusatzgerät für Traktor
Der große Hebel H ist als Brennschneidteil einfach herstellbar, das Eigengewicht ist jedoch sehr hoch (Blechdicke 40 mm) und nur als Funktionsmuster zu akzeptieren.

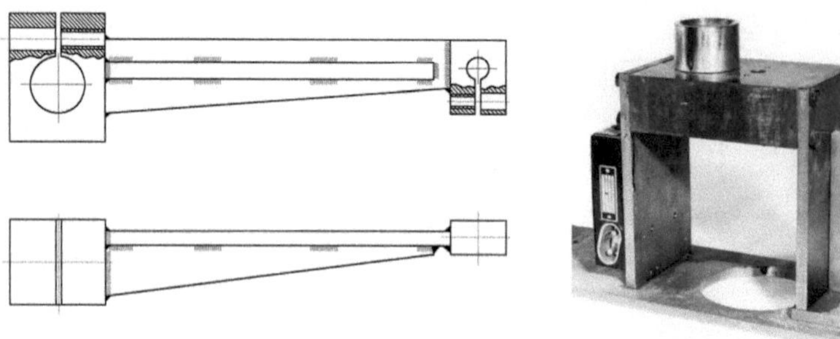

Bild 4.22 Hebel mit Klemmnaben

Bild 4.23 Versuchseinrichtung (unvollständig) Ausführung in einfacher Plattenbauweise, Stützrippe nicht abgeschrägt, eine derartig einfache Gestaltung ist nur für kurzzeitigen Gebrauch zu befürworten

Für den Feinblechbereich sind die klassischen Blechscheren bekannt, die im Wesentlichen nur Geradschnitte zulassen. Heute sind sie durch NC-gesteuerte Stanz- und Nibbelmaschinen ergänzt, die die Gestaltungsfreiheit beträchtlich erweitert haben. Zum Blechschneiden kommen Stanzumformungen (z. B. für Lüftungsschlitze) und das Abkanten mit mehrteiligen Werkzeugen hinzu, sodass das Biegen von Kastenformen einfach möglich ist. Die Ausweitung der NC-Steuerungen auf die Feinblechbearbeitung kann selbst im Kleinstserienbereich anstelle von massiven Fräs- und Bohrteilen Blechanwendungen möglich machen (Bilder) Weitere Beispiele zur Feinblechgestaltung sind in *Abschnitt 4.6* dargestellt.

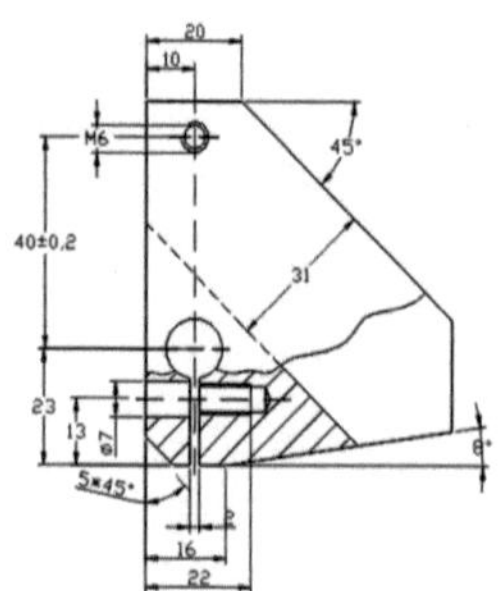

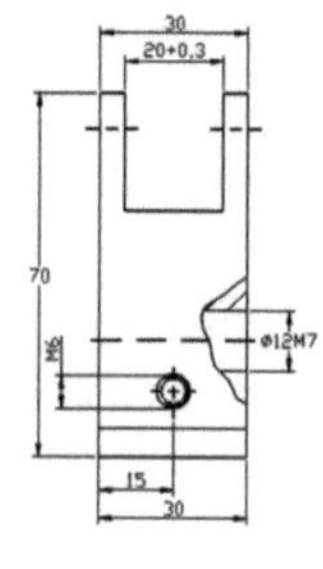

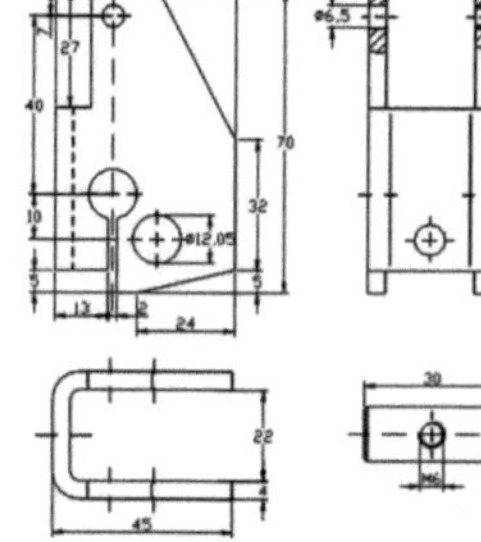

Bild 4.24 Schwenklager, aus dem Vollen gespant [18]

Bild 4.25 Schwenklager, Blech-Biegeteil und Bolzen [18]
Beim Übergang zu Blech muss sich der Konstrukteur von der Vorstellung lösen, lange Bohrungen im Blech direkt oder mit eingesetzten Rohren nachzubilden. In der Regel führt die Nachbildung der Bohrungsenden mit dem hochkant liegenden Blech zu brauchbaren Lösungen.

Nicht unerwähnt bleiben soll die Anwendung von Gussstücken im Bereich der Einzelfertigung. Dafür kommen das Vollformgießen und das Schablonengießen infrage - siehe *Abschnitt 4.3*.

Aufgabe 4.1 Da das Arbeiten aus dem Vollen im hier beschriebenen Mengenbereich mitunter zu selbstverständlich geworden ist, sind auch Konstruktionen nach *Bild 4.26* entstanden. Wie sind sie zu bewerten?

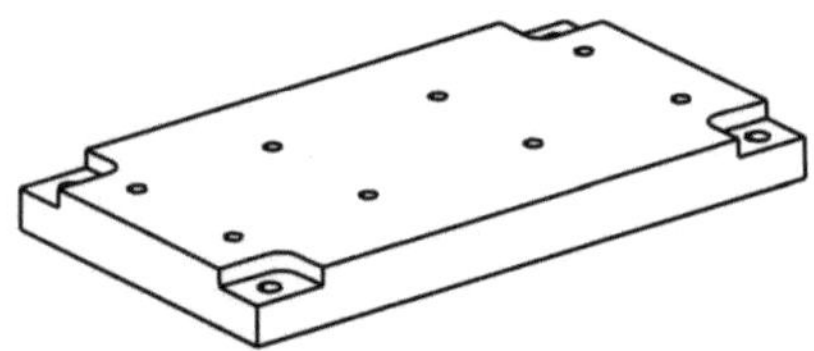

Bild 4.26 Grundplatte für Einzelfertigung
Abmessungen: 500 x 280 x 45 mm

4.3 Gestalten von Gussstücken (urformgerechtes Gestalten)

Das Herstellen von Rohgussstücken in Gießereien und das nachfolgende Bearbeiten in Maschinenbaubetrieben zu einbaufertigen Maschinenteilen aus allen schmelz- und gießbaren Werkstoffen hat einen großen Anteil bei Entwicklung des Maschinenbaus mit all seinen Teilbereichen geleistet. Die Anwendungsbreite ist sehr groß.

- Abmessungen: Von wenigen mm bis zu 10 000 mm.
- Masse: Von wenigen g bis zu 252 t.
- Wanddicken: Von wenigen mm bis ca. 300 mm.
- Mengen: Von Einzelfertigung bis Massenfertigung.

Große ökonomische Effekte entstehen durch weitgehende Annäherung an den Endzustand und die Beherrschung einer komplizierten Formenwelt (denke an Kunstguss).

Hauptvorteil: Komplizierteste Gestaltung ist möglich

Beachte: Aber nicht jede Gestalt ist ökonomisch vertretbar!

Eine derart große Gestaltungsfreiheit wird mit keinem anderen Fertigungsverfahren erreicht. Gegossen werden Metalle und Kunststoffe (Spritzguss) in verlorenen Formen (Metalle) und Dauerformen.

Im vorliegenden Buch wird vordergründig die Gussstückgestaltung für Eisengusswerkstoffe in verlorenen Formen (Sandformguss) bei kleinen Fertigungsmengen (Anwendung von Holzmodellen) behandelt. Damit soll Einsteigern in die Maschinenkonstruktion ein

Grundwissen vermittelt werden, dessen Ausweitung auf die anderen Gussstückbereiche und die anderen Gussstückwerkstoffe unschwer möglich sein wird.

Die folgenden Bilder sollen den oben genannten Hauptvorteil deutlich machen. Bei Fertigungsmengen ab etwa 10 Stück können Gussstücke gegenüber Schweißkonstruktionen bereits deutlich kostengünstiger sein. Man kann sich dazu folgenden Sachverhalt vor Augen führen. Eine Rippe an einer Schweißkonstruktion muss bei jedem weiteren Stück erneut gefertigt und angeschweißt werden. Bei Guss entsteht sie, einmal am Modell angebracht, bei jedem Abguss ohne erneute Handhabungen. Besonders effektiv sind Lösungen, die das Fügen vieler Einzelteile beseitigen.

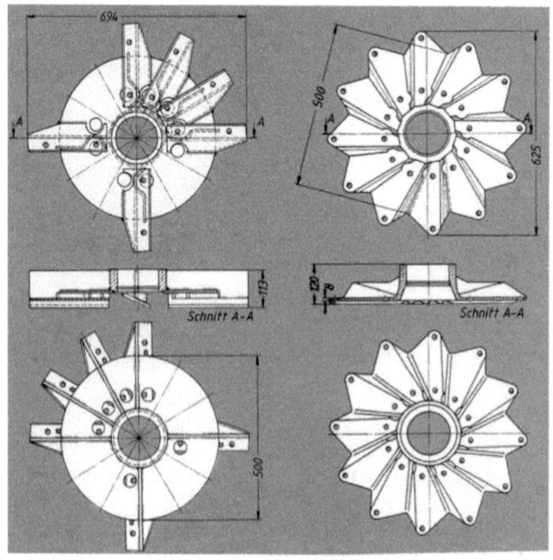

Bild 4.27 Messerscheibe für Maishäcksler [4]
Die ursprüngliche Schweißkonstruktion (38 Einzelteile) wog 44 kg. Die Einstückgussausführung ist 25 % leichter, die Modellkosten waren bei ca. 115 Stück amortisiert und nach der Nutzung bereitet das Reinigen erheblich geringeren Aufwand.

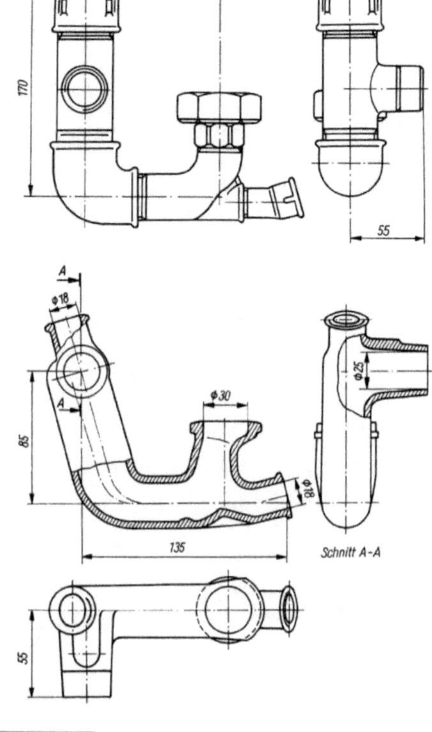

Bild 4.28 Verteiler (Temperguss) [4]
Die ursprünglich 8 verschraubten Einzelteile (oben) wurden durch 1 Gussstück ersetzt

Bild 4.29 Dreischarpflug (ca. 1925)
Träger T und Lagerböcke L wegen komplizierter Gestalt als Gussstücke ausgeführt

Auch wenn, wie oben erwähnt, Wanddicken bis 300 mm gießbar sind, darf keinesfalls die Schlussfolgerung gezogen werden, mit großen Wanddicken zu gestalten. Der **Gestaltungsansatz** ist mit den für die jeweilige Baugröße **gut gießbaren Minimalwanddicken** auszuführen und durch kraftgerechte Gestaltung und Verrippung zu stabilisieren (Bilder). Gussstücke erlauben eine Material sparende Gestaltung indem nur der funktionsnotwendige Werkstoff zur Gestaltbildung herangezogen wird. Gut erkennbar ist das in den Bildern.

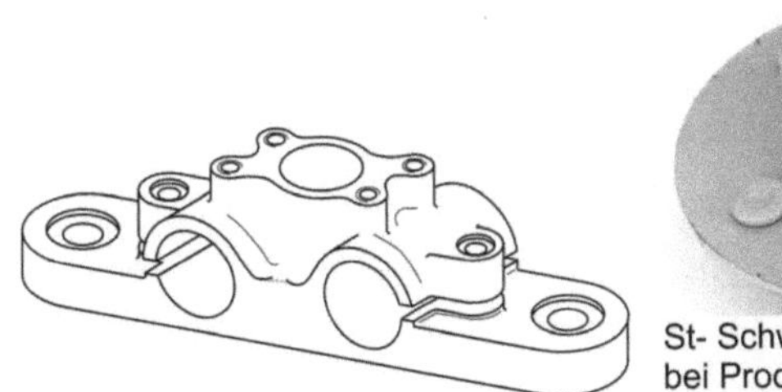

Bild 4.30 Klemmkörper vergleiche *Bild 4.18* links

Bild 4.31 Radnaben für PKW-Anhänger

Ein typisches Erscheinungsmerkmal für Gussstücke sind die Gussrundungen, die an den unbearbeiteten Oberflächen erkennbar sind. Die bearbeiteten Flächen enden scharfkantig, da die Gussrundungen abgearbeitet sind. *Bild 4.32* lässt diesen Sachverhalt gut erkennen; die Funktionsflächen sind hier bearbeitet. Drei Ausführungen sind erkennbar.

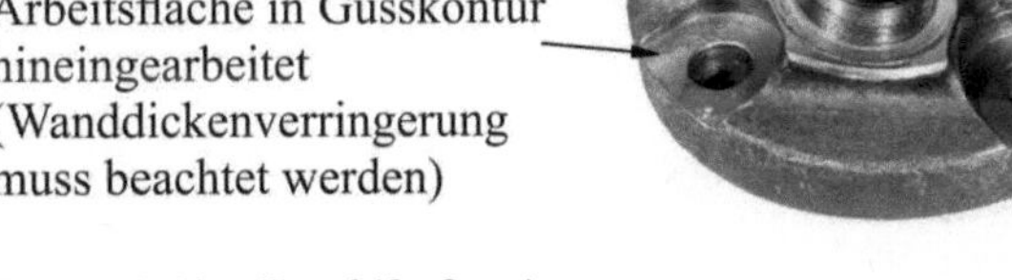

Bild 4.32 Ventilkopf (St-Guss)

Eine Ausnahme bilden rohe Gusskanten, die in der Teilungsebene des Formkastens liegen. Erläuterungen dazu finden Sie am *Bild 4.56*.

Für den Endzustand von Gussstücken im Maschinenbau gibt es drei Möglichkeiten:

- Das Rohteil ist einbaufertig (nur selten möglich)
- Das Rohteil wird an Passflächen bearbeitet, alle übrigen Flächen werden lediglich geputzt (Normalfall)
- Das vollständig bearbeitete Gussstück (eigentlich der falsche Weg)

Der Normalfall ist in den vorstehenden Bildern zu sehen. Der fertigungstechnische Idealfall – das einbaufertige Rohteil – ist z.B. im Landmaschinenbau anzutreffen, aber durchaus öfter anwendbar, als allgemein angenommen wird.

Bild 4.33 Bearbeitungsfreies Gussstück (Teil zur Bodenbearbeitung)

Verwendung: Nabe für Haspel eines Mähbinders (Landmaschine vor Einführung der Mähdrescher)

Bild 4.34 Nabe aus Gusseisen – vorbildliches Leichtbaustück

Die folgenden Bilder zeigen die Umstellung eines Stahlgussstücks zu einem bearbeitungsfreien Gussarm (Gusseisen mit Kugelgrafit).

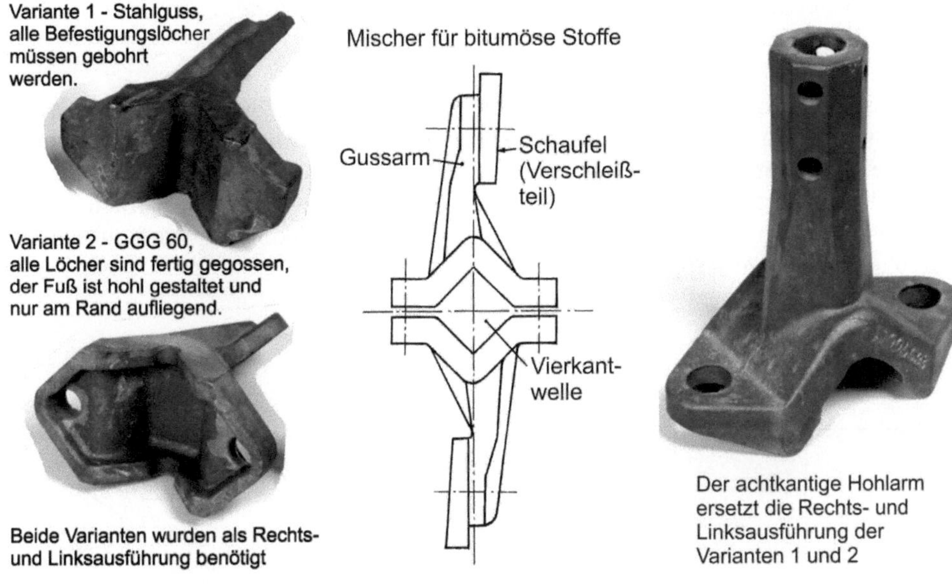

Bild 4.35 Mischerarme [45]

Bild 4.36 Mischerarmpaar (Mischer für bituminöse Stoffe) [31]

Bild 4.37 Mischerarm (GJS) [45]

Die selten mögliche Verwendbarkeit bearbeitungsfreier Gussstücke hat offensichtlich im Denken der „Präzisionsmaschinenkonstrukteure" diese Möglichkeit verschüttet. Da zum Abstützen einer Druckfeder weder eine präzise Auflagefläche noch eine exakte Winkellage benötigt wird, wurde der folgende Stützwinkel als Gussstück für diesen Zweck entworfen und verwendet. Die Befestigungsbohrungen sind ebenfalls fertig gegossen, verlangen aber große Unterlegscheiben.

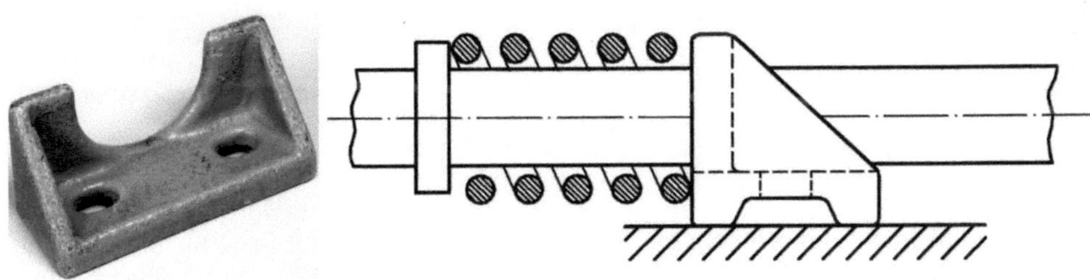

Bild 4.38 Stützwinkel-Bearbeitungsfreies Gussstück

4.3.1 Die Berücksichtigung der Formherstellung bei der Gussstückgestaltung

Ein Gussstück fertigungsgerecht zu entwerfen, setzt Kenntnisse über die Herstellung der Formen voraus. So wird im Bereich Einzelfertigung und Kleinstserie das Schablonenformen **Schablonenformen** für rotationssymmetrische Bauteile und für Strangteile genutzt. Mit dem folgenden Bild kann man sich die Grundzüge dieser Formenwelt soweit erschließen, dass in Zusammenarbeit mit der Gießerei Konstruktionsentwürfe umsetzbar sein sollten (auch *Bild 4.40*).

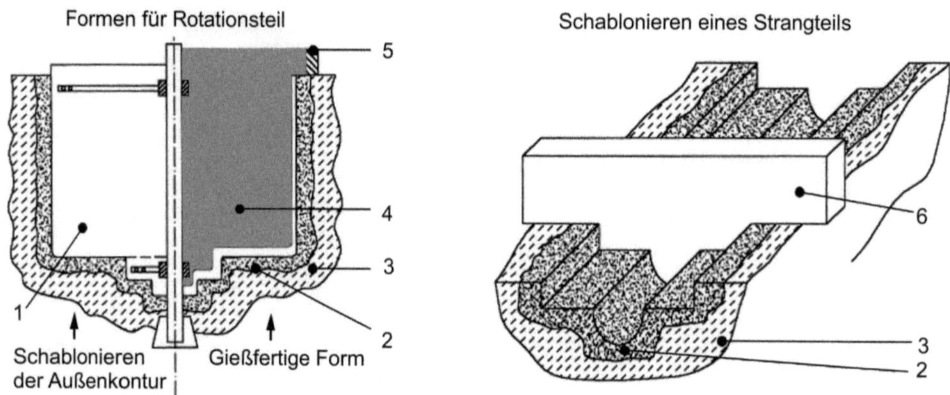

Bild 4.39 Schablonenformen

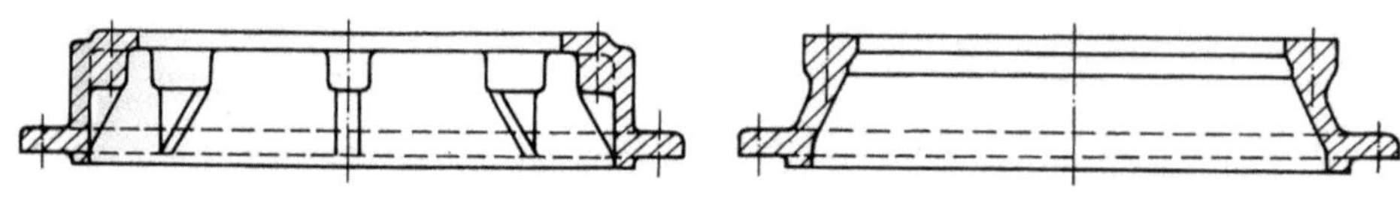

Bild 4.40 Flansch [31]

Ausschließlich in der Einzelfertigung ist das **Vollformgießen** mit Schaumstoffmodellen angesiedelt. Da diese Modelle vollständig in Formsand eingebettet sind und nicht ausgeformt werden, sind weder Formschrägen noch Kerne und Modellteilungen erforderlich. Das Modell verbrennt beim Gießen durch das schmelzflüssige Metall, d. h. es ist nur einmalig nutzbar.

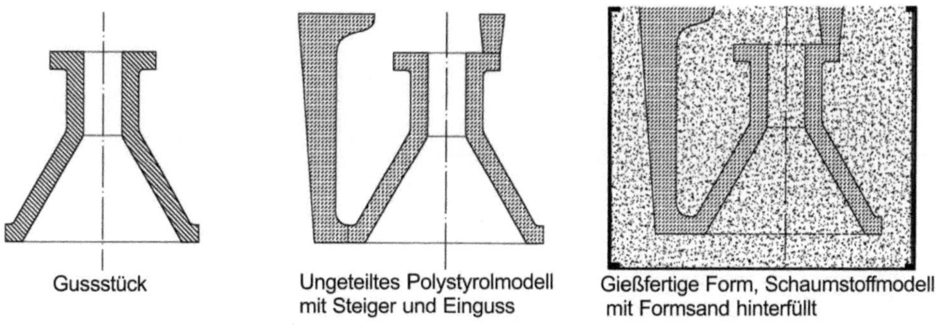

Bild 4.41 Vollformgießen

Den typischen Fall der **Sandformherstellung mit geteiltem Modell** zeigen die zwei nächsten Bilder. In *Bild 4.42* sind die Formschrägen am Modell deutlich erkennbar. Sie sind erforderlich, um das Modell aus dem festgestampften Sand herauszuziehen, ohne dass es zu Beschädigungen der Sandform kommt. Außerdem zeigen beide Bilder das Formen unter Verwendung von Kernen für Hohlguss *(Bild 4.43)* bzw. für lange Bohrungen *(Bild 4.42)*.

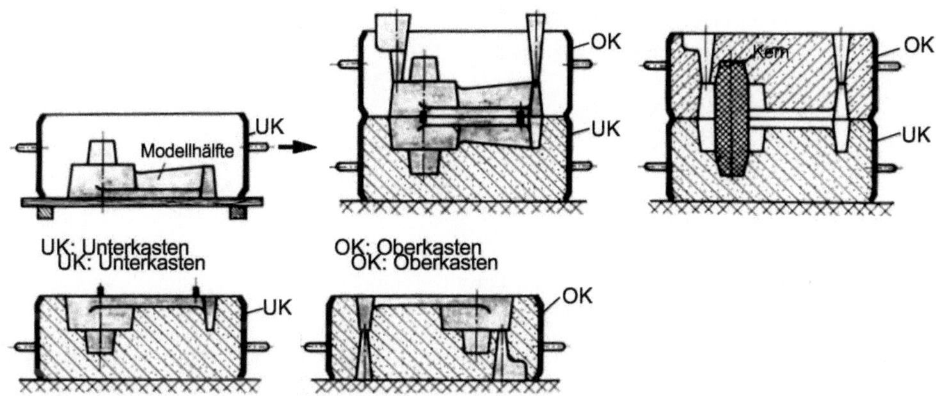

Bild 4.42 Ablauf des Einformens mit geteiltem Modell und Kern für die Hauptbohrung

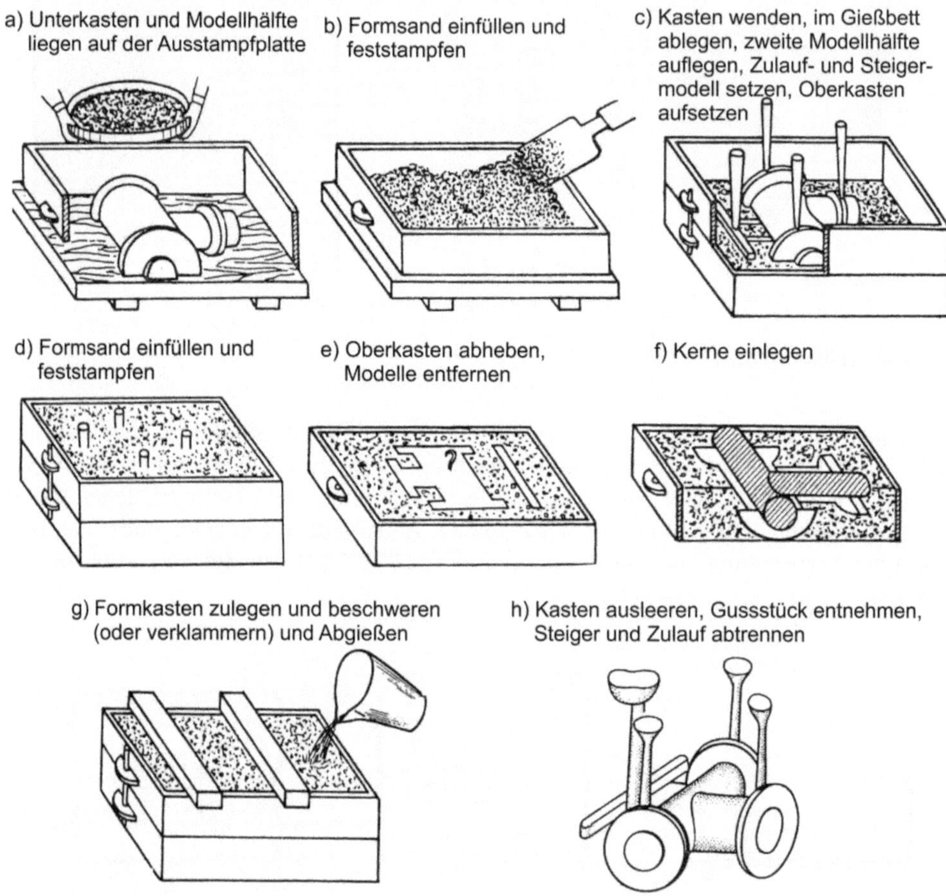

Bild 4.43 Manuelle Formherstellung für Sandguss (vereinfacht) nach [1]

Gussstück, Modell und Form für ein Gehäuse zeigt *Bild 4.44*. Das **Formen mit Kern** ist eine übliche Arbeitsweise. Das Herstellen der Form kann erheblich vereinfacht werden, wenn Innen- und Außenkontur so gestaltet sind, dass das Entformen des Modells ohne Sondermaßnahmen möglich ist. Diese Art des **Formens mit Formsandballen** ist im *Bild 4.45* dargestellt. Durch den Formsandballen kann der Kern einschließlich Kernkasten, Kernherstellung und Kerneinlegen entfallen.

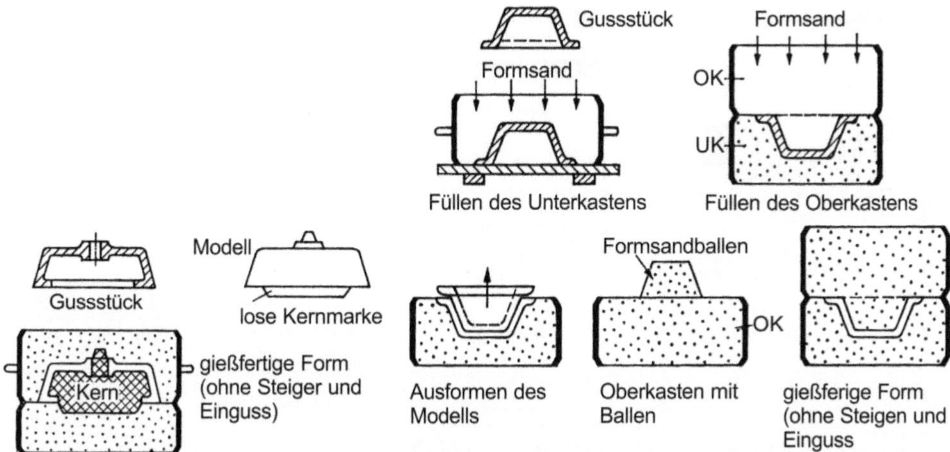

Bild 4.44 Gehäuseteil

Bild 4.45 Gehäuseteil kernlos geformt
Der Formsandballen am Oberkasten ersetzt den Kern.

Das Arbeiten mit Kernen - ursprünglich für Hohlguss entwickelt - lässt sich auf nicht entformbare Außenkonturen übertragen. Als Beispiel soll eine Seilscheibe dienen, wobei die Seilrille gegossen werden soll. Ob das Seilscheibenmodell in der Scheibenebene geteilt wird oder die Scheibe halbiert wird, in beiden Fällen ist es nicht möglich, die Modellhälften ohne Zerstörung der Form aus dem Formsand herauszuziehen - *Bild 4.46*.

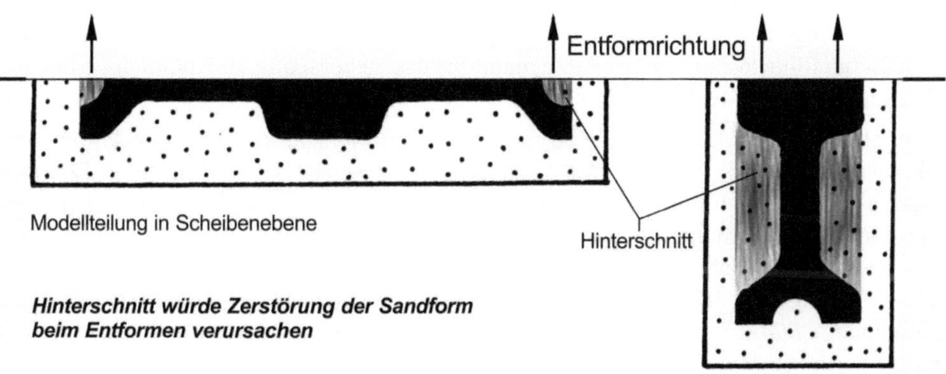

Bild 4.46 Seilscheibenmodelle nicht entformbar

Eine Lösung bietet die Anwendung eines **Außenkerns** - *Bild 4.47*. Das Modell wird an der Außenkontur so verändert, dass es ausformbar ist. Die gießfertige Kontur der Seilrille in der Form wird durch einen Außenkern gebildet. Ein zweiter Lösungsweg liegt im Verzicht auf eine vorgegossene Seilrille, d. h. Außendurchmesser und Rille werden durch Drehen in die Endform gebracht. Das Modell für diesen Fall zeigt *Bild 4.48*.

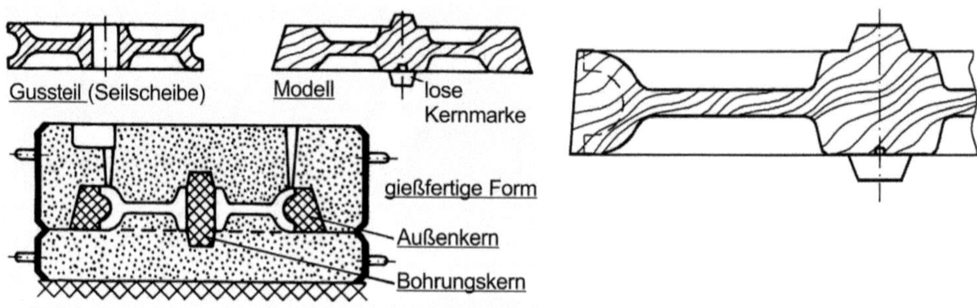

Bild 4.47 Formen einer Seilscheibe mit Außenkern

Bild 4.48 Seilscheibenmodell - Rille nicht vorgegossen

Welcher Weg beschritten wird, sollte durch einen Kostenvergleich geklärt werden. Dabei sind zu berücksichtigen,

Rille gegossen:

- Kosten für Modelleinrichtung - Modell und Kernkasten
- Kosten für Gussstücke mit Kernverwendung

Rille gedreht:

- Kosten für das Modell
- Kosten für das Drehen der Rille, dabei ist zu beachten, dass die Hauptbohrung ebenfalls auf einer Drehmaschine bearbeitet werden muss
- Kosten für das Gussstück - kein Außenkern, aber höhere Rohteilmasse.

Für eine geringe Fertigungsmenge und einen Scheibendurchmesser unter 1000 mm wird die gedrehte Rille kostengünstiger sein, denn für das zu zerspanende Volumen ist bei den heutigen Schneidstoffen kein hoher Zeitaufwand erforderlich.

In der Handformerei ist für die Beherrschung von Hinterschnitt neben der Anwendung von Außenkernen das Arbeiten mit **Ansteckteilen** möglich. Der im folgenden Bild dargestellte Klemmkopf hat durch die Klemmschraubenansätze eine Kontur, die sich nicht ohne Sondermaßnahmen entformen lässt. Die Klemmschraubenansätze am großen Zylinder sind am Modell daher als Ansteckteile ausgeführt. Beim Entformen der Modellhälften bleiben die Ansteckteile in der Sandform stecken und werden von Hand aus der Form entnommen - *Bild 4.51*. Danach werden ohne weitere Besonderheiten die Kerne eingelegt und die Form zugelegt - *Bild 4.52*.

Bild 4.49 Klemmkopf (Höhe 220 mm)
Das abgebildete Gussstück ist bereits teilweise bearbeitet

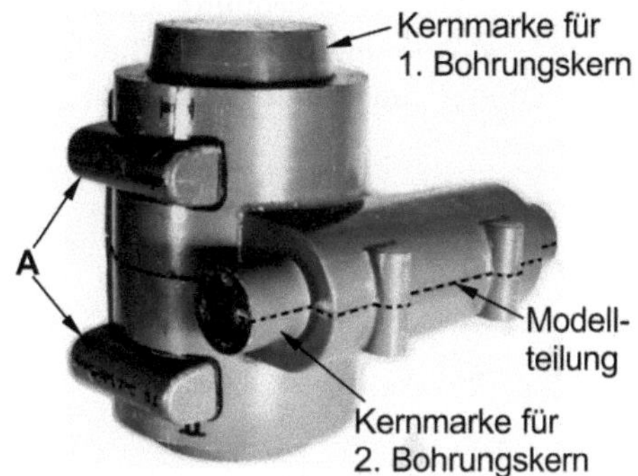

Bild 4.50 Modell für Klemmkopf
A: Ansteckteile zur Beherrschung des Hinterschnitts

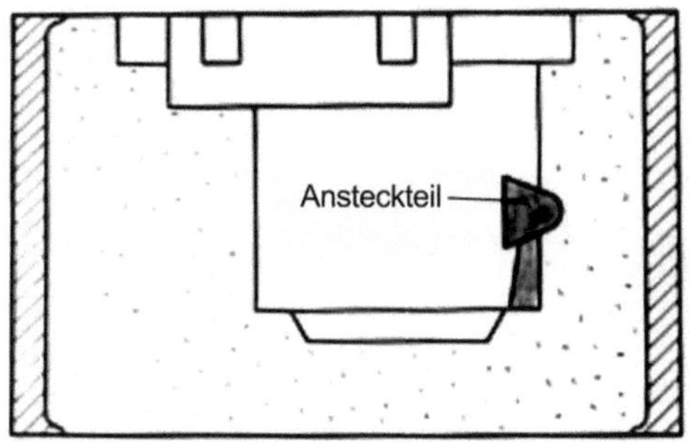

Bild 4.51 Unterkasten für Klemmkopf
Modell bereits entfernt, Ansteckteil kann nach innen entnommen werden

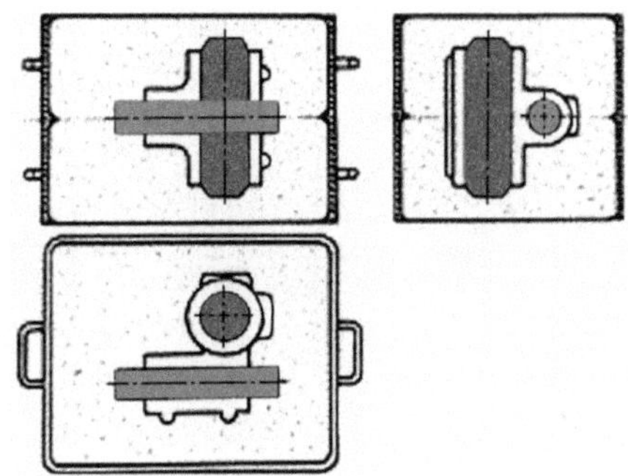

Bild 4.52 Formkasten, gießfertig
Bohrungskerne sind eingelegt.
Einguss und Steiger sind nicht dargestellt.

Der vorstehende „Ausflug" in die Fertigungstechnik - der von angehenden Konstrukteuren durch ein Gießereipraktikum ergänzt werden sollte - hat den Zweck, den Einfluss des Formens auf die Gestaltgebung im Sinne minimaler Gussstückkosten aufzuzeigen. Dabei ist zu beachten, dass nicht alle Entscheidungen beim Konstrukteur liegen. *(Die Entscheidung, die Seilrille vorzugießen oder aus dem Vollen zu drehen, hat keinen Gestalteinfluss und liegt in Händen der Fertigungsabteilung. Dagegen hat die Entscheidung Formen mit Ballen oder mit Kern deutlichen Gestalteinfluss und muss vom Konstrukteur getroffen werden.)* Andererseits ist zu beachten, dass Beratungen mit dem Modellbau und der Gießerei (in der Regel Fremdbetriebe) nicht immer zum Kostenminimum für den Maschinenbauer führen müssen, denn Kernkastenherstellung und Kernanwendung in der Gießerei bringen dem Modellbauer und dem Gießer höhere Erträge.

Voraussetzung für das Entwerfen eines Gussstückes ist das Vorliegen einer funktionsnotwendigen bzw. funktionsbedingten Grobgestalt. Diese Gestalt sollte als Skizze vorhanden sein. Um nicht im „Blindflug" zu gestalten, ist die Modellteilung bzw. Formteilung festzulegen. Von dieser Teilung ausgehend, ist eine hinterschnittfreie Gestaltung anzustreben (*Bild 4.53* und *Bild 4.54*). Die Teilung ist bevorzugt durch die größere Abmessung zu legen, um geringe Einformtiefen zu erhalten *(Bild 4.55)*.

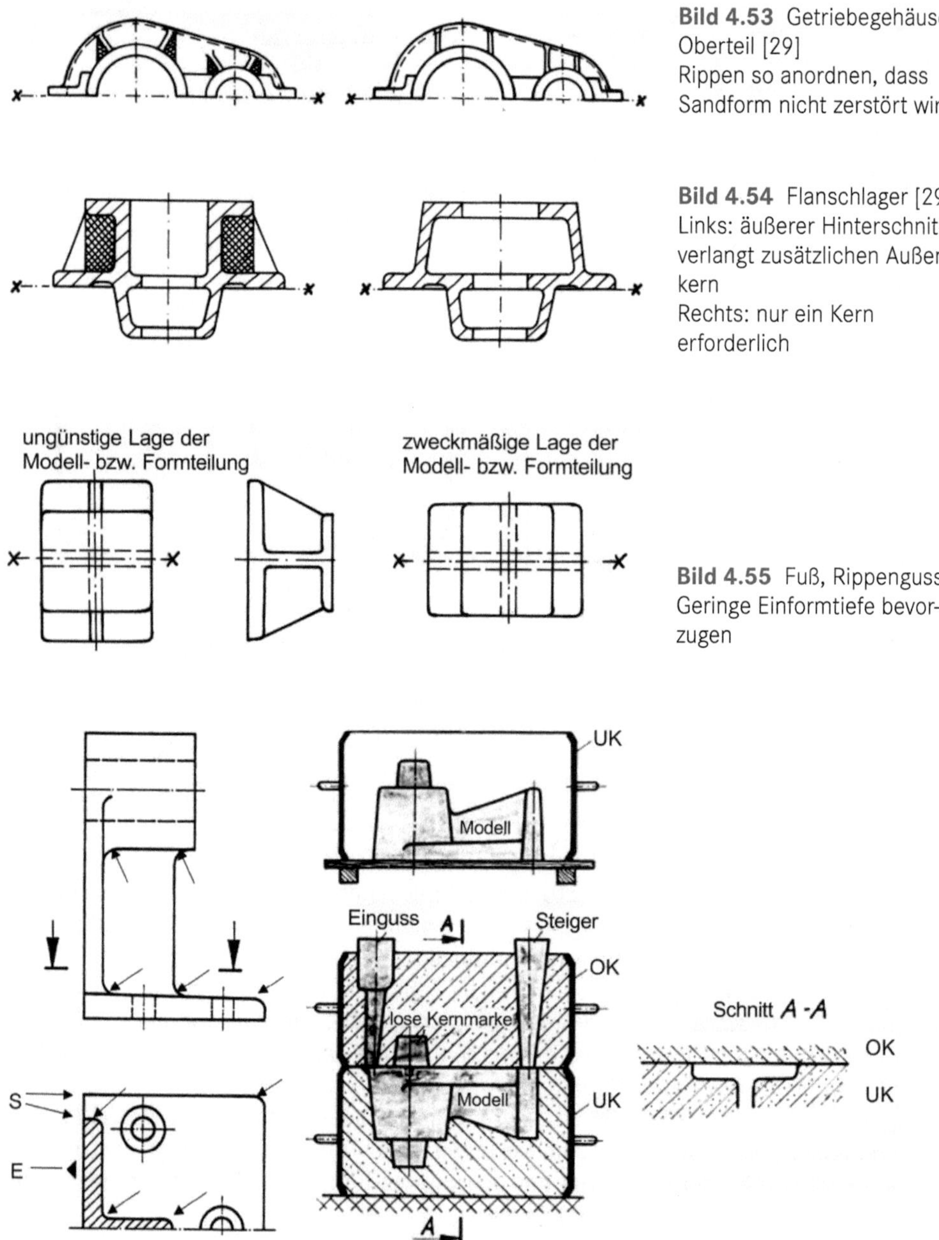

Bild 4.53 Getriebegehäuse, Oberteil [29]
Rippen so anordnen, dass Sandform nicht zerstört wird

Bild 4.54 Flanschlager [29]
Links: äußerer Hinterschnitt verlangt zusätzlichen Außenkern
Rechts: nur ein Kern erforderlich

Bild 4.55 Fuß, Rippenguss
Geringe Einformtiefe bevorzugen

Bild 4.56 Lagerbock mit T-Profil, Modell ungeteilt
Ebene E liegt beim Formen auf der Aufstampfplatte auf. Gussrundungen (siehe Pfeile) anstelle S würden nicht ausformen ohne die Sandform zu beschädigen. Daher die Kanten S scharfkantig ausführen.

Bei ungeteiltem Modell sollten in der Teilung liegenden Körperkanten keine Gussrundung erhalten, da sie zusätzliche Handarbeitsgänge bei der Formherstellung erfordern - siehe *Bild 4.56*.

Beim Formen mit Ballen ist, wie im Bild dargestellt, durch große Abschrägung und Begrenzung der Ballenhöhe das Abreißen des Ballens zu verhindern.

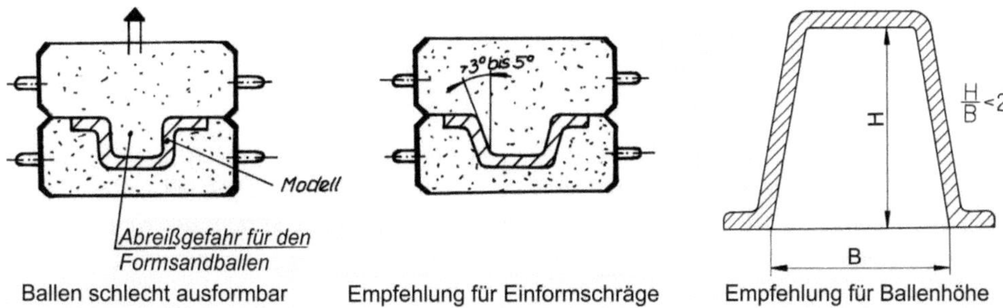

Bild 4.57 Formen mit Ballen

Das kernlose Formen könnte häufiger zur Anwendung kommen, wenn es gelänge, sich von herkömmlichen Gestaltungsgepflogenheiten zu lösen, wie im folgenden Beispiel. Eine veränderte Nabengestaltung kann Kerne vermeiden. Das Bohren von Befestigungslöchern ist im Maschinenbau so normal, dass die Möglichkeit des Fertiggießens häufig unbeachtet bleibt. Dass es möglich ist, zeigen *Bild 4.38* und *Bild 4.59*.

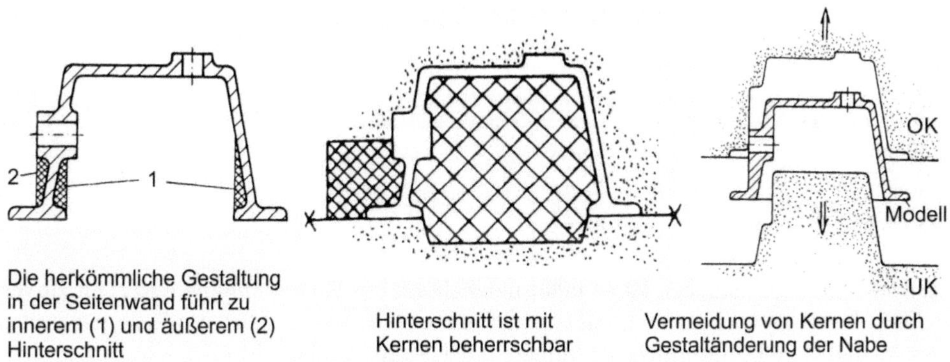

Bild 4.58 Kappenartiges Gussstück

Bild 4.59 Befestigungslöcher am Mischerarm fertig gegossen

Im Bereich kleiner Durchmesser (< 30 mm) bedarf es jedoch immer der Abstimmung mit der Gießerei. Derartige Löcher - mit oder ohne Nabe - bedürfen aber bei Naturausformung einer starken Konizität *(Bild 4.60)*. *(Von Naturausformung spricht der Gießer, wenn die Formkontur mit dem Modell ohne Kernanwendung erzeugt wird.)*

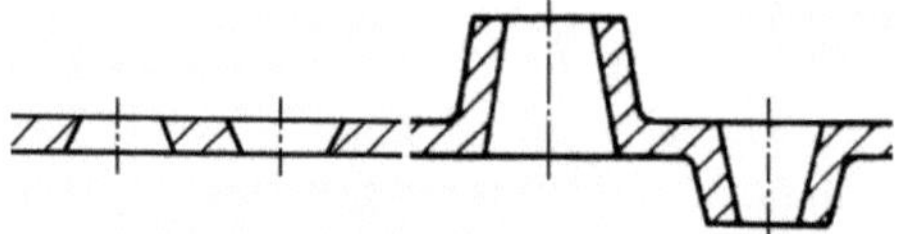

Bild 4.60 Löcher fertig gegossen
Bei Naturausformung Konizität entsprechend anordnen

Für Aushebeschrägen an Modellen sind relativ kleine Werte üblich. Sie müssen bei Kleinserienfertigung nicht in die Zeichnung eingetragen werden. Wenn es sich aufgrund der Funktion und des Aussehens anbietet, größere Schrägen vorzusehen, sollte davon Gebrauch gemacht werden, da die Formarbeit dadurch erleichtert wird - *Bild 4.61*.

Tabelle 4.10 Aushebeschrägen für Gussteile nach DIN EN 12890

Modellhöhe	Abweichung vom rechten Winkel	
30 mm	1,0 mm	ca. 2°
100 mm	2,5 mm	ca. 1,5°
250 mm	3,0 mm	ca. 0,7°

Bei vielen Hohlgussstücken ist es nicht möglich auf die Verwendung von Kernen zu verzichten. Dabei ist zu beachten, dass der in einem Kernkasten geformte Kern gegenüber dem Modell viele Entformungsrichtungen haben kann - siehe *Bild 4.62*.

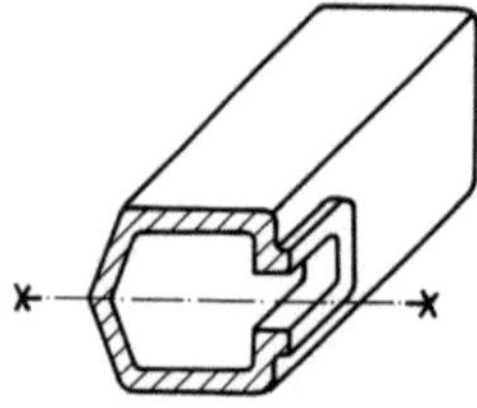

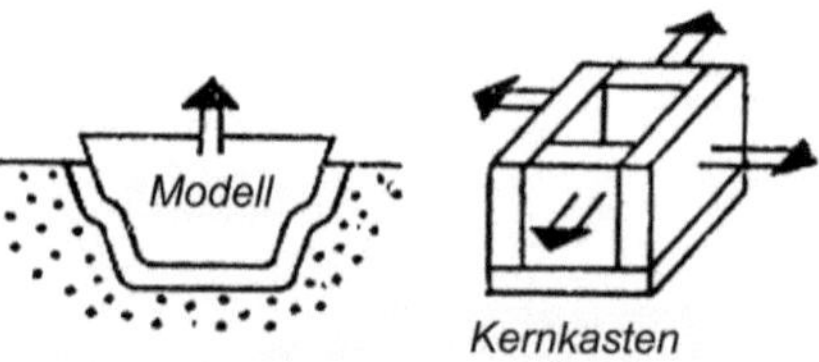

Bild 4.61 Große Aushebeschrägen (vorteilhaft)

Bild 4.62 Entformungsrichtungen

Das heißt die Forderung nach einer hinterschnittfreien Gestalt steht beim Kern mit einer wesentlich geringeren Schärfe als bei der vom Modell abgeformten Außenkontur. Komplizierter gestaltete Kerne sind daher durchaus zulässig, aber man sollte von diesem größeren Freiheitsgrad möglichst wenig Gebrauch machen.

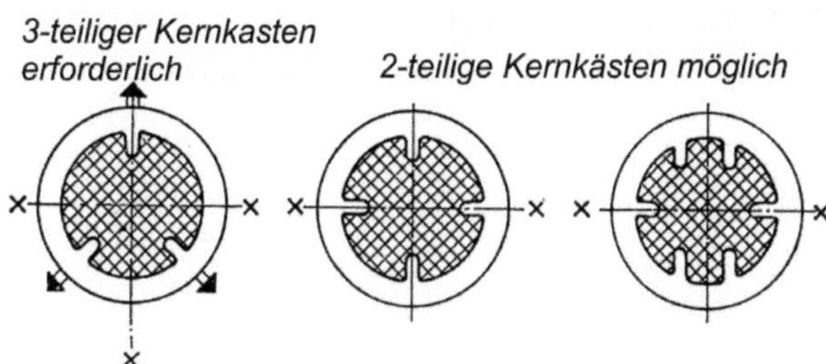

Bild 4.63 Kernkästen
Herstellung eines Rundkernes für einen Innenraum mit Verrippung

Der Kern muss in der Gießform sicher gelagert sein. Das kann durch Kernstützen, aber auch durch eine Vereinigung mehrerer Kerne erreicht werden *(Bild 4.64)*.

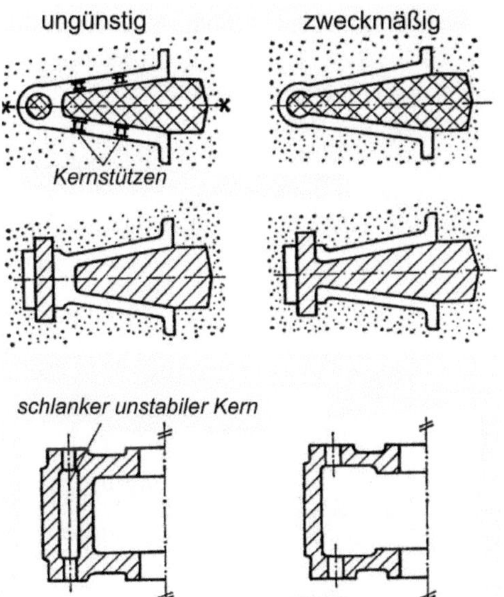

Bild 4.64 Geteilte und vereinigte Kerne

Aufgabe 4.2 Das nächste Bild zeigt ein Gehäuse für ein Kegelradgetriebe. Die vier Füße sind als Einzelfüße gestaltet. Es ist die horizontale Modellteilung bzw. Formteilung zu beachten. Wie ist die Fußgestaltung in Bezug auf die Formherstellung zu beurteilen?

Bild 4.65 Getriebegehäuse, AL-Guss
Die Abbildung zeigt das Gehäuse auf der Seite liegend – Gießlage. Die verputzte Naht lässt die Modellteilung T erkennen.

Voraussetzung für die Herstellung einer Sandform in der Gießerei ist das Modell, klassisch aus Holz vom Modelltischler angefertigt, Rapid Prototyping bietet hier mehr Freiheiten. Bei einfacher Gestaltung kann der Aufwand für ein Modell bereits bei bis 5 Stück (Kleinserienfertigung) gegenüber der Schweißkonstruktion wirtschaftlich sein. Ab ca. 10 Stück wird fast immer das Gussstück die wirtschaftlichere Lösung sein, denn die Modellkosten verteilen sich auf die abzugießende Menge. Bei Großguss – Abmessungen über 1000 mm (Länge- und Breite) – ist die Gussstückmasse die Haupteinflussgröße auf den Gussstückpreis, die Modellkosten stehen erst an zweiter Stelle. Daraus folgt, dass bei kleiner Fertigungsmenge und kleinen Abmessungen das einfach herzustellende Modell bevorzugt werden sollte (siehe *Bild 4.66* und auch *Bild 1.16* einschließlich Hinweis auf Drechseln).

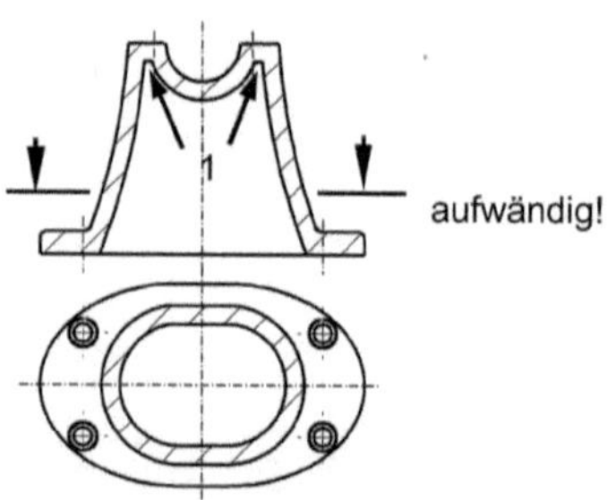

Die gerundeten Formen erfordern u. U. einen erhöhten Aufwand für die Modelleinrichtung gegenüber geraden und ebenen Wänden.

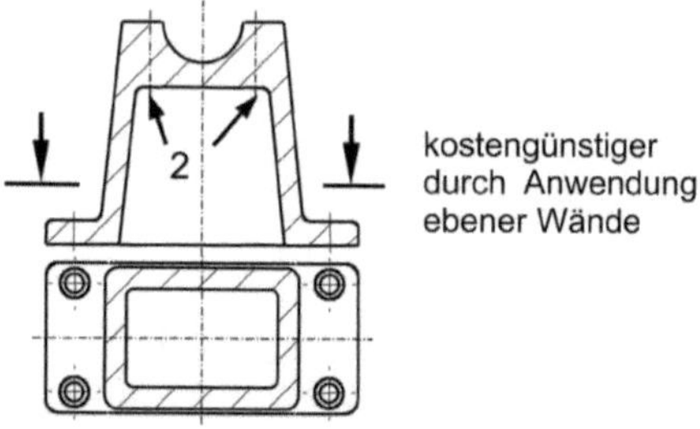

Ein Holzmodell kann aus gehobelten Brettchen aufgebaut werden. Gussanhäufung bei 2 wird gegenüber 1 bei Kleinguss in Kauf genommen.

Bild 4.66 Aufwand für Modell- und Kernkastenherstellung beachten!

Zusammenfassung für die Anfertigung einer ersten Entwurfszeichnung/ eines ersten Gestaltungsansatzes

Gestaltungsgrundlage ist die funktionsbedingte und kraftgerechte Grobgestaltung, deren vorläufige Hauptabmessungen (Länge, Breite, Höhe bzw. Ø und Länge) geklärt sind.

Eine Zusammenfassung in Form von Gestaltungsregeln bereitet Schwierigkeiten, da die Gussstückvielfalt und die Gestaltungsalternativen sehr umfangreich sind. Die folgenden Fragen sollen helfen, einen zweckmäßigen Gestaltungsansatz zu finden.

1. Schablonieren, Vollformguss oder Modellguss?
2. Rippenguss oder Hohlguss?
3. Äußerer Hinterschnitt vermeidbar, oder sind Ansteckteile bzw. Außenkerne zweckmäßig?
4. Modell geteilt oder ungeteilt?
5. Bei ungeteiltem Modell Gussrundung in der Formteilung vermieden?
6. Hohlguss mit Ballen formbar oder Kern erforderlich?
7. Große Aushebeschrägen möglich und zweckmäßig?
8. Mehrere Ausheberichtungen des Kernes sind möglich; ein Modell hat nur eine Ausheberichtung!
9. Sind Kernöffnungen für die Kernstützung ausreichend?
10. Ist Aufwand für Modelleinrichtung der Fertigungsmenge angemessen? ■

Einen Teil dieser Fragen wird der Konstrukteur in Zusammenarbeit mit dem Gießereifachmann klären müssen. Mit der Klärung dieser Punkte kann der erste Entwurf des Gussstücks entstehen. Dafür ist eine **Wanddicke** vorzusehen, die der *Tabelle 4.11* entnommen werden kann. Bereits in dieser Entwurfsphase sollten Gusskanten- und Kehlen abgerundet werden. Das trifft insbesondere für Einsteigerentwürfe zu – siehe hierzu *Bild 4.67*.

Tabelle 4.11 Richtwerte für das Bestimmen der Wanddicken beim Entwerfen von Gussteilen aus Eisengusswerkstoffen [31]

Gussstückgrößtmaß (Länge, Breite, Höhe, Durchmesser) in mm	Wanddickenrichtwerte in mm			
	Gusseisen (Lamellen- und Kugelgrafit), Temperguss		Stahlguss	
bis 100	(3)	5	(6)	10
100 … 200	(3,5)	6	(7)	11
200 … 300	(4)	7	(8)	12
300 … 500	(5)	8	(9)	14
500 … 750	(6)	10	(10)	16
750 … 1000	(7)	12[1)]	(12)	18
1000 … 1500	(8)	14	(14)	22

Klammerwerte: Leichtbauwanddicken (in Abhängigkeit von der Gussstückgestaltung nicht in jedem Fall gießbar und daher mit der Gießerei abzustimmen)
[1)] über 1000 mm Gussstückgrößtmaß kein Temperguss

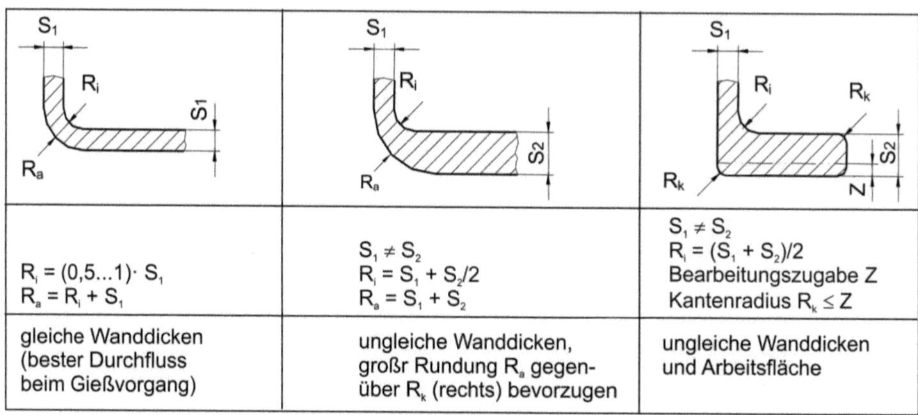

Bild 4.67 Richtwerte für Abrundungen an Kehlen R_i und Kanten R_k [nach 2 und 31]

4.3.2 Sicherung der Gussstückqualität durch den Konstrukteur

Häufige Fehler an Gussstücken sind:

- **Lunker:** Mikroskopische und makroskopische Hohlräume im Gussstück und an der Oberfläche durch Volumenverringerungen bei Abkühlung
- **Luft- und Gasblasen:** Im Gussstück beim Gießen eingeschlossen, der Maschinenbauer unterscheidet beim Freilegen derartiger Hohlräume selten die Ursachen und bezeichnet beide als Lunker.
- **Kalt- und Warmrisse:** Ein Kaltriss kann nach dem Entformen noch Tage später auftreten, ein Warmriss entsteht während des Abkühlungsprozesses in der Form durch Eigenspannungen infolge unterschiedlicher Abkühlung der verschiedenen Zonen des Gussstücks.

Diese Fehlerursachen werden hier nicht vertieft behandelt. Es werden vorrangig die gestalterisch konstruktiven Gegenmaßnahmen vorgestellt.

Lunkerbekämpfung:

Eine wesentliche Maßnahme gegen Lunker ist das Vermeiden von Werkstoffanhäufungen. Dadurch kann die Anwendung der gusstechnischen Maßnahme Lunkerbekämpfung durch Speiser *(Bild 4.70)* eingeschränkt werden.

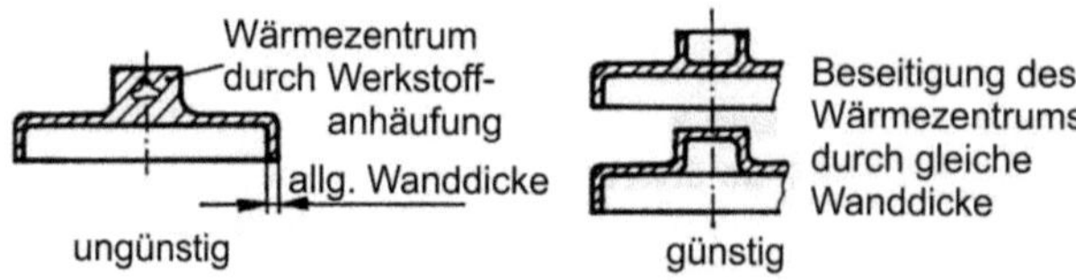

Bild 4.68 Lunkerbildung durch Werkstoffanhäufung und Gegenmaßnahmen

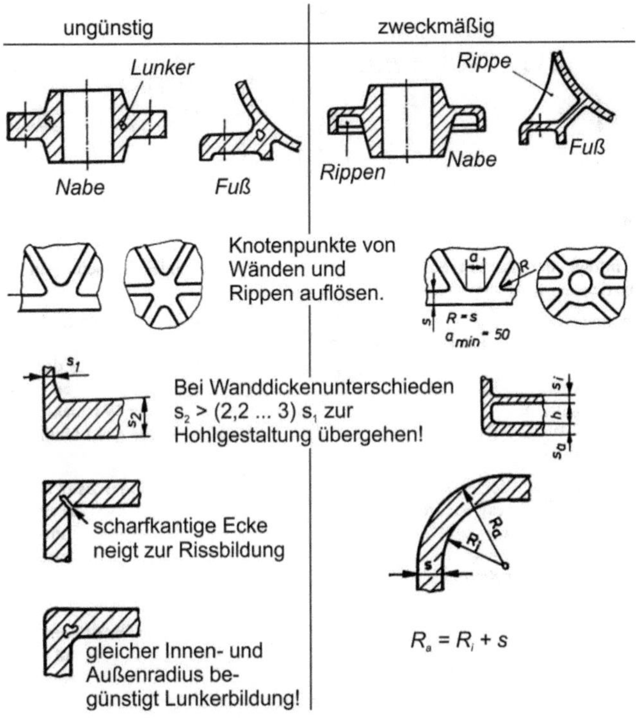

Bild 4.69 Vermeiden von Werkstoffanhäufungen

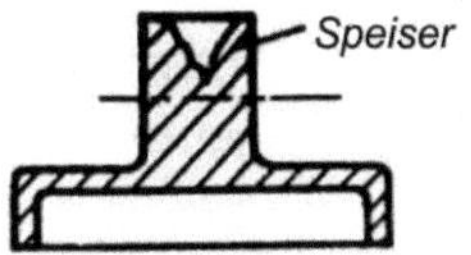

Bild 4.70 Speiser zur Lunkerbekämpfung bei Werkstoffanhäufungen
Der obere Teil des Gussstückes wird abgetrennt (verlorener Kopf).

Gussstücke mit durchgehend gleichmäßiger Wanddicke s_1 auszuführen, ist anzustreben, gelingt jedoch kaum. **Wandverdickungen von 2,5 bis 3 · s_1** sind üblich, aber im Umfang möglichst zu beschränken und ab 2,5 · s_1 mit abgeschrägten Übergängen zu versehen.

Maßnahmen gegen Luft- und Gasblasen:

Sie entstehen durch das Vergasen von Bindemitteln für Formsand und Kernsand und durch Verdrängung der Luft in der Form durch die Schmelze. Über Gegenmaßnahmen informieren die Bilder. Dabei ist die Größenangabe in *Tabelle 4.11* zu beachten, die sinngemäß auch für *Bild 4.71* gilt, d. h. im Wesentlichen für Großguss.

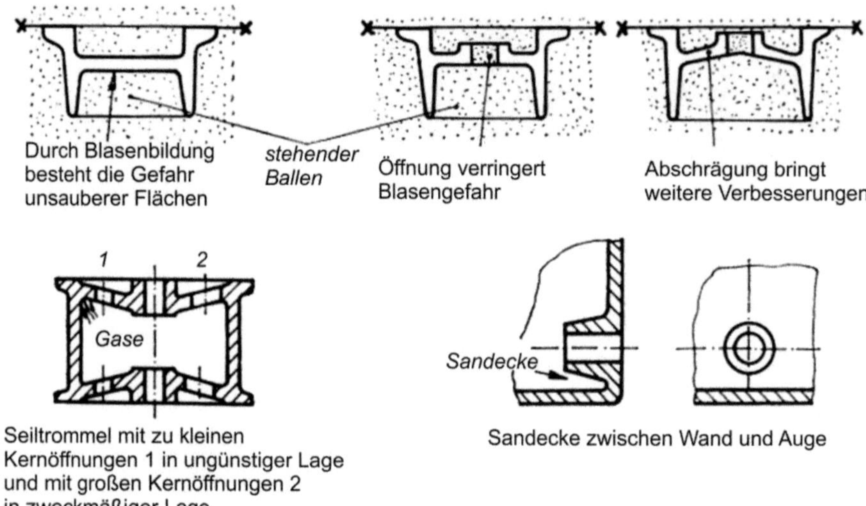

Bild 4.71 Quellen für Luft- und Gasblasen

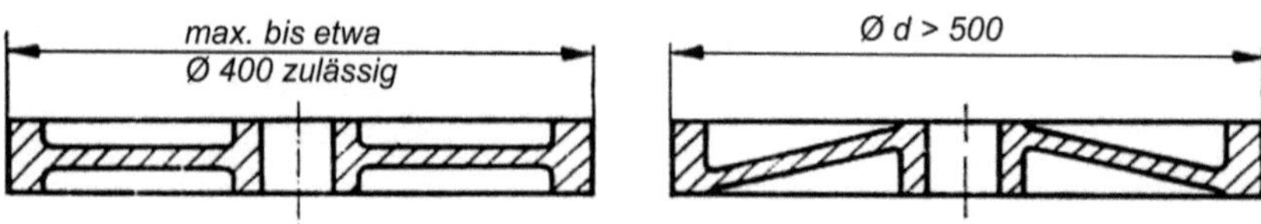

Bild 4.72 Blasenbildung bewirkende große ebene Flächen durch schräge Flächen ersetzen! [31]

Für die Kernentgasung sind die **minimalen Kernöffnungen** nach *Tabelle 4.12* einzuhalten.

Tabelle 4.12 Minimal zulässige Kernöffnungen [31] Bei Anwendung mehrerer Kernöffnungen ist die Größe der Kernöffnung durch die Anzahl der Öffnungen zu dividieren. Kleinere Kernöffnungen sind möglich (mit Gießerei abstimmen).

Kernvolumen (dm^3)	bis 15	0,5 bis 1	1 bis 3	3 bis 5	5 bis 10	10 bis 25	25 bis 50	50 bis 100	100 bis 250
Minimale Größe bei einer Kernöffnung (cm^2)	30	70	100	150	200	250	350	450	700

An schmalen Formstoffquerschnitten – sogenannten **Sandecken** – tritt infolge der höheren Erwärmung durch die Schmelze eine verstärkte Gasentwicklung auf und in ungünstigen Fällen kommt es zu Vererzungen (Bildung eines Gemisches aus Formsand und Schmelze, durch normales Gussputzen nicht zu beseitigen). Können die zulässigen Abmessungen nicht eingehalten werden, ist eine andere Gestalt zu empfehlen *(Bild 4.73)*.

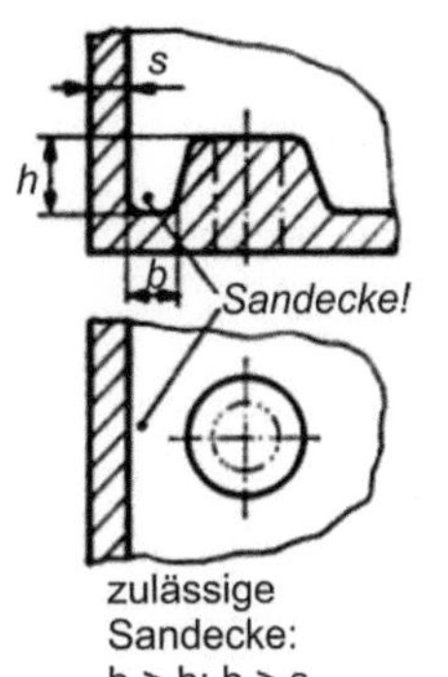

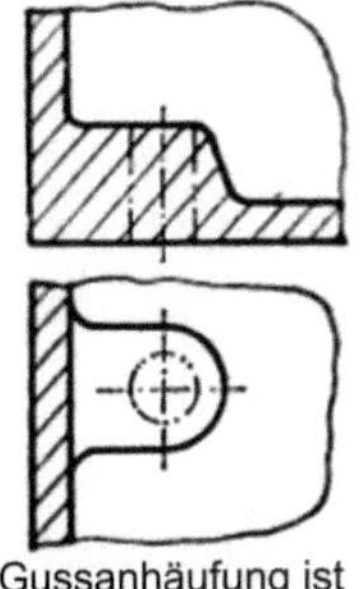

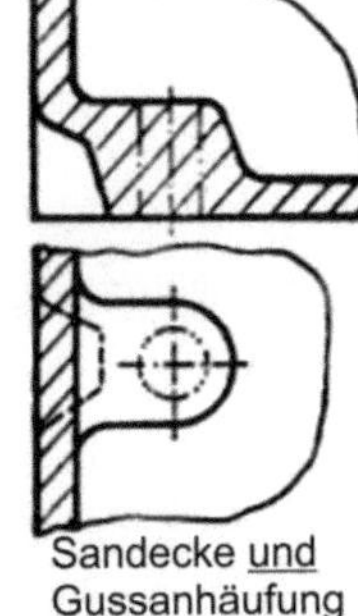

Bild 4.73 Gestaltung einer Innennabe

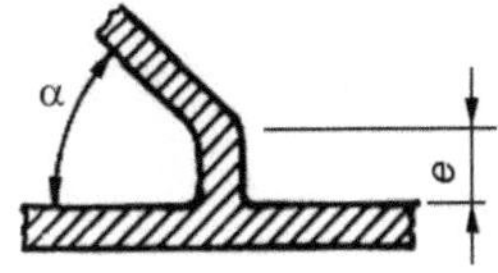

Bild 4.74 Gestaltung schräger Wandanschlüsse [31] bei $\alpha < 45°$ gilt $e_{min} = 12$ und $e \geq s$

Maßnahmen gegen Gusseigenspannungen:

Würde ein Gussstück völlig gleichmäßig abkühlen, könnten sich keine Eigenspannungen ausbilden. Die Abkühlbedingungen zwischen inneren und äußeren Bauteilzonen lassen das jedoch nicht zu. Beim Spannungsgitter nach *Bild 4.75* kühlt der mittlere Stab 1 infolge der Wärmekonzentration durch das große Werkstoffvolumen zuletzt ab. In der Schlussphase der Abkühlung entstehen deshalb Zugspannungen im Mittelstab und dadurch Druckspannungen in den Außenstäben 2 sowie Biegespannungen in den Querstäben 3. Das Gitter nach *Bild 4.76* verhält sich infolge der geänderten Gestalt der Außenstäbe anders. Der Mittelstab schwindet zwar bei der Abkühlung um den gleichen Betrag wie im *Bild 4.75*, aber die gekrümmten Außenstäbe sind erheblich nachgiebiger als die geraden und es kann sich nur ein viel kleineres Eigenspannungsniveau ausbilden (Man stelle sich dazu die gekrümmten Außenstäbe als schwache Blattfedern vor!).

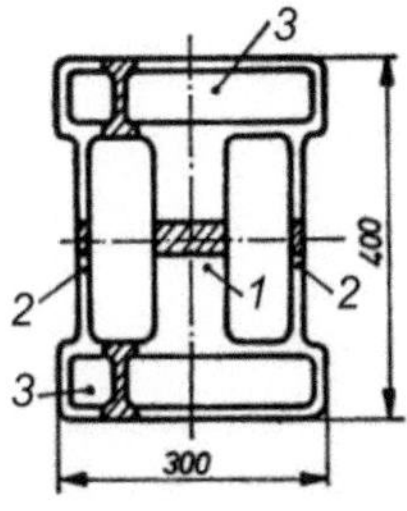

Bild 4.75 Spannungsgitter

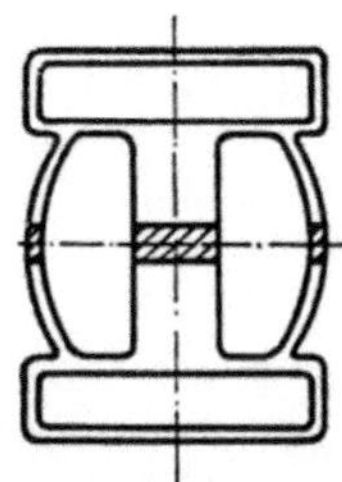

Bild 4.76 Biegespannungsgitter

Der Konstrukteur hat folglich zwei Möglichkeiten zur Bekämpfung von Gusseigenspannungen:

1. Schaffen möglichst gleichmäßiger Abkühlbedingungen:
   - Werkstoffanhäufungen keinesfalls im Inneren vorsehen!
   - Innenwände- und Rippen in geringerer Dicke als Außenwände ausführen *(Tabelle 4.13)*
2. Gestalten nachgiebiger Gussstücke; die zuletzt abkühlenden Gussstückzonen sollen keinen Zug, sondern möglichst nur Biegung hervorrufen (Anwendung vorrangig bei Großguss notwendig)

Tabelle 4.13 Richtwerte für Innenwanddicken für Bauteile aus Gusseisen mit Lamellengrafit (z. B. Gehäuse, Grundkörper, Maschinengestelle und dgl.)

Dicke der äußeren Wand	6	8	10	12	14	18	20
Dicke der inneren Wand	5	6	8	10	12	14	16

4.3.3 Berücksichtigung des Putzens und Entgratens

Das ausgeformte Sandgussteil muss von anhaftendem Formsand und im Innern von den Kernen befreit werden. Das geschieht durch Trockenputzen mit pressluftbetriebenen Handwerkzeugen, in Putztrommeln, durch Sandstrahl- bzw. Stahlkiesgebläse oder durch Nassputzen mit einem starken Wasserstrahl in Putzkabinen. Außerdem müssen der Grat, der sich in der Formteilebene bildet sowie Einguss und Steiger abgetrennt werden. Der Konstrukteur kann diese Arbeiten erleichtern, wenn der Grat gut zugänglich ist – Bilder.

Bild 4.77 Gratbildung an der Modell/-Formteilung
Grat an der Teilung grob entfernt

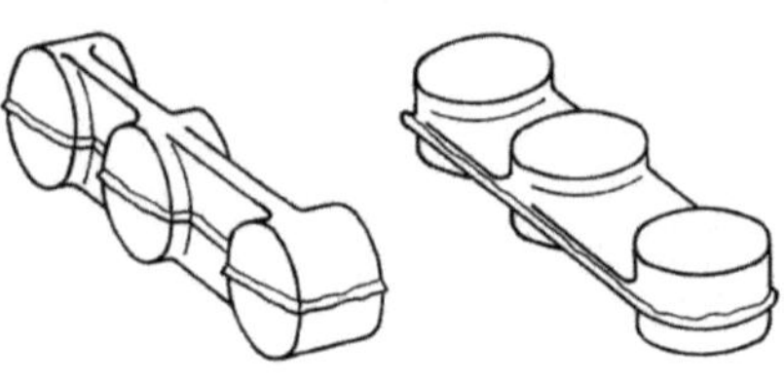

Bild 4.78 Hebel
links: ungünstige Gratlage
rechts: günstige Gratlage

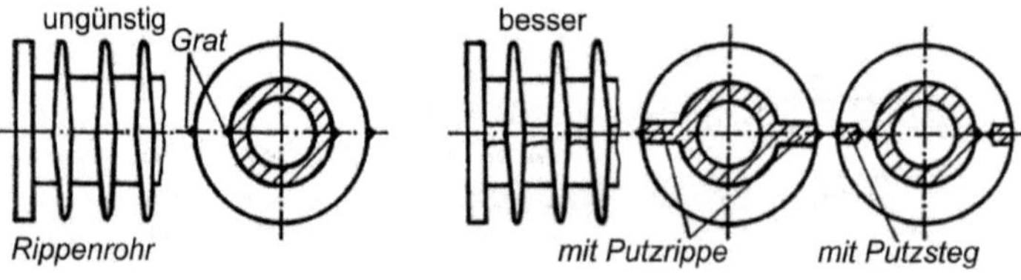

Bild 4.79 Rippenrohr [31]
Eine Verbesserung der Entgratarbeiten ist mit Putzrippen oder Putzstegen möglich. Beim Putzsteg wird der innere Grat nicht entfernt.

Besondere Anforderungen stellt das Entfernen der Kerne, insbesondere der Armierungen großer Kerne. Hierzu sollte immer das Gespräch mit der Gießerei gesucht werden.

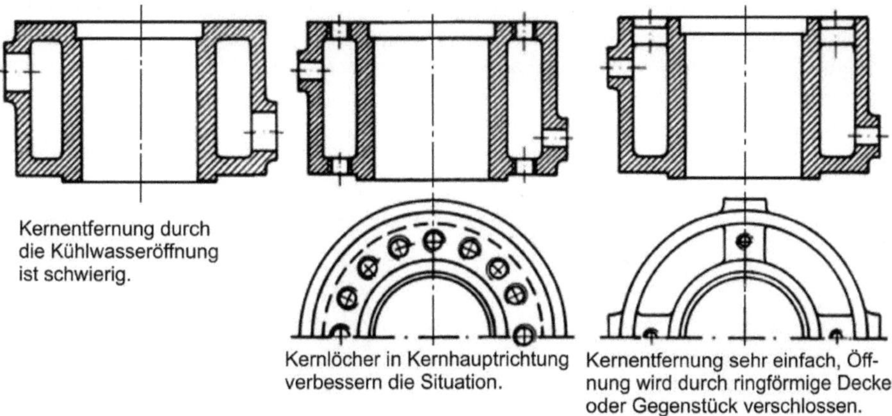

Bild 4.80 Zylinder mit Mantel für Wasserkühlung

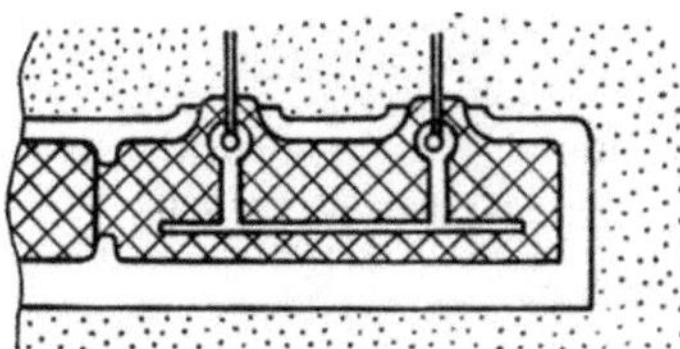

Bild 4.81 Hängend armierter Kern [31]

4.3.4 Gussstückfeingestaltung – Berücksichtigung der Rohgusstoleranzen

Wie bereits in *Abschnitt 4.15* dargelegt und in Tabellenbüchern nachzulesen, sind Rohgusstoleranzen sehr grob und bedürfen der Berücksichtigung durch den Konstrukteur. Das ist insbesondere dann von Bedeutung, wenn verschiedene Bauteile mit unbearbeiteten Konturen aufeinander treffen.

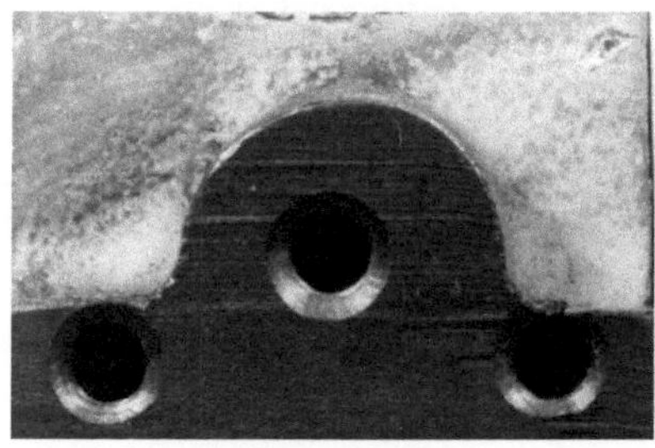

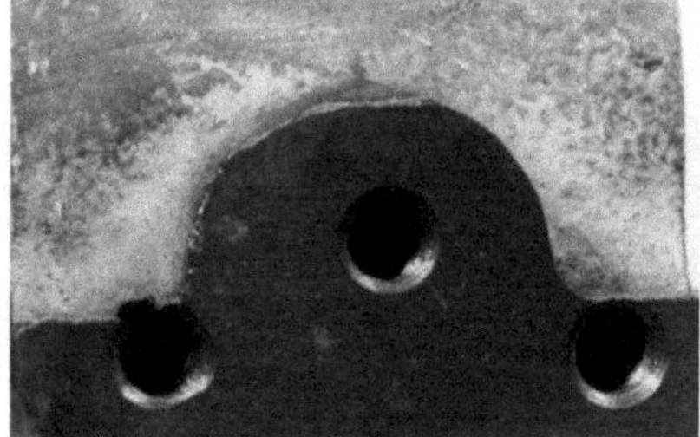

Bild 4.82 Arbeitsflächen
Arbeitsflächen sind zu knapp bemessen bzw. Gusstoleranzen ungenügend berücksichtigt

In der Regel werden aufeinander liegende Flächen keinesfalls gleichgroß ausgeführt, da dann immer ungleichmäßige und unansehnliche Kanten und Konturen entstehen. Eine häufig verwendete Möglichkeit zeigt *Abbildung 2* in *Bild 4.83*. Das aufgesetzte Stück - hier ein Lagerbock - wird kleiner als die Befestigungsfläche am größeren Gussstück ausgeführt. Sofern die überstehenden Kanten die Funktion, das Aussehen oder das Sauberhalten negativ beeinflussen, können sie abgearbeitet werden (siehe *Bild 4*). Ein derartiges Kantenputzen wird jedoch nur noch selten ausgeführt. Heute übliche Lösungen zeigen die beiden rechten Abbildungen von *Bild 4.84*.

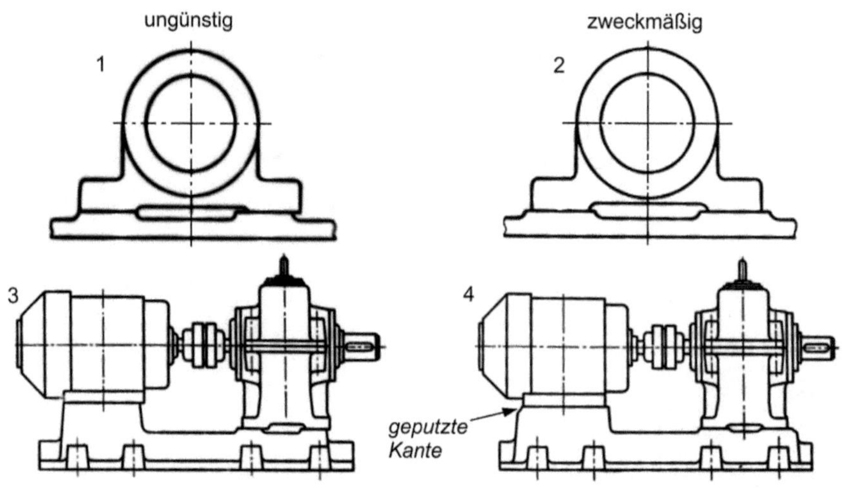

Bild 4.83 Rohgusstoleranzen beachten! [29]

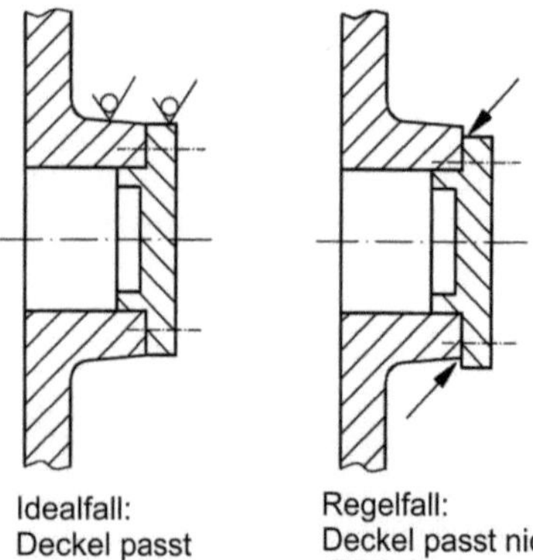

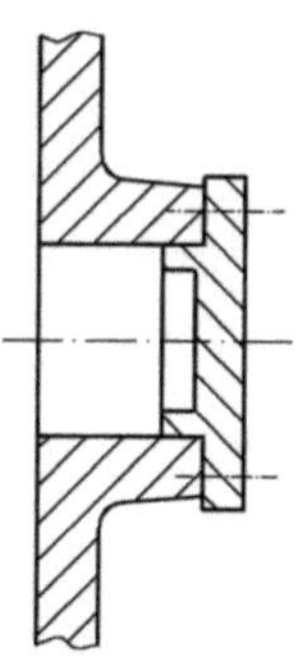

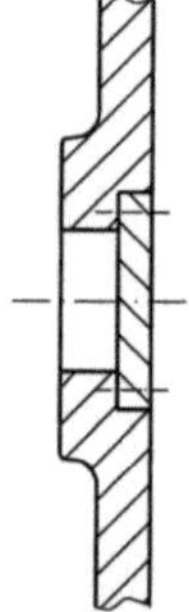

Bild 4.84 Gussdeckel am Gehäuseauge

Alle bearbeiteten Flächen - hier als Arbeitsflächen bezeichnet - sollten sich deutlich von den Rohgussflächen abheben und im Gegensatz zu den unbearbeiteten immer scharfkantig enden. Für die Mindesthöhen aufgesetzter Arbeitsflächen in Abhängigkeit von der Bauteilgröße enthält *Bild 4.86* Empfehlungen.

Infolge der Rohgusstoleranz ergibt sich keine ebene Gesamtfläche und der Übergang zwischen bearbeiteter und roher Fläche fällt unsauber aus.

Bei dünnwandigen Gussstücken sollte die aufgesetze Arbeitsleiste der Normalfall sein.

Bei dickwandigen Gussstücken anwendbar, Arbeitsleiste ist jedoch zu bevorzugen.

Bild 4.85 Arbeitsflächengestaltung I

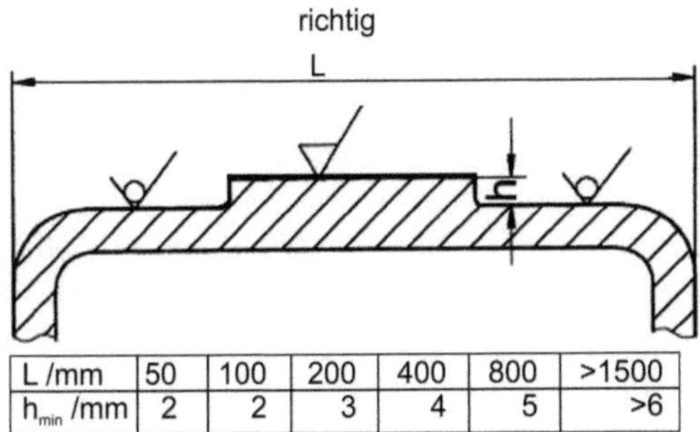

L /mm	50	100	200	400	800	>1500
h_{min} /mm	2	2	3	4	5	>6

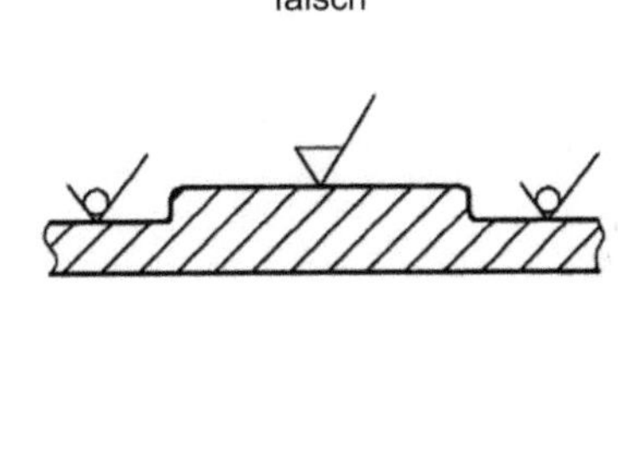

Bild 4.86 Arbeitsflächengestaltung II
Arbeitsflächen enden stets scharfkantig, da die Gussrundungen abgearbeitet werden. Mindesthöhen für Arbeitsflächen sind zu beachten [31].

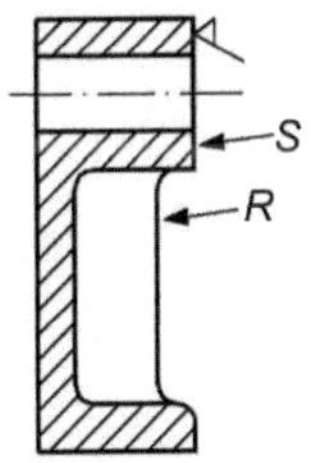

Bei Bearbeitung der Stirnfläche *S* ist die Rippe *R* zurückzusetzen.

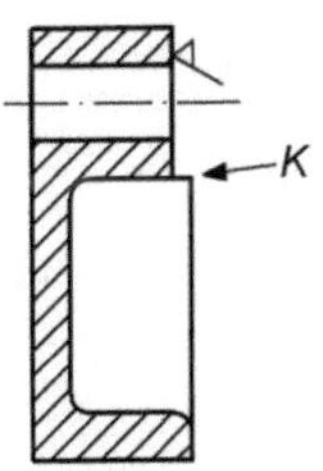

Ist die Rippe nicht zurückgesetzt, kann nach der Bearbeitung die Kante *K* entstehen.

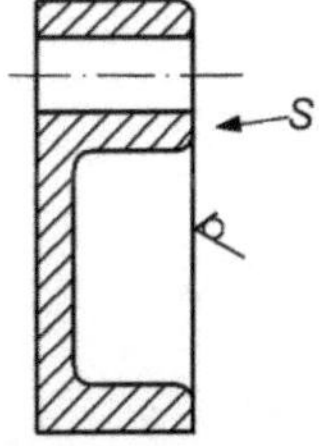

Bleibt *S* im Gusszustand, kann das Zurücksetzen entfallen.

Bild 4.87 Arbeitsflächen freistellen!

Da der Konstrukteur immer das bearbeitete Gussstück entwirft, können Sandecken, die durch Bearbeitungszugaben entstehen, übersehen werden - *Bild 4.88*. Daher sollten die Bearbeitungszugaben - siehe *Tabelle 4.14* an solchen Bauteilzonen eingetragen und auf eventuell entstandene Sandecken überprüft werden.

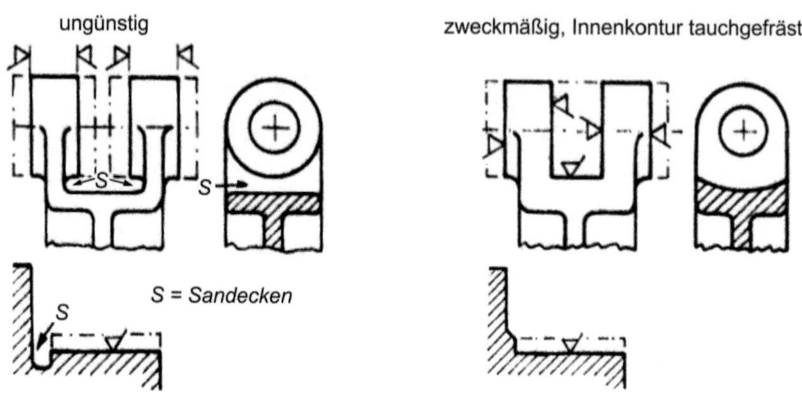

Bild 4.88 Sandecken durch Bearbeitungszugaben beachten!

Tabelle 4.14 Bearbeitungszugaben für Gussstücke bis 1000 kg [nach DIN 1685/1686]

Nennmaßbereich, größtes Außenmaß des Rohteiles [mm]		GJS Gusseisen mit Kugelgrafit				GJL Gusseisen mit Lamellengrafit			
		bis 50	bis 120	bis 250	bis 500	bis 50	bis 120	bis 250	bis 500
Bearbeitungszugabe nach Lage in der Gussform [mm]	unten seitlich	2	2,5	3	3,5	2	2	2,5	2,5
	oben	2,5	3	4	5	2,5	2,5	3	3

Für die effektive Zusammenarbeit zwischen Maschinenbau, Modellbau und Gießerei wird häufig mit einer Nummerierung der Modelle, die sich an jedem Abguss niederschlagen, gearbeitet. Diese praktische Nummer darf keinesfalls Funktion, Aussehen oder Fertigung negativ beeinflussen und es bedarf einer abgestimmten Entscheidung, wie sie zu platzieren ist.

Bild 4.89 Modell-Nummer

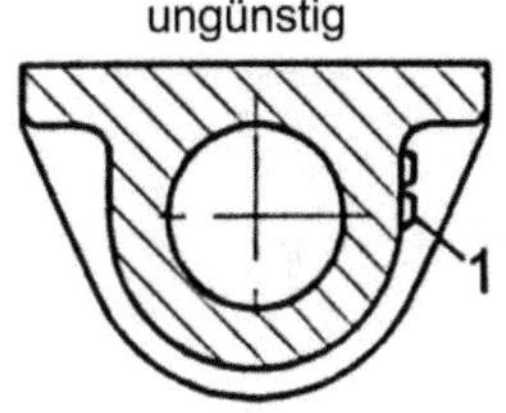

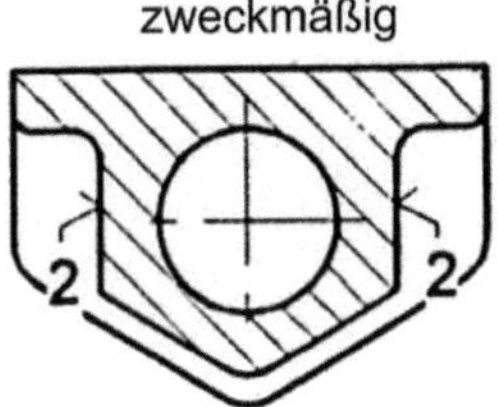

Bild 4.90 Modell-Nummer stört beim Spannen
Die aufgesetzte Modellnummer 1 macht die Fläche unbrauchbar.
Die Flächen 2 wurden bewusst als Spannflächen gestaltet.

4.3.5 Zur fertigungsgerechten Durchbildung eines Gussstückes

Nachdem am Ende des *Abschnitts 4.3.1* eine Hilfestellung zur Anfertigung eines ersten Entwurfs zusammengestellt wurde, soll im Folgenden der Inhalt der *Abschnitte 4.3.2* bis *4* zusammengefasst werden. Mithilfe dieser Hinweise sollte das Gussstück schrittweise durchgebildet werden. Dabei kann es nicht verkehrt sein, mehrere Varianten zu entwickeln und zur Beratung zu bringen.

- Werkstoffanhäufungen/Wandverdickungen auf 2,5 bis 3 × s1 begrenzen; ab 2,5 × s1 Übergänge abschrägen!
- Kerne gut lagern und minimale Kernöffnungen *(Tabelle 4.11)* einhalten!
- Sandecken vermeiden bzw. zulässige Abmessungen beachten! *(Bild 4.73, Bild 4.74)*
- Sandecken durch Bearbeitungszugaben berücksichtigen! *(Tabelle 4.13)*
- Innenwände- und Rippen kleiner als Außenwanddicken ausführen! *(Tabelle 4.12)*
- Einfache Gratentfernung gewährleisten!
- Entfernen der Kerne beachten!
- Arbeitsflächen deutlich begrenzen und minimale Höhe einhalten!
- Rohgusstoleranzen im Millimeterbereich beachten!
- Modell-Nummer zweckmäßig platzieren!

Um unter Beachtung der vorstehenden Gestaltungshinweise und -regeln zu einem optimalen Gussstück zu gelangen, bedarf es aufgrund der vielfältigen Einflüsse viel Übung. Hinzu kommt, dass die Denkansätze wie z. B. vermeide Hinterschnitt oder Formsandballen anstelle Kern auch in der Konstruktionspraxis mitunter unzureichend ausgeprägt sind, denn mit Kern, Außenkern und Ansteckteil ist auch formungünstig Gestaltetes form- und gießbar. Die Entwicklung zum Gussstückkonstrukteur sollte immer verbunden sein mit einer Kontaktpflege zum Modellbauer und Gießer, darf aber nicht allein bei den Ratschlägen dieser Fachleute stehen bleiben, sondern verlangt selbständiges Weiterdenken. Lehrbücher können nur eine Grundlage legen. Und letztendlich sei darauf hingewiesen, dass eine Beratung rechtzeitig erfolgen sollte, denn eine Zeichnung zu verändern bereitet geringen Aufwand im Vergleich zur Änderung einer fertigen Modelleinrichtung.

Abschließend zur Gussstückgestaltung werden zwei gegossene Bauteile zum Vergleich vorgestellt. *Bild 4.91* zeigt den weiterentwickelten Klemmkopf nach *Bild 4.49* der bei geringer Masse eine höhere Steifigkeit verspricht. Bearbeitet werden nur die Endzonen der beiden Klemmbohrungen.

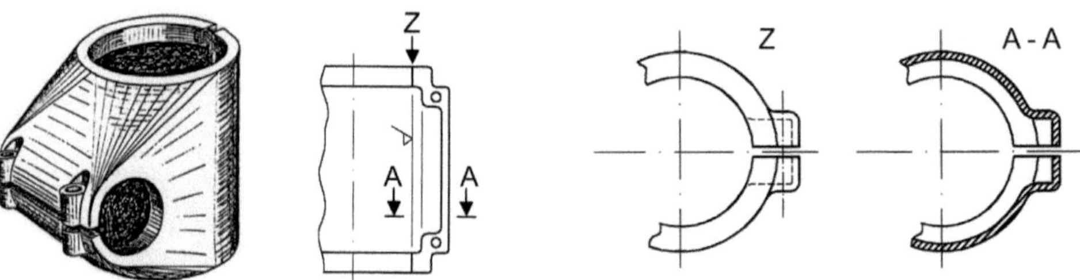

Bild 4.91 Klemmkopf, Gestalt grundlegend überarbeitet
Vorteile gegenüber Gestalt nach *Bild 4.49:*
- Keine Ansteckteile erforderlich (Modellteilung liegt horizontal in Höhe der kleinen Bohrung
- Ein Kern für gesamten Innenraum, einschließlich der Bohrungen
- Beide Bohrungen tragen nur an den Enden, der Zerspanungsaufwand ist beträchtlich herabgesetzt
- Das Gussstück gewinnt seine Steifigkeit aus der Gestalt, nicht aus der Wanddicke
- Das Erscheinungsbild ist gefälliger

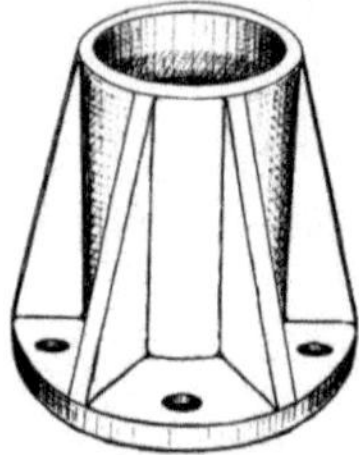

Diese Gestalt ist nicht gerade einfallsreich. Die aufzustellende Säule wurde rohrartig umfasst. Das Rohrstück ist mit einem Fußflansch versehen und durch Rippen abgestützt.

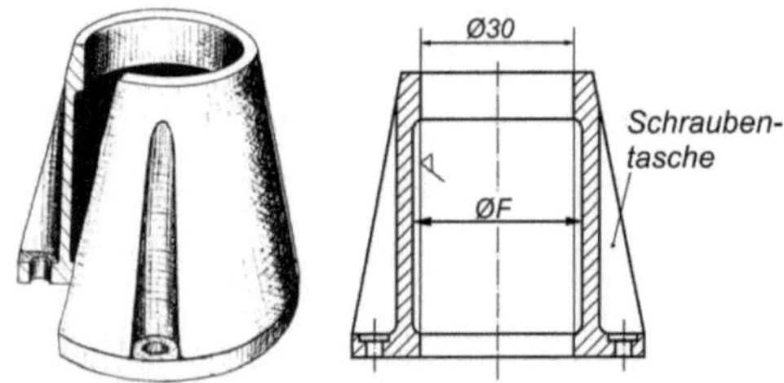

Gefälligeres Erscheinungsbild, gut entformbar (ungeteiltes Modell), geringere Zerspanarbeit durch Freimachung *F*. Modell und Kernkasten aber aufwändiger als bei links stehender Ausführung.

Bild 4.92 Säulenfuß

4.4 Gestalten von Bauteilen für additive Fertigung

Im Gegensatz zu klassischen Fertigungsverfahren und deren Restriktionen wie zum Beispiel Formschrägen beim Urformen oder Hinterschneidungen beim Spanen weicht die additive Fertigung stark von konventionellen Gestaltungsrichtlinien ab [47]. Der Wegfall dieser Beschränkungen ermöglicht ein beachtliches Maß an Gestaltungsfreiheit. Im Vergleich zu klassischer Fertigung hat die Komplexität der additiv gefertigten Bauteile fast keinen Einfluss auf die Fertigungszeit und die damit verbundenen Kosten [48]. Um das volle Potential dieses Verfahrens zu nutzen, reicht es nicht aus, konventionell herstellbare Bauteile additiv zu fertigen. Vielmehr müssen Gestaltungsziele wie Komplexität, Funktionsintegration oder Leichtbau bewusst in die Produktentwicklung einfließen. Einen Überblick der in der Fachliteratur beschriebenen Gestaltungsziele zeigt Tabelle 4.15 [49].

Tabelle 4.15 Gestaltungsziele der additiven Fertigung (nach [49])

	Gestaltungsziel	Beschreibung
1	Materialersparnis	Reduzierung des Materialeinsatzes und Optimierung der Materialausnutzung
2	Funktionsintegration	Integration einer möglichst großen Anzahl technischer Funktionen bei einem minimalen Einsatz an Bauteilen
3	Dünnwandigkeit	Einsatz von dünnwandigen und filigranen Geometrien zur Gewichtsreduzierung bei konstanten Rahmenbedingungen
4	Kraftflussanpassung	Beanspruchungsgerechte Materialanordnung zur Verringerung des Gewichts bzw. Verbesserung mechanischer Eigenschaften
5	Integrierte Kanäle	Gestaltung von Kanälen innerhalb des Bauteils zur Flüssigkeits- oder Kabelführung
6	Mass Customization	Anpassung eines Bauteils an kundenspezifische Anforderungen
7	Design	Gestaltung von Freiformflächen sowie Verbesserung der Ergonomie, Nutzbarkeit eines Bauteils
8	Net-Shape-Geometrien	Gestaltung von vordefinierten, komplizierten Fertigteilflächen auf Basis von Simulationsergebnissen, z. B. Strömungsoptimierung
9	Lokale Eigenschaftsanpassung	Lokale Änderung der Werkstoffeigenschaften innerhalb des Bauteils durch Materialgradierung oder Parametervariation
10	Innere Effekte	Umsetzung von aktorischen oder sensorischen Eigenschaften durch Pulvereinlagerungen, Variation des Aufschmelzverhaltens oder geometrischer Maßnahmen

Folgendes Beispiel beschreibt die Optimierung eines Bauteils anhand ausgewählter Gestaltungsziele. Bild 4.93 zeigt den bisher konventionell gefertigten Heizblock eines 3D-Druckers mit Dual-Extruder. Die Herstellung der Kanäle ist aufwendig und mit hohem Materialabtrag verbunden. Die Strömungs- bzw. Fließbedingungen für die Kunststoffschmelze sind fertigungsbedingt ebenfalls nicht optimal. Das Ziel der Entwicklung ist folglich Materialeinsparung und die Optimierung der Strömungsverhältnisse [50].

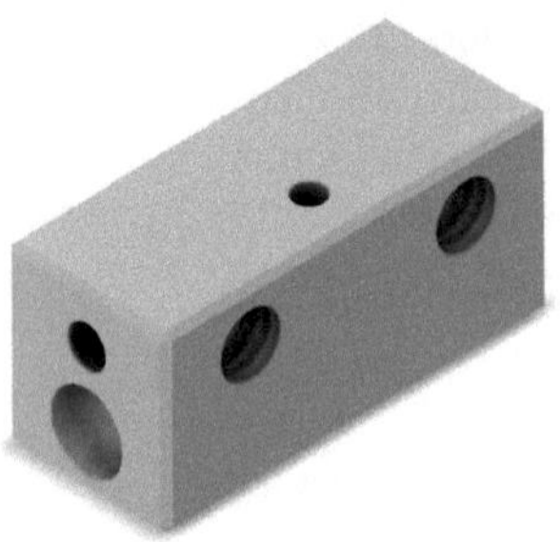

Bild 4.93 Konventioneller Heizblock [50]

Bild 4.94 Wirkflächen des Heizblocks: Ausgangsmodell (links), Optimierung (rechts) [50]
Bild links: Abstraktion der Wirkflächen
Bild rechts: Anpassung von konventioneller zu additiver Fertigung

Bild 4.95 CAD-Modell des optimierten Heizblocks [50]
Gestaltung der endgültigen Bauteilgeometrie unter Berücksichtigung der erforderlichen Wandstärken und unter Beachtung der verfahrensbedingten Gestaltungsrichtlinien. Die Materialeinsparung beträgt ca. 50%.

Konstruktionsrichtlinien und umfangreiche Erfahrungen, die für konventionelle Fertigungsverfahren vorliegen, fehlen für die additiven Fertigungsverfahren. Eine erste Abhilfe liefert hier die VDI-Richtlinie 3405 Blatt 3.5, sowie einschlägige Fachliteratur. Tabelle 4.16 zeigt eine Übersicht der wichtigsten Gestaltungsregeln für das Laser-Strahlschmelzverfahren (LBM). Diese Technologie ist ein im Maschinenbau häufig eingesetztes Verfahren. Die Zahlenwerte entsprechen dem derzeitigen Stand der Technik für LBM-Serienanlagen [49].

Tabelle 4.16 Auswahl von Gestaltungsrichtlinien für SLM-Bauteile nach [49]

Gestaltungsregel	Beschreibung
Bauteilgröße beachten	Das Bauteil muss kleiner als der Bauraum sein
Knicken vermeiden	Dünne Geometrien parallel zum Beschichter ausrichten
Belastungsgerecht platzieren	Anisotropie aufgrund des schichtweisen Aufbaus beachten
Bohrungen	Minimaler Bohrungsdurchmesser 0,6 mm in Baurichtung
Spalte	Minimale Spaltbreite 0,5 mm in Baurichtung
Querschnitte angleichen	Vermeiden von Materialanhäufungen, um Eigenspannungen durch Wärmeeintrag zu mindern
Rundungen/Kanten	In Baurichtung ist der minimale Kantenradius durch die Abbildungsgenauigkeit des Lasers begrenzt
Reinigungsöffnungen	Zur Pulverentfernung aus Hohlräumen ist mindestens eine Öffnung vorzusehen, bei komplexen Strukturen sind mehrere Öffnungen notwendig
Gestaltung von Bohrungen	Kreisrunde Bohrungen entweder mit Stützstrukturen versehen oder als selbsttragende Querschnitte gestalten, z. B. Ausspitzen des Bohrungsdaches
Stützstrukturen	Oberhalb des kritischen Downskin-Winkels sind Stützstrukturen erforderlich. Die Downskin-Winkel sind abhängig von Schichtdicke und Werkstoff. Ein guter Richtwert ist 45°.
Entfernung von Stützstrukturen	Die Zugänglichkeit zum Entfernen von Stützstrukturen ist sicherzustellen

Die Einsatzmöglichkeiten der additiven Fertigung umfassen viele Anwendungsbereiche. Dem Konstrukteur ermöglichen die große Gestaltungsfreiheit und die Auswahl an verschiedenen Werkstoffen neue Lösungswege für die Produktentwicklung. Eine für die additive Fertigung ausgeführte Konstruktion ist von großer Bedeutung für die Herstellungskosten. So ist ein additiv gefertigtes, aber für konventionelle Fertigung entwickeltes Bauteil sehr wahrscheinlich teurer als konventionell gefertigt. Hingegen steigt bei einer Komplexitäts- oder Funktionserweiterung eines für additive Fertigung entwickelten Bauteils lediglich die Druckzeit. Zusätzliche Fertigungsschritte oder Werkzeuge sind nicht erforderlich [50].

■ 4.5 Gestalten von Strangteilen

Die Verwendung von Strangmaterial gehört seit langem zu den Selbstverständlichkeiten im Maschinenbau und besonders im Stahlbau. Der Anfang geht wahrscheinlich auf die Entwicklung des Warmwalzens für Eisenbahnschienen und die anderen bekannten Walzprofile (Winkel-, Doppel-T-Profil usw.) zurück. Neben den warm gewalzten Erzeugnissen hat sich die Palette der Strangprofile auf der Seite der verwendeten Werkstoffe, aber besonders auf der Seite der Fertigungsverfahren, beträchtlich entwickelt. Zu letzteren gehören z. B. Kaltwalzen, Strangpressen, Strangziehen, Walzprofilieren aber auch Stranggießen. Das Angebot an genannten Profilen ist sehr groß (siehe Tabellenbücher) und besonders die quadratischen und rechteckigen Hohlprofile (siehe *Tabelle 3.1*) haben sich wegen der hohen Torsionssteife ein breites Anwendungsfeld erobert.

Neben den Normprofilen ist eine schwer überschaubare Menge von Sonderprofilen entwickelt worden (siehe Angebote der Halbzeughersteller). Dabei handelt es sich um Vollprofile, Hohlprofile und Blechprofile (offen und geschlossen), siehe *Tabelle 4.17* sowie die folgenden *Bilder*.

Tabelle 4.17 Strangprofile und andere strangartige Bauelemente [17]

a) Aluminium-Strangpressprofile Konstruktionsprofile für Gestellaufbau; viele Querschnitte verfügbar; Aluminium eloxiert; Innenkanäle als Druckluftleitung verwendbar; Schnellmontage möglich	
b) Teleskop-Profilschienen Gleitschuh voll- oder nur halbumschließend; Polyethylengleitsteine; Spiel einstellbar; Alu-Strangpressprofil; T-Nut-Profilierung außen; 1 Schlitten, 2 Gleitschuh, 3 Schiene, MS Systemmaß (Movomech)	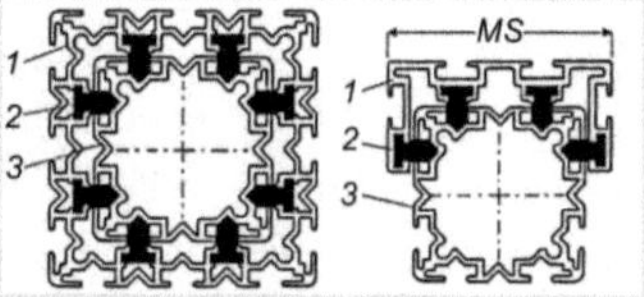 1 2 3 MS 1 2 3
c) Hohlkörper Stütz- und Aufbauelement; quadratisch oder rechteckig in verschiedenen Längen (100 bis 600 mm); Gusseisen oder Aluminium	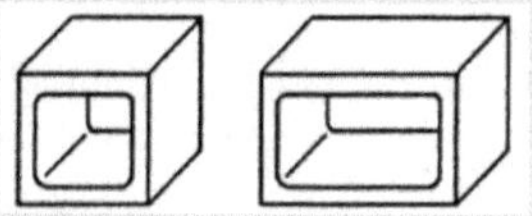
d) H-Profil, U-Profil Vielseitig einsetzbares Aufbauelement; Flächen planparallel bearbeitet; geringer Winkelfehler; Längen von 100 bis 600 mm; Gusseisen oder Stahl	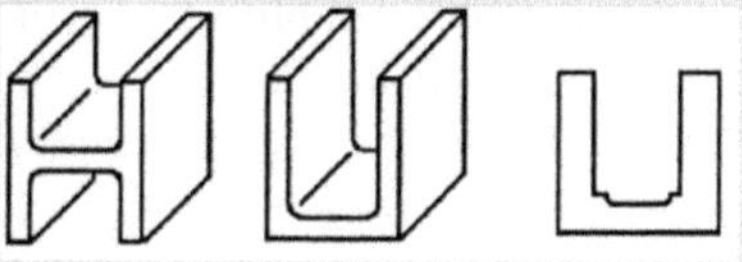
e) Winkelprofil Nutzbar als Aufspann-, Anlage- oder Anbauwinkel; Winkel 30° oder 45°; in verschiedenen Längen verfügbar; Winkligkeit < ± 1; Gusseisen EN-GJL-250	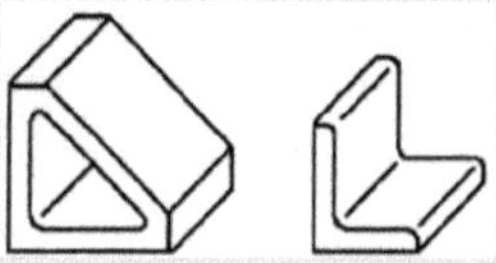

c, d und e werden vorrangig im Vorrichtungsbau eingesetzt

Besonders **effektiv** ist die **Anwendung langer Strangteile**; Anwendungsgebiete sind u. a.:

- Waggon- und Großcontainerbau
- Fördertechnische Anlagen für alle Industriezweige mit z. T. extrem großen Baulängen
- LKW-Bordwände (Blechprofile)
- Hubgerüste von Gabelstaplern (Walzprofile)

Bild 4.96 Sonderstrangprofile [45]
gezogener Stahl, Blech, Kunststoff

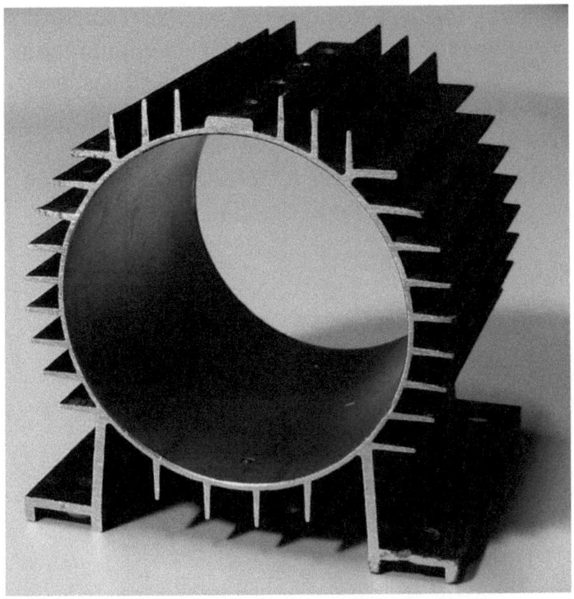

Bild 4.97 Anwendung eines Sonderstrangprofils für ein Motorengehäuse
Die spanende Bearbeitung beschränkt sich auf Absägen, 3 Gewindebohrungen für den Schaltkasten, 4 Fußbohrungen und weitere 3 Durchgangsbohrungen. Die Deckel (nicht dargestellte Al-Gussstücke) tragen auch die Lager und werden über lange Schrauben verspannt.

Im Sondermaschinenbau finden Al-Strangpressprofile *(Tabelle 4.14a)* für gering belastete Gestelle und als Ergänzungen für schwere Maschinengestelle umfangreiche Anwendung. Besonders bewährt hat es sich, wenn neben den Profilen umfangreiches Zubehör, wie Verbindungselemente, Scharniere für Deckel, Türen, Klappen bis hin zu Gleit- und Wälzelementen für Führungen und Schlitten angeboten werden (Beispiel: *Tabelle 4.14b*). Besondere Beachtung sollten kalt gezogene Profile (Blankstahl) wegen enger Toleranzen und hoher Oberflächengüte erfahren. *Bild 4.98* zeigt dafür ein Anwendungsbeispiel. Das Rechteckvollprofil mit zwei stark abgerundeten Kanten dient zur Betätigung der Bremsbacken einer Trommelbremse. Die Entwicklung von Sonderprofilen für die eigene Fertigung setzt entsprechend hohe Fertigungsmengen voraus und kann nur in Zusammenarbeit mit Halbzeugherstellern erfolgreich sein.

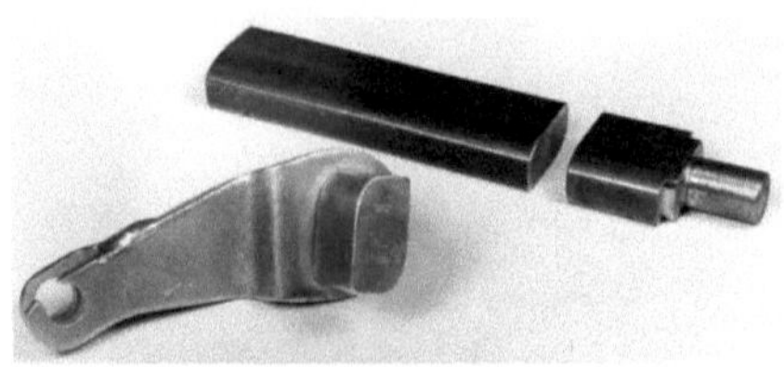

Bild 4.98 Bremshebel für Kleinkraftrad
Gezogenes St-Profil mit Drehbearbeitung wird in Blechhebel eingenietet

Im Folgenden sollen Hinweise auf die **Erweiterung der Formenwelt der** Strangteile durch mechanische Bearbeitung und andere Möglichkeiten gegeben werden. Das bereits vorgestellte Blankstahlprofil *(Bild 4.98)* hat eine Gestaltergänzung **Gestaltergänzung durch** einen **Drehvorgang** erfahren. Dadurch wird zwar ein beträchtlicher Teil des Profils zerspant, da aber die verbleibende Oberfläche keine weitere Bearbeitung erfordert und Zapfendrehen und Abtrennen vom Strang in einer Aufspannung erfolgt (Drehen von Stange siehe *Abschnitt 4.8*) ist die Wirtschaftlichkeit gegeben. Selbstverständlich kann auch mit **anderen Spanverfahren** gearbeitet werden (siehe *Bild 4.99*).

Bild 4.99 Kühlkörper
Al-Strangteil mit Gestaltungsergänzungen durch mehrfache mechanische Bearbeitung (Bohren, Gewinden, Fräsen)

Das **Trennen mit Laserstrahl**, in der Blechteilefertigung heute weit verbreitet, kann auch zur Erweiterung der Strangteilformenwelt herangezogen werden. Vorrangig bieten sich dafür Blechprofile, wie in *Bild 4.100* dargestellt, an. Eine andere Möglichkeit aus dem Blechbereich zeigt *Bild 4.101*. Derartige **Stanzlaschen** werden mit Schneidstempeln erzeugt, indem eine Kante des Stempels abgerundet ist und anstelle des Schneidvorgangs ein Biegevorgang ausgeführt wird.

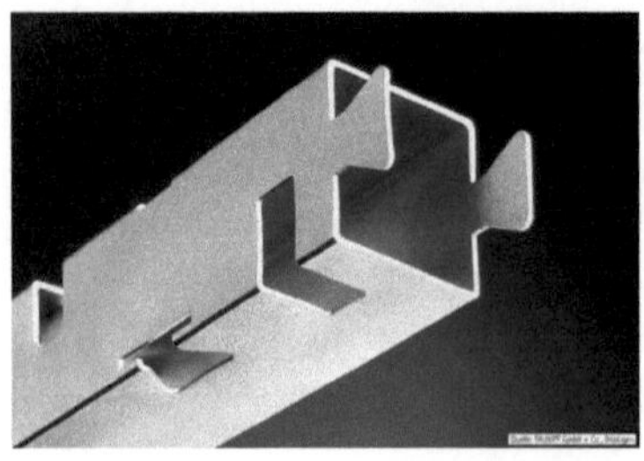

Bild 4.100 Lasergeschnittene Öffnungen und Konturen an Vierkantrohr [42]

Bild 4.101 Winkelstahl mit Stanzlaschen
Ergänzende Formelemente durch blechtypische Verfahren erzeugt (siehe Abschnitt 4.6)

Bild 4.102 zeigt eine **geschweißte Gestaltergänzung** an einem Al-Profil. Das angeschweißte Rohr bildet einen Gelenkpunkt. Auf völlig anderer Grundlage basiert die recht ungewöhnliche Möglichkeit nach *Bild 4.103*. Es wird bewusst ein größerer **Pressrest** zurückgehalten, um daraus ein von der Strangform abweichendes massives Kopfstück herauszuarbeiten. So konnte eine aufwendige Nietkonstruktion ersetzt werden. Derartige massive Bereiche an Strangteilen lassen sich auch durch Schweißverfahren ergänzen. So sind z. B. Reibschweißverbindungen zwischen Rohr und Massivteil denkbar und der Leser ist aufgerufen, diesen Vorschlägen eigene Lösungsansätze hinzuzufügen.

Bild 4.102 U-Profil mit geschweißter Gestaltergänzung
U-Profil mit geschweißter Gestaltergänzung. Das Rohr bildet einen Gelenkpunkt

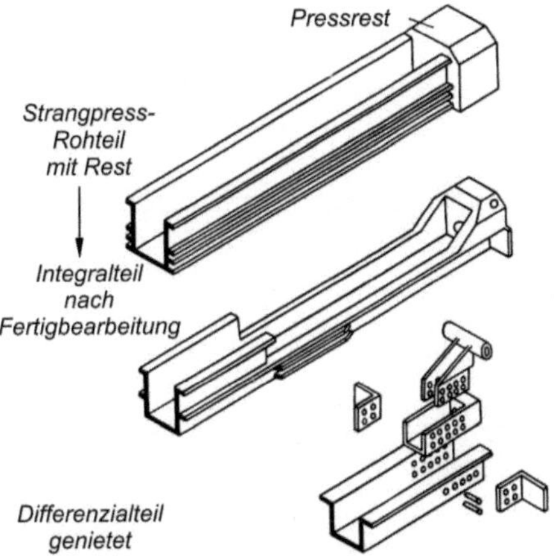

Bild 4.103 Strangpressteil für Flugzeugholm [16]
Die Gestaltergänzung für das Al-Strangpressteil wird durch Nutzung des Pressrestes gewonnen. Davor wurde eine Nietkonstruktion verwendet.

Einen völlig anderen Weg zur Herstellung von **kurzen Strangteilen**, das Spanen aus dem Vollen, zeigen die folgenden Bilder. Diese **Möglichkeit** kann **bei geringen Fertigungsmengen** - trotz des recht hohen Werkstoffverlustes - durchaus herangezogen werden. Bekannt ist die Herstellung von Spielzeugtieren aus gedrechselten Holzreifen im sächsischen Erzgebirge. Auf die gleiche Art sind auch Maschinenteile aus gedrehten Reifen in kleinen Stückzahlen hergestellt worden. Eine derartige Fertigung setzt allerdings die Verwendbarkeit der gedrehten Konturen voraus.

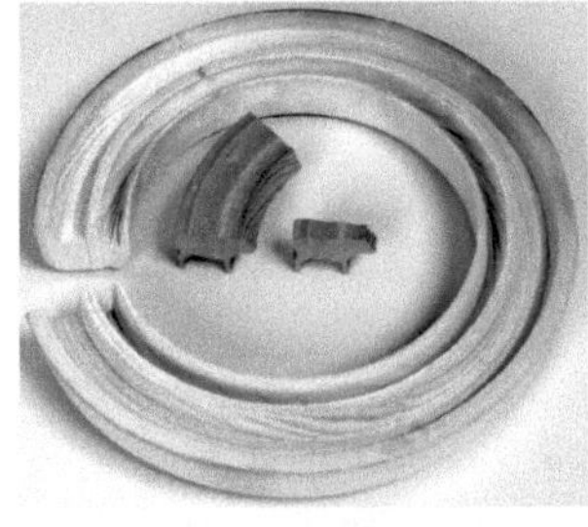

Bild 4.104 Die andere Art Strangteile [45]

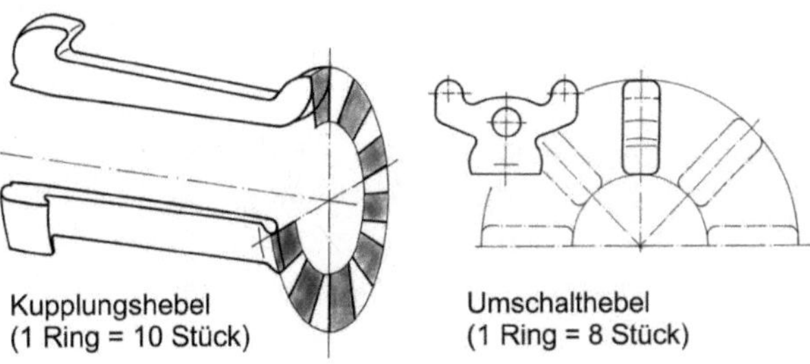

Bild 4.105 Herstellung von Strangteilen aus Drehteilen

Ein anderer Weg zur Herstellung eines Strangteiles bei Kleinserienfertigung könnte die Strangherstellung durch Fräsen mit Satzfräser sein (siehe *Bild 4.253*). Im Blechdickenbereich können Abkantprofile zur Anwendung kommen *(Bild 4.190)*. Bei Verwendung von Gusswerkstoffen lässt sich ein einfach gestalteter Strang geringer Länge mit einer Schablone einformen - siehe *Bild 4.39*. Als letzte Möglichkeit soll hier das **Biegen** eines Werkstoffstranges genannt werden, welches in der Regel aber nur für einfache Profile anwendbar ist. Bei der im Bild dargestellten Seilrolle findet ein aus gewalztem Winkelstahl gebogener Ring als Laufring Verwendung.

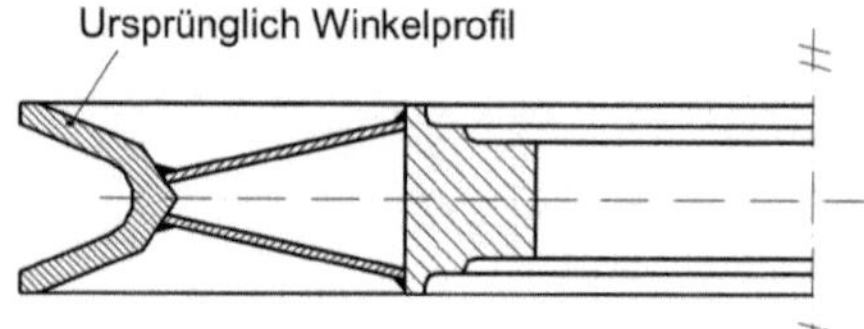

Bild 4.106 Seilrolle

Im Stahlbau ist es üblich, gebogene Strangteile mit kleinen Biegeradien mithilfe von Ausklinkungen herzustellen *(Bild 4.107)*. Auch diese Möglichkeit dürfte nur bei wenigen einfachen Profilen anwendbar sein, darf jedoch als Anregung aufgefasst und selbst weiterentwickelt werden.

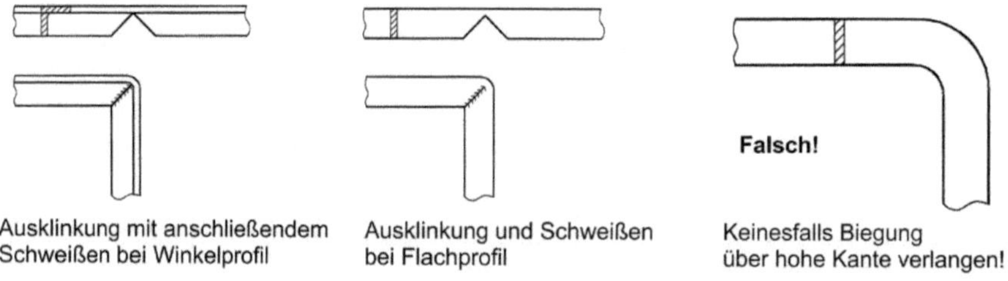

Bild 4.107 Gebogene Strangteile und kleine Biegeradien

■ 4.6 Gestaltung geschweißter Maschinenteile

4.6.1 Einführung

Die **großen** Objekte der Schweißtechnik sind Großbrücken moderner Verkehrswege und Schiffe. Geschweißte Maschinenbauerzeugnisse wie Krane und andere Anlagen der Fördertechnik - z.B. normale Abraumförderbrücken für die Braunkohlegewinnung gehören durchaus auch zu den Großprojekten, halten aber in Gegenüberstellung zu den Erstgenannten dem Größenvergleich nicht stand. Sie werden hier alle nicht behandelt. Dieser Abschnitt wendet sich an den angehenden Maschinenbaukonstrukteur und soll einen Einstieg in das Gestalten geschweißter Maschinenteile bzw. einfacherer Schweißkonstruktionen ermöglichen. Für größere (gemeint sind Abmessungen > 1500 mm), hoch belastete, vor allem **dynamisch belastete Schweißkonstruktionen** ist die **Mitwirkung eines Schweißfachmannes** nicht zu umgehen und umfasst die Auswahl zweckentsprechender Schweißverfahren, Schweißzusatzwerkstoffe, Bestätigung der gewählten Werkstoffe und desgleichen mehr. In vielen Bereichen der Schweißtechnik ist der Schweißingenieur unersetzbar, insbesondere wenn Vorschriften bestehen, wie z. B. im Druckbehälterbau. Für den Maschinenbauer bestehen derartige Vorschriftenwerke nicht.

Kenntnisse über die wichtigen Schweißverfahren werden vorausgesetzt. Für die hier betrachteten Maschinenteile kommt ausschließlich das Schmelzschweißen mit Lichtbogen in seinen verschiedenen Varianten infrage und die Verwendung von Baustahl im Dickenbereich > 3 mm (Grobblech). Bezüglich der Verwendung von Blechdicken < 3 mm sei auf den folgenden *Abschnitt 4.7* verwiesen, in dem auch die Gestalteinflüsse der entsprechenden Schweißverfahren (vorrangig Punktschweißen) behandelt werden. Selbstverständlich sind die oben genannten Dickenangaben niemals als scharfe Grenze betrachten.

Die beste Schweißkonstruktion ist die, an der am wenigsten geschweißt ist! [11] ■

„Diese Behauptung klingt paradox, sie hat jedoch ihre Berechtigung, weil auch die kleinste Schweißnaht Kosten verursacht und die genialste Lösung bekanntlich auch immer die einfachste ist.“ [11] Auf die Spitze getrieben heißt das, so zu gestalten, dass auf die Schweißnaht verzichtet werden kann. Ein Beispiel dafür das folgende Bild aber auch das *Bild 4.165*.

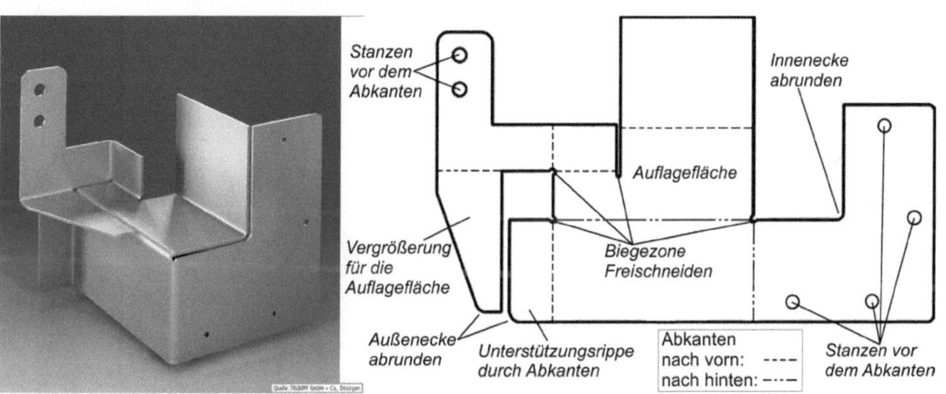

Bild 4.108 Blechfaltkonstruktion anstelle Schweißkonstruktion [42]
Durch gute Anordnung der Biegekanten ist die Auflagefläche ohne Schweißung ausreichend unterstützt.

Derartige Konstruktionen, die durchaus „nicht auf der Hand liegen“, können selbstverständlich nicht als alleiniger Maßstab dienen. Als Grundtendenz muss aber immer klar sein, dass **ein abgekantetes Blech einer Schweißnaht vorzuziehen ist** – siehe z. B. folgendes Bild.

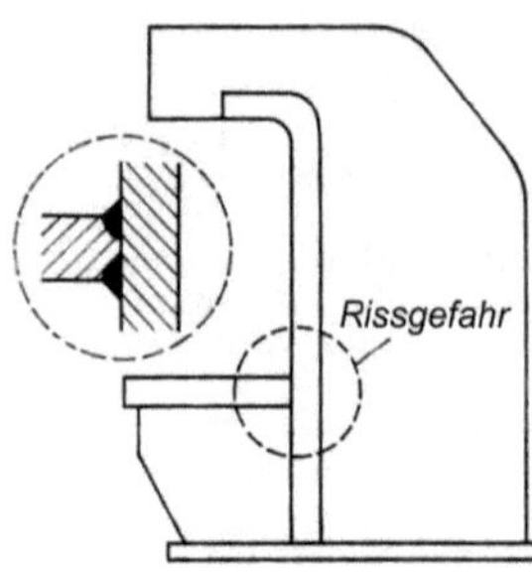

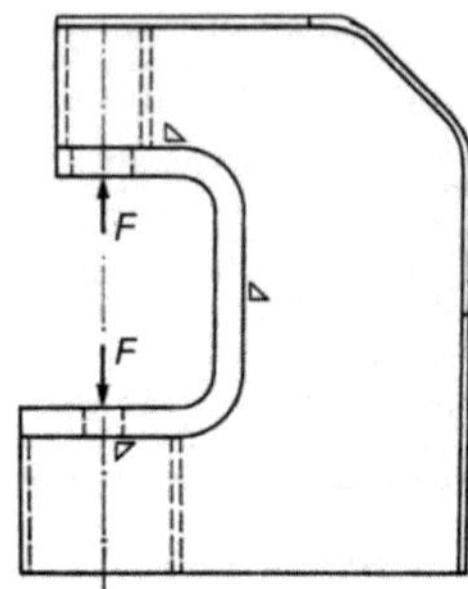

Bild 4.109 Pressengestelle [27]
Für kleine Pressen werden C-Gestelle wegen der guten Zugänglichkeit bevorzugt.
Links: Ungünstiger Anschluss des Tisches an der Gurtplatte
Rechts: Gebogenen Gurt bevorzugen.
Hinweis: *Bild 3.5* zeigt eine Ausführung mit einem eingeschweißten Stahlgussstück

In der gebauten Umwelt, in der wir uns täglich bewegen, begegnet uns ständig Geschweißtes und gerade der Einsteiger sollte immer wieder genau hinschauen. Das Torlager nach *Bild 4.110* zeigt ein solches „Alltagsobjekt“. Zur eigentlichen geschweißten Funktionsgruppe gehören nur die zwei Lagerbleche 5 und Halteblech 2 mit Versteifungsblech 12. Sind diese wenigen Teile berechtigt oder geht es eventuell besser? Bei genauerer Betrachtung dürfte noch ein Mangel feststellbar sein, der mit der Aufstellung im Freien zu tun hat.

Aufgabe 4.3 Die Gestaltung dieser einfachen Schweißkonstruktion ist zu begutachten!

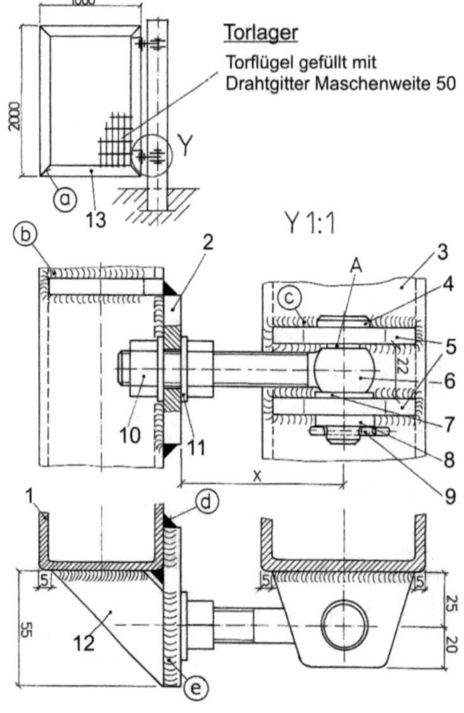

Bild 4.110 Torlager [22]
1 Rahmenteil
2 Halteblech, t = 8
3 Pfosten, 80 x 80 x 5
4 Bolzen, DIN EN 22341
5 Lagerblech, t = 8
6 Augenschraube DIN 444
9 Splint DIN EN ISO 1234
10 Sechskantmutter
12 Versteifungsblech, t = 8

Schweißkonstruktionen sind keine Nietkonstruktionen! ■

Vor der Einführung des Schweißens gehörte das Nieten zu den wichtigen Verbindungen im Maschinen-, Stahl- und Kesselbau. Die Nietverbindung benötigt Überlappungen der Einzelteile *(Bild 4.112)*. Die Schweißkonstruktion benötigt diese Überlappung nicht *(Bild 4.111)*, aber es sind immer wieder „geschweißte Nietkonstruktionen“ anzutreffen *(Bild 4.113)*.

Bild 4.111 Geschweißte Tragösen

Bild 4.112 Rad einer Dampflokomobile (1915)
Nietkonstruktionen verlangen Überlappungen

Bild 4.113 „Geschweißte Nietkonstruktion“
Keine Überlappungen bei Schweißkonstruktionen!

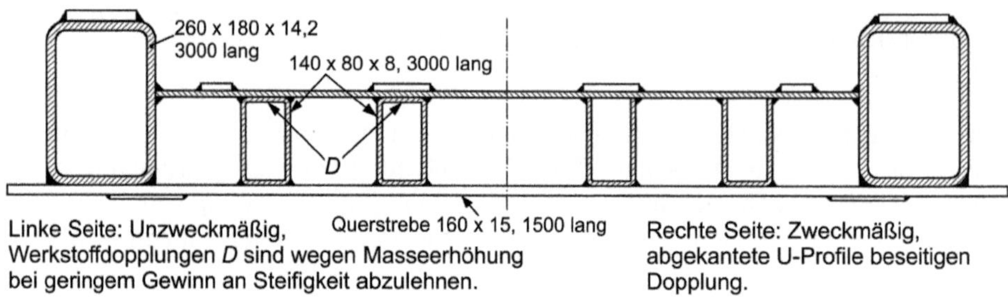

Bild 4.114 Grundplatte als Schweißkonstruktion

Könnte ein angeschweißtes Bauelement ohne Gestaltänderung genietet oder geschraubt werden, ist der Gestaltungsansatz falsch. Derartige Überlappungen stellen zudem einen unnötigen Werkstoffverbrauch dar. Eine richtig gestaltete Schweißkonstruktion kennt keine Überlappung. Ähnlich unzweckmäßige Werkstoffdopplungen treten mitunter bei Verwendung rechteckiger oder quadratischer Hohlprofile auf. Diese Profile werden in Schweißkonstruktionen gern verwendet, da neben guter Biegesteifigkeit vor allem die hohe Torsionssteifigkeit wertvoll ist. Werden damit Platten versteift, kann es zu Werkstoffdopplungen kommen, die wenig nützen. Bei der im *Bild 4.114* dargestellten Grundplatte sind das unnötige 60 kg Stahl. Dass Werkstoffdopplungen fertigungstechnisch günstig sein können, sei mit dem folgenden Bild belegt. Eine geringe Überlappung kann im Sinne größerer Toleranzen für die Einzelteile bzw. zum Vermeiden von Passarbeiten an den Bindeblechen berechtigt sein.

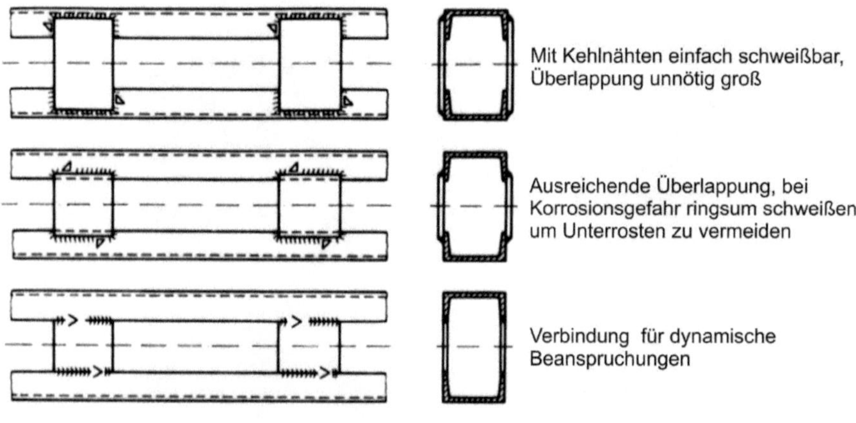

Bild 4.115 Bindebleche [11]

Wenn an einer Schweißkonstruktion eine Nietverbindung wie im folgenden Bild aufgefunden wird, muss nicht in jedem Fall gegen den oben genannten Grundsatz verstoßen worden sein. Daher sollte immer gelten:

Die Schweißeignung der zu verschweißenden Werkstoffe prüfen! ■

Bild 4.116 Blechdeckel [45]
Blechleiste punktgeschweißt, Schnappnase genietet - Federstahl ist nicht schweißbar!

Der Maschinenbauer verwendet in der Regel bevorzugt gut schweißbare Baustähle (z. B. schweißgeeignete Feinkornbaustähle nach DIN EN 10113-2, wie S275N, S355N), da für steife Konstruktion der E-Modul (für alle Stähle gleich!) und nicht die Festigkeit entscheidend ist (siehe *Abschnitt 3*).

Die Hauptvorteile geschweißter Maschinen/Maschinenteile

Keine Begrenzung der Baugröße!

- Dieser Vorteil muss etwas relativiert werden. Folgende Grenzen sind zu beachten:
- Kranhakenhöhe über Hallenboden
- Hallentorhöhe und -breite
- Glühofengröße
- Abkantlänge bei Herstellung der Schweißteile
- Größe der Bearbeitungsmaschinen
- Transportmöglichkeit

Kein Modell erforderlich!

Gegenüber Gussstücken bestehen weiterhin folgende Vorteile:

- Keine Kernöffnungen erforderlich, d. h. bei Torsion ist vollständig geschlossener Querschnitt möglich
- Hinterschnitt ist ohne Bedeutung
- Verzug kann durch Richten bekämpft werden
- Ein Konstruktionsfehler kann mit dem Schweißbrenner abgetrennt und ein neues Detail kann angesetzt werden (Konstruktionsfehler können nie vollständig ausgeschlossen werden!).

Minimale Wanddicken stellen keine technologische Grenze dar!

Nähere Angaben siehe *Abschnitt 4.6*

Um Missverständnissen vorzubeugen sollen hier einige Begriffe definiert werden:

1. **Schweißgruppe:**

   Aus Schweißteilen zusammengefügte Schweißkonstruktion mit allen Angaben zum Schweißen (Nahtart, Schweißverfahren usw.) und sofern beabsichtigt zur Wärmebehandlung. Zur Schweißgruppe gehört die Schweißgruppenzeichnung, die häufig auch nur als Schweißzeichnung bezeichnet wird. (Der Begriff Gruppe deutet immer auf ein aus mehreren Einzelteilen zusammengefügtes Gebilde hin; denke an Montagegruppe bzw. Baugruppe.)

2. **Schweißteile:**

   Bestandteile einer Schweißgruppe die soweit bearbeitet sind, dass alle erforderlichen Schweißarbeitsgänge für eine Schweißgruppe ausgeführt werden können, d.h. alle Nahtvorbereitungen sind sofern erforderlich ausgeführt.

3. **Schweißstoß:**

   Definiert in DIN 1912, Teil 1, z.B. Stumpfstoß, T-Stoß, Schrägstoß, Eckstoß, Mehrfachstoß. Die Schweißteile werden am Schweißstoß zusammengefügt.

4. **Schweißnahtart (kurz Schweißnaht):**

   Definiert in DIN 1912, Teil 5, z.B. V-Naht, Kehlnaht, Punktnaht.

5. **Bearbeitungszeichnung:**

   Zeichnung wie bei einem Einstückteil (z.B. Gussteil) mit Angaben zur vollständigen Bearbeitung (Maße, Toleranzen, Oberflächenangaben) einer Schweißgruppe ohne Schweißangaben.

In der maschinenbaulichen Praxis werden die Zeichnungen 1 und 5 aber häufig zu einer Zeichnung zusammengefasst.

4.6.2 Die Nahtarten und ihre wesentlichen Eigenschaften

Die beiden wesentlichen Nahtformen sind **Stumpfnaht** und **Kehlnaht**. Die höchste Nahtqualität wird bei einer Stumpfnaht erreicht, wenn die Kerbstelle Nahtwurzel mit einer überdeckenden Naht (Kapplage) versehen wird und beide Seiten der Naht auf Blechebene abgearbeitet werden. Der Aufwand ist entsprechend hoch. Zur Anwendung wird nur in besonderen Fällen gegriffen, z.B. beim Bau von Druckbehältern. **Die fertigungsgünstigste Naht ist die Kehlnaht**. Die zu verschweißenden Teile werden aufeinander gestellt und es kann geschweißt werden. Eine Nahtvorbereitung (Anbringen einer Abschrägung) wie bei der Stumpfnaht ist nicht erforderlich. Innerhalb der Kehlnaht verbleibt eine Kerbe, die sich besonders bei der einseitigen Kehlnaht sehr ungünstig auswirken kann. Mit *Bild 4.117* wird dieser Sachverhalt verdeutlicht. Da die Kerbwirkung vorrangig bei dynamischer Belastung eine beachtenswerte Rolle spielt, kann der Maschinenbauer mit der Kehlnaht arbeiten. *Bild 4.118* und *Bild 4.119* sollen dabei helfen, diese einfach zu fertigende Naht richtig anzuwenden.

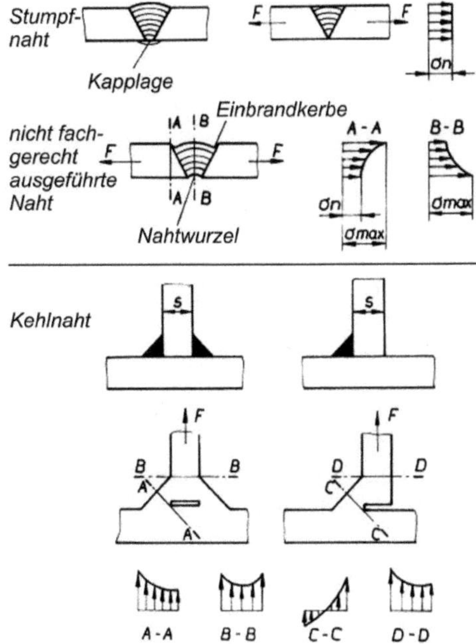

Bild 4.117 Stumpfnaht und Kehlnaht im Vergleich
Die blecheben bearbeitete Naht gewährleistet einen gleichmäßigen Spannungsverlauf in der Naht.
In der Kehlnaht sind die Bauteile am Stoß nicht verschweißt, d. h. in der Naht befindet sich eine scharfkantige Kerbe und die Spannungsverläufe zeigen Spannungsspitzen.
Hinweis: Ein Spalt von 2 mm Dicke kann ohne Probleme überschweißt werden.

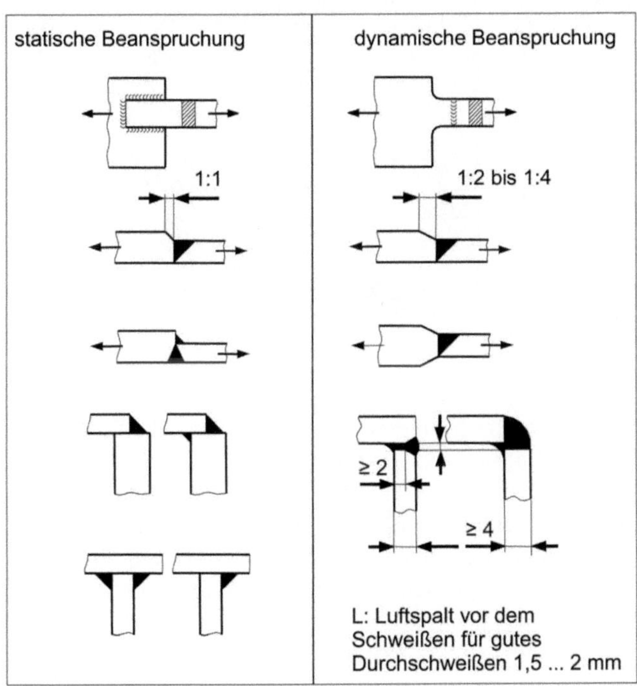

Bild 4.118 Wanddickenübergänge und Eckstöße bei statischer und dynamischer Beanspruchung

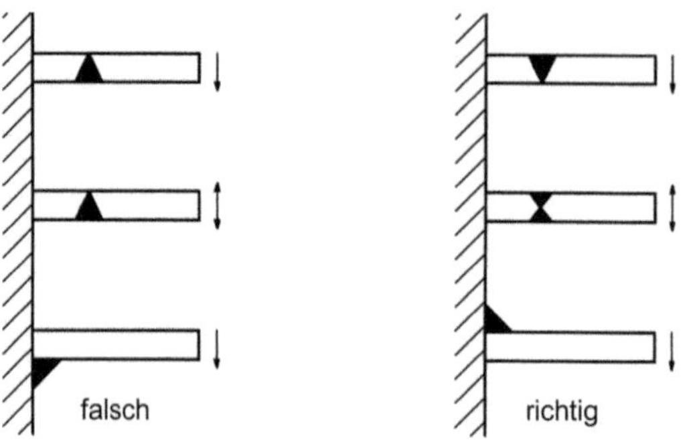

Bild 4.119 Die Nahtwurzel ist eine Kerbstelle!
Keine Zugbeanspruchung in die Nahtwurzel legen!

In die **Nahtwurzel** darf **keine Zugbeanspruchung** gelegt werden, während die Naht in der Längsrichtung (Schubbeanspruchung) recht hoch belastbar ist. Ungünstig wirkt sich ein kleiner Öffnungswinkel, wie er beim Schweißen eines Rundprofiles/Rohres gegen ein Blech auftritt, aus. Bei statischer Schubbeanspruchung wie z. B. für den Fall nach den Bildteilen 1 und 3 ist dieser Sachverhalt wenig bedenklich. Wer ganz sicher gehen will, kann mit einem kleinen Trick nach Bildteil 2 arbeiten.

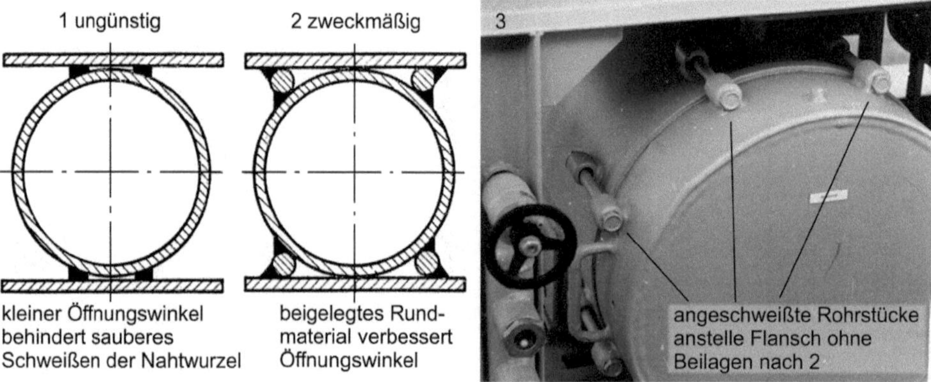

Bild 4.120 Kehlnaht bei kleinem Öffnungswinkel

Um die Zugänglichkeit mit der Schweißelektrode zu gewährleisten hat sich die **Dreiblechnaht** *(Bild 4.121)* bewährt. Eine weitere Nahtform ist die **Lochnaht** *(Bild 4.122)*. Da sie nur bei Überlappung anwendbar ist, handelt es sich eigentlich um eine Variante der Nietverbindung. Bei einer notwendigen Werkstoffdopplung kann sie nützlich sein, um einer flächigen Verbindung (ähnlich Klebverbindung) nahe zu kommen. Ihre Anwendung sollte aber auf Sonderfälle (siehe z. B. *Bild 4.146* rechts unten und *Bild 4.123*) beschränkt bleiben.

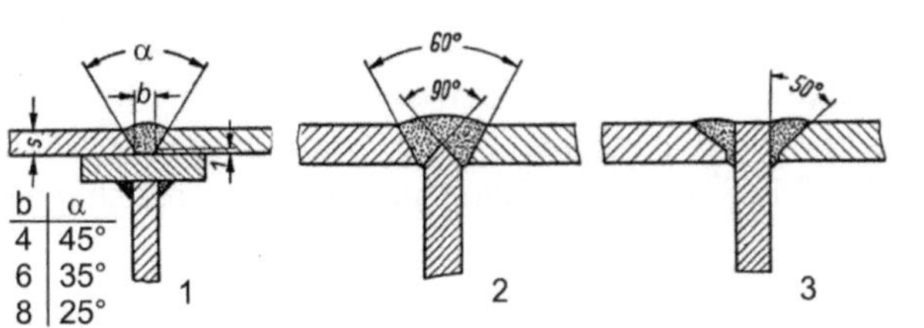

Bild 4.121 Dreiblechnähte [11]

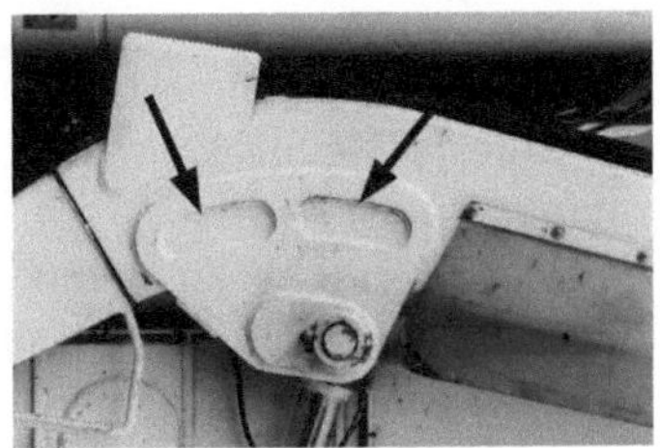

Bild 4.122 Lochnaht
Geringe Kerbwirkung!

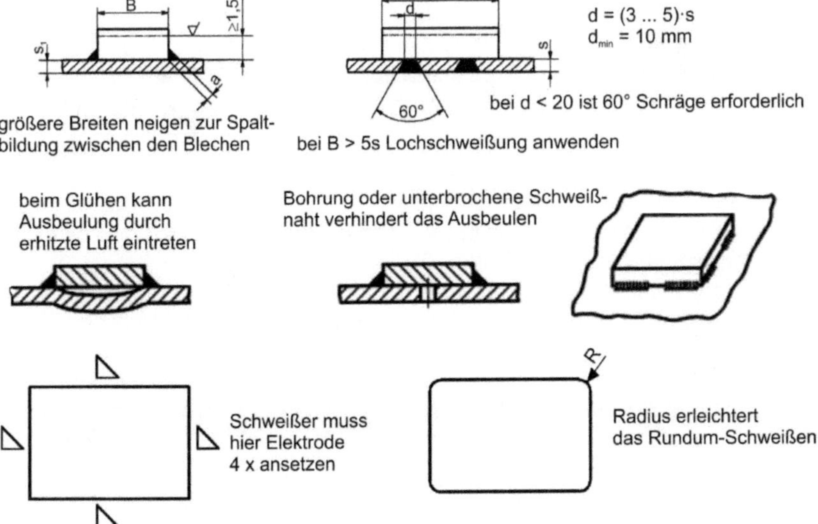

Bild 4.123 Aufgeschweißte Arbeitsflächen

Werden spitz auslaufende Bauteile verschweißt, kommt es zu Kantenüberhitzungen und die Schweißnaht wird unsauber. Derartige Spitzen und das Schweißen an Kanten sind zu vermeiden.

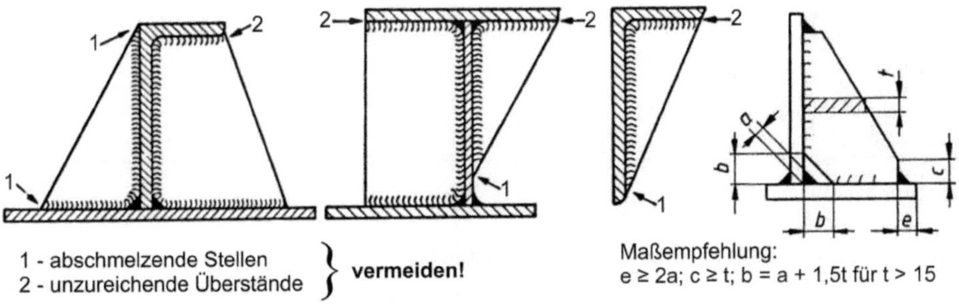

Bild 4.124 Kantenüberhitzung vermeiden! [11] (beachte *Bild 4.150*)

Die nicht vermeidbare Einbringung von Wärme durch den Schweißlichtbogen und die anschließende Abkühlung bewirken eine Verformung der Schweißteile (thermischer Verzug). Dieser Verzug kann vom Konstrukteur eingeschränkt werden, indem er Schweißgutanhäufungen *(Bild 4.125)* vermeidet und möglichst geringe Nahtdicken vorsieht. *Tabelle 4.18* enthält Empfehlungen für Kehlnähte, deren Berechnung nicht möglich oder unzweckmäßig ist und Mindestnahtdicken.

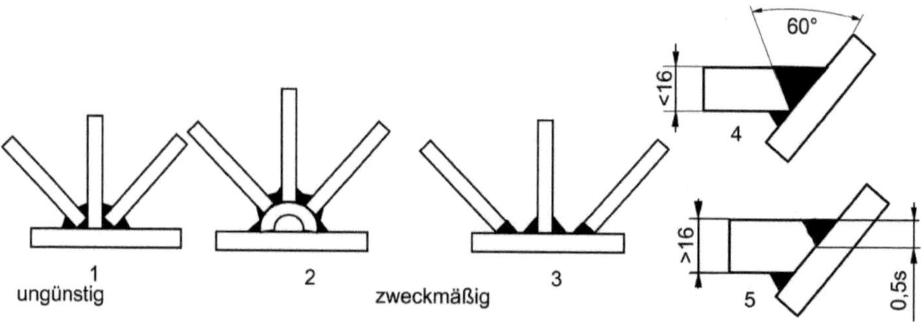

Bild 4.125 Schweißgutanhäufungen sind zu vermeiden!
Knotenpunkte auflösen, 2 oder 3 bevorzugen. Schräganschlüsse lassen das Nahtvolumen beträchtlich anwachsen, bei Blechdicken > 16 mm Ausführung 5 anwenden.

Tabelle 4.18 Kehlnahtdicken [32]

	Blechdicke s [mm]												
	2	3	4	5	6	8	10	12	14	16	20	24	30
Hohe Beanspruchung, Doppelnaht nicht möglich	2,5	3	4	5	5	7	8	10	12	14	16	20	24
Voller Blechanschluss gegen Zug, Doppelkehlnaht	2	2,5	3	4	4	6	7	8	10	12	14	16	20
Geringe Beanspruchung, z. B. Versteifungen	2			2,5		3		4		5			
Mindestdicke z. B. Dichtschweißungen für weiche Baustähle (S235JR ...)	2					2,5		3	4			5	
für höherfeste Baustähle (S355JO ...)	2,5			3				4		5			

Die Mindestdicken dürfen nicht unterschritten werden.

Einen anderen fertigungstechnischen Weg beschreitet der Schweißingenieur durch Festlegung von Schweißfolgen. Sie werden so abgestimmt, dass der Verzug durch eine Naht, durch eine andere Naht möglichst kompensiert wird. Diese technologische Maßnahme wird hier nicht behandelt. *(Bei Bedarf steht ausreichend Literatur zur Schweißtechnik zur Verfügung.)*

Eine maschinenbauliche Schweißkonstruktion kann nur im Ausnahmefall auf Bearbeitung verzichten. **Nähte gehören nicht in Arbeitsflächen**, denn auch bei sorgfältiger Abstimmung der Schweißelektrode auf den Grundwerkstoff werden sich Festigkeits- bzw. Härteunterschiede nicht vollständig ausschließen lassen. Das heißt, das Spanwerkzeug weicht beim Auftreffen auf eine derartige Stelle aus und Formabweichungen werden unvermeidlich. Eine Fuge in einer bearbeiteten Fläche sollte ebenfalls vermieden werden - *Bild 4.126*. Für bearbeitete Flächen gibt es zwei Gestaltungsansätze:

- Direkte Bearbeitung der Schweißteile - siehe *Bild 4.127*
- Aufgeschweißte Arbeitsflächen - siehe *Bild 4.123*

Die erstgenannte Möglichkeit ist im Vorrichtungsbau verbreitet. Sollte eine Naht in einer Arbeitsfläche nicht vermeidbar sein, so sollte immer die Nahtwurzel abgearbeitet werden.

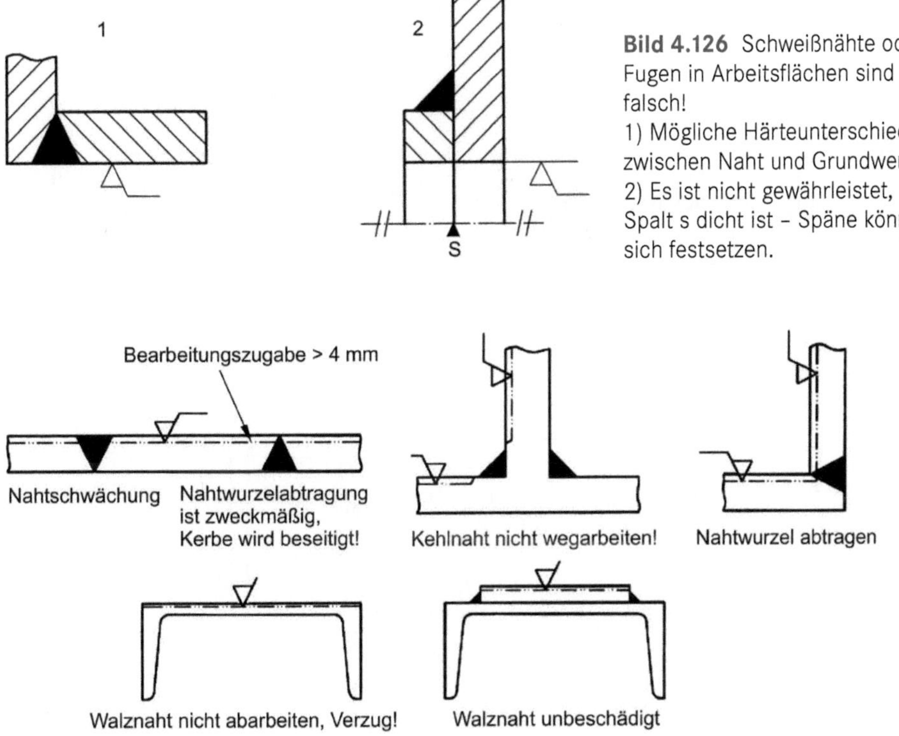

Bild 4.126 Schweißnähte oder Fugen in Arbeitsflächen sind falsch!
1) Mögliche Härteunterschiede zwischen Naht und Grundwerkstoff
2) Es ist nicht gewährleistet, dass Spalt s dicht ist - Späne können sich festsetzen.

Bild 4.127 Arbeitsflächen an Schweißkonstruktionen

Die Schweißgruppe im Maschinenbau erhält vorrangig aufgeschweißte Arbeitsflächen *Bild 4.123*. Für die Bearbeitungszugaben können die Angaben von Rieberer [32] empfohlen werden:

Tabelle 4.19 Richtwerte für Bearbeitungszugaben bei Schweißkonstruktionen [32]

Drehdurchmesser bzw. Länge der Bearbeitungsfläche [mm]	Zugabe zum Fertigmaß [mm]	
	min.	max.
200	1	2
500	2	3,5
1000	3	5
2000	4,5	7
3000	6	9
4000	7	10
5000	8	11
6000	8,5	12

Dass jede Schweißnaht beim Schweißen mit der Elektrode erreichbar sein muss, sollte selbstverständlich sein.

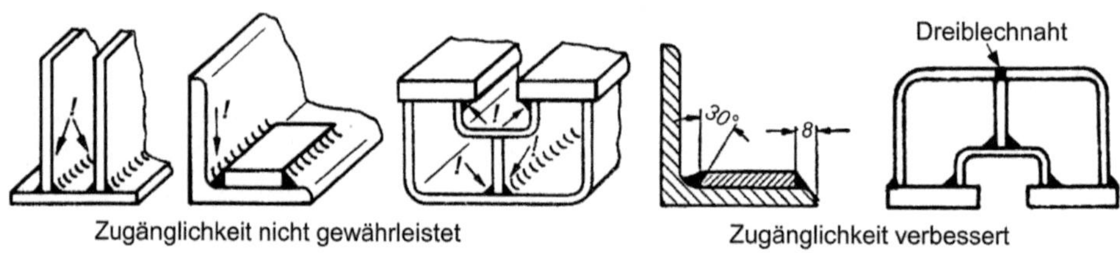

Bild 4.128 Zugänglichkeit mit Schweißelektrode beachten!

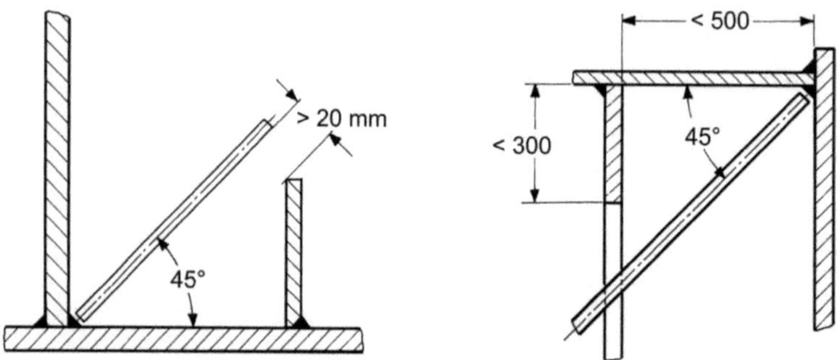

Bild 4.129 Zugänglichkeit beim Lichtbogenhandschweißen [27]

4.6.3 Zum Gestalten der Schweißteile

Der Titel könnte auch lauten: Die Auflösung der funktionsbedingten Grobgestalt in fertigungsgerechte Schweißteile. Beispiele für funktionsgerechte Grobgestalt sind: Winkelhebel, Getriebegehäuse, Grundplatte mit den jeweiligen Hauptabmessungen. Es ist denkbar, auf der Grundlage verfügbarer bzw. im „Kopf abrufbarer" Halbzeuge die funktionsgerechte Grobgestalt aufzubauen (synthetischer Weg) oder die Auflösung zu betreiben (analytischer Weg). In der Praxis wird es sich vermutlich immer um eine Mischvariante handeln. Hauptsächlich kommen für Schweißteile zur Anwendung:

- Strangmaterial
- Blech (von Feinblech bis Grobblech großer Dicke)
- Gussstücke
- Spanteile (aus dem Vollen gedreht, gefräst usw.)

Nach der Betrachtung der folgenden Bilder soll diese Grobgliederung verfeinert werden. Neben Rohr und kantigen Hohlprofilen sind einfache und gekantete Blechteile, aber auch Blechformteile in Anwendung.

Bild 4.130 Stufenträger für Wendeltreppe
Schweißkonstruktion bestehend aus
1 Rohrstück
2 Rechteckhohlprofil
3 Blechwinkel und
4 zwei Blechlaschen

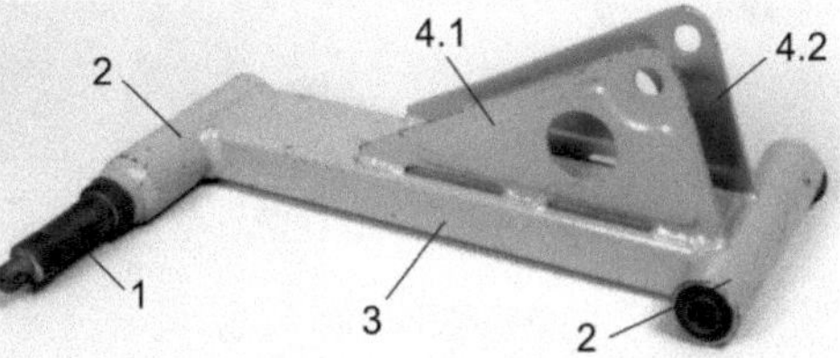

Bild 4.131 Schwinge [45]
Torsions- und biegebeanspruchtes Bauelement für die Radaufhängung eines PKW-Anhängers.
Einzelteile vor dem Schweißen:
1 Drehteil, fertig bearbeitet,
2 Rohr,
3 Rechteck-Hohlprofil,
4.1, 4.2 Blechformteile in Rechts- bzw. Linksausführung

Spanteile können als grob vor bearbeitete Teile oder als fertig bearbeitete Teile Verwendung finden. Die Arme des Winkelhebels *(Bild 4.132)* sind aus Grobblech durch Brennschneiden hergestellt worden. Sie wirken sehr grob und dem rauen Betrieb einer Bergbaumaschine angemessen. Die aus Flachstahl gebogenen Stangenköpfe wirken dagegen fast filigran. Fertigungstechnisch vorteilhaft sind flachgedrückte Rohranschlüsse *(Bild 4.134)*, da die Anpassung an das Gegenstück sehr einfach zu bewerkstelligen ist.

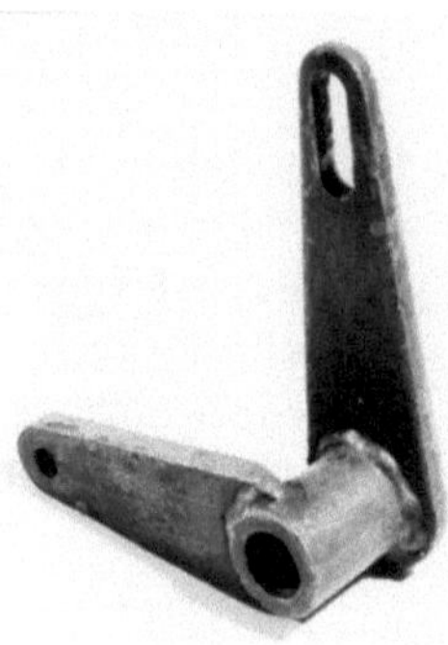

Bild 4.132 Winkelhebel
Schweißkonstruktion bestehend aus zwei Brennschneidteilen und einem Drehteil

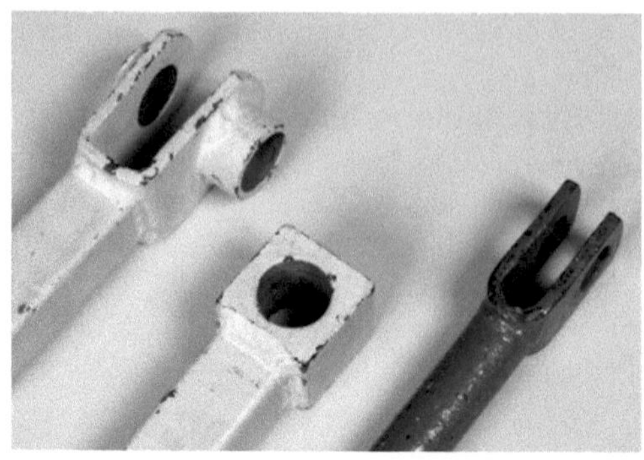

Bild 4.133 Geschweißte Stangenköpfe [45]

Bild 4.134 Rohrstabanschlüsse [7]
Links: Anpassung des Rohrendes an das Gegenrohr erforderlich
Rechts: flachgedrücktes Rohr erleichtert die Herstellung des Schweißteiles

Bild 4.135 Geschweißte Rohr-Blechverbindung (Diagonalstrebe)
Rohrende flachgedrückt und entsprechend dem Eckanschluss rechtwinklig geschnitten

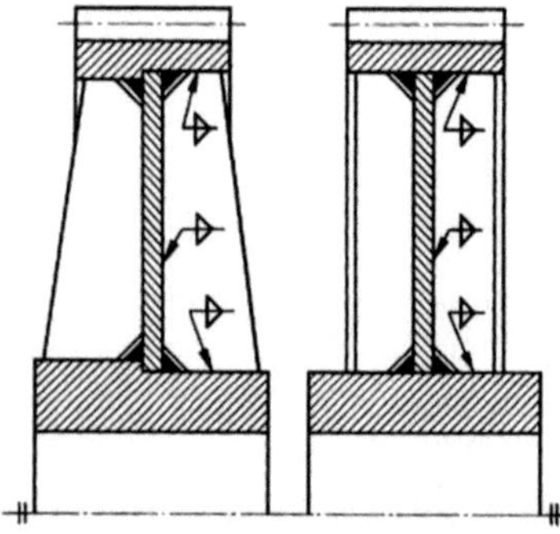

Bild 4.136 Geschweißte Zahnräder
Links: Nabe und Kranz müssen vorgedreht sein, aber es ist beim Schweißen kein Halten erforderlich
Rechts: Kranz und Nabe vor dem Schweißen einfacher, aber Teile halten sich nicht selbständig in richtiger Schweißposition

Mit *Bild 4.137* soll auf einen wichtigen Gesichtspunkt verwiesen werden, der immer wieder unzureichend beachtet wird. Ist eine gegebene Gusskonstruktion in eine Schweißkonstruktion zu überführen, wird in der Regel viel zu schnell und unüberlegt zu einer Nachbildung des Gussstückes gegriffen. Mit der Variante V2 wird zunächst gezeigt, dass die immer wieder verwendeten Versteifungsrippen durchaus keine optimale Lösung darstellen. Erst die Tatsache, dass im Betrieb ein Rohr der entsprechenden Größe nicht verfügbar war, führte zu Variante V3, die auf Grobblechschnitte zurückgreift. Diese Lösung basiert auf dem gleichen Grundgedanken wie das Schwenklager nach *Bild 4.25* - das Gegenstück wird nur an den Enden des ursprünglichen Bauteiles gefasst.

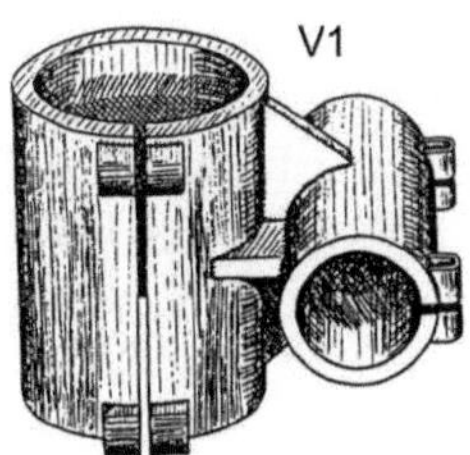

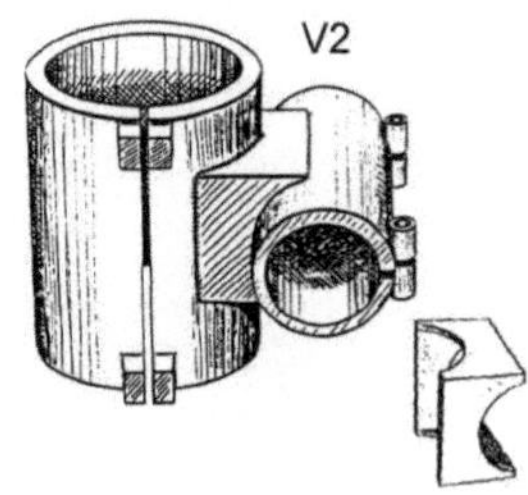

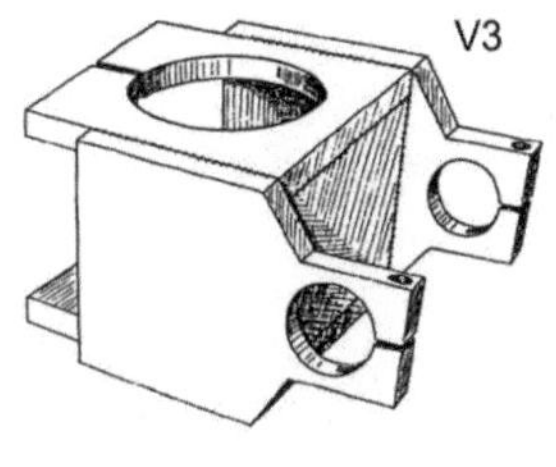

Bild 4.137 Klemmkopf-Entwürfe für Schweißkonstruktionen
V1: Nachbildung des Gussstücks nach *Bild 4.49* Verbindung der Rohre mit üblichen Versteifungsrippen
V2: Stabilere Rohrverbindung mit ausgerundetem Rechteckrohr. V1 und V2 Nachteil: Rohre dieser Größe bei Einzelfertigung selten schnell verfügbar
V3: Variante ohne Rohrverwendung. Weitere Durcharbeitung dieses Lösungsansatzes ist erforderlich.

Aufgabe 4.4 Gussstück nach *Bild 4.135* ist in eine Schweißkonstruktion zu überführen:

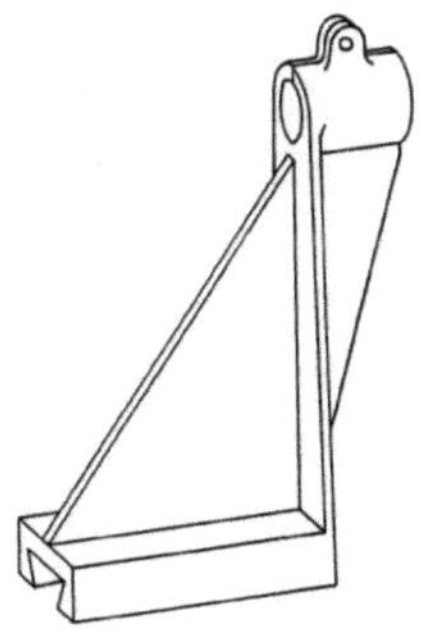

Bild 4.138 Stativschlitten, Guss
Höhe: 200 mm
Hinweise:
Die Nachbildung der Gussstückgestalt als Schweißkonstruktion führt nur selten zu einer zweckmäßigen Lösung!
Der Klemmschraubenansatz widerspricht einer kraftgerechten Gestaltung (siehe *Abschnitt 3.2.2*)

Da das relativ grobe Brennschneiden heute vielfach durch das genauer arbeitende Laserschneiden ersetzt wird, ist es möglich formschlüssige Lagesicherungen nach *Bild 4.139* anzuwenden, die die Handhabeaufgaben beim Schweißen vermindern können. Der Mehraufwand zur Herstellung dieser formschlüssigen Elemente kann gegenüber dem Gewinn beim Ausrichten und Zentrieren vernachlässigt werden. Eine Heftschweißung kann entfallen.

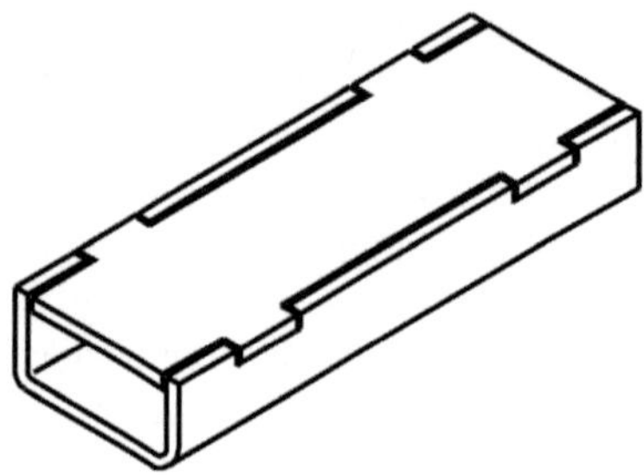

Bild 4.139 Formschlüssige Lagesicherung [42]
Formschluss durch Nasen und Aussparungen

Die Anwendung von Stahl- oder Tempergussstücken zum Einschweißen kommt der Zielstellung „wenige Schweißnähte" entgegen. Derartige Gussstücke setzen mindestens eine Kleinserienfertigung voraus, wie aus dem vorangegangenen Abschnitt zu entnehmen ist.

Bild 4.140 Schweißkonstruktion mit Stahlgusselementen
Für Gelenke und Krafteinleitungen wurden Stahlgussteile an einem Baggerausleger eingeschweißt

Das Einschweißen fertig bearbeiteter Teile ist möglich und kann fertigungstechnisch sehr günstig sein. So könnte z. B. die die Fertigbearbeitung der Achse 1 von *Bild 4.131* nach dem Schweißen ein Fertigungsproblem darstellen, denn eine Drehbearbeitung dieser sperrigen Schwinge ist sehr unzweckmäßig. Ähnliche Bauteile sind einschweißbar, ohne dass ein Verziehen der Passmaße durch die Wärmeeinwirkung beim Schweißen zu erwarten ist *(Bild 4.141)*. Als schwierig kann sich aber das Einhalten von Lagetoleranzen (z. B. Parallelität oder Rechtwinkligkeit der Achse) erweisen.

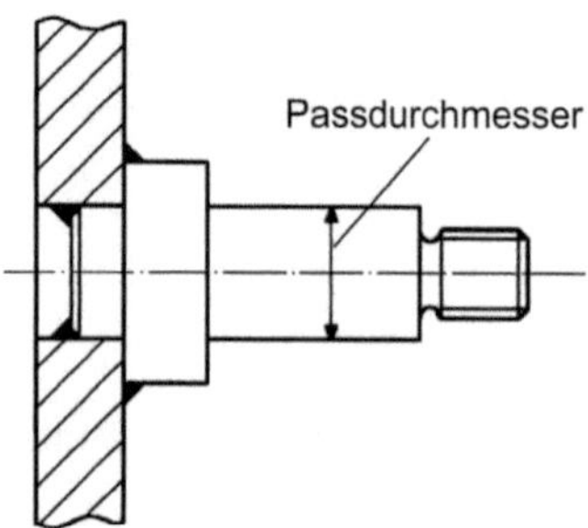

Bild 4.141 Drehteil vor dem Einschweißen fertig bearbeitet

Von besonderem Interesse kann das Einschweißen fertig bearbeiteter Einzelteile bei großen Schweißkonstruktionen sein, wenn Groß-Werkzeugmaschinen nicht zur Verfügung stehen. *Bild 4.142* enthält dazu praktische Hinweise. Die Genauigkeitsforderungen sollten jedoch IT9 keinesfalls unterschreiten und Konsultationen mit erfahrenen Schweißingenieuren sind zu empfehlen.

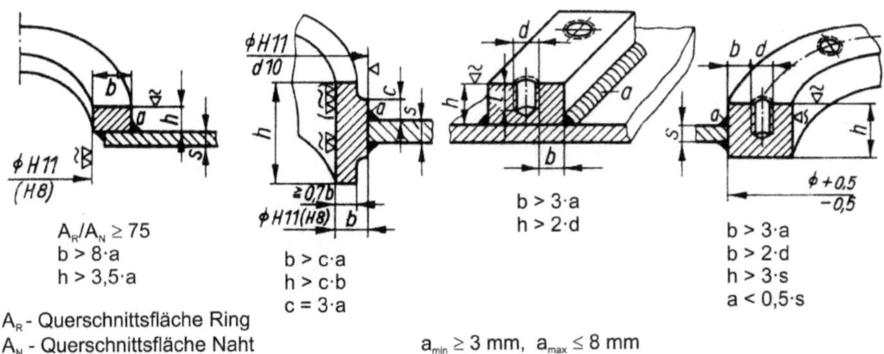

Bild 4.142 Einschweißen fertig bearbeiteter Einzelteile (Ringe, Hülsen, Leisten) [27]
Praktisch ausgeführt im Durchmesserbereich 200 bis 1000 (Oberflächenangaben veraltet!)

Es seien noch zwei weitere Beispiele von Schweißkonstruktionen aus dem Alltagsumfeld vorgestellt und besprochen. *Bild 4.143* zeigt eine Vordachabstützung. Die sich verjüngenden Doppel-T-Träger sind Schweißkonstruktionen, da solche Formen durch Walzen nicht herstellbar sind. Die Flansche oben und unten sind Flachstähle, der Steg mit den fünf runden Öffnungen ist aus Blech gefertigt. Die Nähte zwischen den Flachstählen und dem Steg müssen durchgehend geschweißt sein, um Spaltkorrosion zu vermeiden. *Bild 4.144* zeigt ein kleines Glasvordach mit einem Stahltragwerk. Die Hauptträger sind hier verjüngt zulaufende T-Profile. Es kann sich ebenfalls um geschweißte Träger handeln. Aber es ist auch denkbar, diese Träger durch Auftrennen (Brennschnitt) eines Doppel-T-Trägers zu gewinnen. Mehrfach unbefriedigend ist die kraftgerechte Gestaltung:

- Biegung und Stahl erfordern einen Doppel-T-Träger.
- Die Verjüngung des T-Profils nach links entspricht nicht dem Verlauf des Biegemomentes.

Bild 4.143 Vordachabstützung

Bild 4.144 Vordachhalterung mit Stahl-T-Profil

Zusammenfassung der verwendbaren Halbzeuge, Rohteile u. a. für Schweißteile

1. Strangmaterial
   - Rohr, gerade und gebogen
   - Quadratische und rechteckige Hohlprofile
   - Profilmaterial (warm- und kaltgeformt) gerade und gebogen, z. B. Flachmaterial, Vierkantmaterial, Winkelprofile, Z-Profile, I-Profile
2. Blech
   - Blechflachteile
   - Blechbiegeteile/Kantteile
   - Blechformteile (Formstanzwerkzeuge erforderlich!)
3. Brennschneidteile bzw. durch Laser- oder Wasserstrahlschneiden erzeugte Grobblechausschnitte (Dicken bis 100 und z. T. darüber möglich), Gegenüber Gruppe 2 geht der flächige Charakter verloren.
4. Gussstücke (vorwiegend Stahl- und Temperguss)
5. Spanteile (vorwiegend Fräs-, Bohr-, Drehbearbeitung)

Die genannten Halbzeuge sind gleichermaßen zur Anwendung geeignet. Lediglich die Blechformteile scheiden bei kleinen Fertigungsmengen aus.

4.6.4 Gestaltung bei dynamischer und statischer Beanspruchung

Vorschläge für Wanddickenübergänge und Eckstöße enthält bereits *Bild 4.118*. Dynamische Beanspruchungen, wie sie z. B. bei Krantragwerken oder bei Fahrgestellen für Bahn oder Straße auftreten, verlangen besondere Beachtung, um die hohe Anzahl von Lastwechseln ohne Anriss zu ertragen. Schroffe Kraftumlenkungen müssen vermieden werden. Ist die Steifigkeit die entscheidende Größe, kann auf den Aufwand, der für eine sanfte Kraftumlenkung notwendig ist, verzichtet werden – siehe *Bild 4.145*.

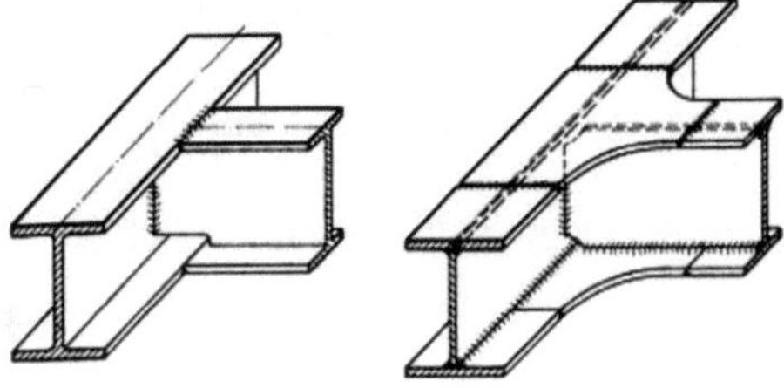

Bild 4.145 Trägeranschluss [7]
Links: für Maschinenbau mit statischer Belastung und Forderung nach hoher Steifigkeit
Rechts: für Stahltragwerke mit dynamischer Belastung

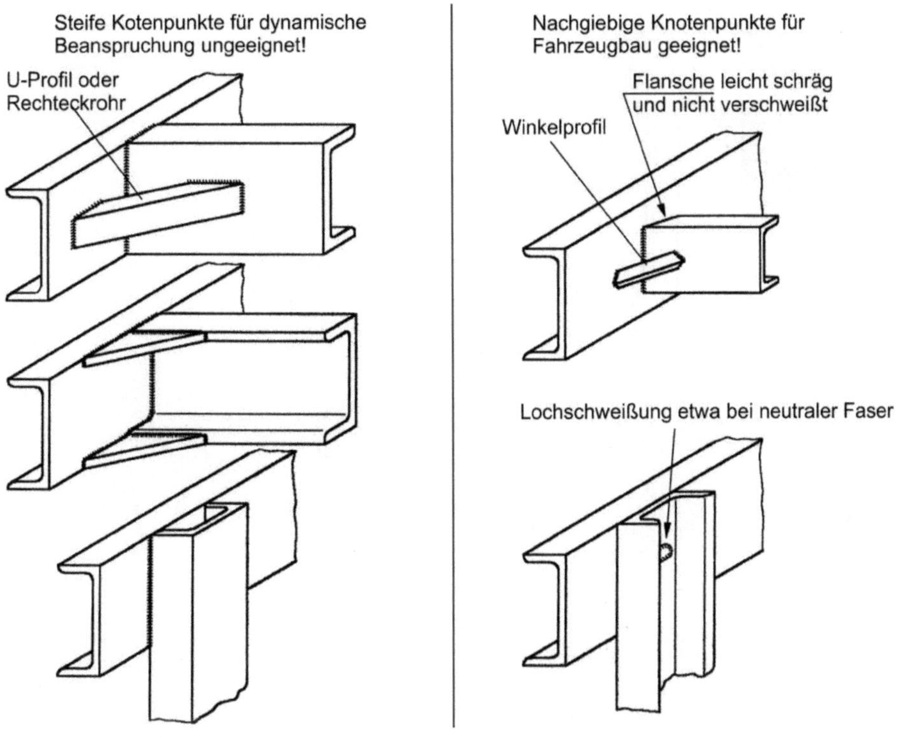

Steife Kotenpunkte für dynamische Beanspruchung ungeeignet!

U-Profil oder Rechteckrohr

Nachgiebige Knotenpunkte für Fahrzeugbau geeignet!

Flansche leicht schräg und nicht verschweißt

Winkelprofil

Lochschweißung etwa bei neutraler Faser

Bild 4.146 Steife und nachgiebige Knotenpunkte

Für statische Beanspruchung

Im Maschinenbau wenig bedenklich. Wird Schweißgruppe geglüht - unbedenklich.

Für dynamische Beanspruchung

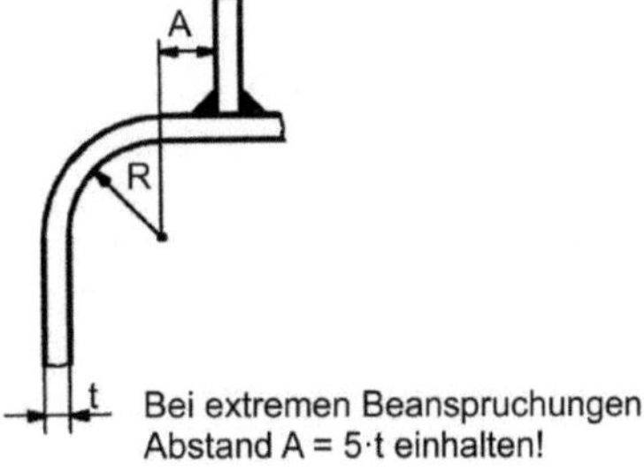

Bei extremen Beanspruchungen Abstand A = 5·t einhalten!

Bild 4.147 Schweißnahtabstand an Kaltbiegestellen

Ebenso ist das Schweißen an Kaltbiegestellen für den allgemeinen Maschinenbau wenig bedenklich. Die zur Steifigkeitserhöhung äußerst beliebten Dreieckrippen stellen in größerer Menge verwendet nicht gerade „optische Glanzpunkte" dar und sind außerdem Schmutzsammelecken *(Bild 4.148)*. Abhilfe zeigt *Bild 4.149*. Die vielfach geforderte Freisparung (siehe Maß b in *Bild 4.124*) ist erst bei größeren Blechdicken bedenklich *(Bild 4.150)*.

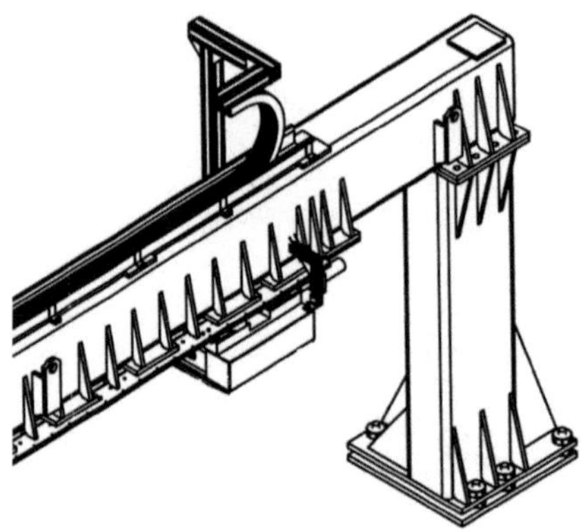

Bild 4.148 Ständer mit Portal (Teilansicht)
Allein der optische Eindruck der vielen Rippen und die dafür notwendige Anzahl der Schweißnähte sollte Anlass sein, eine andere Lösung zu suchen.

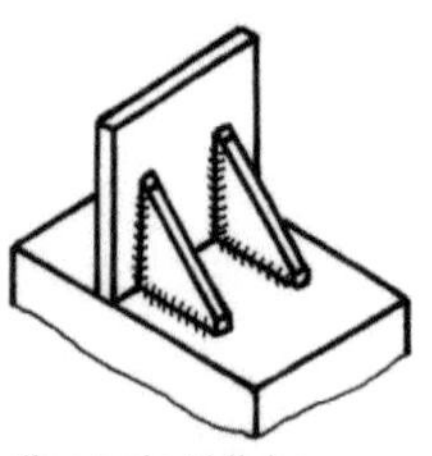

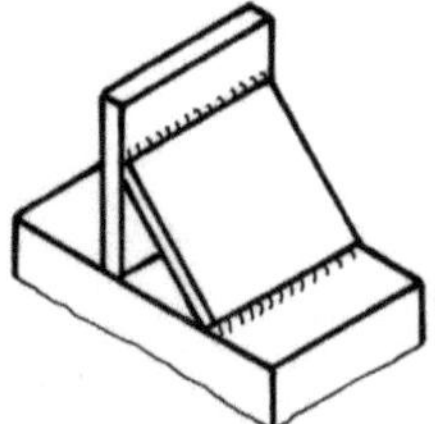

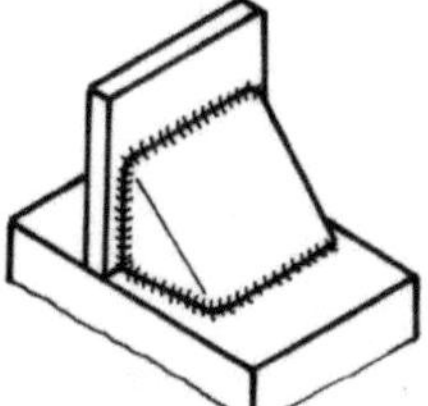

Bild 4.149 Gestaltung von Eckversteifungen

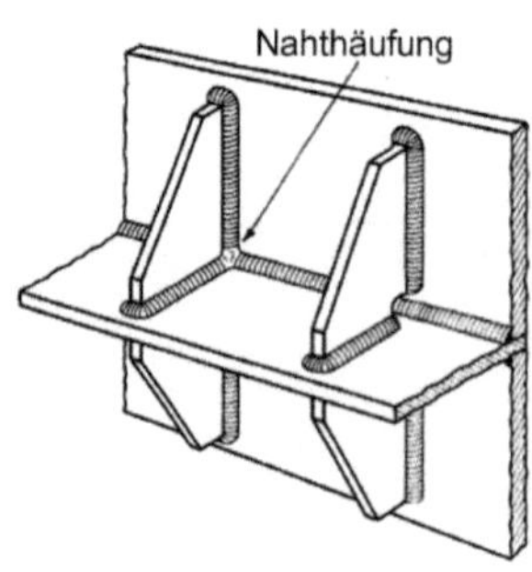

Bild 4.150 Nahthäufung an Knie- und Stützblechen [7]
Statische Belastung: Nahthäufung bis t = 15 wenig bedenklich, bei nachträglichem Glühen unbedenklich.
Dynamische Belastung: rechte Ausführung wählen und rundum schweißen.

4.6.5 Beispiele, Aufgaben und Lösungen

Das geschweißte Großlagergehäuse nach *Bild 4.151* lässt auf den ersten Blick keine bemerkenswerte Besonderheit erkennen. Aber welche Rohteile kommen zur Anwendung? Der Lagerring kann wohl nur durch Brennschneiden aus einem entsprechenden Grobblech erzeugt werden. Wozu aber dann noch schweißen? Nach dieser Erkenntnis muss die Beurteilung für die geschweißte Lagerkonstruktion sehr negativ ausfallen! Besser ist ein Brennschneidteil - siehe *Bild 4.152*.

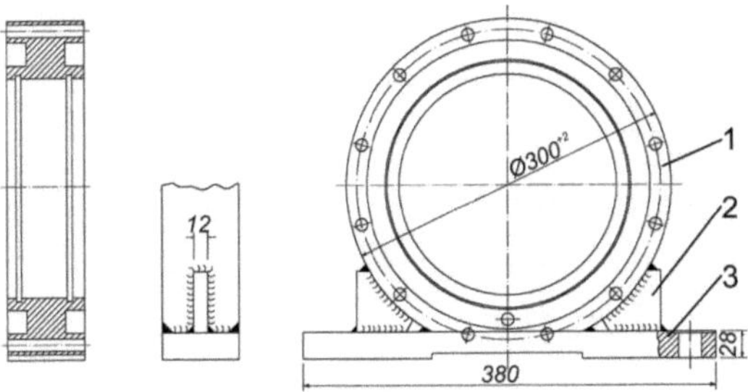

Bild 4.151 Lager, geschweißt [nach 32]

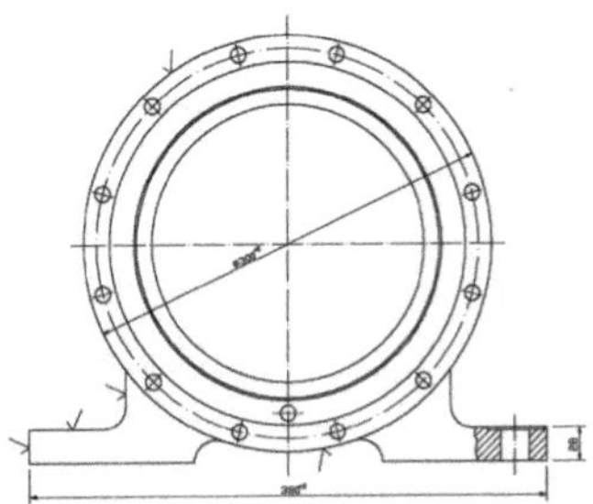

Bild 4.152 Lager, Brennschneidteil [32]
Fertigungsgünstigere Lösung
Hinweis: ungünstig bei abhebender Beanspruchung (siehe *Bild 3.11*)

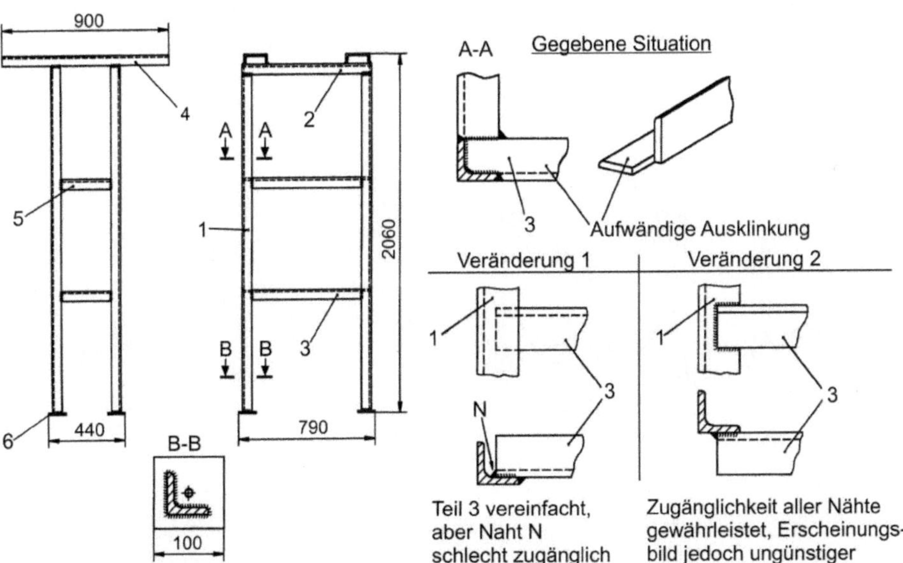

Bild 4.153 Regalgestell [nach 32]
Veränderte Variante 1: Teil 3 vereinfacht, aber Naht N schlecht zugänglich
Veränderte Variante 2: Zugänglichkeit aller Nähte gewährleistet, Erscheinungsbild jedoch ungünstiger

Das Regalgestell im *Bild 4.153* wird je nach Aufstellort mit der aufwendigen Ausklinkung oder der sehr fertigungsgünstigen Variante 2 Anwendung finden. Für Gestelleigenkonstruktionen kann das folgende Bild Anregungen liefern:

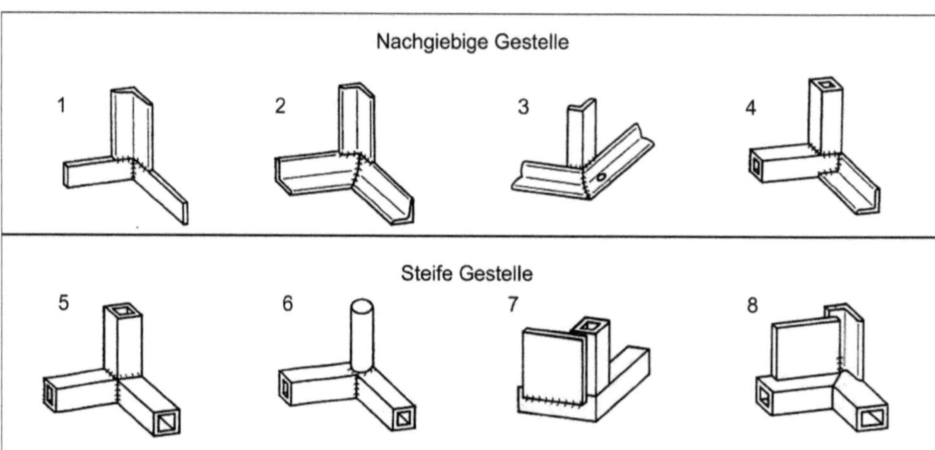

Bild 4.154 Gestellgestaltung [nach 27]
Anstelle der nachgiebigen Varianten 1 bis 4 ist heute die Verwendung von geschraubten Al-Profilen verbreitet.
Die Verkleidungen nach 7 und 8 können geschweißt oder geschraubt sein.

Für Gestelle mit höheren Anforderungen an die Stabilität haben sich anstelle der bekannten Eckaussteifungen Blechwände mit entsprechend großen Öffnungen eingeführt - siehe *Bild 4.155*.

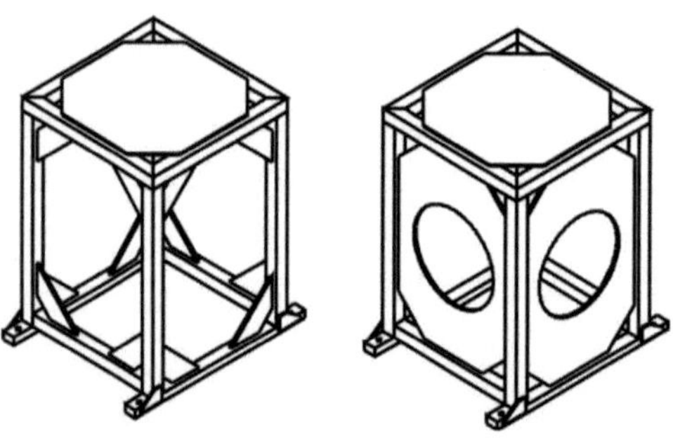

Bild 4.155 Versteifung durch Eck- oder Mittebleche [42]
Durch Blechwände mit großen Öffnungen kann bessere Stabilität erreicht werden, sofern die Zugänglichkeit des Inneren nicht unzulässig behindert wird.

Die Entwicklung und Beurteilung von Gestaltvarianten ist zu befürworten. Sie muss nicht in jedem Falle so weit wie im *Bild 4.156* getrieben werden. Auf die Angabe einer Vorzugsvariante wird verzichtet, da sie nur benannt werden kann, wenn alle Randbedingungen bekannt sind. Besonders sei auf die Entwürfe mit großer Schraubenlänge verwiesen. Sie bewirken infolge der Dehnung der Befestigungsschrauben eine gute Sicherung, die besonders bei dynamischer Beanspruchung wichtig ist. Besondere Schraubensicherungen erübrigen sich damit. Dass trotzdem mitunter des Guten zu viel getan wird, zeigt *Bild 4.157* (siehe auch zur Wirkung von Kontermuttern *Bild 5.42*).

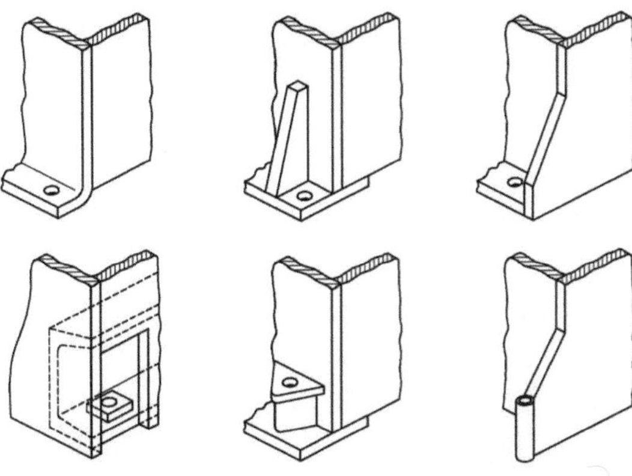

Bild 4.156 Fußgestaltung, Varianten
Nicht für jedes konstruktive Detail ist eine Variantenentwicklung üblich und notwendig.

Bild 4.157 Befestigung einer Seilbahnstütze
Gute Kraftleitung von den Schraubenhülsen zur Rohrstütze. Beim Anschluss der Trapezbleche an der Schraubenhülse muss wegen möglicher Korrosion ein Spalt vermieden werden.
Hinweis: Die Kontermuttern sind falsch montiert - siehe *Bild 5.42*.

Im folgenden Bild ist ein Ständer für eine kleine Presse (Tischgerät, Höhe 350 mm) in Gussausführung und als Schweißkonstruktion dargestellt. Derartige Pressen werden z. B. in der Lederverarbeitung benötigt, um Metallösen oder -haken durch Umformung zu befestigen. Es ist zu erwarten, dass das geschweißte Pressengestell seine Funktion erfüllt. Aber bei näherer Betrachtung lassen sich Mängel finden, die auch der Einsteiger in den Konstruktionsberuf erkennen sollte.

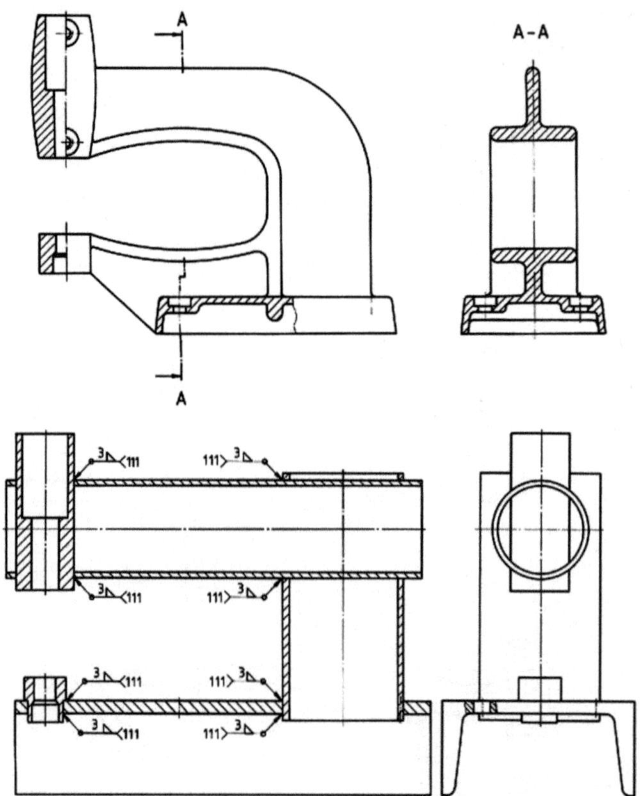

Bild 4.158 Ständer in gegossener und geschweißter Ausführung [22]

Aufgabe 4.5 Die Schweißkonstruktion ist zu beurteilen und ein günstigerer Entwurf ist anzufertigen.

4.7 Blechteilgestaltung

4.7.1 Ziele, Grenzen und Anwendung der Blechteilgestaltung

Hauptvorteil: Es besteht keine technologische Grenze für minimale Wanddicken.

Grundforderung 1: Leichtbau ist Verpflichtung!

Das Halbzeug Blech hat erst sehr spät Einzug in den Maschinenbau gehalten. Ursprünglich machten Schmieden, Gießen und Spanen den Maschinenbau aus. Das änderte sich mit dem Bau von Metallflugzeugen und Blechkarosserien für Kraftfahrzeuge, wo die Forderung nach Gewichtsverringerung in den Mittelpunkt rückte. Das Formfüllungsvermögen der Gusswerkstoffe und das Fließverhalten der Schmiedewerkstoffe im Gesenk setzen Grenzen für minimale Wanddicken. Diese Grenzen gibt es für die Blechanwendung nicht. Deshalb können und sollten Blechteile stets leichter sein als gleichwertige Guss- oder Schmiedeteile. Der Flugzeugbau wird dieser Forderung in vollem Maße gerecht und auch auf weite Teile des Fahrzeugbaus trifft das zu. Im Maschinenbau werden hingegen die Möglichkeiten des Blechleichtbaus nur eingeschränkt genutzt, da der extreme Leichtbau nur mit hohen und sehr hohen Herstellkosten realisierbar ist. Trotzdem wäre die Nutzung des Blechleichtbaus weitaus häufiger zweckmäßig, als es heute üblich ist. Dass das bei kleinen Fertigungsmengen schwieriger ist als in der Großserienfertigung, wird eingeräumt, ein bewusster Umgang mit dem Hauptvorteil muss trotzdem gefordert werden. Von den Möglichkeiten der kraftgerechten Blechteilgestaltung *(Abschnitt 3.4)* ist unter Berücksichtigung der Fertigungsmenge Gebrauch zu machen *(Bild 4.160)*.

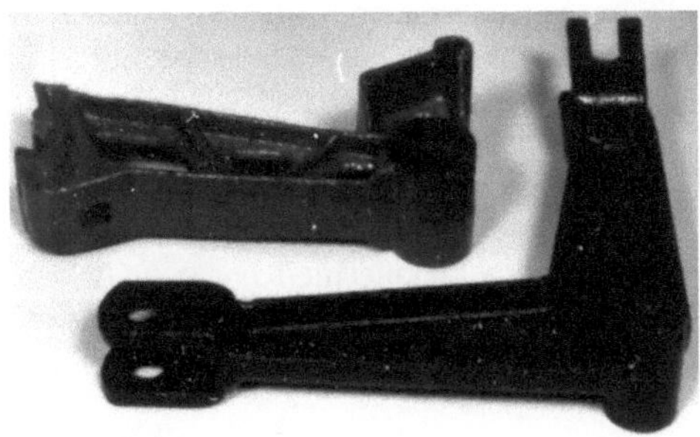

Bild 4.159 Hebel
Geschweißter Blechhebel und Gusshebel etwa gleicher Wanddicke und Baugröße
Hauptvorteil der Blechteilgestaltung wurde nicht genutzt.

Bild 4.160 Lukendeckel
Sickenbild mit Formstanzwerkzeug gefertigt, nur bei Großserienfertigung ökonomisch, *Bild 3.90* zeigt Gestaltung für Kleinserienfertigung

Bei der Riemenschutzhaube wurde eine Gestalt gewählt, die durch Tiefziehen problemlos herstellbar wäre. Wegen der dafür notwendigen Formwerkzeuge bei einer Fertigungsmenge von 50 Stück/Jahr kam aber nur eine handwerkliche Herstellung infrage. Die große Rundung erfordert hohen handwerklichen Aufwand. Ein Blick ins Innere *(Bild 4.162)* zeigt die grob verputzten Schweißnähte. Außen sind die Nähte fein geputzt und farblich überdeckt.

Bild 4.161 Riemenschutzhaube

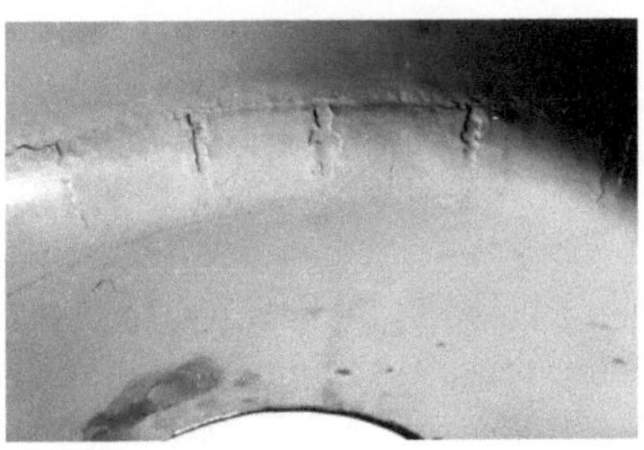

Bild 4.162 Riemenschutzhaube, Innenansicht

Die vorliegende Gestalt der Riemenschutzhaube *(Bild 4.161)* ist der Fertigungsmenge nicht angepasst und muss als Missgriff betrachtet werden. Eine der Fertigungsmenge entsprechende Schutzhaube zeigt das folgende Bild.

Bild 4.163 Schutzhaube für Kleinserienfertigung
Herstellung durch Schneiden, Bördeln, Abkanten, Biegen und Schweißen ohne aufwendige Feinblechnerarbeit.

Hauptnachteil: Gleichmäßige Wanddicke für das gesamte Einstückblechteil

Grundforderung 2: Durch geschickte Gestaltung den Hauptnachteil kompensieren ■

Der Hauptnachteil der Blechteilgestaltung muss durch geschicktes „Gestalten in Blech" kompensiert werden. Während beim Gussstück Wandverdickungen von 1,5:1 bis 3:1 üblich sind, muss die gleichmäßige Wanddicke des Halbzeugs Blech der Funktion durch Umformen angepasst werden. Die Nachbildung von Gussstücken in Blech führt in der Regel nicht zur optimalen Lösung. Der einfache Weg aufgeschweißter Verdickungen, eingeschweißter Lagerbuchsen und dergleichen *(Bild 4.164)* sollte immer erst der zweite Schritt sein.

Bild 4.164 Schaltgabel, Blech geschweißt
Unbefriedigende Blechgestaltung:
Gelenkauge (Rohr) mit Lichtbogenschweißung gefügt
Verstärkung der Gabelenden mit dicken Klötzchen, durch Buckelschweißung gefügt
Blechdopplung am geraden Gabelarm
Fünf Einzelteile sind zu fügen

Mit den folgenden Bildern werden blechgerechte und blechtypische Bauteile und Blechelemente vorgestellt und als Anregung empfohlen.

Bild 4.165 Blechleiter für Traktor
Das Vorbild Leiter (2 Wangen mit eingesetzten Sprossen) wurde durch eine blechgerechte Einstückvariante ersetzt. Die Chance, die beiden Stützlaschen aus dem Ausfallstück zu bilden, wurde nicht genutzt.

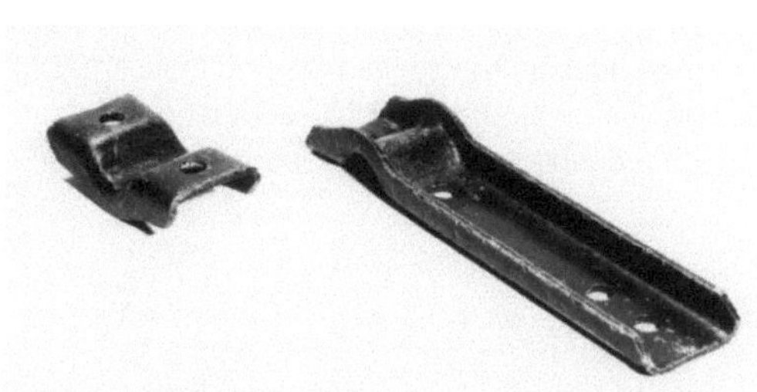

Bild 4.166 Hebel aus zwei Blechformteilen [45]
Die Teile werden durch zwei Schrauben verbunden und auf der Welle geklemmt. Die Bördelkante als Versteifung wurde gemeinsam mit der Rundung zur Aufnahme der Welle durch Formstanzen gefertigt (teures Formwerkzeug). Der Konstrukteur hat sich nicht vom flächigen Umfasssen der Welle gelöst.

Bild 4.167 Blechaugen unterschiedlicher Belastbarkeit [45]
Das gerollte Auge (unten) wird sich bei hoher Belastung aufbiegen. Das Auge am verdrillten Arm ist höher belastbar. Blechgerechte Gestaltung heißt hier, das Auge wird aus dem hochkant gestellten Blech gebildet.

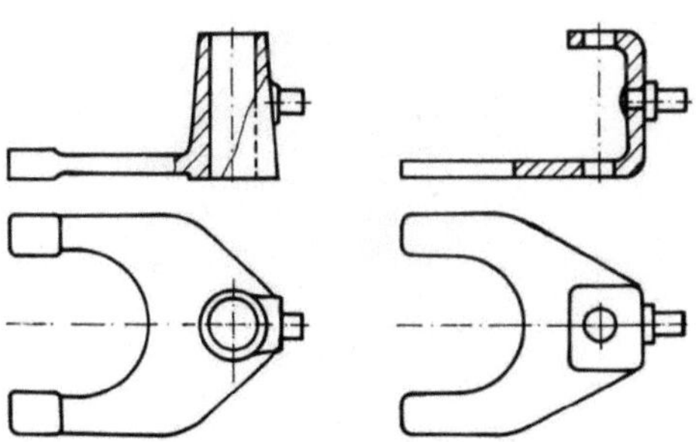

Bild 4.168 Schaltgabel in Guss- und Blechausführung
Am Blechteil ist die Nabe entgegen üblicher Nabenausführungen blechgerecht gestaltet, der eingenietete Zapfen kann jedoch nicht befriedigen. Bei einer vollendeten Blechkonstruktion sollte er durch eine Stanzlasche gebildet werden.

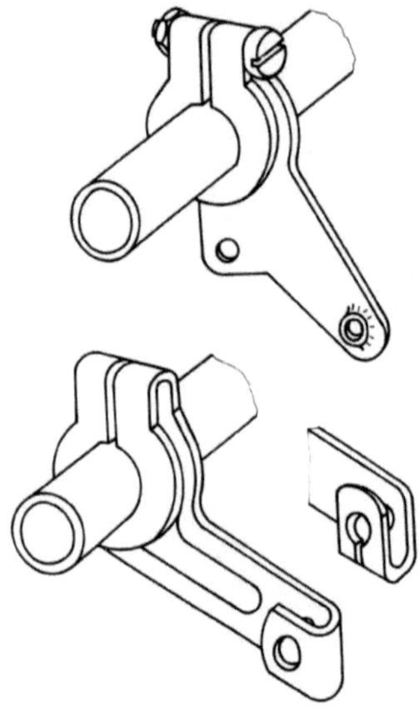

Bild 4.169 Hebel mit Klemmnabe in blechtypischer Gestaltungsweise
Die Welle wird vom hochkant gestellten Blech umfasst, das flächige Umfassen ist nicht erforderlich! Damit ist der Weg zur blechgerechten Klemmnabe frei.

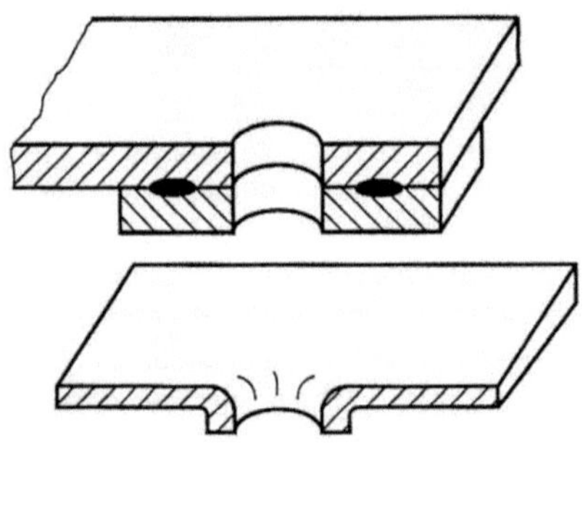

Punktgeschweißte Verstärkung ist der falsche Weg.

Gezogene oder gestochene Verstärkung für Lagerstellen und Gewindelöcher ist die blechgerechte Form.

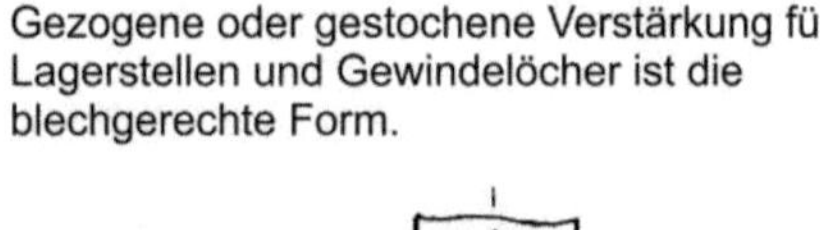

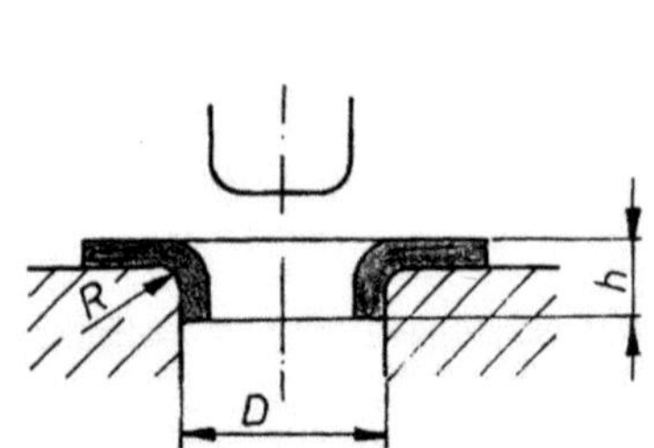

Gezogene Verstärkung (Blech vorgelocht)
h = (0,1 ... max. 0,2)·D; R = (2 ... 3)·t

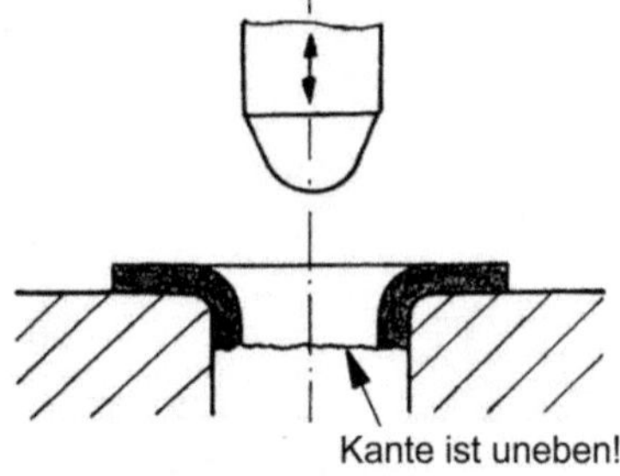

Gestochene Verstärkung für Gewinde
M1 bis M10 für t = 0,5 ... 2,5

Bild 4.170 Verstärkung von Löchern

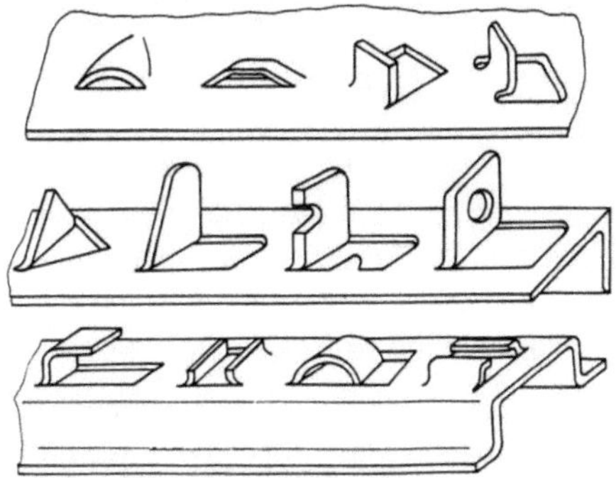

Bild 4.171 Stanzlaschen
Anschläge, Federaufhängungen, Führungselemente und vieles andere mehr nicht schweißen, sondern als Stanzlasche aus dem Blech herausformen. Das dafür notwendige Einschneiden und Biegen ist häufig mit einem einzelnen Stanzwerkzeug, d. h. in einem Arbeitsgang möglich

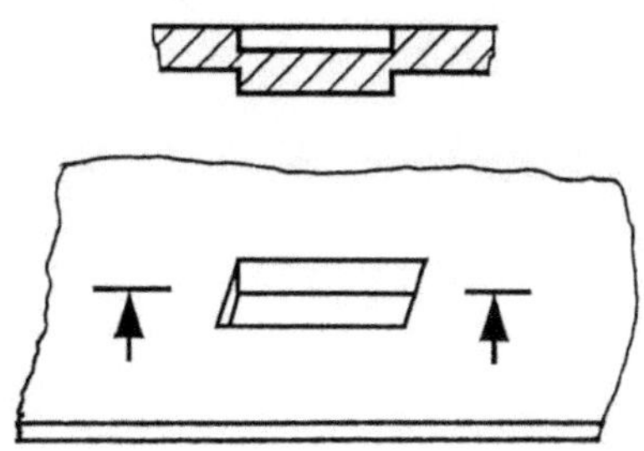

Bild 4.172 Durchsetzung (unvollendetes Lochen)
Verwendung:
- Lagefixierung durch Einrasten eines Gegenstückes
- Anschlag anstelle einer Stanzlasche

Bild 4.173 Keilriemenscheiben
Die Rille für einen Keilriemen anstelle eines Gussstücks mit einer punktgeschweißten Blechkonstruktion nachzubilden, liegt näher als eine Einstückvariante mit wechselseitig gebogenen Blechlappen zu gestalten. Kantenabrundungen und Sickenvertiefungen sind sorgfältig durchzubilden.

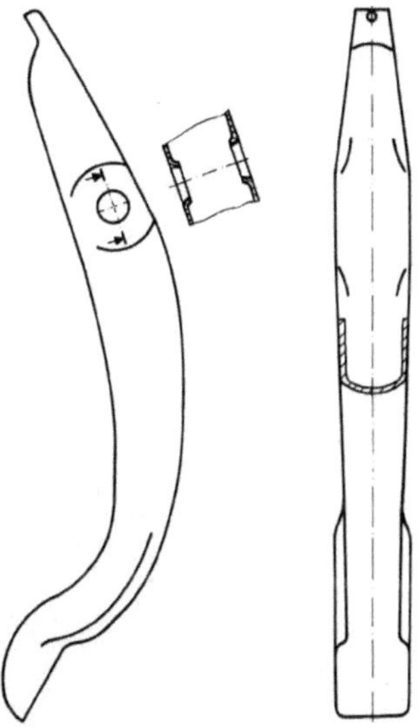

Bild 4.174 Gaspedal eines Klein-PKW
Einstückausführung trotz aufwendiger Formwerkzeuge für die hohe Fertigungsmenge wirtschaftlich.

Bild 4.175 Scharnier an LKW-Ladeklappe
Selbst an kleinen Blechteilen kann eine Versteifung durch Sicken zweckmäßig sein

4.7.2 Gestalten von Blechflachteilen

Die Blechteilfertigung im Bereich Einzelfertigung und Kleinserie war in der Vergangenheit fast ausschließlich an handwerklich betriebene einfache Scheren und Kleinmaschinen, wie Abkantbank, Dreiwalzenbiegemaschine zum Rundbiegen, Sicken- und Bördelmaschine und dergleichen, gebunden. Mit NC-gesteuerten Stanzmaschinen mit Werkzeugwechseleinrichtungen hat sich diese Situation erheblich verändert und in der Kombination mit Laserschneidanlagen zu Kombimaschinen wurde ein weiterer Schritt getan zu den Möglichkeiten neben großen Ausschnitten, filigrane Konturen und Stanzumformungen im Bereich kleiner Stückzahlen zu fertigen – siehe *Bild 4.176*. Diese Maschinen findet der Maschinenbaukonstrukteur in der Regel nicht mehr im eigenen Betrieb vor. Daher ist nun auch im Bereich der Blechteilgestaltung, ähnlich wie bei der Gussstückentwicklung die enge Zusammenarbeit mit einem Zulieferer notwendig, um die konkreten Möglichkeiten der fertigungsgerechten Gestaltung auszuloten.

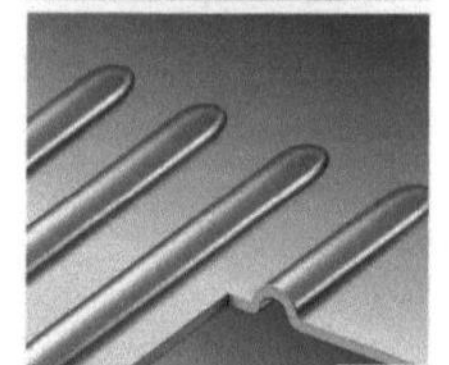

Bild 4.176 Die mögliche Formenwelt der NC-Stanz- und Nibbeltechnik [42] *(Forts. nächste Seite)*

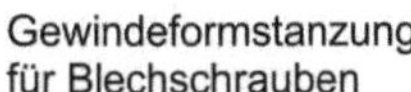
Gewindeformstanzung für Blechschrauben

Formstanzung für Senkschrauben

Stanzformung (Begriff nach Fa. Trumpf) ermöglicht die stirnseitige Verbindung von Feinblech mit Schraubendurchmesser größer als Blechdicke

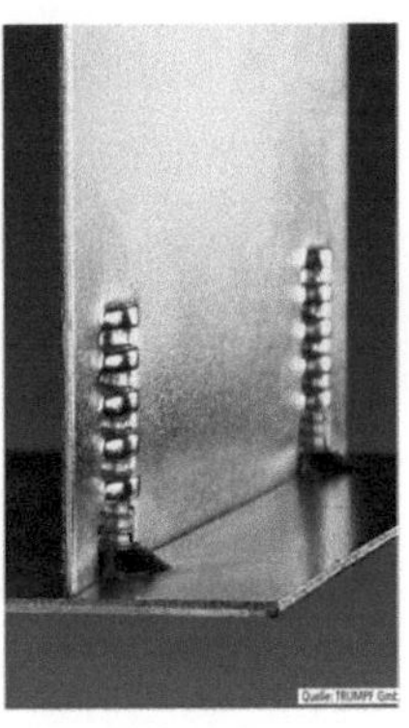

Bild 4.176 Die mögliche Formenwelt der NC-Stanz- und Nibbeltechnik [42] *(Fortsetzung)*

Bild 4.177 Umformungen und Lasergeometrien in einer Aufspannung gefertigt [42]
Kombimaschinen (Fa. Trumpf) ermöglichen Stanzumformungen, große Ausschnitte und filigrane Konturen an einem Blechteil

Sind die Blechflachteile, die Vorstufe für Biege- und Faltteile, sollten alle Kleinumformungen am Flachteil angebracht sein, bevor zum Biegen bzw. Abkanten übergegangen wird. Von diesem Zeitpunkt an wächst das Volumen des Blechteiles, im Gegensatz zu vielen anderen Verfahren, beträchtlich und es wird erheblich mehr Stauraum an den Maschinen bzw. Transport- und Lagerraum benötigt. Die handelsüblichen Blechformate *(Bild 4.178)* sollten bekannt sein, damit kein unnötiger Verschnitt entsteht, wenn eine übliche Formatgröße um geringe Beträge überschritten wird. Die optimierte Anordnung der Flachteile im Blechformat ist dagegen nicht allein auf Materialeinsparung, sondern insbesondere auf Einsparung an Fertigungszeit ausgelegt - *Bild 4.179.*

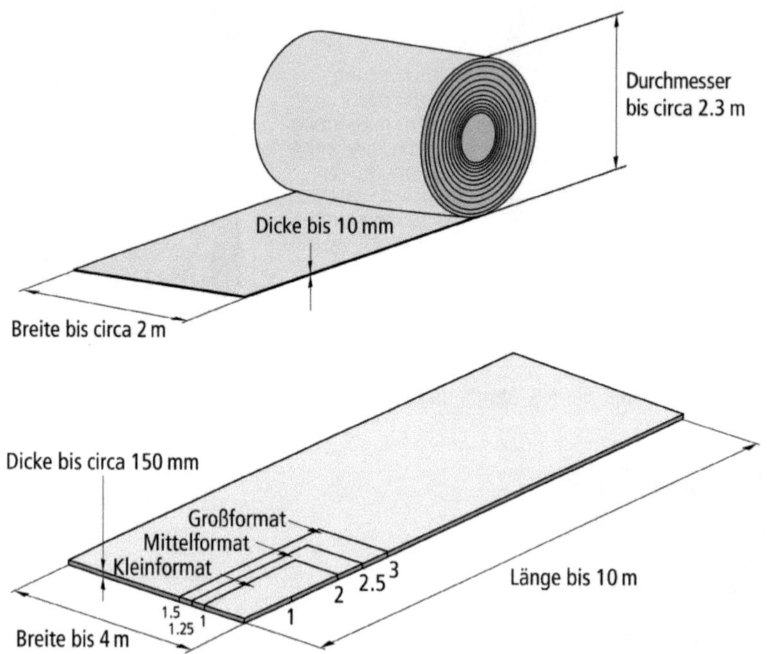

Bild 4.178 Handelsübliche Blechformate und Coilabmessungen

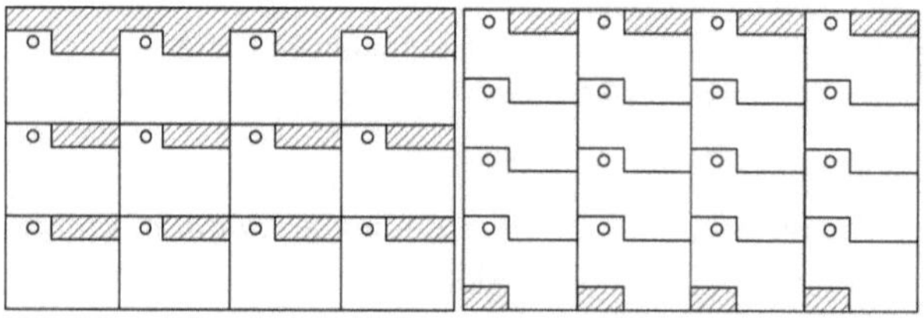

Bild 4.179 Optimierung durch anordnungsgünstige Teilegestaltung [42]

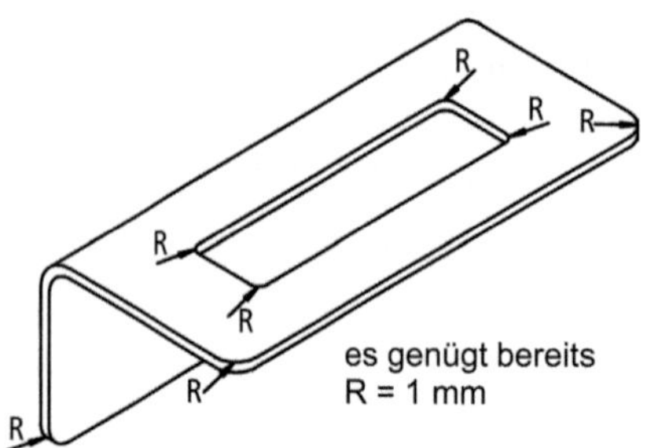

Bild 4.180 Abrundungen beim Laserschneiden [42]

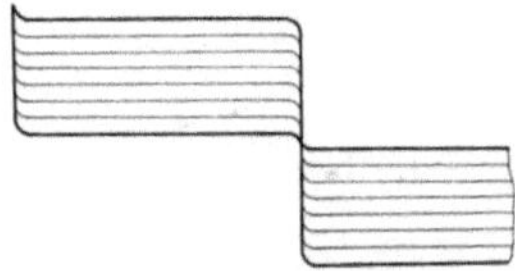

Bild 4.181 Gratbildung bei Blechschneiden (überzogen dargestellt)
Lage des Grates beachten!

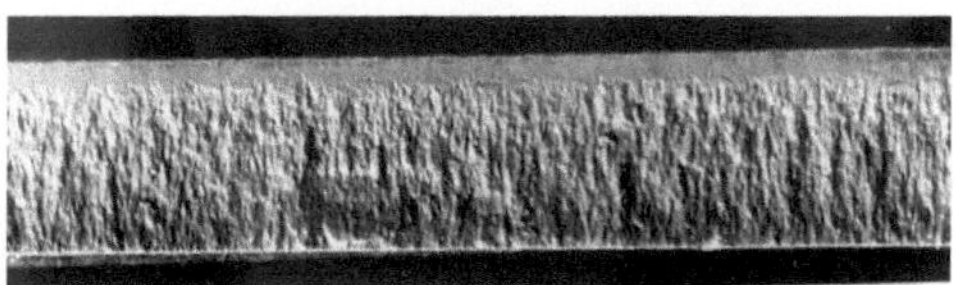

Bild 4.182 Scherschneidfläche
Glättungszone und Bruchfläche in vergrößerter Darstellung

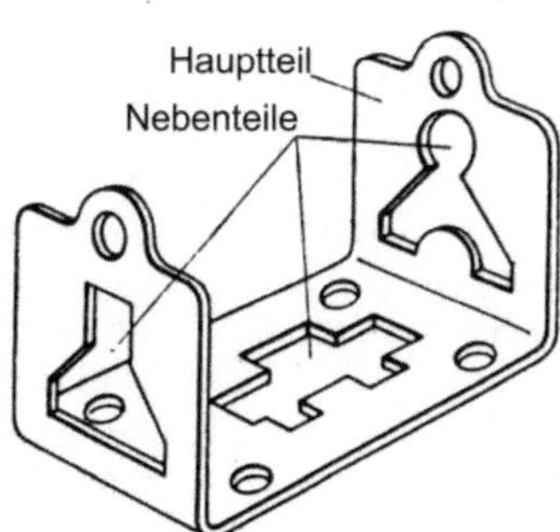

Bild 4.183 Durchbrüche zur Gewichtsverminderung
Am zweckmäßigsten ist eine Nutzung der Ausfallstücke am gleichen Erzeugnis, noch besser an der gleichen Baugruppe.

Da abgerundete Ecken beim Laserschneiden schneller durchfahren werden können, sollte die Kantenrundung - wie beim Gussstück - Norm sein *(Bild 4.180)*. Werden Blechkonturen durch Scherschnitte erzeugt, entsteht eine Scherschneidfläche unterschiedlicher Struktur und mit einem geringen Grat *(Bild 4.181)*. Für sehr viele Anwendungsfälle wird diese Erscheinung ertragbar sein. Werden besondere Anforderungen gestellt, muss ein Entgratvorgang oder eine Fräsbearbeitung vorgesehen werden. Bei Anwendung von Durchbrüchen zur Gewichtsverminderung fordert Sieker [37] die Ausnutzung der Ausfallstücke als Nebenteile für andere Bauteile *(Bild 4.183)*. Das hat jedoch nur Sinn, wenn es auch logistisch beherrscht wird. Die folgende *Tabelle 4.20* bietet einen Überblick zu den Trennverfahren für automatische Blechteilfertigung.

Tabelle 4.20 Trennverfahren für automatische Blechflachteilfertigung (in Anlehnung an [42])

Stanz- und Nibbelbearbeitung **Umformungen möglich!**	**Dickenbereich:** 0,5 bis ca. 10 mm bei Baustahl, Edelstahl, Aluminium **Schnittkante:** mit geringem Einzugsradius, Glättungszone Bruchfläche und geringem Grat - siehe *Bild 4.181* **Konturen und Umformungen:** Komplette Flachbearbeitung einer Blechtafel - Innen- und Außenkonturen, Umformungen bis zu 5 bzw. 7 mm Tiefe je nach Maschine z.B. Durchzüge, Kiemen usw. - siehe 0 ▪ Keine schmalen Stege (min. Steg > Blechdicke) ▪ Keine feinen Spitzen ▪ Eckrundungen vermeiden bzw. einschränken
Laserschneiden (CO_2-Laser) **Keine Umformungen!** **Eckabrundungen bevorzugen!**	**Dickenbereich (je nach Laserleistung):** Baustahl 0,5 … 10 eventuell bis 20 mm Edelstahl 0,5 … 5 eventuell bis 10 mm Aluminium 0,5 … 4 eventuell bis 6 mm **Schnittkante:** annähernd senkrecht (< 0,1 mm bis 10 mm Dicke), kein Grat **Konturen:** Große und kleine Ausschnitte beliebiger Gestalt bis zu filigranen und komplizierten Konturen, auch sehr schmale Stege (min. 0,5 … 1 × Dicke) und feine Spitzen, Thermische Einwirkung beachten!
Abrasiv-Wasserstrahlschneiden **Keine Umformungen!**	**Dickenbereich:** Bis annähernd 100 mm für alle Werkstoffe, auch Kunststoffe, Laminat, Glas, Gestein **Schnittkante:** kein Grat, unterscheide Trennschnitt, Qualitätsschnitt, Feinschnitt - siehe *Bild 4.14* und *Bild 4.15* **Konturen:** Wie Laserschneiden, sehr schmale Stege möglich (0,3 bis 0,7 × Dicke)
Brennschneiden (autogen) **Keine Umformungen!**	**Dickenbereich:** Baustahl ab ca. 5 mm bis 1000 mm Edelstahl ab 20 bis 1000 mm **Schnittkante:** Wellige Struktur - siehe *Bild 4.13* Für präzise Anforderungen muss Schnittkante bearbeitet werden, als Sichtfläche geeignet, ähnlich roher Sandgussoberfläche - siehe *Bild 4.13* **Konturen:** Mit NC-Steuerung oder handgeführtem Brenner beliebige Gestalt möglich ▪ Keine feinen Konturen ▪ Keine schmalen Stege ▪ Keine Spitzen Brennschneiden ist das gröbste Trennverfahren in der Tabelle.

4.7.3 Gestalten von Blechbiege- und Blechfaltteilen

Eine ähnliche Maschinenentwicklung wie im vorangegangenen Abschnitt zu den Blechflachteilen hat auch auf dem Gebiet der Biege- und Abkantmaschinen stattgefunden, sodass anspruchsvolle Biegeteile auch in kleinen Stückzahlen sehr produktiv gefertigt werden können. *Bild 4.184* zeigt dafür ein Beispiel. Mehrteilige Werkzeuge ermöglichen das Kanten kastenförmiger Blechteile an einer Maschine. Es lassen sich Kantwerkzeuge mit der Länge der jeweiligen Biegung (oder etwas kürzer) zusammenstellen.

Bild 4.184 Abkanten mit mehrteiligen Werkzeugen [42]

Damit ergeben sich konstruktive Möglichkeiten, die in der Vergangenheit häufig nur durch mehrteilige Konstruktion und Anwendung des Punktschweißens gelöst wurden - siehe Bilder.

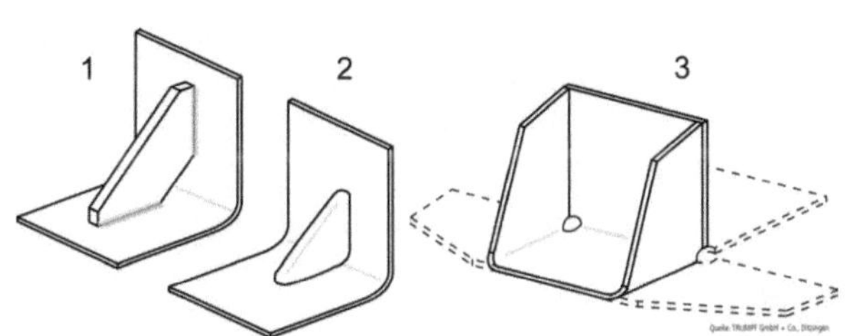

Bild 4.185 Biegesteife Winkel [42]
1 geschweißte Rippe
2 Blechgerechte Ecksicke
3 abgekanteter Winkel (Faltkonstruktion) kann u. U. ohne Schweißnähte ausreichend sein

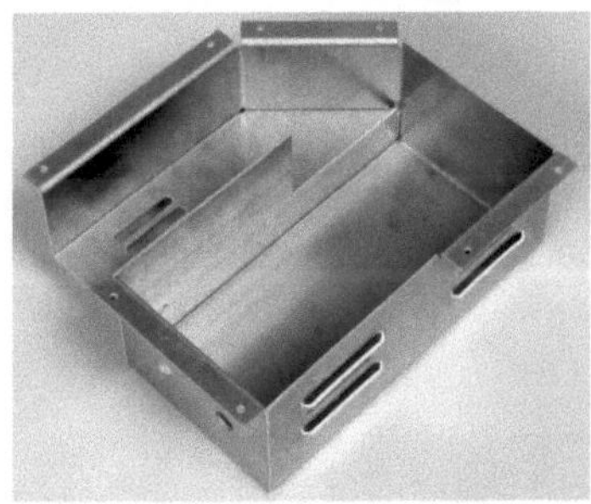

Bild 4.186 Gekantete Blechverkleidung [45]
Das hierfür notwendige Flachteil wurde aus einer Kombimaschine (Trumpf) einschließlich der Lüftungsschlitze automatisch hergestellt.

Mit dem im Titel genannten Begriff Faltteil oder Faltkonstruktion soll auf Möglichkeiten verwiesen werden, die durch Ideen aus dem Gebiet der Kartonagen befruchtet werden können. Dazu kann man Faltschachteln aller Art, von Glühlampen bis Schokoerzeugnis, betrachten und auf seine Konstruktionsaufgabe übertragen. Das Chassis in *Bild 4.188* ist ein technisch verwendetes Beispiel. Im Zusammenhang mit *Bild 4.187* sei auf den Widerspruch zwischen Regel **F1**-Werkstoff gut ausnutzen - und **F3** bzw. **F3.1** - in einer Aufspannung fertig bearbeiten - verwiesen. Die bei Beachtung von **F3/F3.1** erreichbare kurze Durchlaufzeit wird in der Regel gegenüber einer hohen Werkstoffausnutzung vorgezogen.

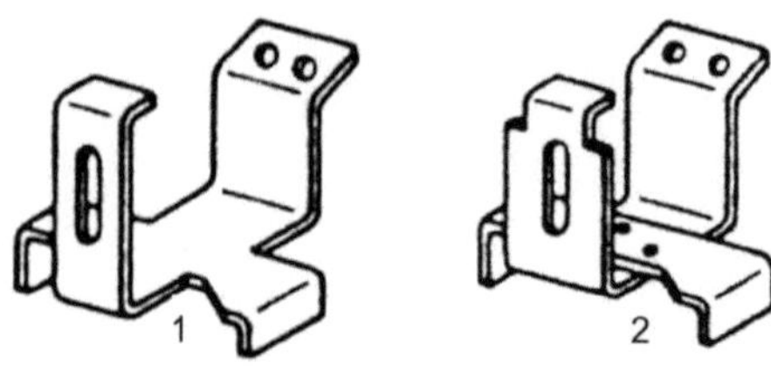

Bild 4.187 Komplexe Biegeteile oder Fügen? Wegen Materialverschnitts Lösung 2 gewählt [9]. Wichtiger sind kurze Durchlaufzeiten, daher Lösung 1 bevorzugen.

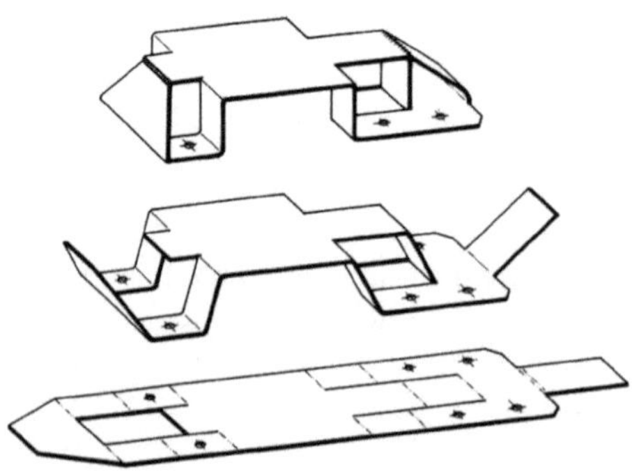

Bild 4.188 Chassis, Blechfaltkonstruktion Schweißen stabilisiert den Endzustand (oben). Einstückschweißkonstruktionen sind gegenüber mehrteiligen zu bevorzugen, da logistisch einfacher beherrschbar.

Der bereits in *Abschnitt 4.5.3* erwähnte Formschluss ist ebenfalls im Bereich der Blechbiegeteile anwendbar *(Bild 4.189)*. Inwieweit diese Verbindung zusätzlich mit einer Schweißnaht oder einem Schmelzschweißpunkt (siehe *Bild 4.201*) gesichert wird, muss in Abhängigkeit von der jeweiligen Funktion entschieden werden.

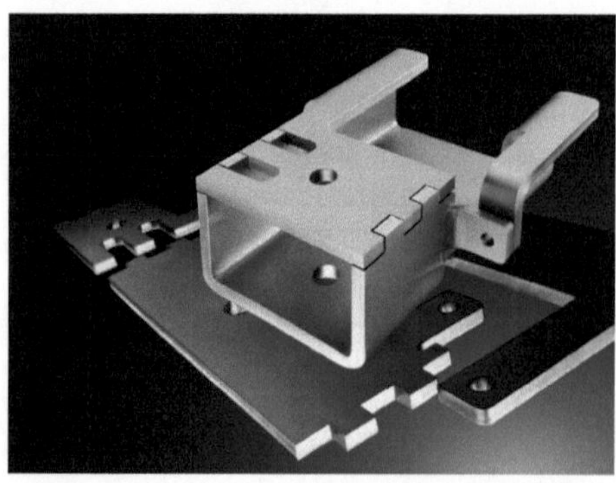

Bild 4.189 Blechbiegeteile mit formschlüssiger Verzahnung, Dicke 12 mm [42]

Die Formenwelt beim Biegen und Abkanten ist äußerst vielfältig. Hier kann durch *Bild 4.190* nur ein kleiner Einblick als Anregung gegeben werden. Mit *Bild 4.191* soll auf die zulässige Größe von Kantteilen verwiesen sein. Abkantlängen beginnen bei 1000 mm und enden bei etwa 4000 mm. Blechdicken bis 25 mm werden abgekantet, es wird aber dringend empfohlen, bereits ab ca. 10 bis 12 mm Dicke die Fertigungsmöglichkeit zu prüfen.

Die Hinweise bzw. Anregungen der folgenden Bilder sprechen für sich und bedürfen keines weiteren Kommentars.

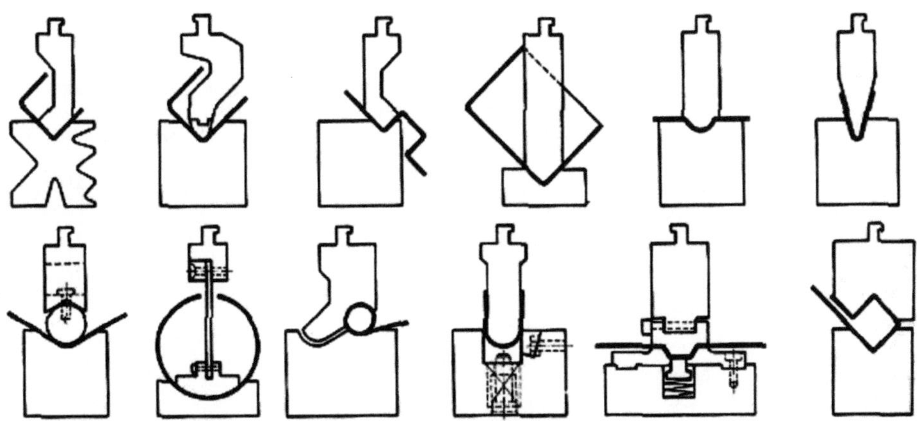

Bild 4.190 Abkantprofile und dazugehörige Gesenke [13]
Die Formenwelt beim Abkanten ist groß, aber der Werkzeugaufwand ist sehr unterschiedlich

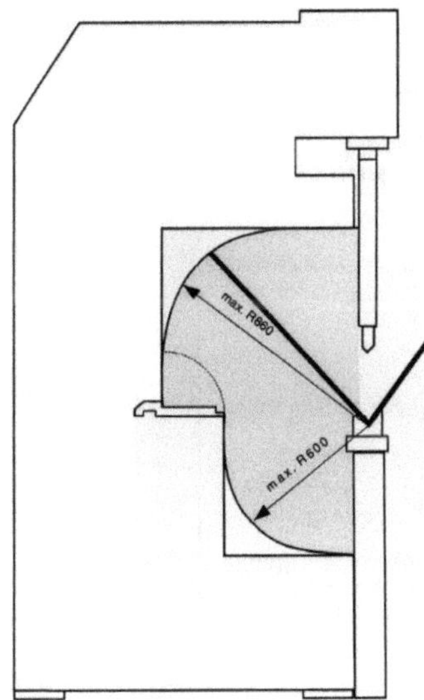

Bild 4.191 Abkantmaschine
Die Maschine begrenzt die Kantteilgröße.

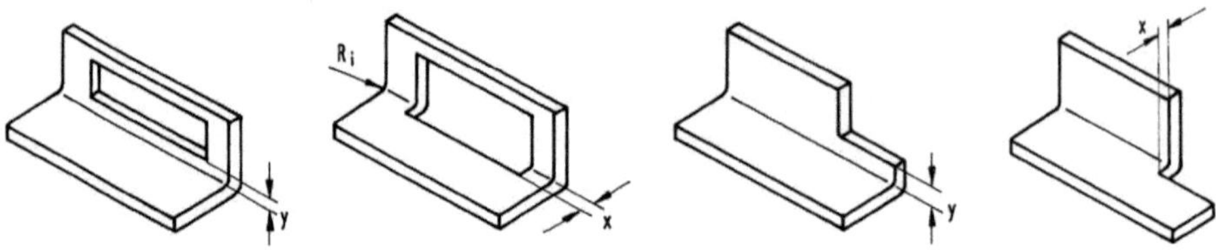

Bild 4.192 Kurze Biegeschenkel *y* vermeiden [13]
Die Kanten um den Betrag x von der Biegekante zurücknehmen: $x_{min} = 1{,}5\ s + R_i$

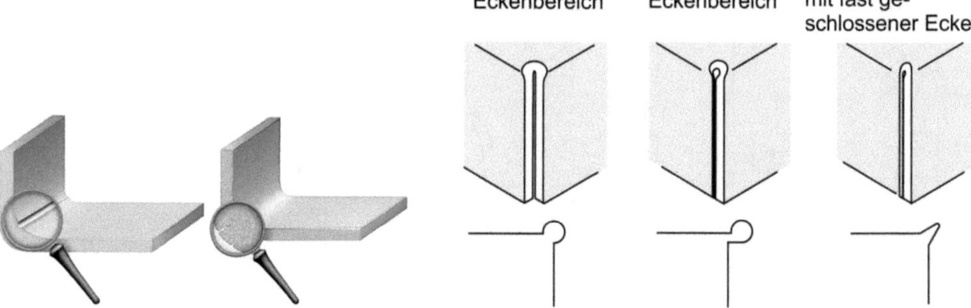

Bild 4.193 Mindestbiegeradius [42]
Das Unterschreiten des Mindestbiegeradius verursacht eine Quetschfalte oder Haarrisse.
Faustregel: R_{min} > Blechdicke

Bild 4.194 Eckengestaltung für offenen und geschlossenen Eckenbereich [42]
(unten ist jeweils die Blechabwicklung dargestellt)

Bild 4.195 Freisparung beim Aufeinandertreffen zweier Abkantungen

4.7.4 Blechhohlkörper und Blechformteile

Für die Herstellung von Blechhohlkörpern und Blechformteilen (siehe *Bild 4.160*) sind Tiefziehen und Formstanzen äußerst wichtige Verfahren. Sie haben aber den Nachteil, dass die dafür notwendigen Formwerkzeuge sehr kostenaufwendig sind und für jedes Zeichnungsteil ein eigenes Formwerkzeug benötigt wird. Das heißt diese Fertigungsverfahren sind für Klein- und Mittelserienfertigung ungeeignet. Für die Großserienfertigung (z. B. KFZ-Karosserien) sind sie dagegen unverzichtbar. Dem Konstrukteur für kleine Fertigungsmengen verbleibt im Wesentlichen die Anwendung relativ einfach gestalteter Blechteile, die durch Schweißverfahren, vorwiegend Punktschweißen, zusammengefügt werden. Mit *Bild 4.161, Bild 4.162* und *Bild 4.163* wurde bereits darauf hingewiesen. Das folgende Beispiel sollte aufgrund des mangelnden Arbeitsschutzes nicht als Beispiel dienen. Die scharfkantigen Ecken an der Austrittsseite der Kurbelstange sind Gefahrenstellen und sollten wenigstens abgerundet oder abgeschrägt sein.

Bild 4.196 Blechverkleidung für einen Kurbeltrieb einer Landmaschine
Hergestellt durch Abkanten und Punktschweißen, scharfkantige Ecken sind zu vermeiden (Verletzungsgefahr!)

Für rotationssymmetrische Hohlkörper gibt es das Drückverfahren. Dabei werden rotierende Blechscheiben durch eine maschinengeführte Druckrolle oder ein handgeführtes Drückwerkzeug stufenweise oder in einfachen Fällen in einem Arbeitsgang gegen ein hölzernes Drückfutter geformt. Dieser Holzkörper repräsentiert die Innenkontur des herzustellenden Einzelteiles. Der Fertigungsaufwand hierfür ist unvergleichlich geringer als für ein Tiefziehwerkzeug. Dieses Verfahren kann im Bereich der Kleinserienfertigung angewendet werden. Das folgende Bild gibt einen kleinen Einblick in die erzeugbare Formenwelt.

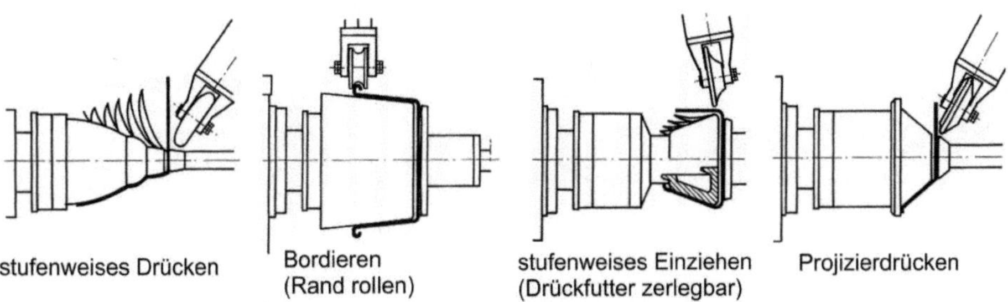

Bild 4.197 Drückverfahren [13]

Einen anderen Weg zum rotationssymmetrischen Hohlkörper stellt das Verformen von Blechtafeln auf Dreiwalzenbiegemaschinen vom flachen Blech zum Zylindermantel in Kombination mit einem zweckmäßigen Schweißverfahren dar. Auf gleiche Weise sind auch Kegelmantelformen herstellbar. Der Drehkopf des Kleinkranes nach *Bild 4.198* lässt erkennen, dass für die Kegelmantelform nur eine Abkantmaschine zur Verfügung stand. Das freie Biegen großer Radien in mehreren Schritten ist auch an kleinen Blechteilen möglich. *Bild 4.199* zeigt ein derartiges Beispiel - ein Formwerkzeug wird nicht benötigt.

Bild 4.198 Drehkopf eines kleinen Kranes
Am kegelförmigen Blechmantel sind die Biegespuren der Abkantpresse erkennbar, eine Dreiwalzenbiegemaschine stand offensichtlich nicht zur Verfügung.

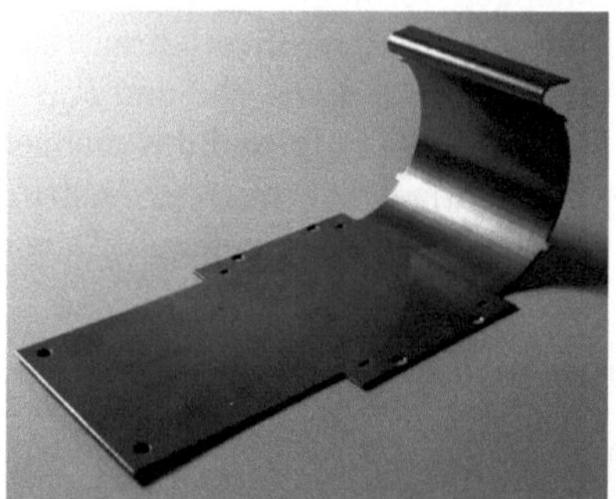

Bild 4.199 Blechbiegeteil [45]
Zwei Radien durch freies schrittweises Biegen erzeugt.

4.7.5 Gestalten von Blechverbindungen

Zu den klassischen Feinblechverbindungen gehören die Lappenverbindungen, die im *Bild 4.200* dargestellt sind. In jüngster Zeit ist die Lappenverbindung nach *Bild 4.201* hinzugekommen, bei der die hervorstehenden Kanten nicht mehr in Erscheinung treten. Sie gehören wie das Punktschweißen zu den kostengünstigsten Blechverbindungen.

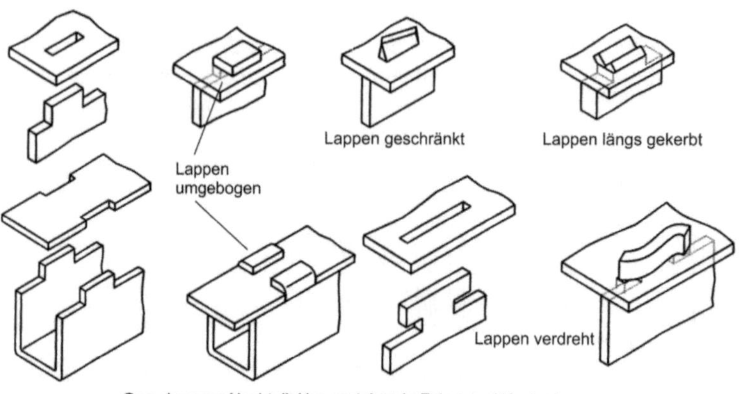

Bild 4.200 Lappenverbindung [37]

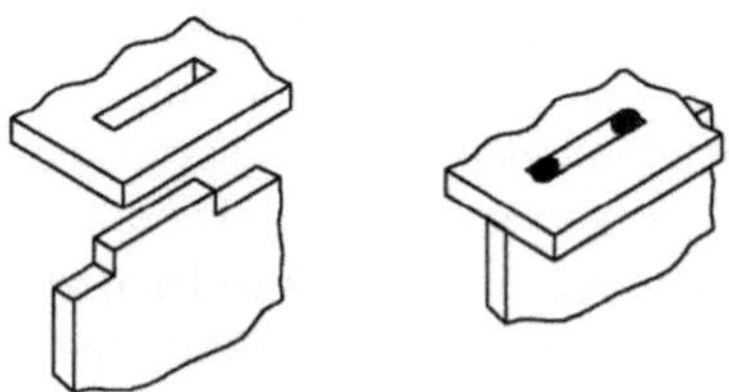

Bild 4.201 Lappenverbindung mit Schmelzschweißpunkten [42]
Keine hervorstehenden Elemente

Die folgenden Bilder enthalten die wesentlichen Gestaltungshinweise.

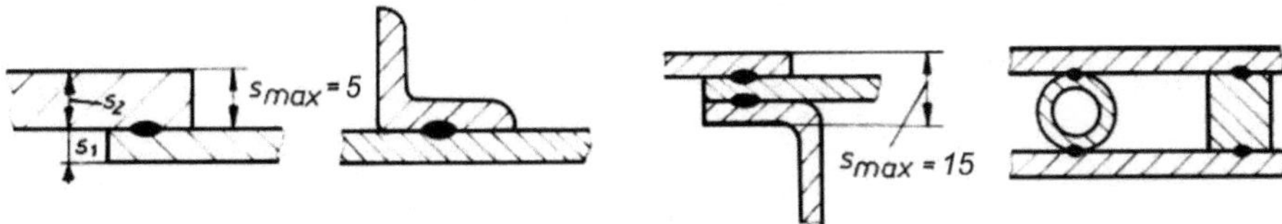

Bild 4.202 Punktschweißverbindungen
Unterschiedliche Dicken, bis 3 Bleche und Verbindung Blech-Massivteil möglich

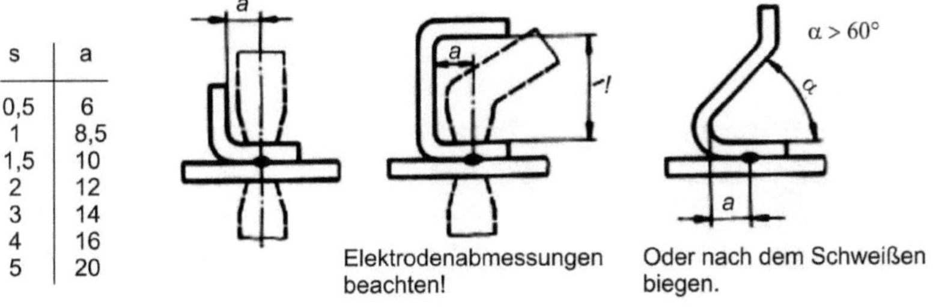

s	a
0,5	6
1	8,5
1,5	10
2	12
3	14
4	16
5	20

Bild 4.203 Minimale Elektrodenabstände

Zugänglichkeit beim Punktschweißen beachten [nach 37]

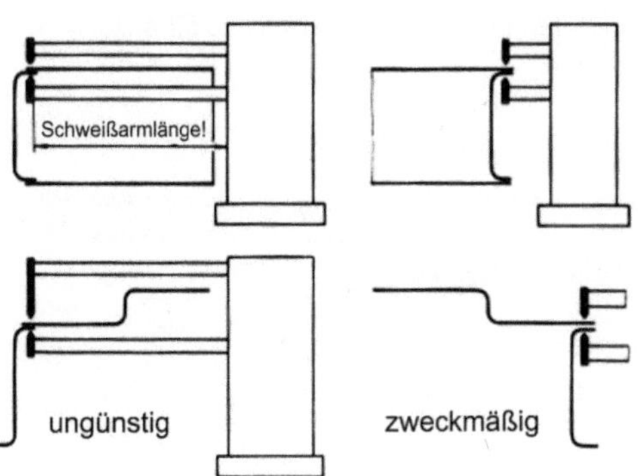

Bild 4.204 Schweißarmlänge
Große Schweißarmlänge vermindert Schweißleistung!

Ein Schweißpunkt sollte bei höherer Beanspruchung bzw. der Forderung nach hoher Steifigkeit auf Scherung beansprucht werden. Kopfzug (Begriff von der Nietverbindung abgeleitet) ist ungünstig, als Heftverbindung aber gut verwendbar *(Bild 4.205)*. Müssen aus Gründen der Demontierbarkeit Schraubenverbindungen verwendet werden, sind Blechschrauben zu bevorzugen (siehe *Tabelle 4.21*). Die Kostenreduzierung im Vergleich zur Schraube mit metrischem Gewinde ergibt sich aus dem Wegfall der Gewindefertigung – die Blechschraube formt sich ihr Gewinde selbst.

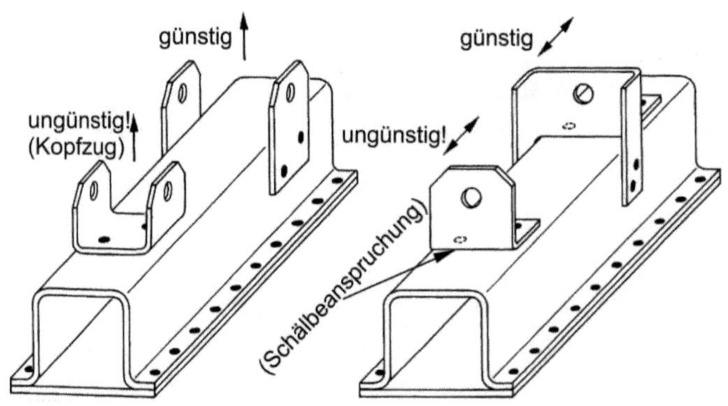

Bild 4.205 Punktschweißverbindungen [39]

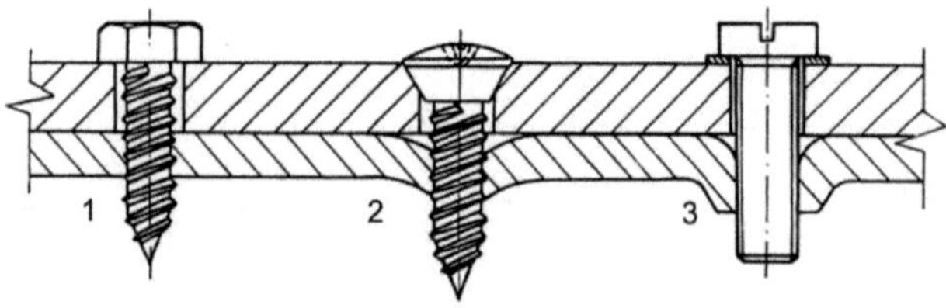

Bild 4.206 Blechschrauben bevorzugen

1 Blechschrauben gewährleisten infolge der größeren Gewindetiefe auch in dünnen Blechen gute Tragfähigkeit; die Blechschrauben formen das Gewinde beim Einschrauben selbst; Schraubenanordnung muss eine Verletzungsgefahr ausschließen.

2 Ein etwas durchgezogenes Kernloch gewährleistet eine sichere Verspannung der Bleche.

3 Müssen metrische Gewinde verwendet werden, sind Blechdurchzüge nach DIN 7952 anzuwenden.

Tabelle 4.21 Blechverbindungen im Vergleich (in Anlehnung an [9])

				Relative Kosten
Verlappen	Verlapppen mit Schweißpunkt	Punktschweißen	Kleben	1 … 2
Nieten	Schmelzschweißen			2,5 … 4
Schrauben mit Blechschrauben				3,5
Schrauben mit metrischen Schrauben				4,5
Hartlöten				3,5 … 6

Bild 4.207 zeigt die Verwendung von Durchsetzungen zur Lagesicherung der zu verschraubenden Teile, sodass die Anzahl der Schrauben klein gehalten werden kann. Für den Fall eines T-Stoßes in Feinblech (1 in *Bild 4.208*) stand bisher nur die Möglichkeit eines abgewinkelten Blechteiles (2) zur Verfügung, um einen gut handhabbaren Schraubendurchmesser nicht zu unterschreiten. Für diesen Fall kann nunmehr mit Stanzformung (3) gearbeitet werden.

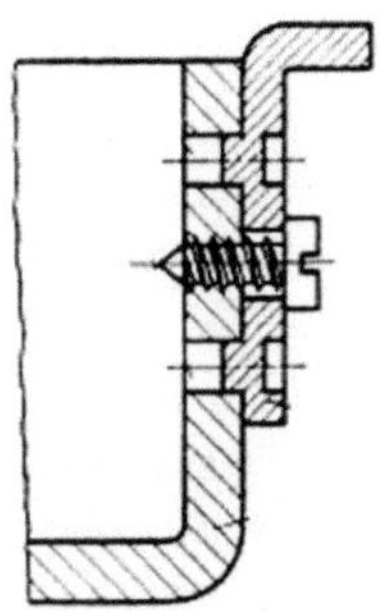

Bild 4.207 Blechschraubenverbindung [37]
Lagesicherung mittels Durchsetzung und Lochung

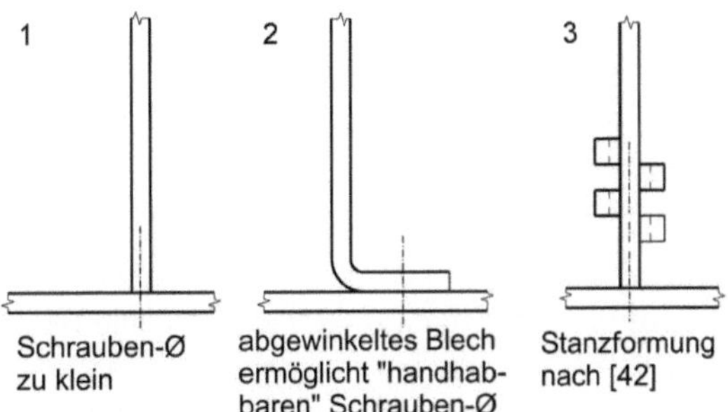

Bild 4.208 Feinblech T-Stoß, geschraubt
Stanzformung - siehe rechts unten in Bild 4.176. *(Fortsetzung)*

Bei größeren Blechkonstruktionen wird es selten möglich sein, mit einem Einstückblechteil auszukommen. Auch bei der vorliegenden Bordwand wurde von der grundsätzlich gültigen Zielstellung eines Einstückblechteiles abgewichen. Es bleibt dem Geschick des Konstrukteurs überlassen, mit wenig verschiedenen Teilen die gewünschte Funktion zu erfüllen.

Bild 4.209 Bordwand
Kombination aus Kantprofilen (Dicke ca. 4 mm), Grobblech-Brennschneidteilen (unten) und Schmiedestücken bzw. Tempergussstücken (oben)

4.8 Schmiedestücke

Freiformschmieden ist ein klassisches Fertigungsverfahren aus der Pionierzeit des Maschinenbaus. So wurde z. B. für die Größe eines Maschinebaubetriebes vor ca. 150 Jahren die Anzahl der Schmiedefeuer benannt. Das Freiformschmieden ist heute fast ausschließlich auf die Rohteilformung sehr großer Stahlteile beschränkt (Bauteilabmessungen größer 1000 mm und zum Teil beträchtlich darüber). Solche Freiformschmiedeteile sind z. B. die Kurbelwellenrohlinge von Großdieselmotoren für Schiffsantriebe. In der Einzelfertigung sind noch wenige Anwendungsfälle des Freiformschmiedens von Kleinteilen zu finden, wie das Stauchen von Köpfen an Rundmaterial oder das Biegen großer Querschnitte (z. B. bei Flachstahl > 20 mm dick), wenn das Kaltbiegen nicht mehr möglich ist. Erwärmt wird dabei mit dem Schweißbrenner.

Völlig anders verhält es sich mit dem Gesenkschmieden. Gesenkschmiedeteile sind für hochfeste, vor allem für dynamisch beanspruchte Bauteile unverzichtbar. Die Dauerfestigkeit ist deutlich größer als bei Gussstücken. Deshalb sind sie häufig im Fahrwerkbereich von Kraftfahrzeugen, besonders bei Geländefahrzeugen und Lastkraftwagen, anzutreffen. Die Genauigkeit gesenkgeschmiedeter Bauteile kann mit der Genauigkeit von Gussstücken verglichen werden, alle Passmaße (z. B. Lagersitze) sind nur durch spanende Verfahren erreichbar. Zum Ausheben aus dem Schmiedegesenk sind in der Regel deutlich größere Aushebeschrägen als bei Guss erforderlich. Im Gegensatz zu Gussstücken müssen Hinterschneidungen vermieden werden. Kleinere Hinterschneidungen gewinnt man durch spanende Bearbeitung. Die Kosten für ein Schmiedegesenk liegen erheblich über den Kosten für Gießereimodelle, sodass das Gesenkschmieden erst ab Großserienfertigung rentabel wird, bei einfachen Teilen eventuell ab Mittelserie.

Für Blechkonstruktionen haben sich neben Tempergussstücken Gesenkschmiedeteile zum Einschweißen für Kraftangriffsstellen bewährt. Auch diese Möglichkeiten stehen nur bei größeren Fertigungsmengen zur Verfügung. Die Masse der Gesenkschmiedeteile liegt bei wenigen Gramm bis maximal 100 kg, meist jedoch bis max. 15 kg.

4.9 Gestalten für die spanende Bearbeitung

4.9.1 Allgemeines

Die Bauteilgestaltung für spanende Bearbeitung setzt **Kenntnisse über** die **Werkzeuge**, **Werkzeugmaschinen** und **Spannmittel** voraus. Die herstellbare Formenwelt ist sehr begrenzt. Mit Qualitätsanspruch herstellbar sind:

- Ebene Flächen
- Zylindrische Flächen (Außenzylinder und Innenzylinder)
- Kegelige Flächen (Außenkegel und Innenkegel)
- Kugelflächen nur als Teilflächen einer Kugel,

sowie die maschinenbautypischen Formelemente

- Gewinde
- Keilprofil (Keilwelle, Keilnabe)
- Verzahnungen.

Alle übrigen geometrischen Formen sind Sonderformen die mit Präzisionsanspruch nur auf Sondermaschinen herstellbar sind. Derartige Maschinen gehören in der Regel zur Ausrüstung von Spezialbetrieben (z. B. Wälzlagerhersteller). Um die konkret verfügbare Formenwelt, d. h. die mit den normalen Werkzeugmaschinen ausführbaren Spanvorgänge richtig anzuwenden, müssen die wesentlichen spanenden Werkzeuge bekannt sein. *Bild 4.210* und *Bild 4.211* geben einen kleinen Einblick in Arbeiten an Bohr- und Fräsmaschinen. **Diese Bilder hat der erfahrene Konstrukteur im Kopf gespeichert und bei jedem Schritt der Entwicklung der Bauteilkonturen „arbeitet" er damit.** Der Einsteiger muss sich schrittweise diesen Speicher anlegen. Dabei spielen die Kenntnisse der Winkel (Spanwinkel, Freiwinkel usw.), der Schnittwerte und dergleichen eine nebengeordnete Rolle.

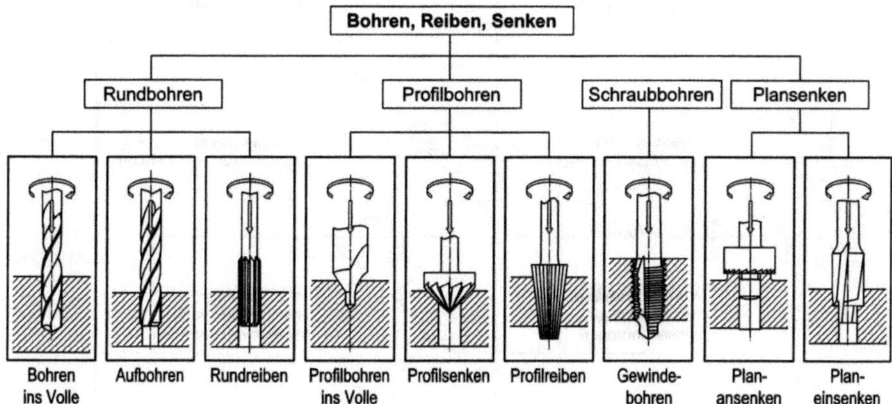

Bild 4.210 Bohr-, Reib-, Senkwerkzeuge und herstellbare Formenwelt [3]

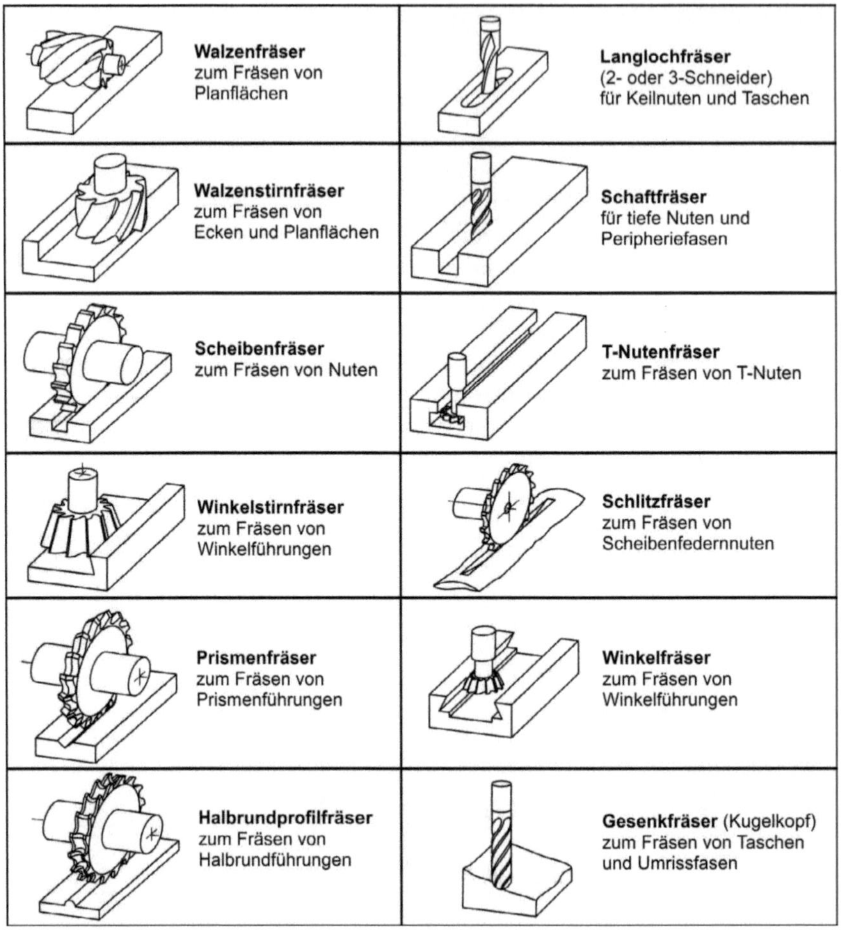

Walzenfräser
zum Fräsen von Planflächen
Langlochfräser
(2- oder 3-Schneider)
für Keilnuten und Taschen
Walzenstirnfräser
zum Fräsen von Ecken und Planflächen
Schaftfräser
für tiefe Nuten und Peripheriefasen
Scheibenfräser
zum Fräsen von Nuten
T-Nutenfräser
zum Fräsen von T-Nuten
Winkelstirnfräser
zum Fräsen von Winkelführungen
Schlitzfräser
zum Fräsen von Scheibenfedernnuten
Prismenfräser
zum Fräsen von Prismenführungen
Winkelfräser
zum Fräsen von Winkelführungen
Halbrundprofilfräser
zum Fräsen von Halbrundführungen
Gesenkfräser (Kugelkopf)
zum Fräsen von Taschen und Umrissfasen

Bild 4.211 Fräserarten und herstellbare Formenwelt [3]

Bei der Fertigung der gewünschten Form müssen zum Teil **Werkzeugausläufe** in Kauf genommen werden *(Bild 4.212)*. Weiterhin kann die Lage des zu bearbeitenden Formelements am Bauteil eine Rolle spielen. Das betrifft zum einen die **Zugänglichkeit** der Arbeitsstelle und zum anderen die erforderliche Länge der Werkzeuge, die zu Unstabilitäten führen kann. *Bild 4.213* weist auf dadurch mögliche Qualitätsmängel hin.

Werkzeugausläufe

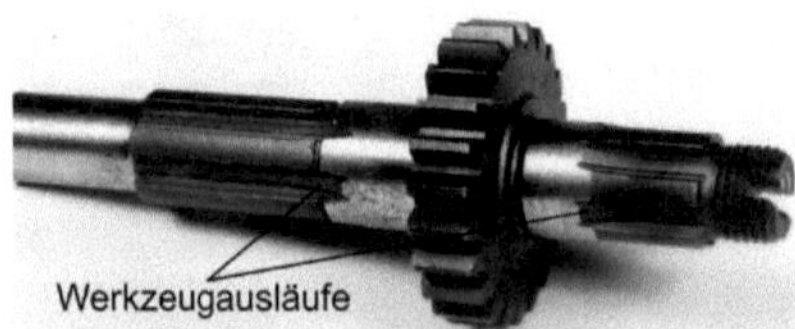

Bild 4.212 Ritzelwelle mit zwei Vielkeilprofilen
Die bei der Herstellung entstehenden Werkzeugausläufe sind vom Konstrukteur zu berücksichtigen.

Bohrer kann
verlaufen
Bohren von links ist einfach, Öffnungen sind ggf. zu schließen

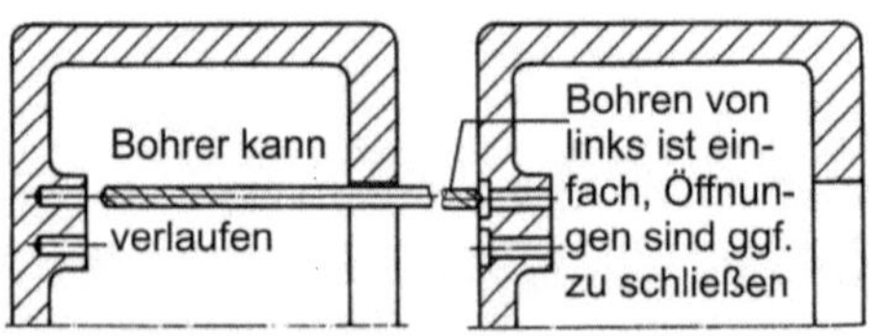

Bild 4.213 Große Werkzeugkraglängen vermeiden! [2]
Rechts: Verschließen von Öffnungen muss in Kauf genommen werden.

In anderen Fällen kann es genügen, bei auskragenden Werkzeugen die Vorschubgeschwindigkeit herabzusetzen. Das Entwerfen gut bearbeitbarer Maschinenteile setzt gute Kenntnisse über die verfügbaren Werkzeuge/Maschinen voraus. Der Konstrukteur sollte deshalb den **vorhandenen Maschinenpark** kennen (siehe Beispiele in *Bild 4.214*). Bei Sonderabmessungen wird man kaum umhin kommen, konkret zu prüfen, welche Spanvorgänge noch machbar sind.

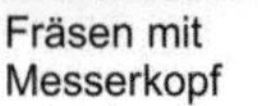

Bild 4.214 Zerspanen und Werkzeugmaschinenpark

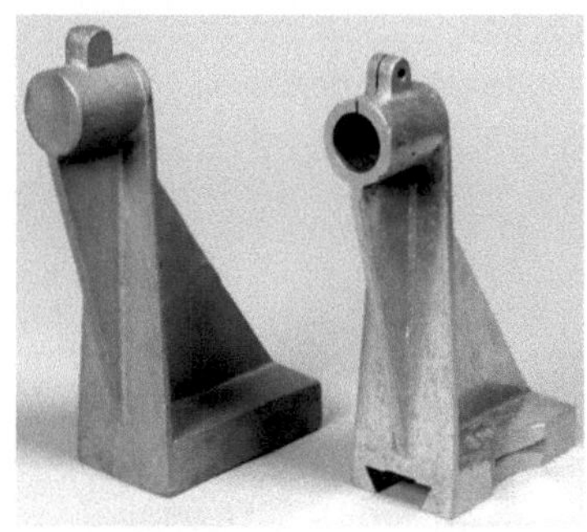

Bild 4.215 Gusslagerbock, Al-Guss [45]
(Rohteil und Fertigteil)
Es wird auf das Vorgießen der Schwalbenschwanznut verzichtet; der Außenkern beim Gießen entfällt so (Einsparung: Kernkasten, -herstellung, -einlegen), die Nut muss aber danach aus dem Vollen herausgearbeitet werden. Ein Gestalteinfluss ergibt sich daraus nicht. Derartige Entscheidungen trifft nicht der Konstrukteur. Hinweis: Der Klemmschraubenansatz ist nicht kraftgerecht, siehe *Abschnitt 3.7*.

Werden für die Bearbeitung ähnlicher Formelemente nennenswert unterschiedliche Bearbeitungszeiten benötigt, ist der Konstrukteur aufgefordert die rationellere Variante zu bevorzugen und nur in begründeten Fällen davon abzuweichen - *Bild 4.216*. Das Beispiel der Düsenbohrungen in *Bild 4.217* zeigt, wie eine, nicht beachtete, scheinbare Kleinigkeit die Regel **F3** beträchtlich verletzt. Um die kleinen Bohrungen herzustellen, ist beim Drehen zunächst der Zustand nach Bildteil 2 erforderlich. Es folgt auf einer anderen Maschine das Bohren und nach Rücklauf zur Drehmaschine kann der Drehvorgang beendet werden, d. h. der geradlinige Fertigungsdurchlauf ist gestört. Bildteil 3 zeigt, wie diese Störung vermieden werden kann.

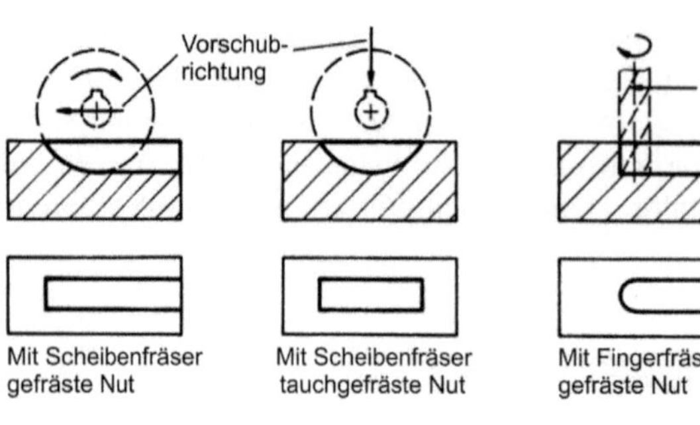

Bild 4.216 Wirtschaftliches Spanverfahren bevorzugen!
Tauchfräsen mit Scheibenfräser kürzeste, Fräsen mit Fingerfräser längste Bearbeitungszeit

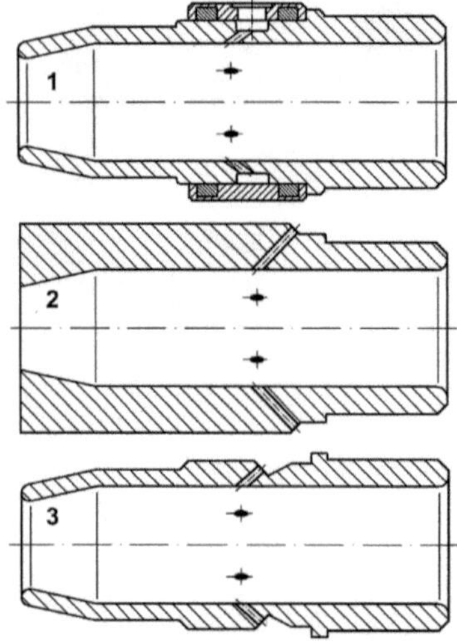

Bild 4.217 Düse falsch und richtig gestaltet
Der Ausströmungsvorgang soll durch Druckluft aus den schrägen Bohrungen unterstützt werden.
1 Ungünstiger Entwurf, Bohren ist nur möglich, wenn Bohrer senkrechtauftrifft.
2 Der Zwischenzustand ist daher erforderlich. Für die rechteckige Nut gibt es keinen zwingenden Grund.
3 Diese Lösung ist zu bevorzugen und der Zwischenzustand kann entfallen.

Wenn **höhere Ansprüche** bezüglich **Form- und Lagetoleranzen** zu erfüllen sind, sollte besonders das Arbeiten **in einer Aufspannung** beachtet werden – *Bild 4.218.* Auch **unsteife Bauteile** bzw. Bauteilzonen können zu Formtoleranzen (siehe *Bild 4.219*) führen. Die Feinbearbeitung sollte nur an den tatsächlich notwendigen Stellen (z.B. Lagersitz) erfolgen. Mit einer Freidrehung kann man vermeiden, dass längere Wellenabschnitte aufwendig fein bearbeitet werden müssen – *Bild 4.220.*

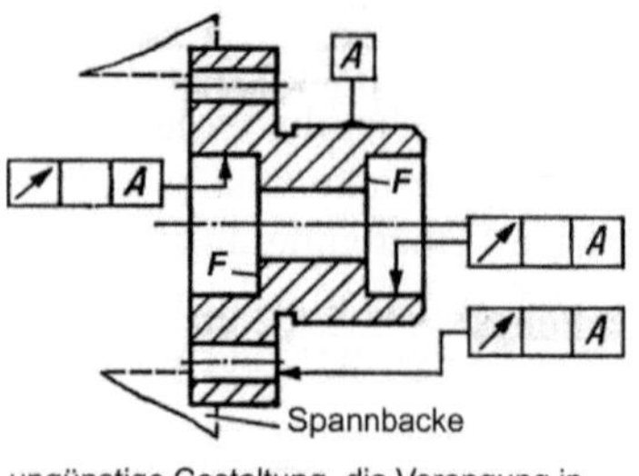

ungünstige Gestaltung, die Verengung in der Bohrung verlangt ein Umspannen

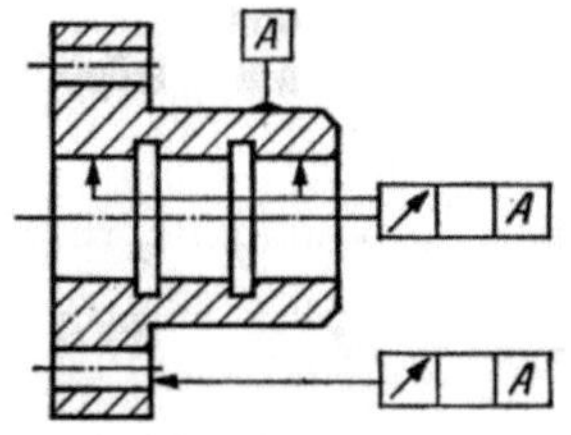

Verengung beseitigt (Sicherungsringe übernehmen die Funktion der Flächen *F*), die Formelemente mit toleriertem Stirn- und Rundlauf sind in einer Einspannung herstellbar

Bild 4.218 Drehen einer Lagerbuchse, Endbearbeitung

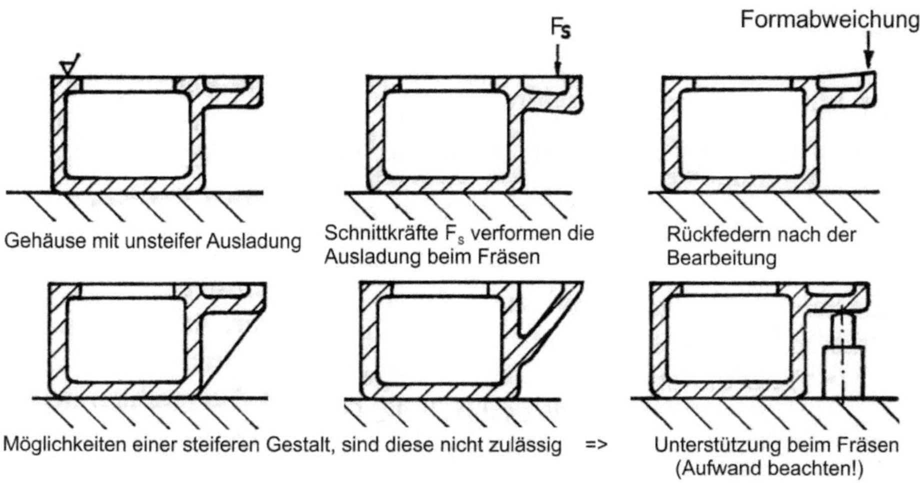

Bild 4.219 Formtoleranzen durch unzureichende Steifigkeit

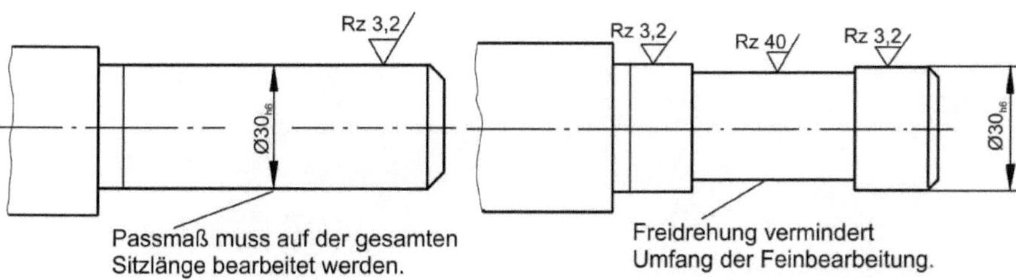

Bild 4.220 Feinbearbeitung einschränken

Das folgende Bild zeigt eine Abdeckung, die man als absoluten konstruktiven Fehlgriff bezeichnen muss. Offensichtlich wurde hier ein mangelhafter Erstentwurf ohne Überarbeitung zur Herstellung frei gegeben.

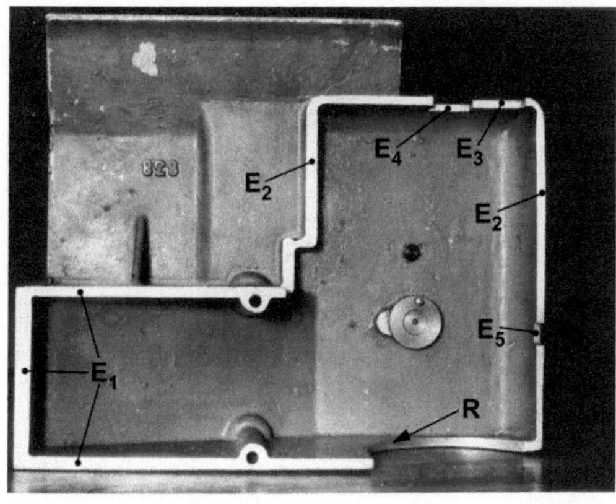

Bild 4.221 Abdeckung, Al-Guss
Es sind Fräsvorgänge in fünf Ebenen (E_1 bis E_5) erforderlich. Zusätzlich muss ein Radius R bearbeitet werden. Der Grundfehler liegt im abzudeckenden Gegenstück.

4.9.2 Zum Spannen auf Werkzeugmaschinen

Im Normalfall müssen die zu bearbeitenden Bauteile auf der Werkzeugmaschine gespannt werden. Dafür stehen unter anderem zur Verfügung:

- Tische mit Spannnuten z. B. für Bohr- und Fräsmaschinen *(Bild 4.222)*
- Maschinenschraubstöcke, die meist auf den Spanntischen befestigt werden
- Dreibackenfutter zum Spannen ohne und mit Unterstützung durch den Reitstock *(Bild 4.224)*
- Planscheibe mit einzeln beweglichen Spannbacken, ermöglicht u. a. exzentrisches Spannen *(Bild 4.223)*
- Spannen mit Stirnmitnehmer und Reitstockabstützung *(Bild 4.225)*
- Spannen mit Setzstockunterstützung beim Drehen (siehe *Abschnitt 4.9.4/Bild 4.242*)
- Spannen mit Sonderspannmitteln/Spannvorrichtungen, z. B. [17]

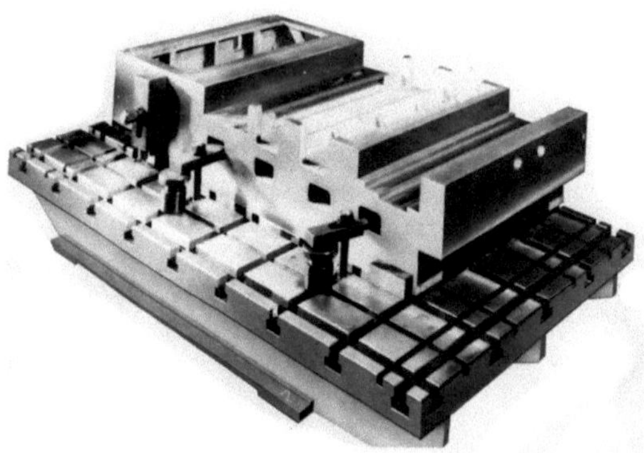

Bild 4.222 Spannen beim Fräsen

Bild 4.223 Spannen beim Drehen I (Vierbackenfutter)

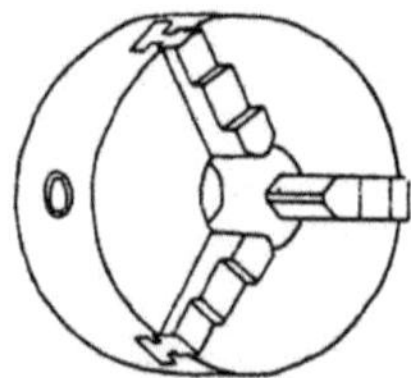

Dreibackenfutter

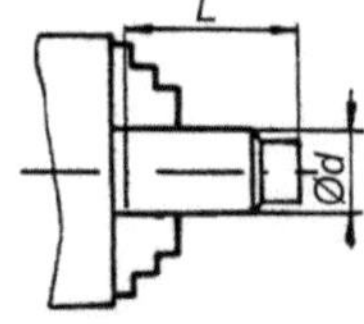

Fliegende Lagerung bei L ≤ 3·d

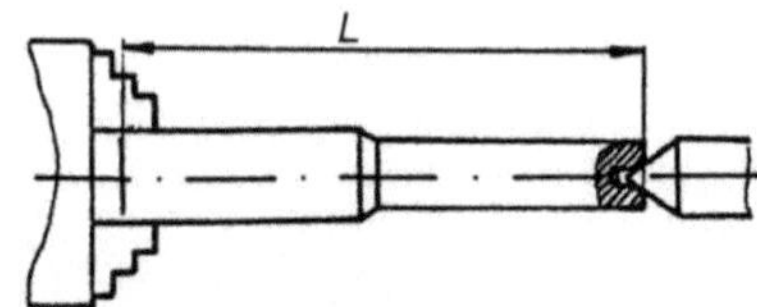

Spannen mit Futter und Abstützung mit Reitstock, L > 3·d (Zentrierung erforderlich)

Bild 4.224 Spannen beim Drehen II

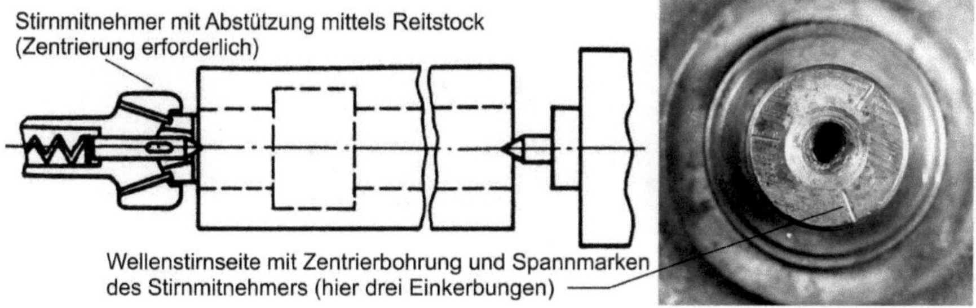

Bild 4.225 Spannen beim Drehen III

Wie aus dem Vorstehenden und den Bildern erkennbar, sind an den zu bearbeitenden Flächen zum Teil Sonderformen für das Spannen notwendig. Dazu gehören neben den Zentrierungen auch Spannansätze, wie *Bild 4.226* zeigt.

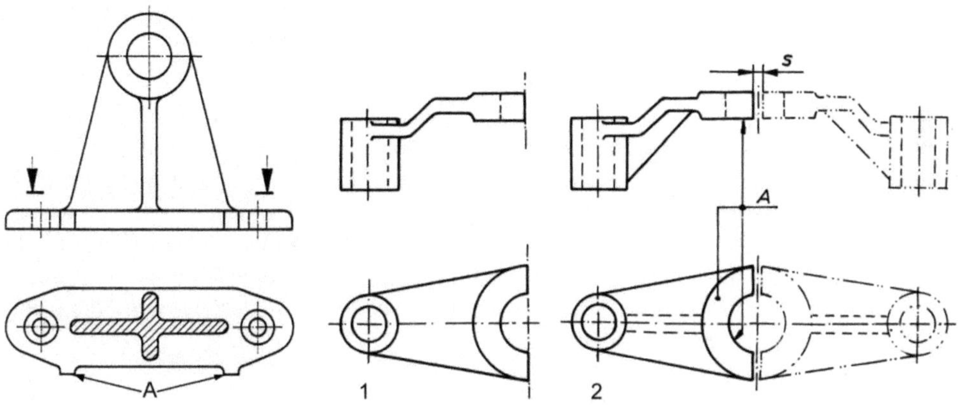

Bild 4.226 Lagerbock mit Spannansätzen
An der Fußplatte sind zwei Ansätze A für eine stabile Dreipunktauflage beim Bohren der Hauptbohrung vorgesehen.

Bild 4.227 Doppelkörperfertigung
1 Schaltgabel nur als Einzelstück herstellbar
2 Die Bearbeitung der Flächen A am Doppelstück ist günstiger. Danach das Teil trennen, unter Beachtung der Schnittbreite s.

Weiteres wird in den folgenden Abschnitten vorgestellt. Man wird normalerweise versuchen, die Sonderformen am Bauteil zu belassen. Stören sie die Funktion oder die folgenden Arbeitsgänge, müssen sie entfernt werden. Verschiedentlich hat es sich bewährt, anstelle des funktionsbedingten Bauteiles so genannte **Doppelkörper** zu fertigen. Ein Beispiel zeigt *Bild 4.227* Das Trennen wird dabei als letzter Arbeitsgang ausgeführt. Besondere Aufmerksamkeit beim Spannen erfordern Bauteile mit hohen Anforderungen bezüglich Form- und Lagetoleranzen. Im *Bild 4.228* wird eine Hülse mit extremer Anforderung an die Zylinderform vorgestellt. Beim Spannen im Dreibackenfutter wurde trotz genau arbeitender Rundschleifmaschine keine ausreichende Genauigkeit erreicht. Erst durch eine Spannmöglichkeit ohne Verformung der Bohrung konnte die erforderliche Genauigkeit der zylindrischen Bohrung eingehalten werden.

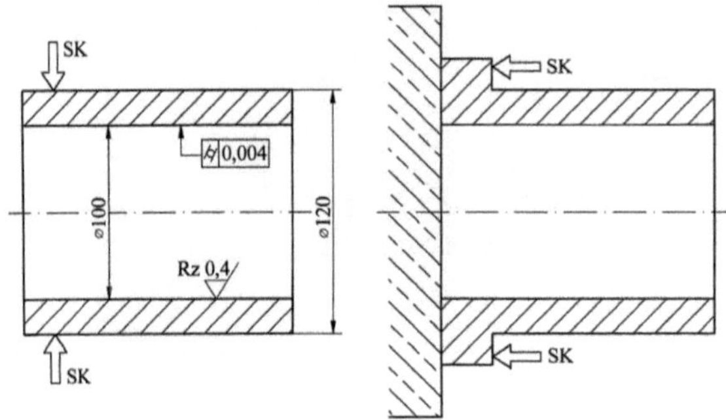

Bild 4.228 Spannen einer Hülse mit hoher Anforderung an die Zylindertoleranz
Links: Trotz gefühlvollen Spannens im Dreibackenfutter wurde die Zylinderformtoleranz nicht eingehalten. Die Spannkräfte SK haben die Hülse verformt, beim Ausspannen federt die Buchse zurück und die Zylinderform wird beeinträchtigt.
Rechts: Ein Bund ermöglicht das Spannen gegen Planscheibe, die Spannkräfte beeinflussen die Zylinderform nicht.

4.9.3 Gestalten für Bohren, Senken, Reiben, Gewinden

Mit dem *Bild 4.210* wurden bereits die entsprechenden Werkzeuge vorgestellt. Sie müssen jedoch noch etwas genauer betrachtet werden. Sofern durchgehende Bohrungen benötigt werden, können die Anschnitte unbeachtet bleiben. Für Grundbohrungen gilt das jedoch nicht mehr *(Bild 4.229)*. Für eine völlig flache Bohrung steht kein Werkzeug zur Verfügung *(Bild 4.230)*. Die gleiche Bohrung auf der Drehmaschine bearbeitet ist jedoch durch Innenplandrehen ohne weiteres herstellbar. Das heißt, die als falsch deklarierte Grundbohrung des Bildes *Bild 4.230* ist am Drehteil zulässig.

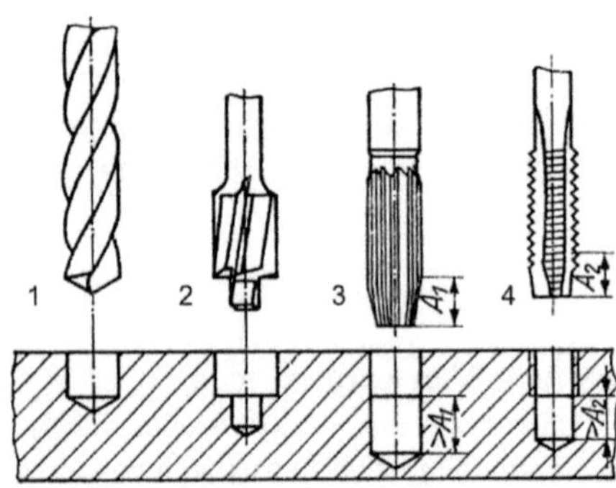

Bild 4.229 Werkzeuge und Grundbohrungen
1 Spiralbohrer
2 Zapfensenker
3 Reibahle
4 Gewindebohrer
Bei 3 und 4 Anschnittlängen A beachten!

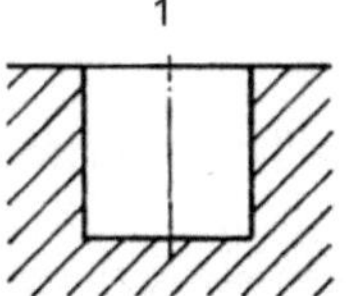

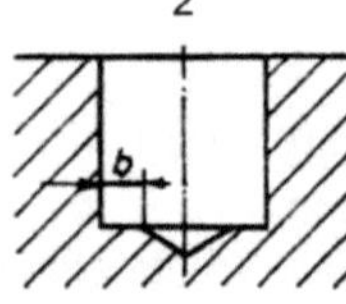

Bild 4.230 Bohrung mit flachem Grund
1 für eine derartige Bohrung steht kein Werkzeug zur Verfügung
2 Bohrung mit Spiralbohrer vorgebohrt und mit Flachsenker nachgearbeitet (b möglichst klein halten!)
Flachsenker - Werkzeug 2 aus Nebenbild, aber ohne Zapfen

In schräge Flächen kann nicht direkt hinein gebohrt werden. *Bild 4.231* zeigt die notwendigen gestalterischen Möglichkeiten für diesen Fall. Einseitige Bohrerbelastung kann zum Verlaufen der Bohrung oder zum Bruch des Bohrers führen - siehe *Bild 4.232*.

Bild 4.231 Vermeide schräges Anbohren

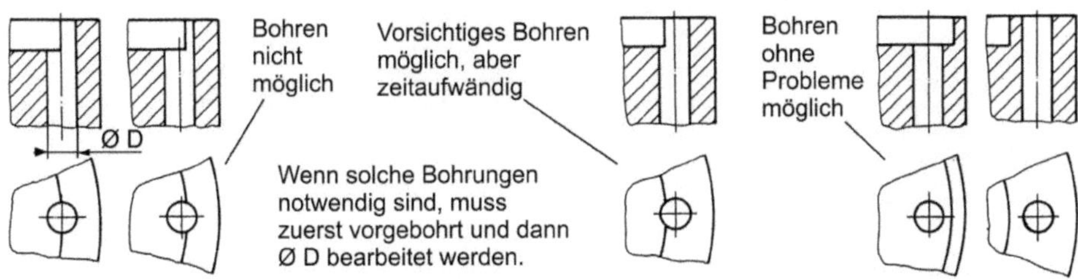

Bild 4.232 Vermeide einseitige Bohrerbelastung! [2]

Ähnliche Verhältnisse können beim Austreten es Bohrers auftreten (*Bild 4.233*). Dass die zu bearbeitende Stelle mit dem Bohrwerkzeug erreichbar sein muss, gehört zu den Selbstverständlichkeiten und bei einem einfachen Teil wie in *Bild 4.234* dürfte der abgebildete Fehler kaum auftreten. An komplizierten Gehäusen mit Zwischenwänden und ähnlichen Gegebenheiten kommen solche Fehler jedoch leider vor, wenn der Konstrukteur den Grundsatz von Rögnitz „Denken in Fertigungsverfahren“ nur einmal außer Acht lässt.

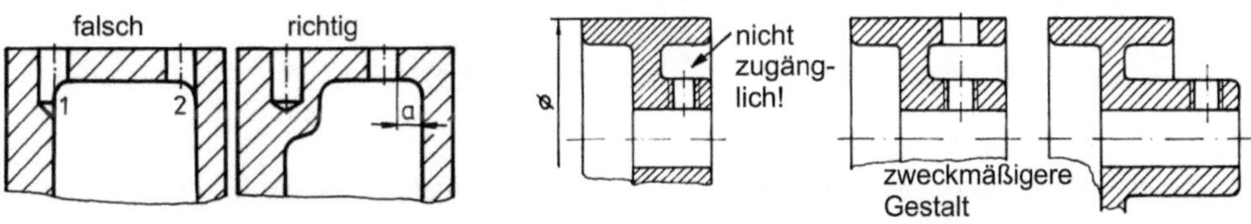

Bild 4.233 Freien Bohreraustritt gewährleisten!

Bild 4.234 Zugänglichkeit beachten!

4.9.4 Gestalten für Drehbearbeitung

Beim **Gestalten von** Wellen und anderen durch Drehen herzustellenden **Außenkonturen** bestehen wenig einschränkende Bedingungen. Rundungen und Formeinstiche sollten auf das unbedingt funktionsnotwendige Minimum beschränkt bleiben *(Bild 4.235)*. Der Zweck von Freistichen für Anlageflächen bzw. Gewindefertigung ist den folgenden Bildern zu entnehmen. Wenn schmale und tiefe Einstiche gefordert werden, könnte mangelnde Stabilität des Stechmeißels ein sehr vorsichtiges Arbeiten erfordern. Für derartige kritische Fälle kann eine zweiteilige Ausführung günstiger sein *(Bild 4.238)*. Was unter kritisch zu verstehen ist, muss der Einsteiger beim Erfahrungsträger (Fertigungsingenieur/Dreher) erfragen. Die fertigungstechnische Literatur verhält sich hierzu leider sehr schweigsam.

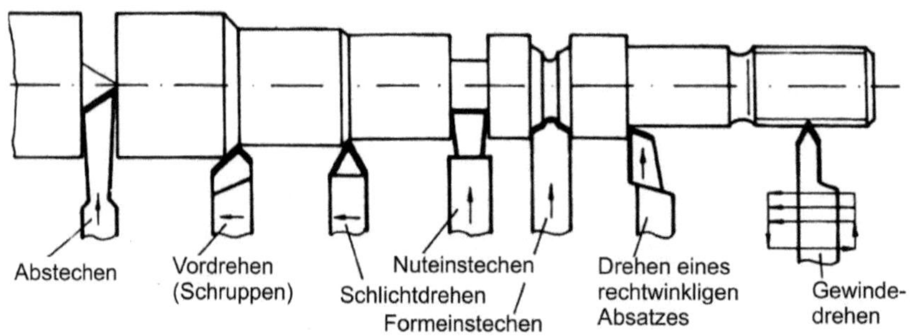

Bild 4.235 Drehmeißel für Außenbearbeitung

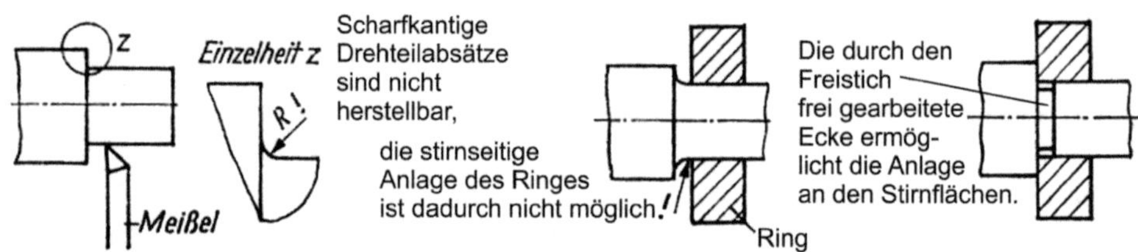

Bild 4.236 Zweck der Freistiche

Bild 4.237 Gewindeauslauf und Gewindefreistich
Die Gewindewerkzeuge können die Gewinde nicht bis zum Wellenabsatz voll ausschneiden. Es sind Gewindeausläufe bzw. Gewinderillen vorzusehen (siehe DIN 76/Taschenbücher)

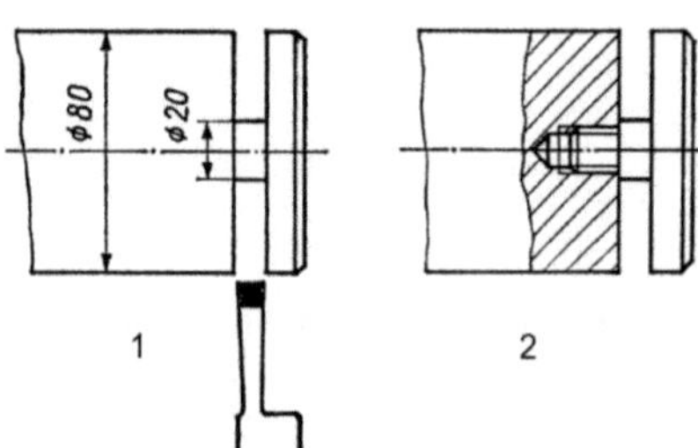

Bild 4.238 Unstabile Drehwerkzeuge vermeiden! Anstelle tiefer Außeneinstiche (1) eventuell besser gefügtes Teil (2) verwenden.

Wesentlich mehr Beachtung erfordert die **Innenbearbeitung** insbesondere bei kleinen Durchmessern. Dazu sollte man sich als Einsteiger einmal die dafür notwendigen Drehmeißel betrachten, um ein Gefühl zu bekommen, was gut und was weniger gut bzw. nicht machbar ist *(Bild 4.239)*. Für einen Freistich in einer kleinen tiefen Bohrung muss eine andere Lösung gefunden werden *(Bild 4.240)*. Auch hierzu macht die fertigungstechnische Literatur kaum Aussagen.

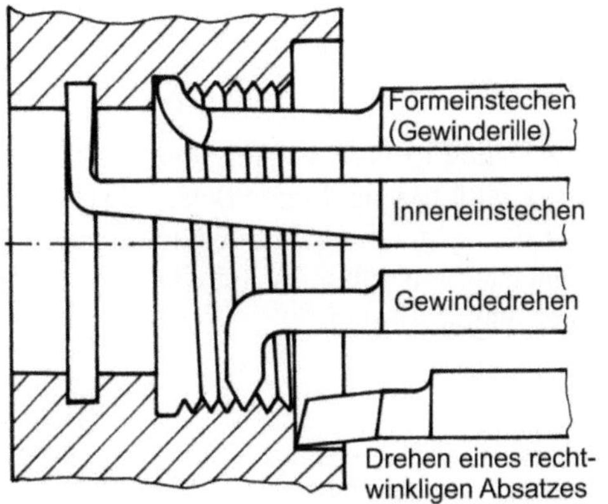

Bild 4.239 Drehwerkzeuge für Innenbearbeitung

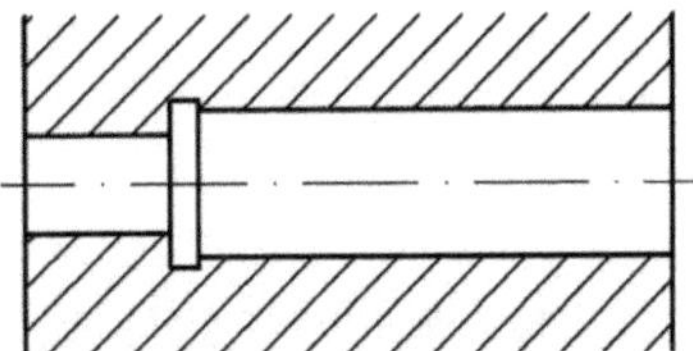

Bild 4.240 Freistiche in tiefen Bohrungen vermeiden!

Für voll rotationssymmetrische Teile und Verarbeitung von Rundmaterial stellt das Spannen kein Problem dar. Die einleitend vorgestellten Spannmittel sind in der Regel ausreichend. Bei einer **Welle mit axialer Bohrung** sollte eine **kurze 60°-Zentrierung** vom Konstrukteur vorgesehen werden. Schreibt der Konstrukteur eine scharfkantige Bohrung vor (links in *Bild 4.241*), so erfordert das einen besonderen Arbeitsgang nach dem Drehen zwischen Spitzen zur Beseitigung der Zentrierung. Dafür ist ein Arbeitsgang mit Abstützung im Setzstock erforderlich – *Bild 4.242*. Das ist gleichbedeutend mit einem zweiten Spannvorgang und widerspricht der Regel **F3** bzw. **F3.1**.

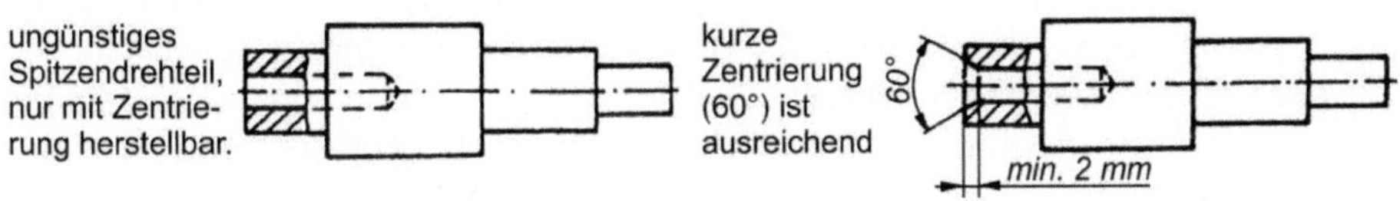

Bild 4.241 Zentrierung bei axialer Bohrung

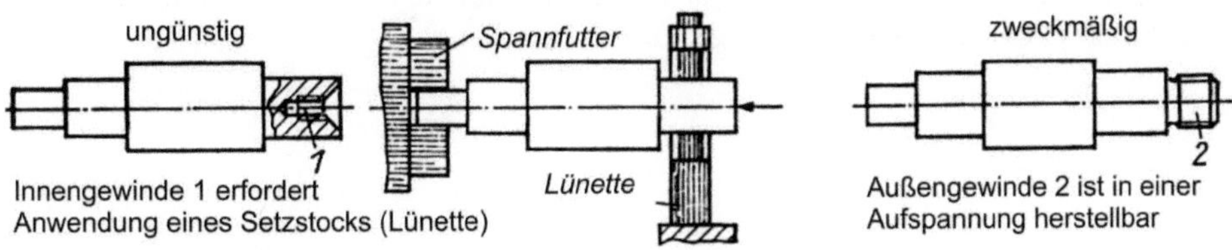

Bild 4.242 Spannhilfen

Bild 4.243 Gesenkschmiedeteil

Gekrümmte Spitzendrehteile benötigen eine Zentrierung in Verlängerung der Rotationsachse. Das oben abgebildete Teil entstammt einem Kraftfahrzeug. Runde Deckel, Flansche und ähnliche Guss- und Schmiedeteile müssen für das Spannen unter Umständen mit besonderen Spannansätzen versehen werden – *Bild 4.244*. Auf zylindrischen Flächen, auch wenn sie schmal sind, kann dagegen problemlos gespannt werden.

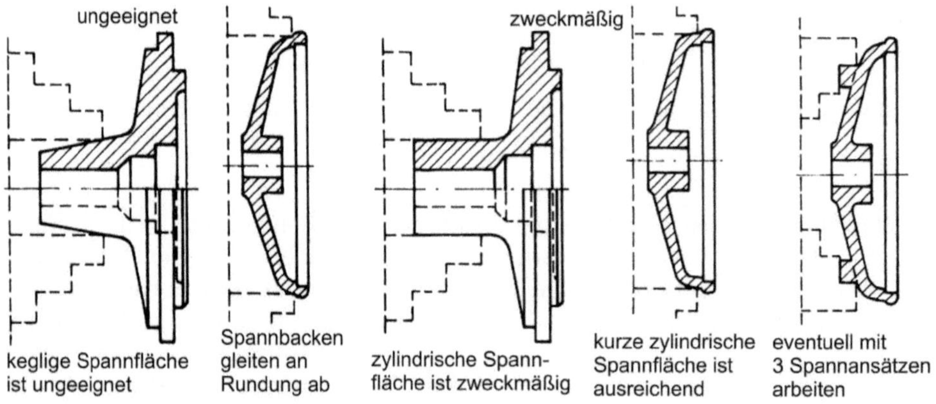

Bild 4.244 Spannen von Gussstücken im Futter

Bei **Drehen von Stange** kann Rund-, Sechskant-, Vierkantmaterial verarbeitet werden. Voraussetzung ist, dass der Durchlass der Drehspindel für den vorgesehenen Stangendurchmesser ausreicht. Das Drehteil ragt dabei aus dem Spannmittel (Futter oder Spannzange) in voller Länge heraus. Es wird möglichst vollständig bearbeitet und im letzten Drehvorgang durch Abstechen von der Werkstoffstange abgetrennt. Dadurch ist es z.B. möglich, sehr dünnwandige Ringe und Buchsen herzustellen, ohne dass eine Verformung durch den Spannvorgang auftritt, wie weiter oben in *Bild 4.228* beschrieben. Bei dem Bremsnocken nach *Bild 4.98* handelt es sich ebenfalls um ein Stangendrehteil. Zum Spannen wird hierbei eine Sonderspannzange verwendet.

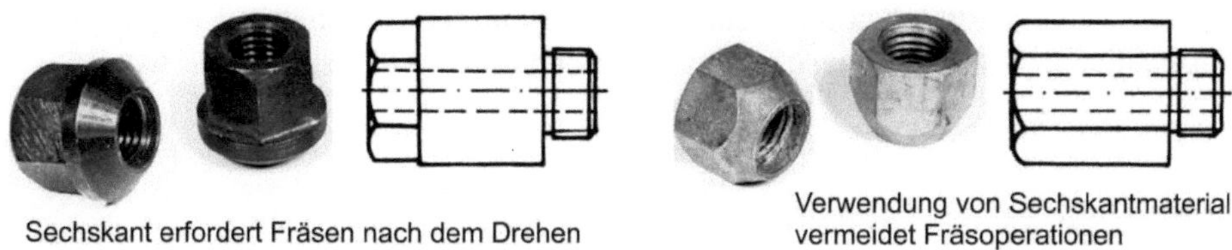

Bild 4.245 Stangendrehteile
Drehen von der Stange kann Fräsarbeiten ersetzen.

4.9.5 Gestalten von Bauteilen mit ebenen Arbeitsflächen

Für das Fräsen ebener Flächen mit und ohne Unterbrechungen sind vom Konstrukteur keine Besonderheiten zu beachten. Arbeitsflächen unterschiedlicher Höhen sind zwar mit NC-Fräsmaschinen durchaus automatisch bearbeitbar, sollten aber keinesfalls bevorzugt werden.

Bild 4.246 Fräsen ebener Flächen
Unbegrenzte Flächen mit und ohne Unterbrechungen lassen sich ohne Schwierigkeiten fräsen

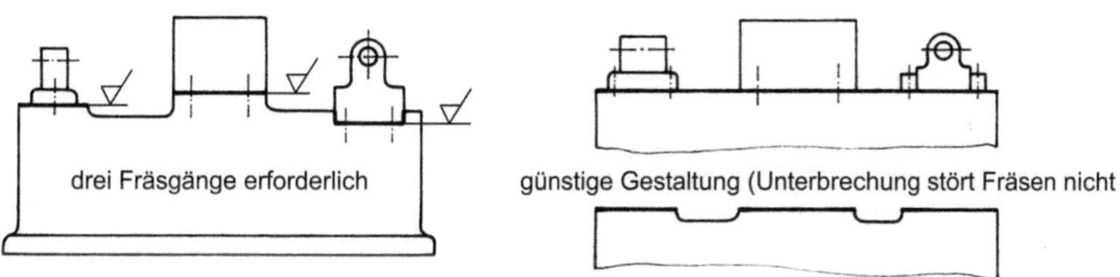

Bild 4.247 Durchgehende Ebenen bevorzugen

Kann die Arbeitsfläche vom Fräswerkzeug nicht vollständig überstrichen werden, so ist die Gestalt des Fräswerkzeuges zu berücksichtigen – siehe folgendes Bild.

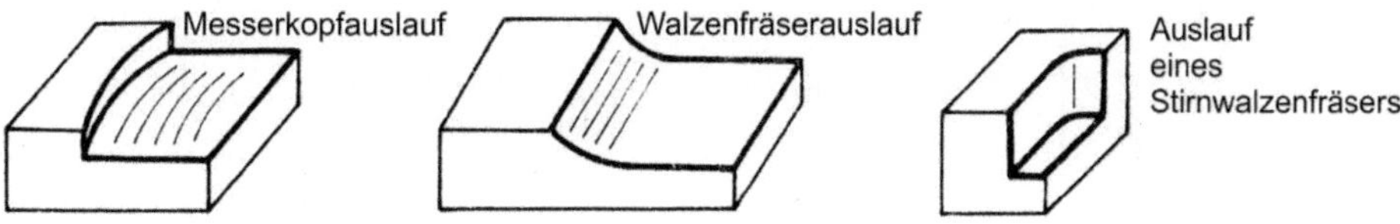

Bild 4.248 Werkzeugausläufe beim Fräsen

Bei der gleichzeitigen Bearbeitung rechtwinklig angeordneter Flächen mit dem Stirnwalzenfräser sollten die Abmessungen der verfügbaren Fräser berücksichtigt werden.

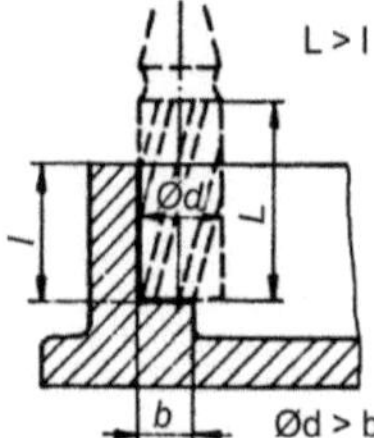

Bild 4.249 Abmessungen des Stirnwalzenfräsers beachten!

Müssen solche Flächen durch Flachschleifen fertig bearbeitet werden, sind in den Ecken Freistiche erforderlich, denn Schleifscheiben verfügen über einen Eckenradius und können einen rechten Winkel nicht scharfkantig ausschleifen. Die Notwendigkeit des Flachschleifens tritt jedoch immer weiter in den Hintergrund, da das Fräsen bei neuen Maschinen zum Teil bereits Schleifqualität erreicht.

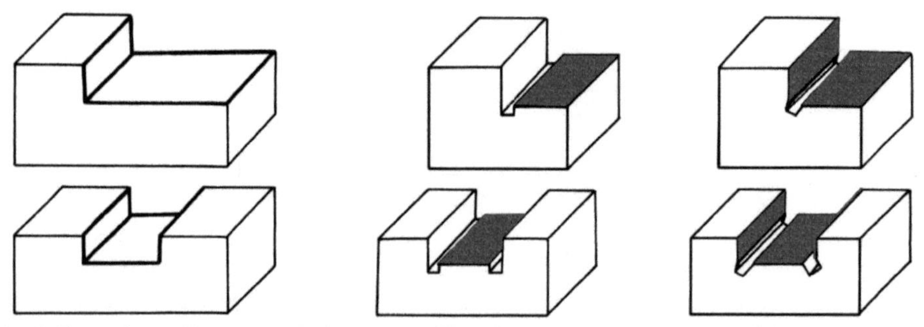

Bild 4.250 Flachschleifen erfordert Freistiche

Nutfräsen

Dass Scheibenfräser beim Fräsen von Nuten zu bevorzugen sind, wurde bereits erwähnt (siehe *Bild 4.216*) Wird für die Funktion ein ebener Nutgrund nicht unbedingt benötigt, kann durch Anwendung des Tauchfräsens die Fräszeit verringert werden - *Bild 4.251.*

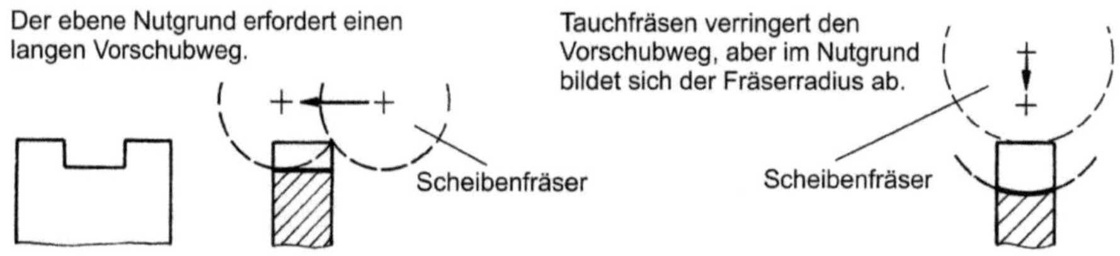

Bild 4.251 Fräsen kurzer Nuten

Das folgende *Bild 4.252* veranschaulicht, dass Werkzeugauslauf und ungestörte Zugänglichkeit auch beim Nutfräsen beachtet werden müssen.

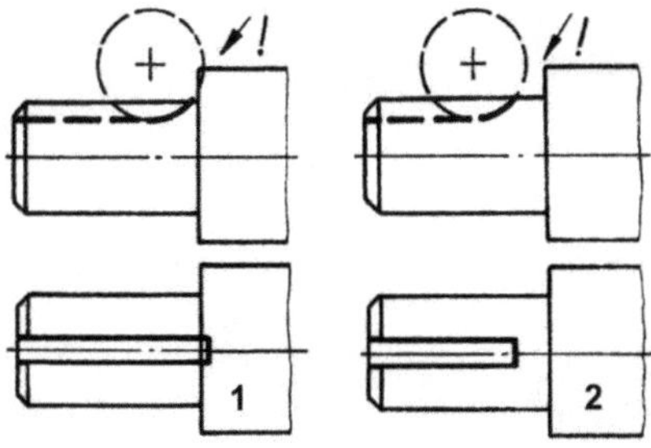

Bild 4.252 Nutfräsen mit Scheibenfräser
1 Auslauf berücksichtigen, Fräser sollte Stirnfläche nicht anschneiden
2 Abstand zwischen Fräser und Stirnfläche ≥ 3 (Fräserabmessungen ermitteln!)

Mit einem aus mehreren Fräsern zusammengestellten Fräsersatz können mehrere Flächen gleichzeitig bearbeitet werden. In solchen Fällen muss der Konstrukteur die Abmessungen der verfügbaren Fräser berücksichtigen. Ein typischer Anwendungsfall ist das Fräsen von zwei Schlüsselflächen an einem Drehteil. Dafür werden zwei Scheibenfräser auf einen Fräsdorn gesetzt, der genaue Abstand wird mit entsprechend gestuften Zwischenringen eingestellt. Voraussetzung ist, dass der Konstrukteur nicht die linke Ausführung in *Bild 4.254* gewählt hat.

Bild 4.253 Fräsersatz
Zusammengestellt aus zwei Scheibenfräsern und einem Walzenfräser.

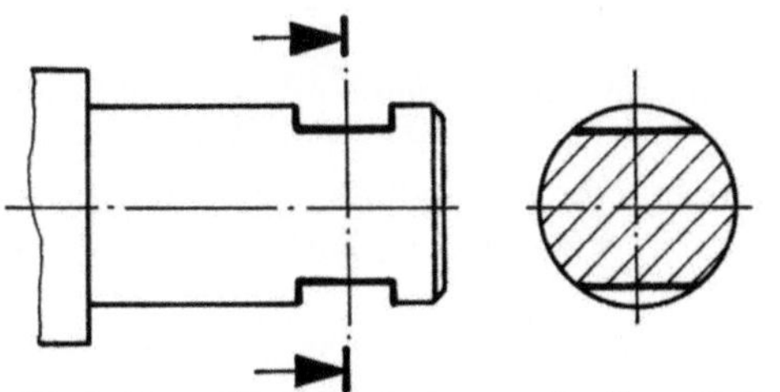

Die Schlüsselflächen erfordern zweimaliges Nutfräsen.

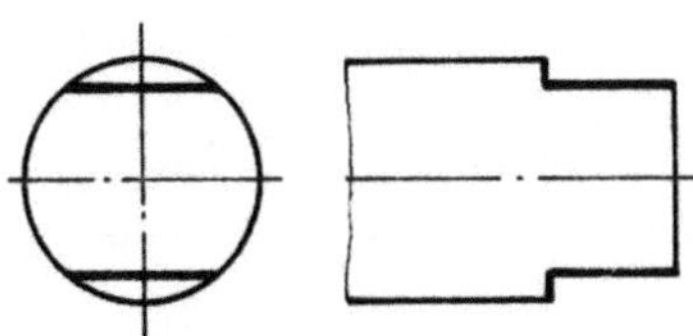

Beide Flächen sind mit einem Satzfräser in einem Arbeitsgang herstellbar.

Bild 4.254 Fräsen von Schlüsselflächen

Wurde das richtige Halbzeug gewählt, kann der Fräsvorgang eventuell völlig entfallen.

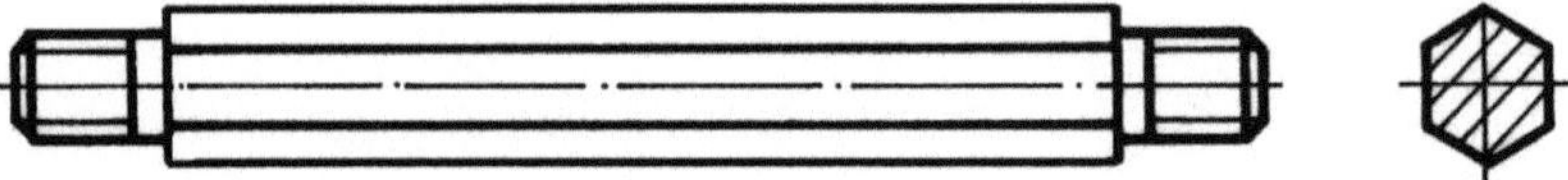

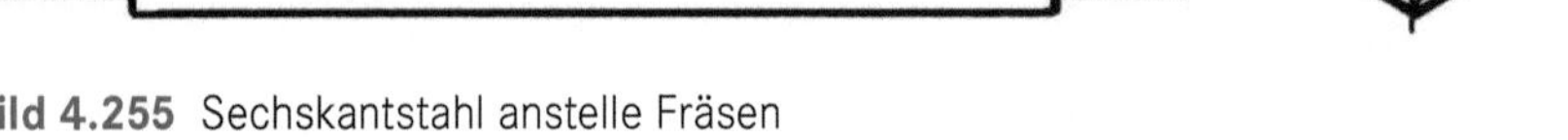

Bild 4.255 Sechskantstahl anstelle Fräsen
Bei Verwendung von Sechskantstahl (Strangteil) entfällt das Fräsen der Schlüsselflächen.

4.9.6 Gestalten für die Bearbeitung auf Bohr- und Fräszentren

Die Entwicklung der Bohr- und Fräszentren mit Werkzeugwechseleinrichtungen hat einen hohen Stand erreicht. Sie sind für die vielfältigsten Bohr- und Fräsarbeiten einsetzbar. Besonders vorteilhaft ist die **5-Seitenbearbeitung**, die es erlaubt, Gehäuse und viele andere Bauteile in einer Aufspannung fertig zu bearbeiten. Diese Maschinen verfügen in der Regel über kippbare Rundtische, sodass bei einem kastenförmigen Körper alle Seiten außer der Aufspannfläche mit der Arbeitsspindel erreichbar sind. Da der Rundtisch meist in jedem beliebigen Schwenkwinkel fixiert werden kann, ist eine **Polygonbearbeitung** wie im Bild möglich.

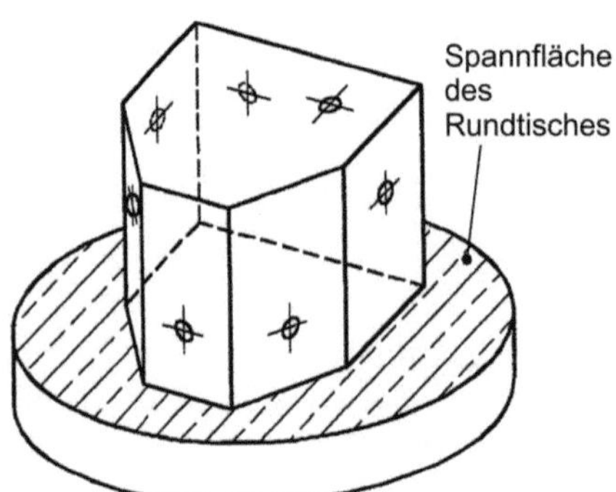

Bild 4.256 5-Seiten- und Polygonbearbeitung [nach 2]

So kann nach der Bearbeitung der Grundfläche der Ventilkopf *(Bild 4.32)* mit allen Bohrungen und Anflächungen in einer Aufspannung bearbeitet werden. Eine Schwierigkeit könnte allerdings darin bestehen, dass die Spannmittel die Zugänglichkeit zu den Arbeitsflächen und Bohrungen behindern. Spannschlitze nach *Bild 4.257* können Abhilfe schaffen.

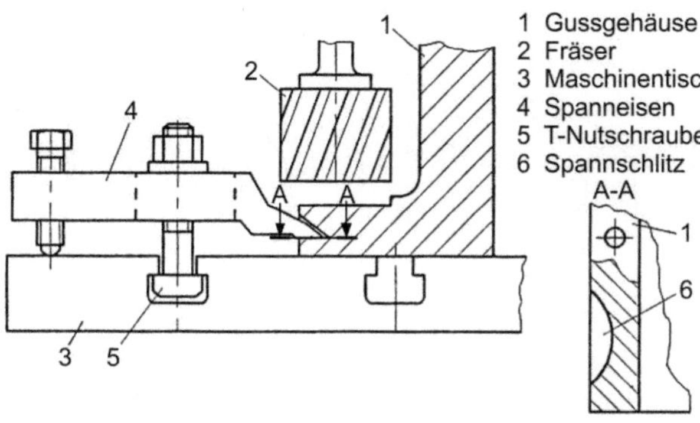

Bild 4.257 Spannen mit Spannschlitz [17]

Hierbei wird sich eine Abstimmung mit dem Fertigungsingenieur bzw. dem Werkzeugbau nicht vermeiden lassen. Bei der Bohrungsgestaltung sind immer durchgehende Bohrungen zu bevorzugen *(Bild 4.258)*. Ungünstig sind innen liegende Arbeitsflächen.

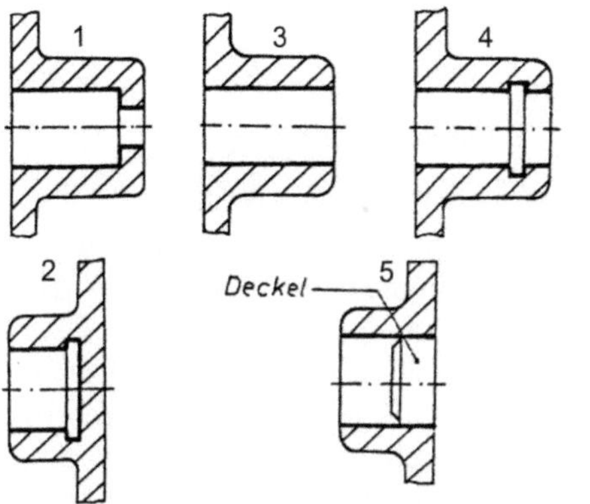

Bild 4.258 Gestaltung abgesetzter Bohrungen
Der Konstrukteur sollte die verfügbaren Werkzeuge „seines" Bearbeitungszentrums kennen. Nicht in jedem Fall sind abgesetzte Bohrungen (1 und 2) herstellbar. Durchgehende Bohrungen (3) sind zu bevorzugen. Werkzeuge für Sicherungsnuten (4) sind nicht für jeden Durchmesser vorhanden. Anstelle der Grundbohrung (2) wird z. T. noch Lösung 5 bevorzugt (Deckel ist eingepresst).

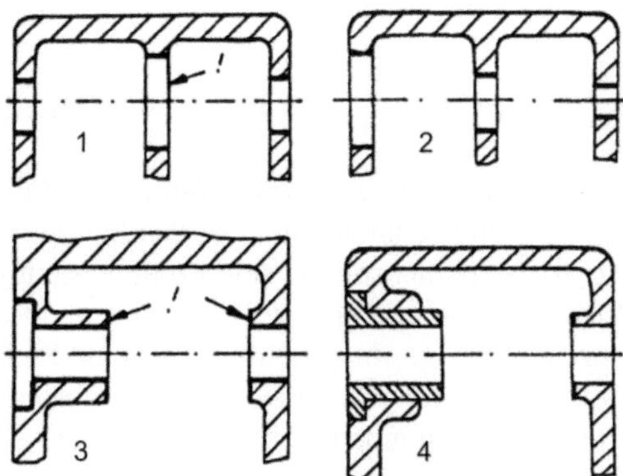

Bild 4.259 Innenbearbeitung vermeiden!
1 großer Innendurchmesser nicht bearbeitbar
2 Abstufung bevorzugen
3 innen liegende Stirnflächen möglichst vermeiden
4 bearbeitete Innenstirnfläche durch eingesetzte Buchse gebildet

Für Fälle der **rückseitigen Bearbeitung** enthalten die folgenden Bilder zweckdienliche Hinweise.

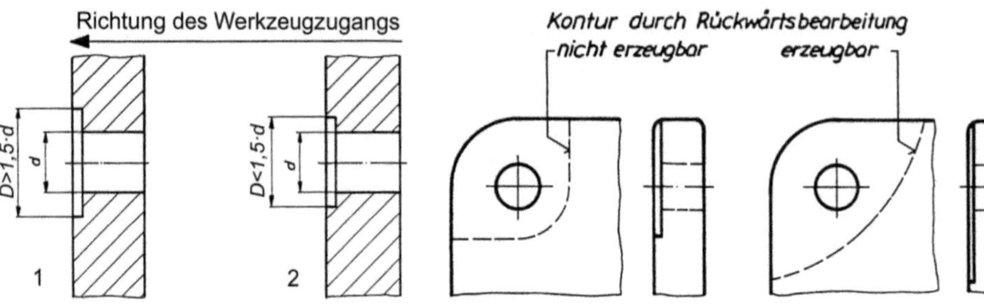

Bild 4.260 Rückseitige Senkung [2]
1 Bearbeitung nicht möglich, unzulässig.
2 Bevorzugen!

Bild 4.261 Rückseitiges Fräsen für Schraubenkopfauflage [2]

Die 5-Seitenbearbeitung mit vielen Werkzeugwechseln darf vom Konstrukteur ausgenutzt werden (beachte *Bild 4.214* rechts). Wenn eine weitere Aufspannung erforderlich wird, z.B. für eine rückseitige Bearbeitung, sollte die konstruktive Gestaltung überprüft und verändert werden.

4.9.7 Gestaltung von Profilbohrungen

Für die formschlüssige Verbindung von Zahnrädern und Hebeln mit Wellen zur Übertragung von Drehmomenten werden häufig Profilbohrungen benutzt (siehe *Abschnitt 5.1*). Die wirtschaftlichste Art der Profilherstellung ist das Räumen mit Räumnadeln *(Bild 4.262)* nachdem zunächst eine runde Bohrung gefertigt worden ist. Räumnadeln sind teure Werkzeuge, die jeweils nur für eine Profilform und -größe verwendbar sind. Für Profile mit größeren Räumtiefen (z.B. Keilprofil) wird jeweils ein Räumnadelsatz von etwa drei bis fünf Räumnadeln benötigt. Sind die Räumnadeln für ein bestimmtes Profil vorhanden, so sind sie für jede Fertigungsmenge, auch bei Einzelfertigung, sehr produktiv einsetzbar. Ein veraltetes und sehr unproduktives Verfahren ist das Stoßen. Es muss bei Grundbohrungen angewendet werden, da das Räumen nur bei durchgehenden Bohrungen möglich ist. Für das Stoßen ist ein freier Werkzeugauslauf nötig, da sonst am Nutende ein Spänestau Werkzeugbruch verursacht *(Bild 4.263)*.

Bild 4.262 Räumen des Keilprofiles eines Schrägzahnrades
Nur durchgehende Profile sind räumbar

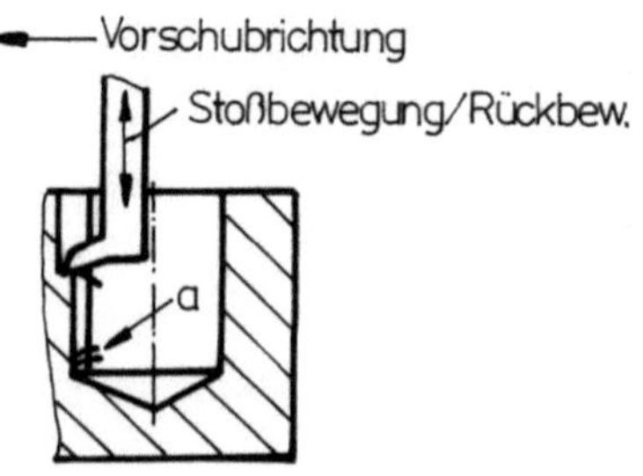

Bild 4.263 Nutstoßen in Grundbohrung
Stauende Späne a führen zum Bruch des Meißels

Der Werkzeugauslauf kann durch eine Querbohrung oder eine Nut verwirklicht werden.

Bild 4.264 Welle mit gestoßener Passfedernut

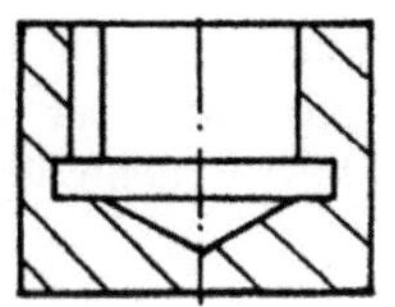

Werkzeugauslauf
durch Nut
(Herstellbarkeit prüfen!)

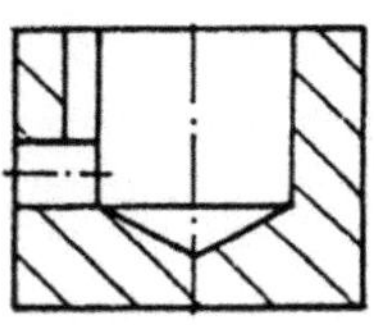

Werkzeugauslauf
durch Querbohrung

Bild 4.265 Stoßen erfordert freien Werkzeugauslauf

Die beim Stoßen erreichbaren Genauigkeiten sind erheblich schlechter als beim Räumen. Zusammenfassend ist festzustellen:

> Räumen erfordert durchgehende Profile, für die maximale Räumlänge gilt als Richtwert $L_{max} \leq 3\ d_i$.
> Nicht durchgehende Profile vermeiden!

■ 4.10 Feingestaltung – die Berücksichtigung der Fertigungstoleranzen

Die Genauigkeit der maschinenbaulichen Fertigung wurde durch den Werkzeugmaschinenbau und seiner ständigen Weiterentwicklung in einem sehr bedeutendem Maße gesteigert. Aber es ist bis heute weder möglich, ein 100%-ig genaues Maß zu fertigen, noch einen idealen rechten Winkel, einen idealen Zylinder, eine Oberfläche ohne Rauheit bzw. ohne Unebenheiten, also eine ideal glatte Fläche. Die Aufgabe bei der Festlegung der feingeometrischen Eigenschaften besteht daher darin, solche Forderungen zu stellen, die zur Erfüllung der Funktion notwendig sind, aber die Fertigungskosten nicht unnötig erhöhen. Es ist nach dem Grundsatz zu handeln:

> So genau wie nötig!

Dafür ist es üblich, mit Toleranzangaben (tolerare = dulden) zu arbeiten. So ist bei Maßangaben nicht nur ein Maß zu benennen, sondern es sind auch die Grenzen anzugeben, zwischen denen das gewünschte Maß liegen muss. Es werden also immer Grenzen benannt, die nicht überschritten werden dürfen. Ähnlich wird bei Form- und Lagetoleranzen und bei den Angaben für Oberflächen gehandelt, wobei z. T. nur eine Grenze angegeben wird (maximal zulässige Abweichung von einem Nennwert).

4.10.1 Überbestimmungen

Bild 4.266 zeigt eine eingepresste Buchse. Es handelt sich um eine vereinfachte Darstellung, die für den Einstieg in das Bemaßen und Tolerieren allerdings ungeeignet ist. Die Darstellung besagt, dass die Buchse bei 1 und 2 axial anliegt. Das ist jedoch nur zu erreichen, wenn Maß *A* und Maß *B* genau übereinstimmen.

Man kann die zweifache Anlage nur durch sehr sorgfältige und damit sehr aufwendige Passarbeit erreichen. Es kann z. B. *A* an der Buchse etwas größer als *B* ausgeführt werden und dann wird, vom Istmaß *B* (tatsächlich gefertigtes Maß) ausgehend, das Maß *A* vorsichtig soweit abgearbeitet, bis *A* und *B* übereinstimmen. Ähnlich ungünstig ist es mit der radialen Anlage der Buchse bei 3 und 4.

Derartige zweifache Lagebestimmungen werden als Überbestimmung bezeichnet. Da es sicher leicht vorstellbar ist, dass die axiale Anlage bei eins und die radiale Anlage bei vier die Buchse exakt fixieren, kann die Schlussfolgerung nur lauten:

Überbestimmungen sind unzulässig.

Daher sollte der Einsteiger in den Konstrukteurberuf nie mit Darstellungen nach *Bild 4.263* arbeiten, sondern solche nach *Bild 4.267* bevorzugen.

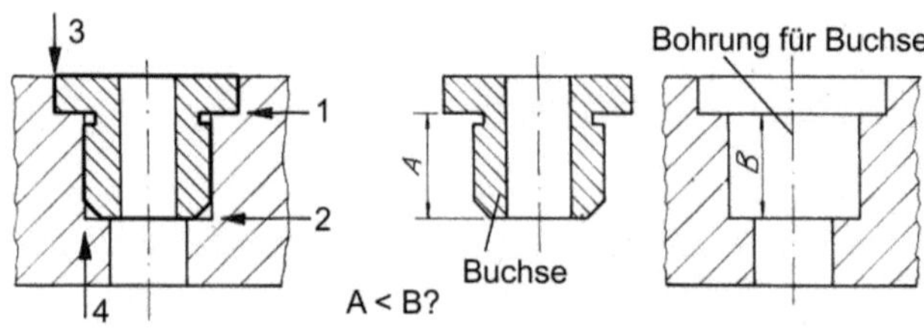

Bild 4.266 Buchse, eingepresst (Darstellung unzulässig vereinfacht bzw. falsche Maße)

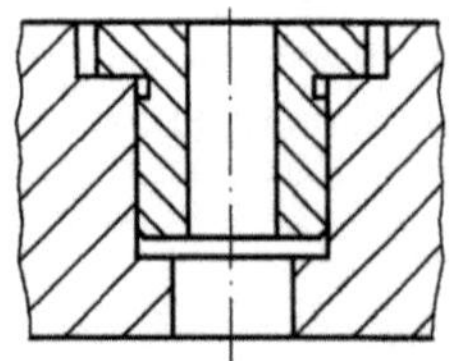

Bild 4.267 Buchse, eingepresst Zweckmäßige Darstellung und Lösung

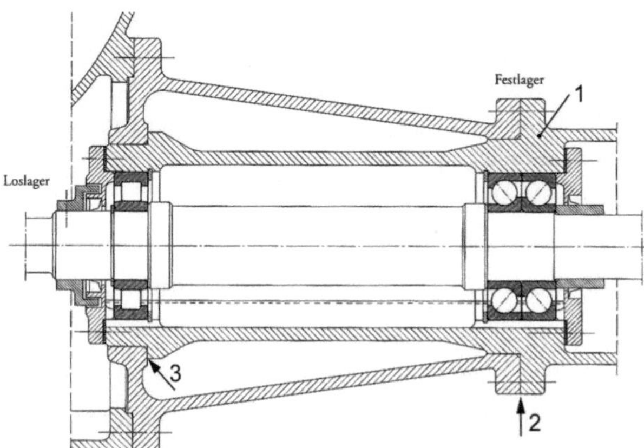

Bild 4.268 Lagerung einer Kreiselpumpe [12]
Die Lagerbuchse 1 liegt axial bei 2 und 3 an.

Auch *Bild 4.268* enthält eine axiale Überbestimmung, für die keine Notwendigkeit erkennbar ist. Die axiale Anlagefläche der Buchse 1 an der Stelle 3 kann entfallen, denn bei 2 ist sie exakt axial fixiert. Hinzu kommt, dass dadurch die Bearbeitung der axialen Anlagefläche im Gehäuse nicht erforderlich ist, es ist lediglich die Aufnahmebohrung zu bearbeiten.

4.10.2 Tolerieren mit Abmaßen und mit ISO-Toleranzen

Die ursprüngliche Form der Anwendung von Maßtoleranzen ist das Tolerieren mit Abmaßen. Hierfür müssen lediglich einfache Messmittel vorhanden sein. Dazu zählen als bekannteste Messschieber und Messschraube sowie in Verbindung mit Endmaßen Messuhr und Feinzeiger. Der Einsteiger steht dabei immer vor dem Problem, die Größe der Toleranzen zu bestimmen. Da aber im fertigungs- und messtechnischen Aufwand ein nennenswerter Unterschied darin besteht, ob für eine Toleranz ± 0,1 mm oder ± 0,01 mm oder gar ± 0,001 mm vorgesehen ist, sollte mit der Angabe der Toleranzen sorgfältig umgegangen werden. Erleichtert wird das Bestimmen der Toleranzgröße durch das ISO-System. Es stellt für die verschiedenen Ansprüche bewährte Abmaße zur Verfügung und erleichtert dem Einsteiger den Umgang mit Toleranzen, wenn der Aufbau des ISO-Systems bekannt ist.

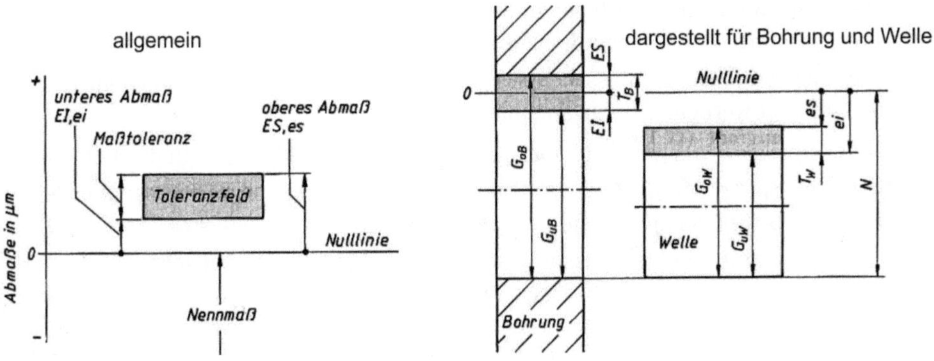

Bild 4.269 Erläuterung der Toleranzbegriffe [46]

Toleranzen beziehen sich auf das **Nennmaß** *N*. Die Differenzen zwischen **Höchst**- bzw. **Mindestmaß** und dem Nennmaß werden als **oberes Abmaß** (*ES*, *es* – früher A_0) und **unteres Abmaß** (*EI*, *ei* – früher A_u) bezeichnet. Wie bei den Toleranzfeldlagen der ISO-Toleranzen bezeichnen die Großbuchstaben die Bohrungs- und die Kleinbuchstaben die Wellentoleranzen. Bei Maßangaben werden so folgende Grenzen bestimmt:

- Das **Höchstmaß** (G_0) = größtes zugelassenes Grenzmaß
- Das **Mindestmaß** (G_u) = kleinstes zugelassenes Grenzmaß

Die **Maßtoleranz** *T* ergibt sich aus der Differenz zwischen **Höchst**- und **Mindestmaß**.

Tabelle 4.22 Beispiele für die praktische Handhabung von Maßtoleranzen

Beispiel für häufig verwendete Maßtoleranzangabe, Maßangaben üblicherweise in mm.					
15 ± 0,1	ES / $es(Ao)$ = +0,1	EI / $ei(Au)$ = -0,1	T = 0,2		
Die Toleranzangabe muss nicht gleichmäßig zum Nennmaß verteilt sein.					
$15^{+0,1}_{-0,05}$	$15^{+0,05}_{-,01}$				
Eine Toleranzgrenze kann mit dem Nennmaß identisch sein.					
$15^{+0,2}_{0}$	ES / es = +0,2	EI / ei = 0	$15^{0}_{-,01}$	ES / es = 0	EI / ei = - 0,1
Die Toleranz kann vom Nennmaß nach + oder – abrücken.					
$15^{+0,04}_{+0,03}$	$15^{-0,01}_{-0,03}$				

Im Maschinenbau sind wellenförmige Teile sehr häufig, und so spielt die Beziehung eines Wellendurchmessers zur dazugehörenden Bohrung eine wesentliche Rolle. Deshalb wird das Arbeiten mit Maßtoleranzen meist am Beispiel Welle und Bohrung erläutert (siehe *Bild 4.269* rechts). Die Differenz zwischen dem **Bohrungs-Istmaß** und dem **Wellen-Istmaß** wird hier als **Passung** (*P*) bezeichnet. Für den Konstrukteur gibt es hier nur die zwei grundlegenden Fälle:

- **Welle in der Bohrung beweglich**

  Das heißt, die Welle hat Spiel; diese Art der Beziehung zwischen Welle und Bohrung wird als **Spielpassung** bezeichnet, $P \geq 0$.
- **Welle in der Bohrung unbeweglich**

  Das heißt, die Welle sitzt fest (wie ein Korken im Flaschenhals), diese Beziehung wird mit Presspassung oder **Übermaßpassung** bezeichnet, $P \leq 0$.

Es bleibt zunächst unbeachtet, dass diese beiden Passungsarten in sehr unterschiedlichen Qualitäten benötigt werden, z. B. für Spielpassung:

- Grobe Spielpassung mit deutlich merkbarem Spiel (Welle „klappert“ in der Bohrung).
- Hochwertige Spielpassung, Welle wird in der Bohrung präzise geführt, ist aber leicht beweglich (z. B. Reitstockpinole im Reitstock einer Drehmaschine).

Das Zusammenspiel der beiden Passungsarten kann ebenfalls in grafischer Darstellung *Bild 4.270* verdeutlicht werden. An dieser Stelle ist auch zu erwähnen, dass aufgrund der Häufigkeit von Welle-/Bohrung-Passungen die beiden Passsysteme **Einheitsbohrung** und **Einheitswelle** eingeführt sind, die erheblich zur Erleichterung der Passungsauswahl beitragen. Beim Passsystem Einheitsbohrung ist das untere Abmaß *EI* = 0, während bei der Einheitswelle das obere Abmaß *es* = 0 ist. Die verschiedenen Passungen entstehen durch entsprechende Wahl der Toleranzfeldlage für den jeweils anderen Partner.

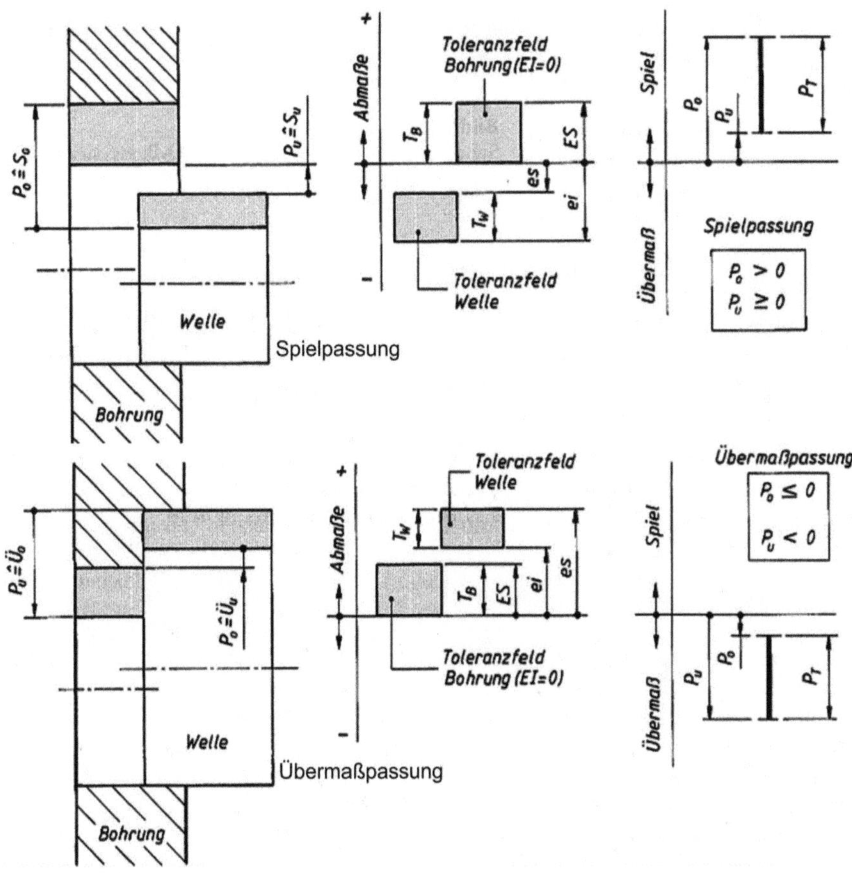

Bild 4.270 Passungen im System Einheitsbohrung [46]

Die folgenden Beispiele sollen die Nachvollziehbarkeit und den Umgang mit den Begriffen erleichtern.

Zur Spielpassung- Bei Ausnutzung der Toleranzen (Welle und Bohrung) bleibt immer Spiel bestehen.

Beispiel 1: *Welle* $\varnothing 30^{\;0}_{-0{,}05}$ und *Bohrung* $\varnothing 30{,}1^{+0{,}05}_{\;0}$ Es ergeben sich folgende Grenzen für das Spiel: Max. 0,2 mm - **Höchstspiel** S_0; min. 0,1 mm - **Mindestspiel** S_u

In der Regel erhalten die Nennmaße von Welle und Bohrung den gleichen Zahlenwert.

Beispiel 2: *Welle* $\varnothing 30^{\;0}_{-0{,}05}$ und *Bohrung* $\varnothing 30^{+0{,}15}_{+0.1}$ Es ergeben sich die gleichen Grenzen für das Spiel: Max. 0,2 mm - **Höchstspiel** S_0; min. 0,1 mm - **Mindestspiel** S_u

Zur Presspassung - Bei Ausnutzung der Toleranzen bleibt immer Übermaß bestehen.

Beispiel 2: *Welle* $\varnothing 30^{\;0}_{-0{,}02}$ und *Bohrung* $\varnothing 30^{-0{,}04}_{-0{,}08}$ Es ergeben sich folgende Grenzen des Übermaßes: Max. 0,08 mm - **Höchstübermaß** $\ddot{U}_o$; min. 0,2 mm - **Mindestübermaß** $\ddot{U}_u$

Bei der Maßtolerierung werden, wenn möglich und wie bei den Beispielen demonstriert, folgende **Vorzugsangaben** vorgenommen:

- **Wellentoleranz:** *es* = 0; *ei* = Minustoleranz
- **Bohrungstoleranz:** *ES* = Plustoleranz; *EI* = 0
- Wegen der besseren Fertigungs- und Messbedingungen für die Welle gegenüber der Bohrung wird vorzugsweise der Welle eine engere Toleranz zugeteilt (siehe Beispiel Presspassung).

Arbeiten mit Maßtoleranzen

Der Konstrukteur muss beim Festlegen von Toleranzen folgende Fragen beantworten:

- Welche Bauteile/Bauteilabmessungen müssen **kleiner** sein als das entsprechende Gegenstück?
- Welche Abmessungen müssen **größer** sei als das Gegenstück?

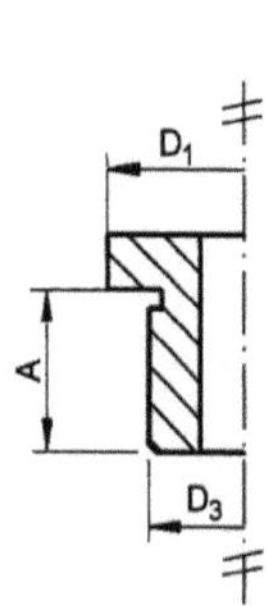

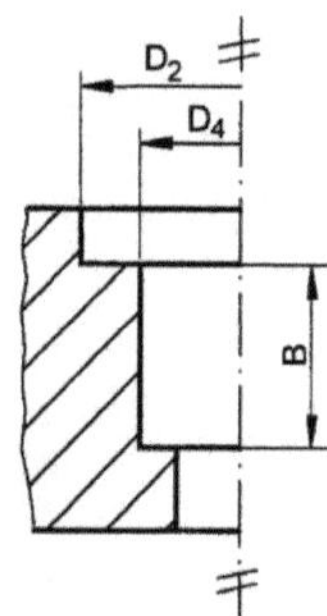

Bild 4.271 Tolerierung an Buchse und Bohrung

Antworten am Beispiel des obigen Bildes.

1. Zentrierdurchmesser D_3 der Buchse: Buchse soll festsitzen; Zentrierdurchmesser D_3 muss stets größer sein als die Bohrung D_4.
2. Bunddurchmesser D_1 der Buchse: Zwischen Bund und Senkdurchmesser D_2 soll deutliches Spiel sein; Bunddurchmesser muss immer deutlich kleiner sein.
3. Maß *A* an der Buchse soll nicht am Grund der abgesetzten Bohrung *B* aufliegen; Maß *A* muss immer deutlich kleiner als *B* sein.

Beispiele für gewählte Toleranzen:

Zu 1: Für derartige Presssitze sind Toleranzen im Bereich von Hundertstel-Millimetern üblich. $D_3 = \varnothing\, 20^{+0{,}03}_{+0{,}02}$ und $D_4 = \varnothing\, 20^{+0{,}01}_{\;0}$ Günstiger ist hierfür die Angabe mit ISO-Toleranzen (siehe weiter hinten).

Zu 2: Bei derartigen Sachverhalten wird mit Toleranzen im Bereich von Zehntel-Millimetern gearbeitet. $D_1 = \varnothing\, 26^{\;0}_{-0{,}2}$ und $D_2 = \varnothing\, 26{,}5^{+0{,}2}_{\;0}$

Zu 3: Entspricht bezüglich der Wahl des Toleranzbereiches dem Fall 2. $A = \varnothing\, 15^{\;0}_{-0{,}2}$ und $B = \varnothing\, 15{,}5^{+0{,}5}_{\;0}$

Es ist, je nach Größe des gewünschten Spiels in diesem Nennmaßbereich bei entsprechender Wahl des Nennmaßes auch möglich, ein Maß (ggf. sogar beide Maße) als Freimaß - also ohne Toleranz - zu belassen. Damit Maßeintragungen mit Toleranzen die Zeichnungen nicht unnötig komplizierter bzw. unübersichtlicher machen und zudem der Fertigung keine unnötigen Vorschriften gemacht werden, wurden mit der ISO 2768 Allgemeintoleranzen für Längen- und Winkelmaße ohne einzeln einzutragene Toleranzen festgelegt. Für Längenmaße siehe *Tabelle 4.23;* weitere Angaben sind entsprechenden Nachschlagewerken bzw. Normenschriften zu entnehmen; in der Fertigung sollten diese Werte bekannt sein. In den Bemaßungsfällen 1. und 2. unseres Beispiels könnte so möglicherweise auf eine explizite Toleranzangabe verzichtet werden. Die entsprechende Toleranzklasse ist im oder neben dem Schriftfeld einzutragen, z.B. für Toleranzklasse mittel:

ISO 2768 - m oder Allgemeintoleranz ISO 2768 - m

Tabelle 4.23 Grenzmaße für Längenmaße nach ISO 2768

Toleranzklasse	Grenzabmaße in mm für Nennmaßbereich in mm							
	0,5 - 3	>3 - 6	>6 -30	>30 - 120	>120 - 400	>400 - 1000	>1000 - 2000	>2000 - 4000
f (fein)	± 0,05	± 0,05	± 0,1	± 0,15	± 0,2	± 0,3	± 0,5	-
m (mittel)	± 0,1	± 0,1	± 0,2	± 0,3	± 0,5	± 0,8	± 1,2	± 2
c (grob)	± 0,15	± 0,2	± 0,5	± 0,8	± 1,2	± 2	± 3	± 4
d (sehr grob)	-	± 0,5	± 1	± 1,5	± 2,5	± 4	± 6	± 8

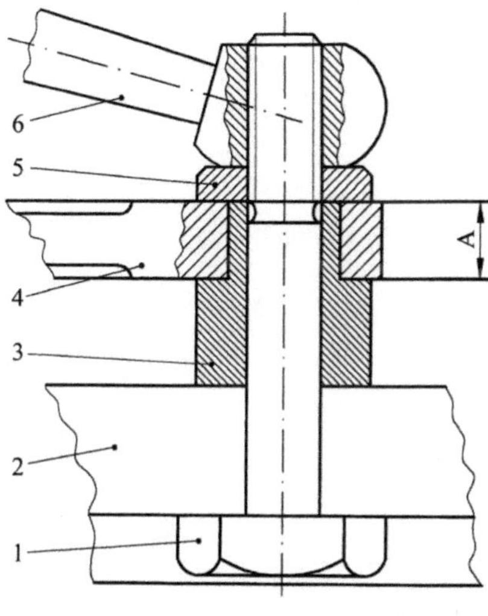

Bild 4.272 Verstell- und Spanneinrichtung für Schnellspannschraubstock nach *Bild 4.17*
1 Sechskantpassschraube DIN 609
2 Schraubstock-Grundkörper
3 Buchse, Lagerstelle für 4
4 Spannhebel mit Exzenter
5 Scheibe
6 Kegelgriff DIN 99

Als zweites Beispiel wird obiges Bild betrachtet. Wie funktioniert diese Einrichtung? Die Schraube 1 mit der Buchse 3 bildet den Festpunkt für die mittels Spannhebel 4 erzeugte Schnellspannbewegung. Dabei handelt es sich um eine kurze Bewegung infolge der Exzenterform (im Bild nicht erkennbar) am Hebel 4, d.h. diese Spannbewegung muss auf das jeweils zu spannende Werkstück einstellbar sein. Dieses Einstellen erfolgt durch Lösen des Kegelgriffs 6 (eigentlich eine Mutter mit hebelartigem Griff) und Verschieben der gesamten Einrichtung. Wird Kegelgriff 6 festgezogen, muss Spannhebel 4 beweglich bleiben. Um diese Bedingung zu erfüllen, muss Maß A am Hebel 4 stets kleiner als Maß A an Buchse 3 sein. Für ein Nennmaß von 10 mm eignen sich folgende Toleranzen:

Maß A am Hebel 4: $10^{\ 0}_{-0,1}$

Maß A an Buchse 3: $10^{+0,2}_{+0,1}$ oder $10,1^{+0,1}_{\ 0}$

Das heißt das Axialspiel liegt im Bereich von 0,1 bis 0,3 mm. Ähnlich wie für die Buchse und Bohrung im *Bild 4.267* könnte für den Einsteiger hier die Darstellung des Axialspiels sinnvoll sein.

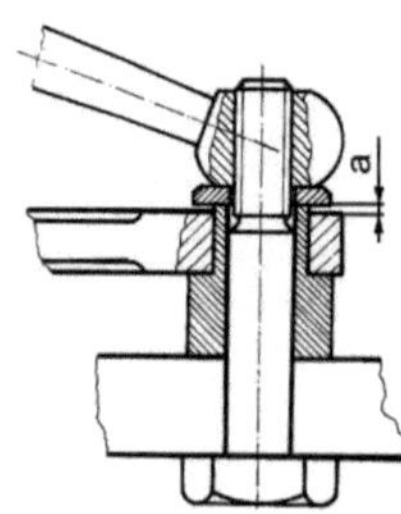

Bild 4.273 Zweckmäßige Darstellung der Verstell- und Spanneinrichtung Axialspiel a zwischen Buchse 3 und Hebel 4 ist dargestellt

Die Summentoleranzen

Ein besonderes Problem beim Arbeiten mit Maßtoleranzen stellt die Bildung von Summentoleranzen dar. Werden z. B. zwei tolerierte Maße aneinandergereiht, so müssen die die resultierenden Toleranzsummen berücksichtigt werden. Gerade bei funktionsbestimmenden Toleranzen lassen sich schon bei zwei Maßen die Folgen nicht auf den ersten Blick übersehen. Daher gilt:

> Abmessungen mit funktionsbestimmenden kleinen Toleranzen sind keinesfalls durch mehrere tolerierte Maße zu bestimmen.

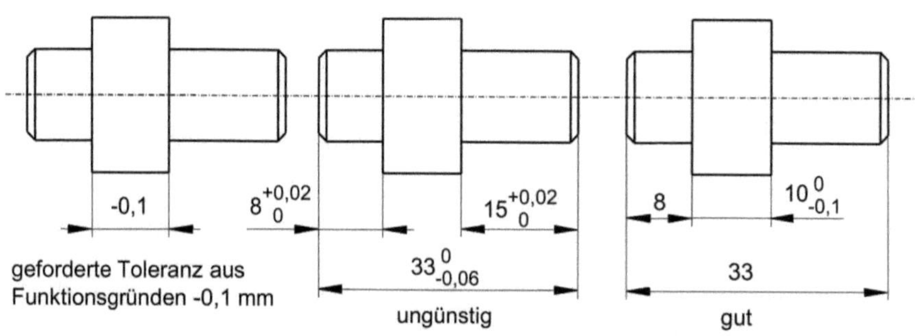

Bild 4.274 Summentoleranzen an einem einfachen Teil

Ein Summentoleranz-Fall, der in der Praxis recht häufig auftritt, ist die Bemaßung einschließlich Tolerierung bei der Anwendung von Sicherungsringen für Wellen und Bohrungen (DIN 471 und 472). Diese dienen der axialen Sicherung bzw. Festlegung von Bauteilen auf Wellen oder in Bohrungen. Die Sicherungsringe werden nach Herstellerangaben mit einer Minustoleranz für die Ringbreite geliefert, damit der Ring immer in die Nut hineinpasst, hat die Nut nach dessen Vorgaben grundsätzlich etwas breiter zu sein als die maximale Ringbreite. Über den Nutabstand wird keine Aussage gemacht. Beim Festlegen des Nutabstandes und der dazugehörigen Toleranz muss immer gewährleistet sein, dass der Ring montierbar ist, also der Nutabstand nicht zu eng ausfällt. Das mögliche Axial-Höchstspiel darf die Funktion nicht beeinträchtigen (siehe *Abschnitt 5.1*).

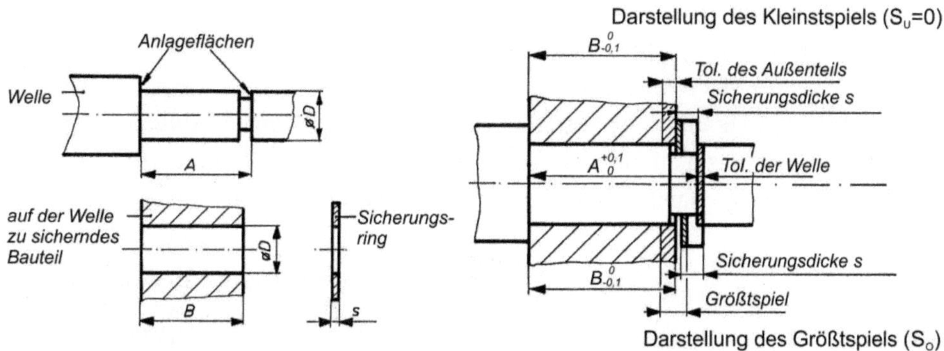

Bild 4.275 Toleranzsituation bei der Anwendung von Sicherungsringen

In der Zusammenbau-Zeichnung ist der Fall „Mindestspiel S_u = 0" mit den entsprechenden Toleranzen dargestellt (obere Hälfte), natürlich entsteht auch ein Höchstspiel S_0 (hier mit Größtspiel bezeichnet) - mit Axialspiel muss also gerechnet werden.

Aufgabe 4.6 Bestimmen Sie Nennmaß und Maßtoleranzen für das Maß X des folgenden Bildes.

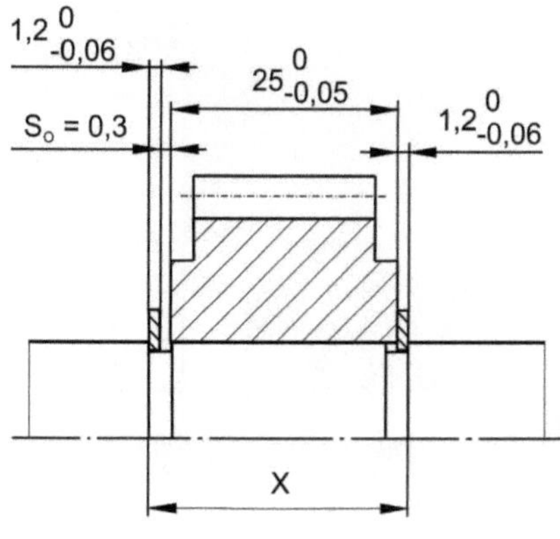

Bild 4.276 Darstellung zur Aufgabe 4.6
Ein Bauteil ist mit zwei Sicherungsringen axial festgelegt. Es darf sich axial um maximal 0,3 mm verschieben (Höchstspiel S_0).

Das ISO-Toleranzsystem

Die in der Maschinenelementeliteratur häufig üblichen Einführungen in das ISO-Toleranzsystem mit der ausführlichen Erläuterung und Herleitung des Systems sind für die praktische Anwendung wenig hilfreich. Folgende Kenntnisse müssen vorausgesetzt werden:

- Die **Größe** der Toleranzen wird mit Zahlen gekennzeichnet. Es stehen 20 verschiedene Größen mit der Bezeichnung der Grundtoleranzen bzw. IT-Qualitäten zur Verfügung.

  Stufung: (01 und 0 nicht allgemein gebräuchlich) 1; 2; 3 ... bis 18

  Anwendungsgebiete: Lehren 01 bis 5

  Maschinenbau (4) 5 bis 11 (siehe *Bild 4.274*)

  Grobtoleranzen 12 bis 18
- Die **Lage** der Toleranzfelder zur Nulllinie wird mit Buchstaben gekennzeichnet.

  Großbuchstaben für Bohrungen: A, B, C ... H ... X, Z

  Kleinbuchstaben für Wellen: a, b, c ... h ... x, z

  Das Bohrungs-Toleranzfeld **H** liegt mit dem unteren Abmaß an der Nullinie ($EI = 0$).

  Das Wellen-Toleranzfeld **h** liegt mit dem oberen Abmaß an der Nullinie ($es = 0$).

Maßtoleranzen können damit durch Kurzzeichen *(verschlüsselt)* angegeben werden. Beispiele:

Bohrung:	⌀20H7	Klartext $\varnothing\, 20^{+0,021}_{\;0}$
Welle:	⌀20h6	Klartext $\varnothing\, 20^{\;0}_{-0,013}$

Die Abmaße sind in ISO 286 festgelegt und in Tabellenbüchern enthalten. Der Vorteil der verschlüsselten Angabe liegt darin, dass für Nennmaße bis 500 mm bewährte Toleranzen festgelegt sind, sodass der Einsteiger von der Schwierigkeit der Wahl der Toleranzgröße entbunden ist.

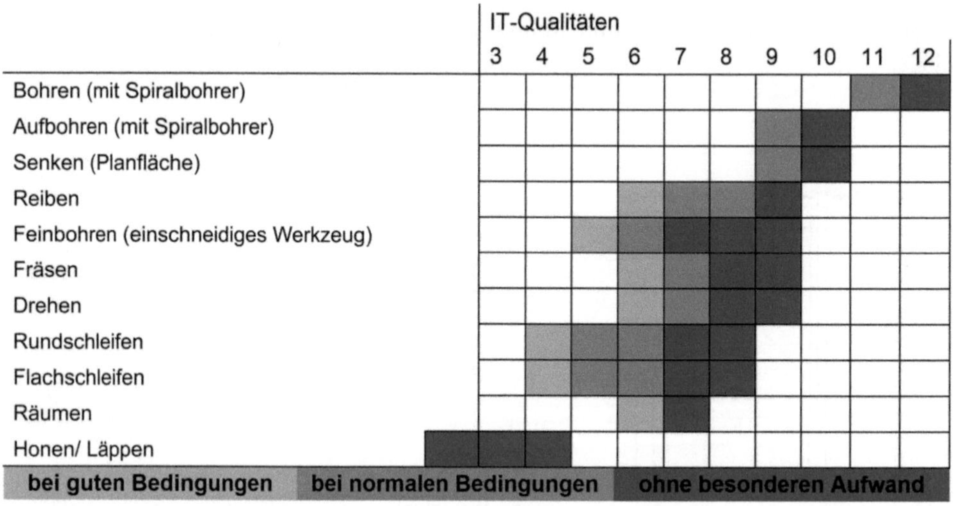

Bild 4.277 Erreichbare IT-Qualitäten (angelehnt an DIN 4766)
Es handelt sich um Richtwerte, die nach dem Stand der Technik erreicht werden können. Verbindliche Güteforderungen sind hieraus nicht ableitbar.

Die Anzahl der möglichen Toleranzen (Kombinationen von Größe und Lage) ist allerdings noch recht hoch, die Anzahl der sinnvollen Passungen (Kombinationen von Welle- und Bohrungstoleranzen) natürlich auch. Deshalb sollte der Konstrukteur Vorstellungen zu den im allgemeinen Maschinenbau prinzipiell verwendbaren Passungen haben, siehe *Tabelle 4.24*. Obgleich weiter oben nur die zwei Passungsarten Spiel- und Presspassung genannt wurden, sind in der Tabelle Paarungen der Gruppe **Übergangspassung** enthalten. Der beschriebene Passungscharakter lässt aber ebenfalls Festsitze – allerdings mit nur geringem Übermaß – erkennen.

> Bei völliger Ausnutzung der Toleranz (z. B. kleinstzulässige Welle gepaart mit größtzulässiger Bohrung) geht dieser Charakter verloren und es entsteht Spiel. Aufgrund der Wahrscheinlichkeit kommt der angegebene Charakter zustande, denn bei der Herstellung der Bohrung wird ein Istmaß nahe der kleinstzulässigen Bohrung angestrebt, bei der Welle ist es umgekehrt.
>
> **Die Funktion verlangt immer Spiel oder Übermaß.** ■

Wie das ungünstige Auftreten von Spiel praktisch auszuschalten ist, liegt in den Händen der Fertigungsabteilung.

Tabelle 4.24 Auswahl gebräuchlicher Präzisionspassungen (Einheitsbohrung)

<table>
<tr><td rowspan="3">Spielpassung</td><td>H7 / e8</td><td colspan="2">leichter Laufsitz – reichliches Spiel</td></tr>
<tr><td>H7 / g6</td><td colspan="2">enger Laufsitz – kaum merkliches Spiel</td></tr>
<tr><td>H7 / h6</td><td colspan="2">sehr enger Laufsitz – gerade noch von Hand verschiebbar
Langsames betriebsmäßiges Verschieben zulässig, für rasches Verschieben nicht geeignet.</td></tr>
<tr><td rowspan="3">Übergangspassung</td><td>H7 / j6</td><td colspan="2">leichter Haftsitz – mit Holzhammer fügbar
Sorgfältige Sicherung gegen Verschieben und Verdrehen unerlässlich; nicht anwenden für Teile, die sich betriebsmäßig verschieben müssen.</td></tr>
<tr><td>H7 / k6</td><td colspan="2">fester Haftsitz – mit Handhammer fügbar
Anwendung vor allem dort, wo Passteile ab und zu auseinandergenommen und wieder zusammengesetzt werden müssen. Sicherung der Teile gegen Verschieben und Verdrehen notwendig.</td></tr>
<tr><td>H7 / n6</td><td colspan="2">Festsitz – Fügen und Trennen der Teile nur unter großer Kraft (z. B. Handhebelpresse)
Sicherung gegen Verdrehen im Allgemeinen erforderlich.</td></tr>
<tr><td rowspan="2">Presspassung</td><td>H7 / r6</td><td>Presssitz bis Nennmaß 80</td><td>Mit hydraulischer Presse oder Wärmedifferenz fügbar.</td></tr>
<tr><td>H7 / s6</td><td>Presssitz ab Nennmaß 80</td><td>Sicherung gegen Verdrehen und Verschieben im Allgemeinen nicht erforderlich.</td></tr>
</table>

Neben den Präzisionspassungen können folgende Grobpassungen zur Anwendung kommen:

H11/h11	sehr grobe Spielpassung
H9/h9	grobe Spielpassung

Sie beruhen auf der Herstellung der Bohrung durch Bohren mit Spiralbohrer (H11) oder durch Vorbohren und Aufbohren mit dem Spiralbohrer (H9). Als Welle eignet sich runder Blankstahl, der mit der Toleranz h11 bzw. h9 lieferbar ist.

In der betrieblichen Praxis sind bei der Passungs- bzw. Toleranzauswahl die **Werknormen** entscheidend. Sie berücksichtigen in der Regel die vorhandenen Lehren, Messmittel und andere Prüfmöglichkeiten und sind vom Konstrukteur konsequent anzuwenden. Vorschriften für die Toleranzwahl ergeben sich auch bei der Anwendung von (zugekauften) Normteilen bzw. Fremdteilen. Hierzu zählen als große Gruppe die Wälzlager, aber auch bei Welle-Nabe-Verbindungen und Dichtungen sind die Vorgaben zu beachten.

4.10.3 Kompensieren von Summentoleranzen

Treffen mehrere Bauteile aufeinander, ist eine Summenbildung der Toleranzen nicht vermeidbar. Dieser Sachverhalt wurde am Beispiel der Lagetolerierung für einen Sicherungsring mittels *Bild 4.275* behandelt. Während ein einzelnes zu sicherndes Teil und die Inkaufnahme eines geringen Axialspiels mit einer kostengünstigen Tolerierung der beteiligten Bauteile beherrschbar ist, geht das beim Aufeinandertreffen mehrerer Teile nicht mehr ohne weiteres. Als Beispiel wird das axiale Sichern von drei Bauteilen auf einer Welle herangezogen.

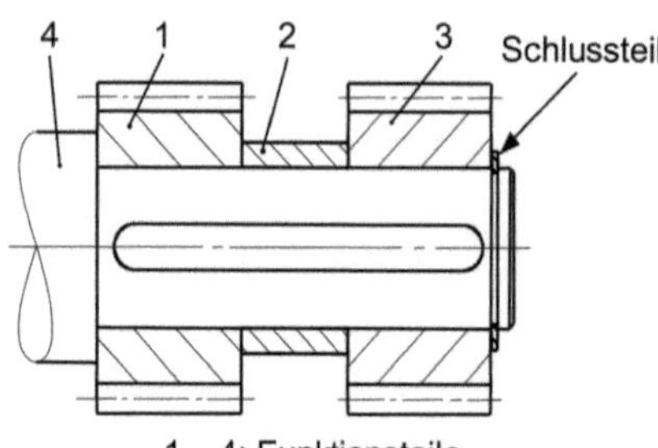

Bild 4.278 Zur Erläuterung des Problems der Summentoleranzen

Auf der Welle 4 sitzen die drei Teile: Zahnrad 1, Buchse 2 und Zahnrad 3. Sie werden axial fixiert durch ein so genanntes Schlussteil- hier ein Sicherungsring. Wird jedem Teil eine kostenmäßig gut beherrschbare Toleranz von 0,1 mm zugestanden, so tritt bei den vier Teilen bereits eine Summentoleranz von 0,4 mm auf, dazu die Dickentoleranz des Sicherungsringes in etwa gleicher Größe. Im ungünstigsten Fall kann so ein Axialspiel von 0,5 mm auftreten. Das ist in der Regel unzulässig. Wie kann dieses Problem im Maschinenbau bei ertragbarem Aufwand beherrscht werden?

Es sind vier grundsätzliche Methoden bekannt:

- Austauschmethode
- Methode der Gruppenaustauschbarkeit

und die Kompensationsmethoden

- Passmethode
- Einstellmethode

Die ersten beiden kommen für die maschinenbauliche Einzel- und Kleinserienfertigung praktisch nicht infrage. Sie werden daher nur der Vollständigkeit halber kurz vorgestellt:

1. Austauschmethode

Jedes Bauteil erhält eine so enge Toleranz, dass die Summentoleranz genügend klein ist; Berechnung nach der Maximum-Minimum-Methode (Grenzmaßmethode).

Vorteil: Einfache Montageorganisation.

Nachteil: Nur für kurze Toleranzketten zweckmäßig (siehe Beispiel *Bild 4.275*). Je mehr Teile umso engere Toleranzen, d. h. höhere Kosten!

Anwendung: Sonderfertigung, Großserienfertigung (Getriebe- und Motorenbau)

2. Methode der Gruppenaustauschbarkeit

Die Einzelteile werden mit gut beherrschbarer Toleranz gefertigt. Alle Teile werden gemessen und in Gruppen mit dem gewünschten Gruppenmaß eingeordnet. Für diese Methode müssen mehr Teile gefertigt werden, als für die fertig zu stellende Anzahl von Baugruppen benötigt werden. So stehen dem Vorteil der relativ groben Toleranzen an den Einzelteilen die Nachteile

- Aufwand für das Messen und Sortieren und
- Anfall von Restteilen

gegenüber.

Anwendung: Für Großserienfertigung bzw. für ständig wiederkehrende Serienfertigung betreffs der Weiterverwendung der Restteile.

Wesentlich häufiger kommen die **Kompensationsmethoden** zur Anwendung, d. h. es werden Wege beschritten, die die Summierung der Toleranzen der Einzelteile kompensieren.

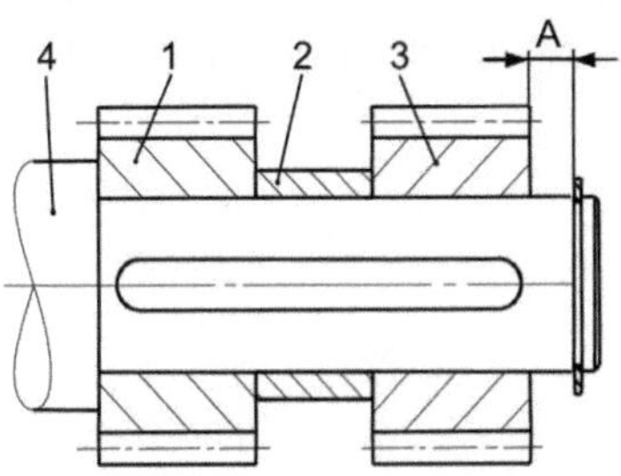

Bild 4.279 Erläuterung der Passmethode
Die Summentoleranzen der Teile 1, 2 und 3 werden kompensiert durch Anpassen eines Bauteiles, das zwischen 3 und dem Sicherungsring eingefügt wird. Dazu muss der Abstand A gemessen werden.

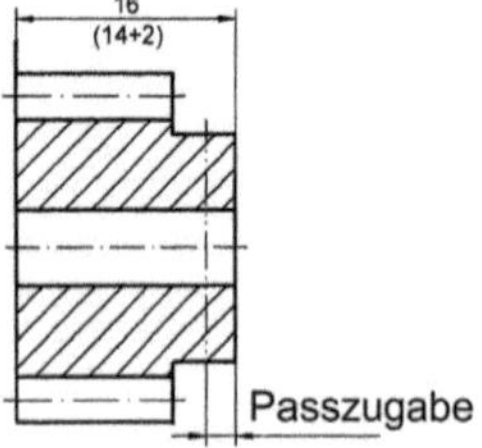

Bild 4.280 Funktionsteil mit Passzugabe

3. Passmethoden

Zur Erläuterung dient das Bild 4.279. Auf Welle 4 sollen drei Bauteile axial spielfrei festgelegt werden. Bei der Passmethode ist es möglich, mit relativ groben Toleranzen der Einzelteile zu arbeiten. Die Lage der Sicherungsringnut ist so zu bemessen, dass nach Montage der Teile 1 bis 3 auf der Welle ein Abstand zum Sicherungsring bestehen bleibt. Nach dem Einspreizen des Sicherungsrings wird der Abstand *A* gemessen und durch ein speziell anzupassendes Teil ausgefüllt. Die **Methode 3.1** wird **Passzugabe am Passteil** benannt. Das Passteil wird nach dem Messen von *A* z.B. durch Flachschleifen auf das gemessene Maß abgearbeitet. Ähnlich wird bei der **Methode 3.2 - Passzugabe am Funktionsteil** - gearbeitet. In diesem Fall erhält Teil 3 (siehe *Bild 4.280*) die Passzugabe, es wird zunächst nicht montiert. Gemessen wird der Abstand zwischen Teil 2 und Sicherungsring. Danach wird Teil 3 maßlich angepasst. In beiden Fällen wird der Montageablauf unterbrochen. Eleganter ist die **Methode 3.3 - Verwendung von Passscheiben**. Anstelle der durch Bearbeitung anzupassenden teile werden in den Spalt A Passscheiben nach DIN 988 eingefügt. Die Passscheiben sind in folgenden Dickenstufungen für Wellendurchmesser von 3 bis 100 mm verfügbar:

Passscheiben DIN 988, Dicke/mm 0,1 0,15 0,2 0,3 0,5 0,8 1,0 1,1 1,2 1,3 1,4 1,5 1,6 1,7 1,8 1,9 2

Diese Scheiben müssen in größerer Anzahl am Montageplatz vorhanden sein, sodass ein Spalt im Bereich von 0,1 bis über 2 mm „gefüllt" werden kann (*Bild 4.281,* links). Auch hierfür können die Dickentoleranzen der Einzelteile bzw. der Nutabstand relativ grob toleriert werden. Im Allgemeinen wird im Wellendurchmesserbereich 10 bis ca. 80 mm mit Maßtoleranzen von 0,1 mm gearbeitet. Nachteilig ist, dass eine größere Menge von Passscheiben bereitgestellt werden muss. Für die Einzelfertigung (auch Kleinserie) wird daher besser mit den erstgenannten Passmethoden, d.h. mit mechanischer Bearbeitung an Passteil oder Funktionsteil gearbeitet.

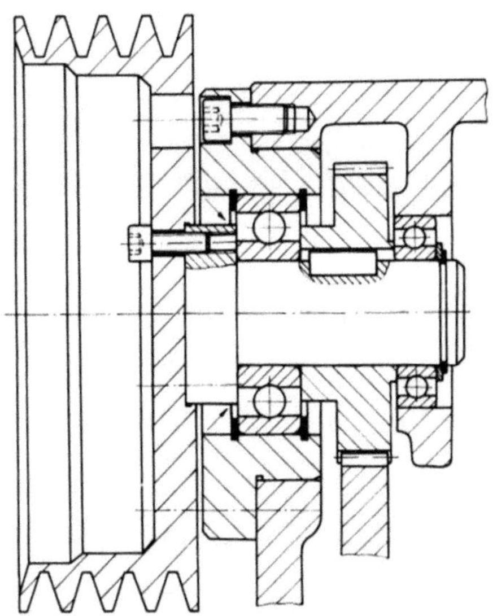

Summentoleranz auf der Welle kompensiert durch Passscheibe (Methode 3.3)

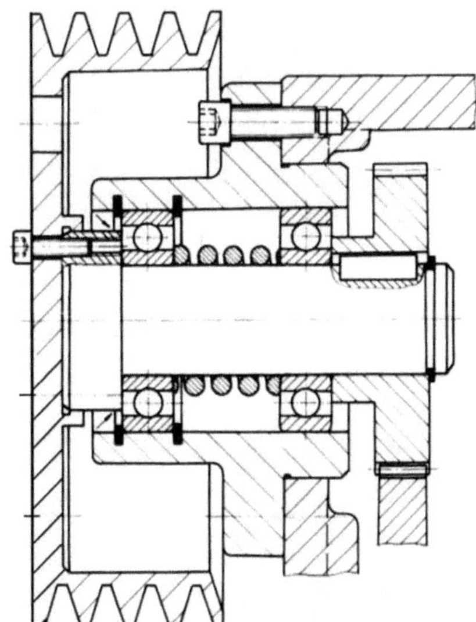

Summentoleranz wird durch Druckfeder kompensiert. Anwendung bei Schrägverzahnung (Axialkräfte am Zahnrad) nur begrenzt möglich.

Bild 4.281 Antriebswellen

4. Einstellmethode

Im Gegensatz zum axialen Fixieren bei den Passmethoden mittels Sicherungsring werden verschiedene Möglichkeiten eines einstellbaren Schlussteils angewendet. Das können sein:

4.1 Einstellen mit Stellring *(Bild 4.282)*

4.2 Einstellen mit Klemmring oder Schrumpfring *(Bild 4.283)*

4.3 Einstellen durch Gewinde *(Bild 4.284)*

Es kann jedoch auch mit einem selbst einstellenden Glied gearbeitet werden. In diesem Fall ist als Schlussglied der fertigungsgünstige Sicherungsring anwendbar.

4.4 Einstellen durch selbst einstellendes Glied (*Bild 4.281*, rechts)

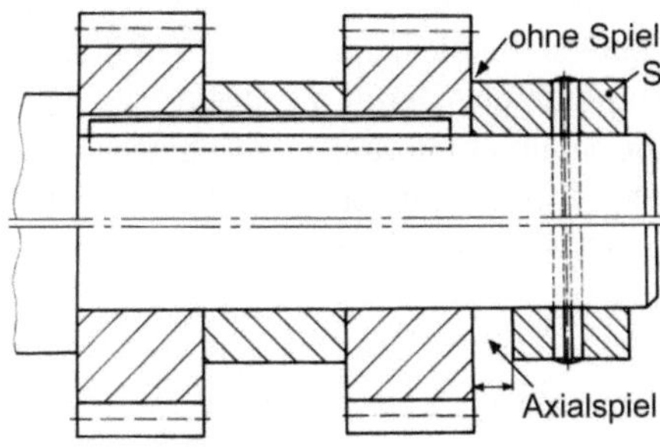

Bild 4.282 Einstellen mittels Stellring
Stellring *S* wird bei Montage festgelegt.
Bildteil oben: Axiale Sicherung ohne Spiel
Bildteil unten: Axiale Sicherung mit Spiel (z. B. Zahnräder auf der Welle drehbar)
In beiden Fällen Stellring durch Kerbstift fixiert.

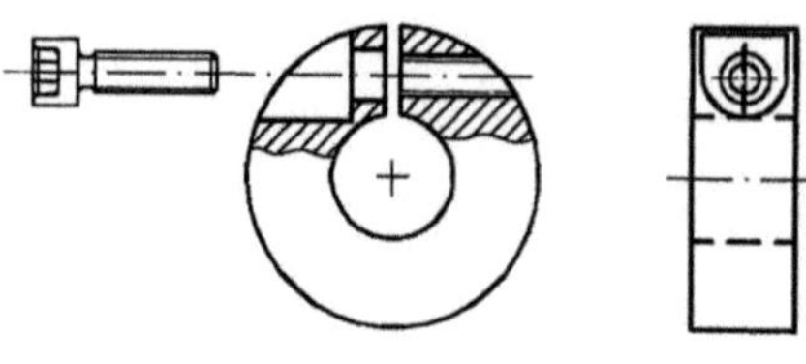

Bild 4.283 Klemmring
Keine hervorstehenden Teile bei Rotation.

Nur für spielfreie Axialsicherungen anwendbar

Innengewinde bei Spitzendrehen vermeiden *(Bild 4.242)*

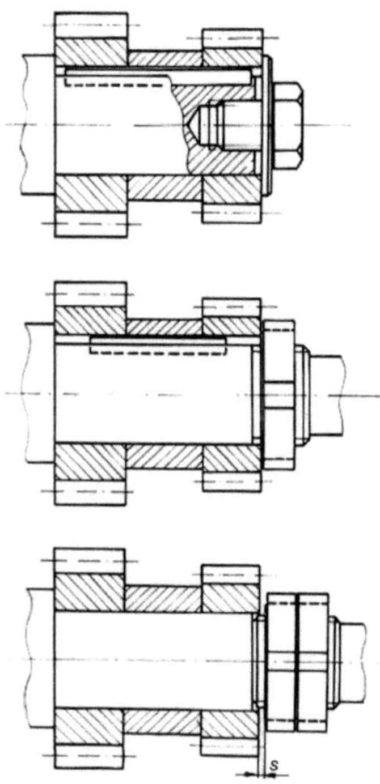

Bild 4.284 Einstellen mit Gewinde
Nur für spielfreie Axialsicherungen anwendbar
Mutter und Kontermutter bei gewünschtem Axialspiel anwenden.

Die Anwendung vorstehend genannter Einstellmethoden soll durch folgende Bemerkungen unterstützt werden:

Zu Methode 4.1

Beim Verstiften des Stellringes ist **Bohren im Montageprozess** erforderlich. Wegen der dabei auftretenden Späne wird Methode 4.1 im Allgemeinen abgelehnt. Das Sichern mittels Gewindestift mit Ringschneide ist zu bevorzugen - siehe hierzu *Bilder 5.20* und *5.21*. Ein weiteres Beispiel zeigt *Bild 4.294*. Die Stiftverbindungen wirken als Welle-Nabe-Verbindungen und kompensieren gleichzeitig die axiale Summentoleranz des Gehäuses und der beiden Kugellager. Die Gefährdung der Kugellager durch Späne beim Bohren der Stiftlöcher besteht hier nicht, denn die Wellendichtringe schützen die Lager.

Zu Methode 4.2

Ein geschlitzter Klemmring mit Klemmschraube ist gegenüber Methode 4.1 ein aufwendiges Bauelement *(Bild 4.283)*. Der Vorteil liegt in der einfachen Montage und Demontage und der Nachstellbarkeit.

Zu Methode 4.3

Gewindefertigung ist erforderlich. Spielfreiheit ist garantiert. Sofern Spiel erforderlich ist, kann mit Mutter und Kontermutter gearbeitet werden (*Bild 4.284* unten).

Zu Methode 4.4

Nur für spielfreien Zusammenbau geeignet. Eine passende Druckfeder bzw. Tellerfederpakete sind auszuwählen oder ein anderes federndes Element ist selbst zu entwerfen (Fertigungsaufwand beachten!). Für alle Einstellmethoden ist vorteilhaft, dass Messen beim Montieren nicht erforderlich ist.

Sowohl die Pass- als auch die Einstellmethoden sind für Einzel- und Kleinserienfertigung geeignet. der Konstrukteur ist gut beraten, wenn stets alle Methoden betrachtet werden und die Auswahl in Abhängigkeit von Funktion, Baugröße und Aufwand getroffen wird.

4.10.4 Oberflächenangaben

Um einen Einstieg in die Oberflächenangaben zu ermöglichen, kann mit den Empfehlungen nach *Tabelle 4.25* gearbeitet werden. Über die erreichbaren Rautiefen einiger Fertigungsverfahren gibt *Bild 4.285* Auskunft. Bei diesen handelt es sich allerdings um Richtwerte, die nach dem Stand der Technik erreicht werden können. Verbindliche Güteforderungen sind hieraus nicht ableitbar.

Tabelle 4.25 Empfehlungen für Rauheitsangaben

Funktion der Fläche	Rz/μm	alte Angabe
Fläche ohne Funktion		
▪ keine Berührung zu anderen Bauteilen, Durchgangsbohrungen	> 40	▿
Anschluss-, Befestigungs- und Stützflächen		
▪ geringe Anforderungen	25 ... 40	▿▿
▪ höhere Anforderungen	12,5 ... 16	
Presspassflächen		
▪ Bohrungen	6,3	▿▿
▪ Wellen	3,2 ... 6,3	▿▿▿, ▿▿
▪ lösbare Presssitze	2,5 ... 4	▿▿▿
▪ Wälzlagersitze	10 ... 12,5	▿▿
Gleitflächen		
▪ trocken	16 ... 25	▿▿
▪ geschmiert, gering beansprucht	10 ... 12,5	▿▿
▪ geschmiert, hoch beansprucht	2,5 ... 6,3	▿▿▿
▪ Hydraulikkolben (-zylinder)	1,6	▿▿▿▿
▪ Kolbenbolzen	1,0	▿▿▿▿

Tabelle 4.25 *(Fortsetzung)*

Funktion der Fläche	Rz/µm	alte Angabe
Wälz- und Rollflächen z. B. Zahnflanken und Wälzbahnen	1 … 2,5	▽▽▽▽, ▽▽▽
Dichtflächen		
▪ für Papierdichtung/Dichtmasse	6,3 … 25	▽▽
▪ für gleitende Dichtung	1 … 2,5	▽▽▽▽
▪ metallische Dichtflächen	1 … 2,5	▽▽▽▽
Flächen für galvanische Beschichtungen	2,5 … 25	▽▽▽
Prüfflächen an Lehren und Messzeugen	0,4 … 2,5	▽▽▽▽, ▽▽▽
Griffflächen	0,4 … 0,63	▽▽▽▽ poliert

		Rautiefe Rz in µm									
		0,25	1	2,5	4	10	16	25	40	63	250
Bohren (mit Spiralbohrer)							▒	█	█	█	█
Aufbohren (mit Spiralbohrer)							▒	█	█	█	
Senken (Planfläche)					▒	█	█				
Reiben					▒	█	█				
Feinbohren (einschneidiges Werkzeug)				▒	█	█					
Fräsen			▒	▒	▒	█	█	█			
Drehen			▒	▒	▒	█	█	█			
Rundschleifen		▒	▒	▒	█	█					
Flachschleifen			▒	█	█						
Räumen			▒	▒	█	█					
Honen/ Läppen	▒	█	█								

▒ bei guten Bedingungen █ bei normalen Bedingungen

Bild 4.285 Erreichbare Rautiefen (angelehnt an DIN 4766)

4.10.5 Form- und Lagetoleranzen

Formtoleranzen

So, wie es nicht möglich ist, ein absolut genaues Maß zu fertigen, ist es genauso wenig möglich, eine ideale geometrische Form herzustellen – also eine Gerade, eine Ebene, eine Kreis- oder Zylinderform. *Bild 4.286* zeigt das Prüfergebnis einer nicht völlig ebenen Fläche.

Bild 4.286 Prüfung der Ebenheit durch Tuschieren
Die Markierung durch dunkle Tuschierfarbe an den Außenkanten zeigt eine Ebenheitstoleranz. Die Fläche ist hohl.

Bild 4.287 Geschabte Fläche einer Tuschierplatte
Die Oberfläche zeigt das typische Bild einer durch das Handfertigungsverfahren Schaben feinbearbeiteten Gusseisenplatte.

Bei dieser Prüfung handelt es sich um eine qualitative Prüfung, eine zahlenmäßig belegte Abweichung wird auf diese Weise nicht ermittelt. Die durch Flachschleifen endbearbeitete Fläche lässt mit bloßem Auge keinen Mangel erkennen. Der Kolbenbolzen nach *Bild 4.288* zeigt ein ähnliches Ergebnis für eine Zylinderform, hier nicht durch ein Prüfverfahren, sondern durch betriebsüblichen Abrieb sichtbar gemacht. Ein drittes Beispiel - *Bild 4.289*- zeigt die mit einem Rundheitsprüfgerät abgetastete und vergrößert aufgezeichnete Istform von Wälzlagerringen (F_K = Formabweichung vom Kreis). In allen drei Fällen wurde die Bearbeitung mit hoher Sorgfalt ausgeführt, trotzdem sind mit entsprechenden Mitteln Formtoleranzen nachzuweisen, wie die Bilder beweisen.

Bild 4.288 Kolbenbolzen
Durch Gebrauch wird die Zylinderformtoleranz sichtbar, an den blanken Stellen hat der Bolzen getragen.

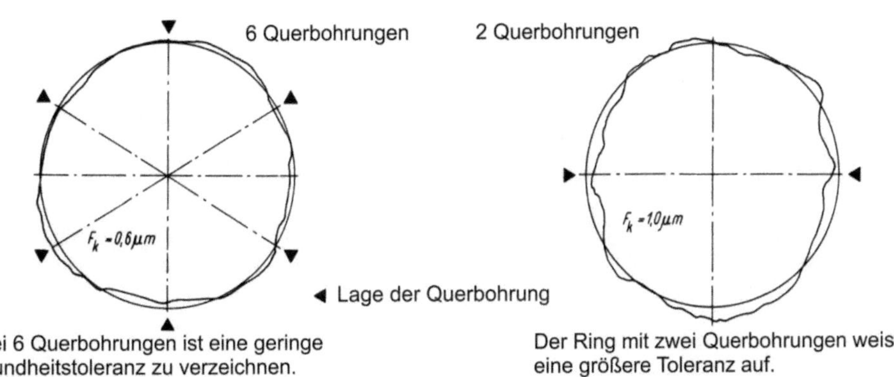

Bild 4.289 Rundheitstoleranz an gehärteten und geschliffenen Ringen mit Querbohrungen

Welche Mittel zur Prüfung oder Messung einzusetzen sind, ist durch entsprechende Fachkräfte des Gebietes Fertigungsmesstechnik bzw. des betrieblichen Messlabors (Qualitätssicherung) festzulegen. Dabei ist zu berücksichtigen, dass je nach verwendeten Mitteln nicht jede Art Formabweichung bzw. Formtoleranz erkennbar ist. Mit *Bild 4.290* wird das Prüfen einer Zylinderform mit einer besonders empfindlichen Feinmessschraube (Passameter) demonstriert. Dabei sind ein gekrümmter Zylinder und die Zylinderformtoleranz Gleichdick nicht zu erkennen.

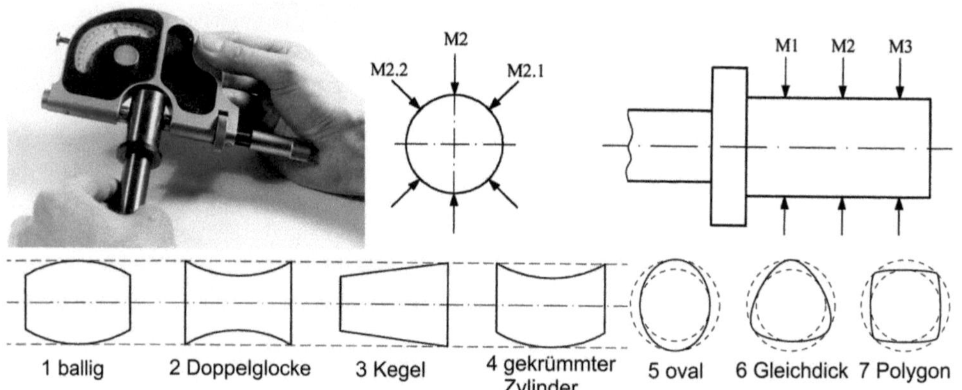

Mit den Messungen M1 bis M3 können 1, 2, 3, 5 und 7 festgestellt werden.
Die Abweichungen 4 und 6 sind mit einem Passameter nicht feststellbar.

Bild 4.290 Messen eines Zylinders mit Passameter

Lagetoleranzen

Eine zweite Gruppe stellen die Lagetoleranzen dar. Zum Grundverständnis über Lagetoleranzen werden hier vorgestellt:

- Parallelitätstoleranz
- Rechtwinkligkeitstoleranz
- Koaxialitätstoleranz
- Rundlauf- und Stirnlauftoleranz

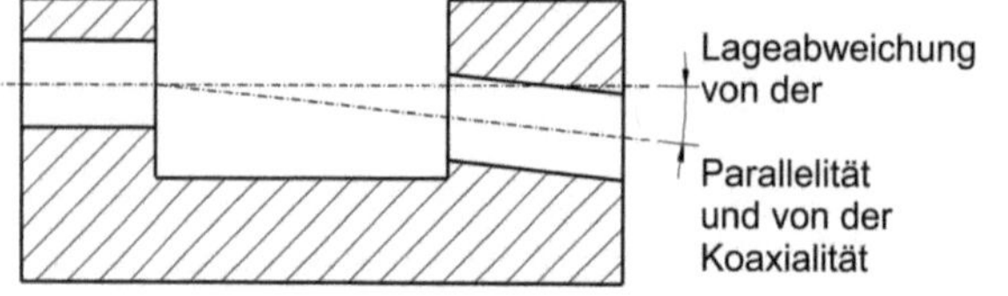

Bild 4.291 Beispiel für Lageabweichungen (schematisch)

Eintragen von Form- und Lagetoleranzen

Das Eintragen derartiger Toleranzen kann in zwei Teilaufgaben zerlegt werden:

1. Bestimmen der Art der Toleranzeintragung
   - Formtoleranz

- Lagetoleranz

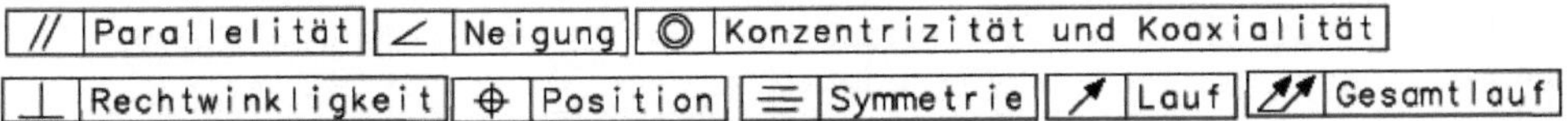

- Bestimmen der Basis für die Lagetoleranzen

2. Festlegen der Zahlenwerte für die Toleranzgröße

   Diese Teilaufgabe ist sehr erzeugnis- und betriebsspezifisch. Sie bleibt im vorliegenden Buch unberücksichtigt. Der Leser muss sich bei seiner zukünftigen Tätigkeit in der Industrie in die erzeugnisspezifische Tolerierung einarbeiten und dabei die verfügbaren Mess- und Prüfmittel beachten.

Das Bestimmen der Art der Toleranzeintragung wird zunächst an zwei einteiligen Erzeugnissen aus dem Bereich Messen und Prüfen demonstriert, an einer Grenzrachenlehre und einem Haarwinkel.

Die Grenzrachenlehre dient bekanntlich zur Prüfung von Wellensitzen indem zunächst die Gutseite und danach die Ausschussseite als Maßverkörperung über die zu prüfende Welle geschoben werden. Die Gutseite muss sich auf den Sitz unter Eigengewicht aufschieben lassen; die etwas engere Ausschussseite darf nur anschnäbeln. Welche Form- und Lagetoleranzen müssen dafür eingehalten werden? Die geometrischen Verhältnisse sind am besten überschaubar, wenn überlegt wird, welche geometrischen Abweichungen zu fehlerhaften Prüfergebnissen führen würden. Das können nur Unebenheiten der Prüffläche und Abweichungen von der Parallelität der beiden Flächen zueinander sein. Die Eintragungen zeigt *Bild 4.292*.

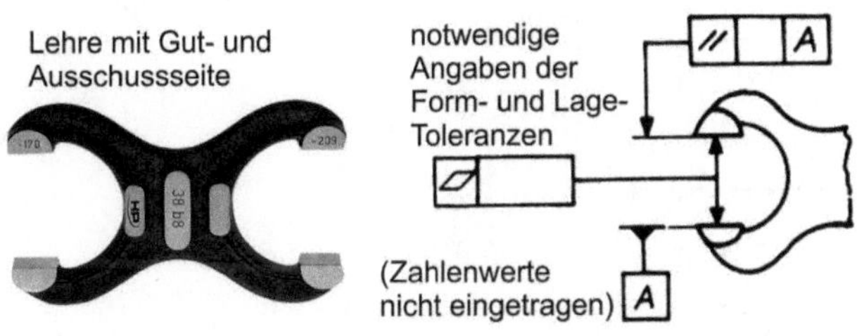

Bild 4.292 Grenzrachenlehre
Links: Lehre mit Gut- und Ausschussseite
Rechts: Notwendige Angaben der Form- und Lagetoleranzen (Zahlenwerte nicht eingetragen)

Der Haarwinkel verkörpert einen rechten Winkel. Für Prüfaufgaben werden sowohl der innere als auch der äußere Winkel herangezogen. *Bild 4.293* enthält die Eintragungen. Bei der Betrachtung derselben beginnt man am günstigsten mit der Basis A. Die untere Fläche muss sich durch eine gute Ebenheit auszeichnen. Der große äußere Winkel muss zu A rechtwinklig sein, seine schmale Kante benötigt nur die Formtoleranz Geradheit. In gleicher Weise muss der innere rechte Winkel toleriert werden. Da er gleichzeitig zum Äußeren parallel liegen sollte, wird die Parallelitätstoleranz zu A eingetragen. Weiterhin sind die Angaben der Rechtwinkligkeit der schmalen Prüfkanten in der zentralen Ebene erforderlich, siehe Eintragung in den beiden Seitenansichten.

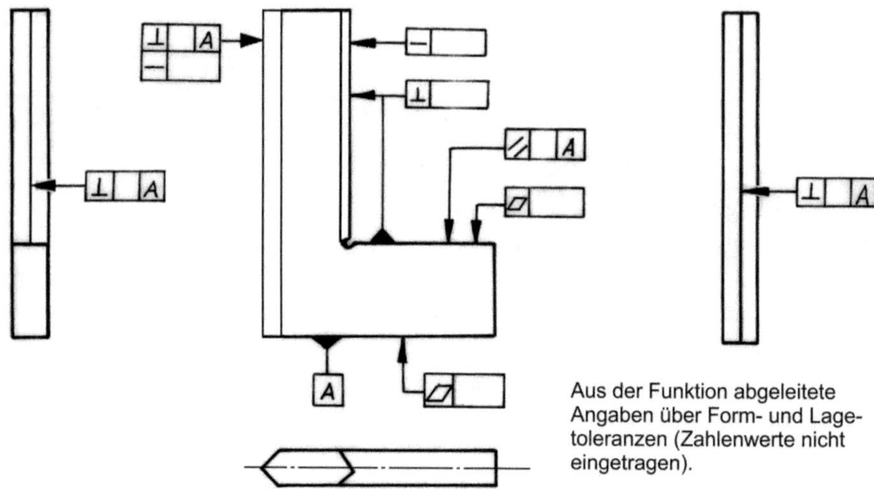

Bild 4.293 Haarwinkel

Bei mehrteiligen Erzeugnissen muss die Funktion in den Mittelpunkt der Form- und Lagetolerierung gestellt werden. Die Lagerbaugruppe für eine Kreissägewelle ist im *Bild 4.294* dargestellt.

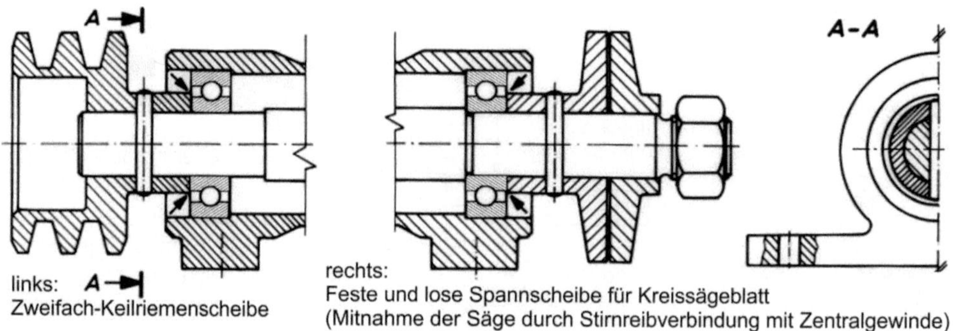

Bild 4.294 Kreissägewelle

Aufgabe 4.7 Es sind die Angaben über Form- und Lagetoleranzen (ohne Zahlenwerte) für die Welle und die verstiftete Spannscheibe gesucht.

Entscheidend für ein gutes Arbeiten der Kreissäge ist ein sauber rotierendes Sägeblatt. Was soll darunter verstanden werden? Klärung erhält man durch Überlegungen dazu, welche Lagen des Sägeblattes ausgeschlossen sein müssen:

- Es darf erstens nicht schief auf der Welle sitzen; das würde zu einer Taumelbewegung führen und der Schnittspalt würde breiter als die Blattdicke ausfallen. Außerdem könnte die Länge des abgesägten Teils um den Axialschlag (auch Planschlag) variieren.

- Zweitens darf das Blatt nicht exzentrisch auf der Welle sitzen, d.h. es darf nicht unrund laufen bzw. eine Rundlaufabweichung aufweisen; die resultierende schwankende Schnitttiefe wäre eine Folge, wesentlich schlimmer wären die aus der Unwucht resultierenden Schwingungen.

Um diese beiden Erscheinungen auf ein Minimum zu bringen, wird mit der Kennzeichnung Rundlauf und Planlauf (das gleiche Zeichen) bei der Tolerierung gearbeitet.

Die Prüfung auf Rundlauf und Planlauf erfasst immer Form und Lage der zu prüfenden Fläche *(Bild 4.295)*.

Rundlauf: Kreisform des Zylinders **und** Lage des Zylinders zur Zentrierachse

Panlauf: Ebenheit der Stirnfläche **und** rechtwinklige Lage dieser Fläche zur Zentrierachse

Die Angaben Rundlauf und Planlauf werden daher auch als kombinierte Form- und Lageangabe bezeichnet. Die Angaben im oberen Teil von *Bild 4.303* sind auf das Prüfen mit dem Gerät nach *Bild 4.295* bezogen. Die Zentrierungen sind für die Herstellung notwendig und für die Prüfung nutzbar, spielen aber für die Funktion keine Rolle. Es genügt daher die Eintragung nach Bildteil 2, wobei die Art der Prüfung unberücksichtigt bleibt.

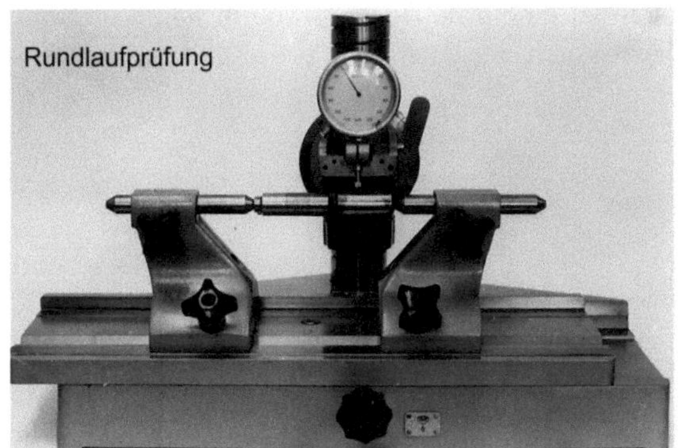

Messuhr berührt den zu prüfenden Durchmesser. Das Werkstück wird mit der Hand gedreht. Der Messuhrausschlag zeigt die Rundlauftoleranz an.

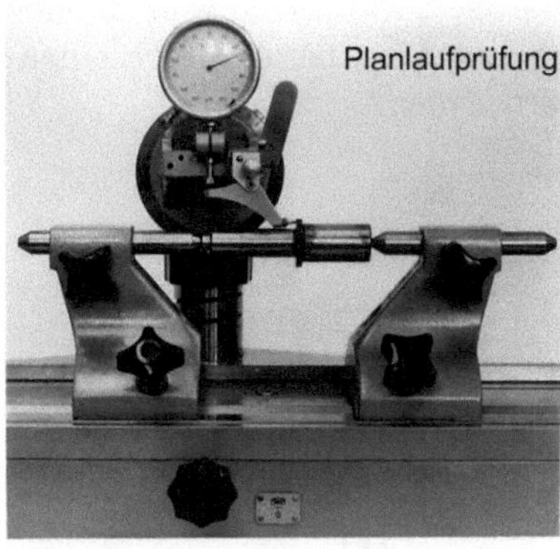

Mittels Umlenkhebel wird die zu prüfende Sirnfläche abgetastet (daher wird anstelle des Begriffes Planlauf auch der Begriff Stirnlauf gebraucht).

Das zu prüfende Werkstück wird in seinen Zentrierungen zwischen Spitzen aufgenommen.

Bild 4.295 Rundlaufprüfgerät

Hier ist es erforderlich, die Notwendigkeit der Planlauftoleranz etwas näher zu betrachten. Werden auf einer Welle Bauteile axial verspannt, so ist eine enge Planlauftoleranz der Anlageflächen der Welle und der aufgesetzten Bauteile notwendig.

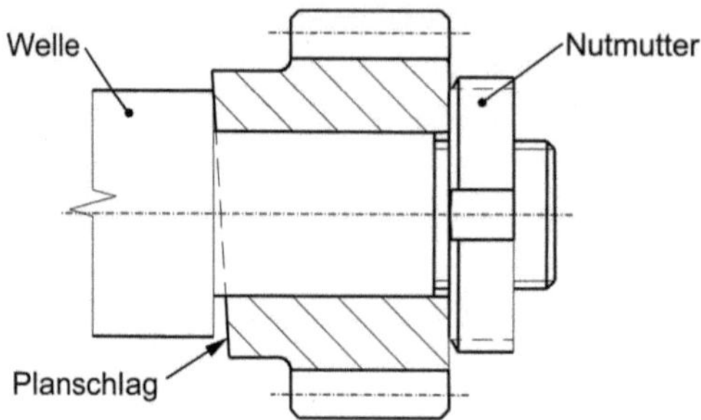

Bild 4.296 Montagesituation eines Ritzels mit (überhöht dargestelltem) Planschlag

Das oben stehende Bild zeigt eine Welle mit aufgestecktem Zahnrad, das mittels Nutmutter befestigt werden soll. In der Abbildung ist zur Verdeutlichung eine übertriebene Planlaufabweichung des Zahnrades eingezeichnet. Wird die Nutmutter angezogen, kommt es zur Krümmung der Welle, da die Nutmutter die schiefe Planfläche zur Anlage bringt. Diese Verformung tritt auch auf, wenn das Zahnrad mit einer engen Passung auf der Welle sitzt. Derartige Sachverhalte werden leider auch bei einem Betriebspraktikum kaum erkannt und sollten am besten durch einen Laborversuch der Ausbildungseinrichtung demonstriert werden.

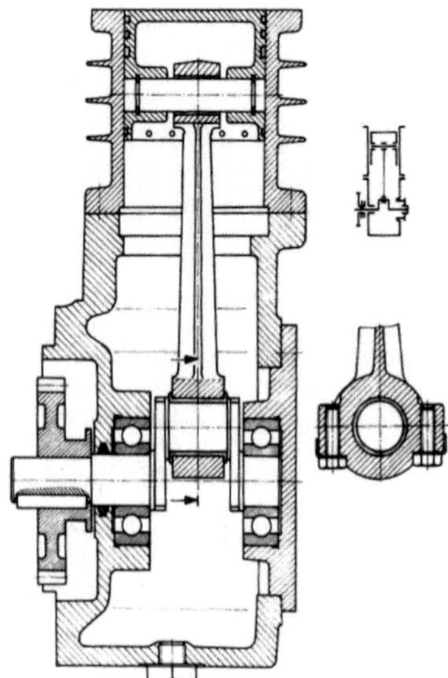

Bild 4.297 Kolbenkompressor (unvollständige Darstellung)
Die Kurbelwelle läuft in Rillenkugellagern. Der Pleuel ist auf Kurbelwelle und Kolbenbolzen gleitgelagert.

Aufgabe 4.8

1. Die Zeichnung enthält einen Darstellungsfehler, um welchen handelt es sich?

2. Es sind die Angaben über Form- und Lagetoleranzen (ohne Zahlenwerte) für Pleuel, Kolbenbolzen und Zylinder gesucht. Beachte vorher die folgenden Bilder.

Mit dem kleinen Kolbenkompressor *(Bild 4.297)* soll das Eintragen der Form- und Lagetoleranzen in einer etwas komplexeren Baugruppe vorgestellt werden. Welche Angaben notwendig sind, muss immer aus der Funktion abgeleitet werden und Überlegungen, welche Arten von Abweichungen unzulässig sind, können dabei helfen - siehe *Bild 4.298*. Aus diesem Bild folgt, dass die Lagerbohrung im Gehäuse und die Lagerbohrung im Deckel eine koaxiale (gleichachsige) Lage haben müssen.

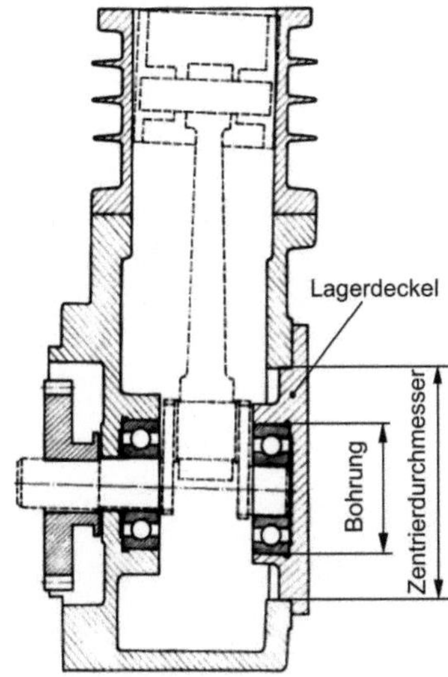

Bild 4.298 Auswirkungen einer Lagetoleranz (schematisch) Die Bohrung im Lagerdeckel liegt exzentrisch zum Zentrierdurchmesser. Dadurch liegt die Kurbelwelle schief im Gehäuse, der Pleuel steht schief und der Kolben trägt an den Kanten links unten und rechts oben.

Die notwendigen Eintragungen am Deckel sind im *Bild 4.299* vorgenommen. Da es sich um ein Drehteil handelt, wird bevorzugt mit Plan- und Rundlaufangaben gearbeitet. Die notwendigen Angaben am Gehäuse sind auf die große Bohrung bezogen, die als Basis B angegeben ist. Sie dient zur Aufnahme des Deckels. Damit weiterhin der auf dem Gehäuse oben aufsitzende Zylinder die richtige Lage zur Kurbelwelle bekommt, wurde für diese Befestigungsfläche die Basis A eingetragen und die Bohrung zur Aufnahme der Kurbelwelle mit der Parallelitätsangabe zu A versehen. Der Leser möge sich schrittweise in die Angaben für Kolben und Kurbelwelle hineindenken und dann selbstständig die Eintragungen für Zylinder, Kolbenbolzen und Pleuel vornehmen. Um dazu zu ermutigen, darf darauf verwiesen werden, dass bei diesen Bauteilen erheblich weniger Angaben notwendig sind, als für Gehäuse und Kurbelwelle. In allen Fällen sind immer nur die Funktionsflächen zu betrachten, wie bereits aus allen bisher behandelten Beispielen zu entnehmen ist.

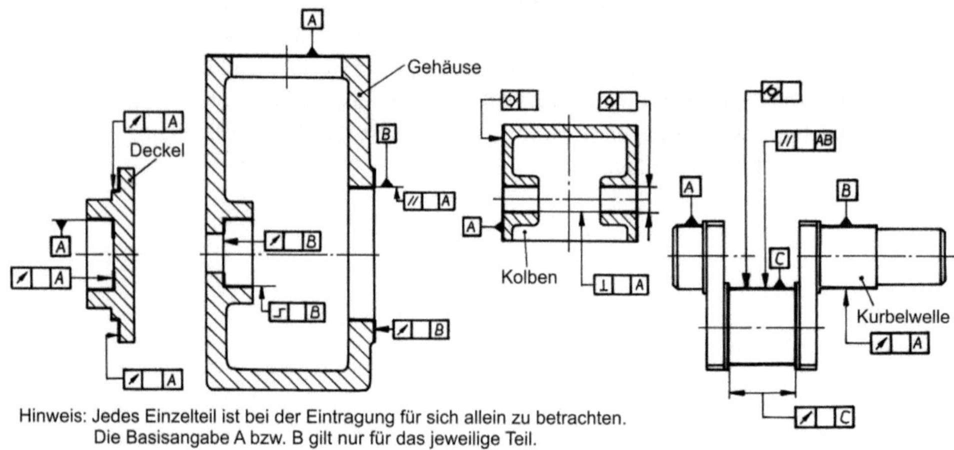

Bild 4.299 Form- und Lagetoleranzen für Kolbenkompressor

4.11 Fertigungsgerechtes Gestalten – Lösungen

Lösung zu Aufgabe 4.1

Im Fall einer Einzelfertigung ist die Herstellung der Grundplatte aus einem dicken Blech durch Ausbrennen und Fräsen denkbar, allerdings muss eine große Masse in Kauf genommen werden. Alternativen bestehen im Vollformgießen (vergl. *Bild 3.110*) oder in der konstruktiven Auflösung der Funktionsgeometrien, wie im *Bild 3.121* vorgeschlagen.

Lösung zu Aufgabe 4.2

Die vier Einzelfüße sind durch ihre Lage zur Modellteilung nur durch Ansteckteile oder einen Außenkern formbar. Werden anstelle der Einzelfüße zwei Fußleisten gewählt, sind Ansteckteile oder Außenkern nicht erforderlich und der Aufwand für die Modelleinrichtung ist geringer.

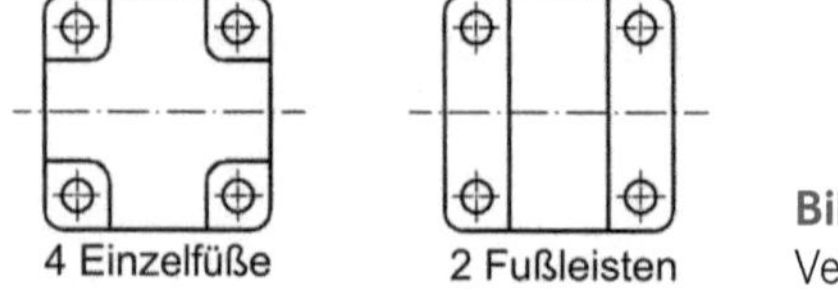

Bild 4.300 Gehäusefüße
Verbesserung der Gehäusefüße nach *Bild 4.65*

Lösung zu Aufgabe 4.3, Torlager

Bei einer im Freien aufgestellten Konstruktion müssen alle Nähte ringsum geschweißt sein, um vom Restspalt ausgehende Korrosion zu vermeiden. Bei genauer Betrachtung ist am Teil 12 ein Spalt zu finden. Außerdem ist die Wirkung von Teil 12 zu kritisieren. Bei großen Kräften durch die Augenschraube 6 sollten zwei Bleche 12 zur Anwendung kommen (ein zweites Blech unterhalb der Schraube). Besser wäre es bei den hier auftretenden überschaubaren Kräften (Eigenmasse des drahtgittergefüllten Torflügels von 1000 × 2000 mm) Teil 2 etwas dicker auszuführen (t = 10). Dadurch wird Teil 2 zwar stärker auf Biegung belastet, aber es ergeben sich folgende Vorteile:

- weniger Teile,
- weniger Schweißarbeit,
- Spalt zwischen 12 und 1 fällt weg,
- der Werkstoffmehrverbrauch durch die größere Dicke von 2 wird durch Wegfall von 12 kompensiert.

Lösung zu Aufgabe 4.4

Mit *Bild 4.301* werden vier Lösungsvarianten für den Stativschlitten vorgestellt. Ob Lösungsvariante vier zur Anwendung kommen sollte, muss der Nutzer beurteilen. Diese Variante soll zeigen, dass vielfach Lösungen möglich sind, die außerhalb des aufgrund der Aufgabenstellung (Schweißkonstruktion gesucht) ausgelösten Denkansatzes liegen.

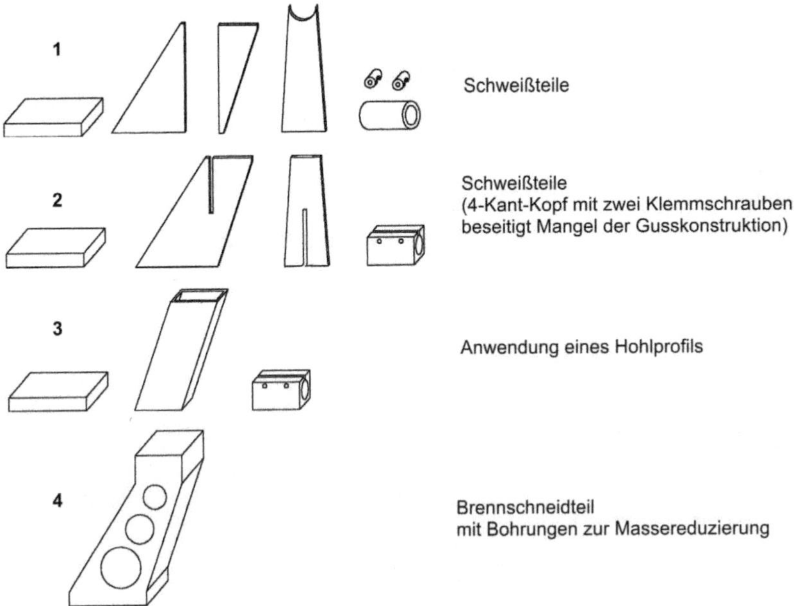

Bild 4.301 Schweißteilvarianten für Stativschlitten

Lösung zu Aufgabe 4.5

Die Lösung ist im *Bild 4.302* dargestellt und beschrieben. Ein eventueller Vorschlag, am gegebenen Ständer die Öffnungen mit Deckeln zu verschließen, ist zwar möglich, geht aber am Ziel „wenig Einzelteile" vorbei. Für den Vorschlag mit den Rechteckprofilen (rechtes Bild) ist lediglich ein Deckel im unteren Bereich erforderlich. Die eingeschweißten

Drehteile sind so bemessen, dass das Rechteckprofil damit verschlossen (oben) bzw. teilweise verschlossen (unten) wird.

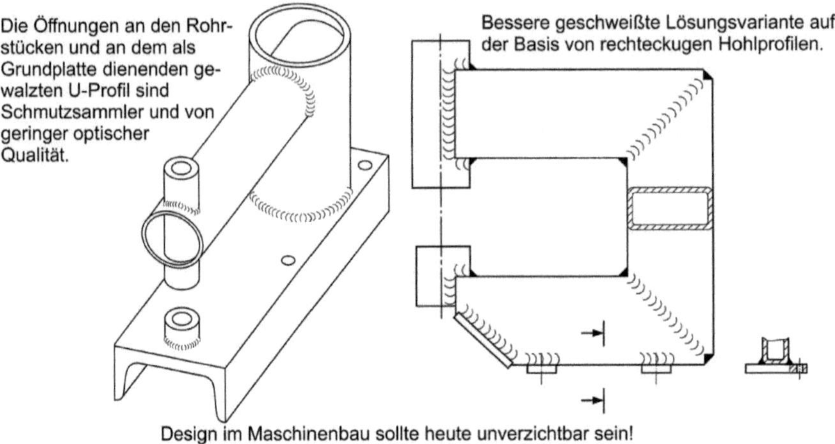

Bild 4.302 Gegebene und verbesserte Konstruktion

Lösung zu Aufgabe 4.6

$X = 27{,}4^{+0{,}13}_{0}$

Lösung zu Aufgabe 4.7

Siehe Eintragung an der Welle *(Bild 4.9)* und den Spannscheiben *(Bild 4.9)*.

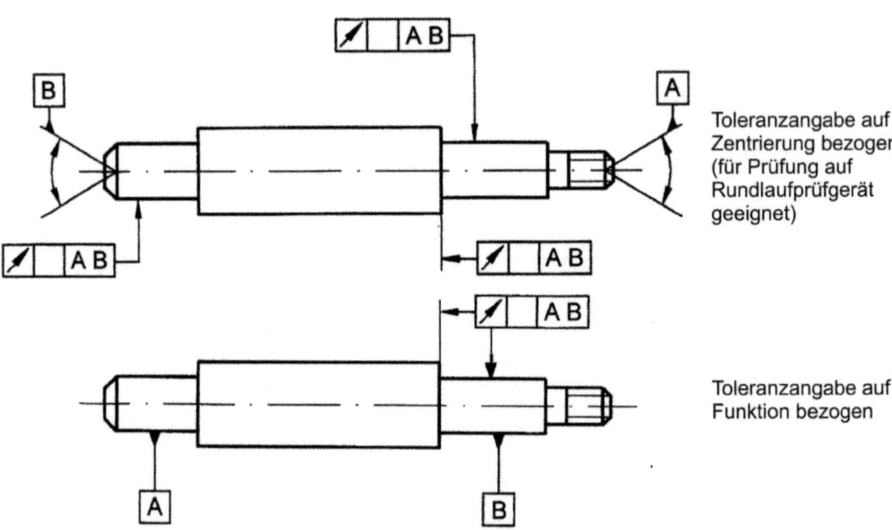

Bild 4.303 Form- und Lagetoleranzen von *Bild 4.294* (Zahlenwerte nicht eingetragen)

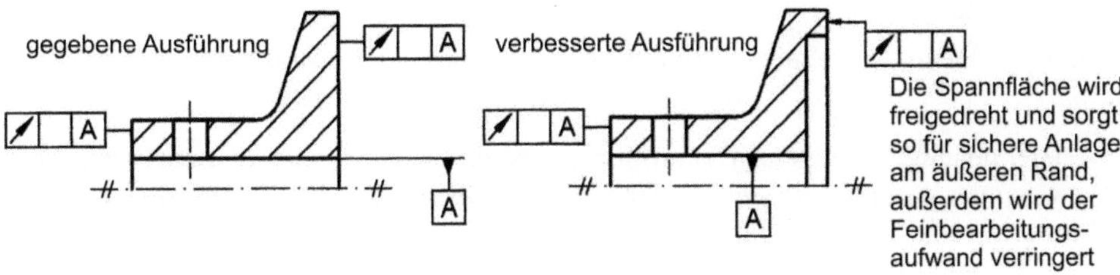

Bild 4.304 Form- und Lagetoleranzen für feste Spannscheibe der Kreissägewelle (Zahlenwerte nicht eingetragen)

Hinweis: Die zweite Spannscheibe ist in gleicher Weise mit Toleranzen zu versehen.

Lösung zu Aufgabe 4.8

1. Bei dem unteren Pleuelauge (kurbelwellengelagert) handelt es sich um ein zweiteiliges Lagerauge, das geschraubt ist. Die Schraffur steht dazu im Widerspruch. Allerdings werden die toleranzbestimmenden Fertigungsvorgänge am Pleuel stets mit montierter unterer Lagerhälfte vorgenommen, weshalb bei der folgenden Darstellung der Pleuel als ein Teil betrachtet wird.

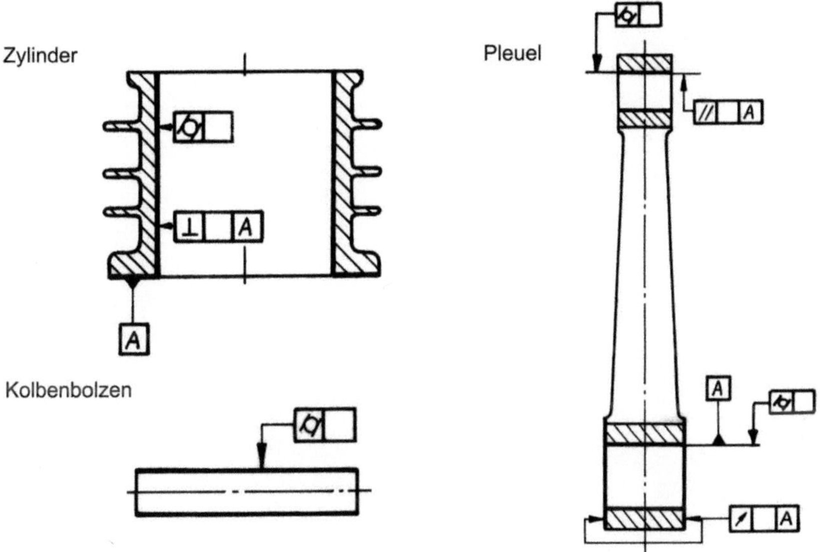

Bild 4.305 Form- und Lagetoleranzen für *Bild 4.297*

Zylinder:

Bohrung muss rechtwinklig zur Befestigungsfläche (Basis A) liegen und eine gute Zylinderform aufweisen. Wegen der Dichtung des Zylinderdeckels könnte eventuell die obere Planfläche noch mit einer Ebenheitsangabe versehen werden. Eine besondere Parallelität zu A bzw. Rechtwinkligkeit zum Zylinder ist nicht erforderlich.

Kolbenbolzen:

Wenn der Kolbenbolzen eine gute Zylinderform aufweist, ist die Funktion gewährleistet.

Pleuel:

Der Pleuel benötigt eine gute Zylinderform für beide Bohrungen. Beide Bohrungen müssen zueinander parallel sein, sodass der Kolben im Zylinder nicht schief steht. Die Stirnflächen der großen Bohrung dienen zur Führung auf der Kurbelwelle. Daher wurden dieselben mit einer Stirnlaufangabe (kombinierte Angabe für Rechtwinkligkeit und Ebenheit) versehen.

5 Fügen und Montieren

Unter dem Begriff Fügen wird eine einzelne Verbindung betrachtet (z. B. Schweiß-, Klebe-, Schraubverbindung usw.). Das Montieren beinhaltet in der Regel die Anwendung verschiedenster Fügeverfahren, um aus Einzelteilen, Normteilen, Zulieferungen und Schmierstoffen eine Baugruppe oder eine vollständige Maschine in einem Montageprozess zusammenzusetzen.

5.1 Welle-Nabe-Verbindungen und Axialsicherungen

Welle-Nabe-Verbindungen (im Weiteren mit WNV abgekürzt) sind unverzichtbare Maschinenelemente zur Verbindung von Wellen mit Zahnrädern, Riemenscheiben, Hebeln und dergleichen. Sie sind millionenfach ausgeführt worden. Was haben diese Verbindungen in einer Schrift mit dem Titel Entwerfen und Gestalten zu tun? Sind sie überhaupt zu gestalten und nicht einfach nur auszuwählen und zu berechnen?

Sie sind durchaus zu gestalten und müssen immer im Anwendungsumfeld betrachtet werden, denn viel zu häufig werden sie tatsächlich nur ausgewählt. Fehler- oder mängelbehaftete Ausführungen werden nur selten vorgestellt und analysiert, um ein Gefühl für diese Maschinenelementegruppe herauszubilden. Der Begriff WNV ist zwar allgemein üblich, trifft aber durchaus nicht immer im vollen Umfang zu:

- **Eine ausgeprägte Nabengestalt ist nicht erforderlich!**
  (Betrachte z. B. die Befestigung von Kreissägeblättern und Schleifscheiben.)
- Eine Welle-Nabe-Verbindung muss nicht unbedingt eine Verbindung sein!
  Bevorzuge Einstücklösungen.

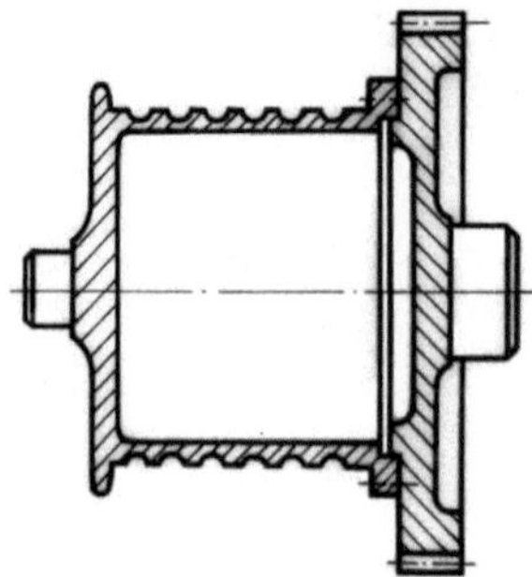

Bild 5.1 Seiltrommel
Konstruktion ohne Welle und ohne klassische WNV. Montageaufwand für WNV entfällt.
Hinweis: Bei größerem Durchmesser können die Wellenzapfen als Hohlkörper ausgeführt werden.

Die Seiltrommel zeigt ein derartiges Beispiel. Ob diese Möglichkeit anwendbar ist, kann nur für eine konkrete Aufgabenstellung beurteilt werden. Aber Einstückvarianten sind zu berücksichtigen. Sollten sie sich als unzweckmäßig erweisen, können im zweiten Entwurfsschritt stoffschlüssige Verbindungen oder die klassischen WNV näher betrachtet werden.

Für die Standardaufgabe Befestigung einer Riemenscheibe auf einer Elektromotorenwelle kommt dieser Lösungsansatz selbstverständlich nicht infrage, denn die Motorenwelle (häufig mit Passfedernut und Passfeder) wird vom Motorenhersteller geliefert. Eine Berechnung kann ebenfalls entfallen, denn man darf voraussetzen, dass der Motorenhersteller die Welle und die Passfeder dem Motorennennmoment angemessen dimensioniert hat. Damit scheint alles klar zu sein. Aber jedes Bauelement ist erst dann in Ordnung, wenn es bis zur letzten Maß- und Toleranzangabe richtig ausgeführt worden ist.

Bild 5.2 Ausgeschlagene Keilriemenscheibe (aufgeschnitten)

Bei der Zweifachkeilriemenscheibe nach *Bild 5.2* war lediglich die Bohrungstoleranz nicht richtig gewählt worden. Für die ursprünglich zylindrische Bohrung dieser Gusseisenscheibe war eine Spielpassung mit reichlichem Spiel gefertigt worden. Der einseitig wirkende Riemenzug führte zu einer relativen Taumelbewegung der Riemenscheibe auf der Welle und damit zu der doppelkegelartig ausgeschlagenen Bohrung. In der linken Darstellung ist die ausgeschlagene Passfedernut erkennbar. Das Ergebnis war auch eine verschlissene Motorwelle; der Motor musste gewechselt werden.

Tabelle 5.1 Eigenschaften von Welle-Nabe-Verbindungen zur Beachtung bei der Auswahl

1. Funktionelle Eigenschaften
- Übertragbares Moment statisch/dynamisch schwellend/dynamisch wechselnd
- Axialsicherung zusätzlich erforderlich oder Axialsicherung integriert?
- Übertragbare Axialkraft
- Rundlauf/Stirnlauf des Bauelements auf der Welle
- Spielfreie Verbindung

2. Herstellung der Einzelteile
- Fertigung des Passdurchmessers für Welle und Nabenbohrung
- Herstellung zusätzlicher Elemente (z. B. Nuten) an Welle und Bohrung

3. Fügen/Montieren
- Fügen mit Temperaturdifferenz (z. B. Schrumpfen)
- Fügen mit Montagepresse/Montageeinrichtung
- Zerspanen beim Montieren (z. B. Längsstift)
- Justieren der axialen Lage und/oder der Winkellage möglich?

- Austauschbarkeit der Bauteile

4. Demontierbarkeit
- Beschädigungsfreie Demontage möglich?
- Demontageeinrichtungen erforderlich? (z. B. Abzieher, hydraulische Sondereinrichtungen)
- Wiedermontierbarkeit ohne Qualitätsverlust möglich?

Einteilung und Auswahl von Welle-Nabe-Verbindungen

Die klassischen Welle-Nabe-Verbindungen werden gegliedert in

- **Formschlüssige Verbindungen,** z. B. Passfederverbindung
- **Kraftschlüssige Verbindungen,** z. B. Querpressverbindung (Übermaßverbindung)
- **Form-Kraftschlüssige Verbindungen,** z. B. Keilverbindungen

Diese Verbindungen müssen montiert werden und sind bis auf Ausnahmen zerstörungsfrei demontierbar.

Die **stoffschlüssigen Verbindungen** bleiben in der Maschinenelementeliteratur häufig unerwähnt, obwohl neben dem klassischen Lichtbogenschweißen durch Reibschweißung und Elektronenstrahlschweißung längst neue Verbindungen eingeführt sind.

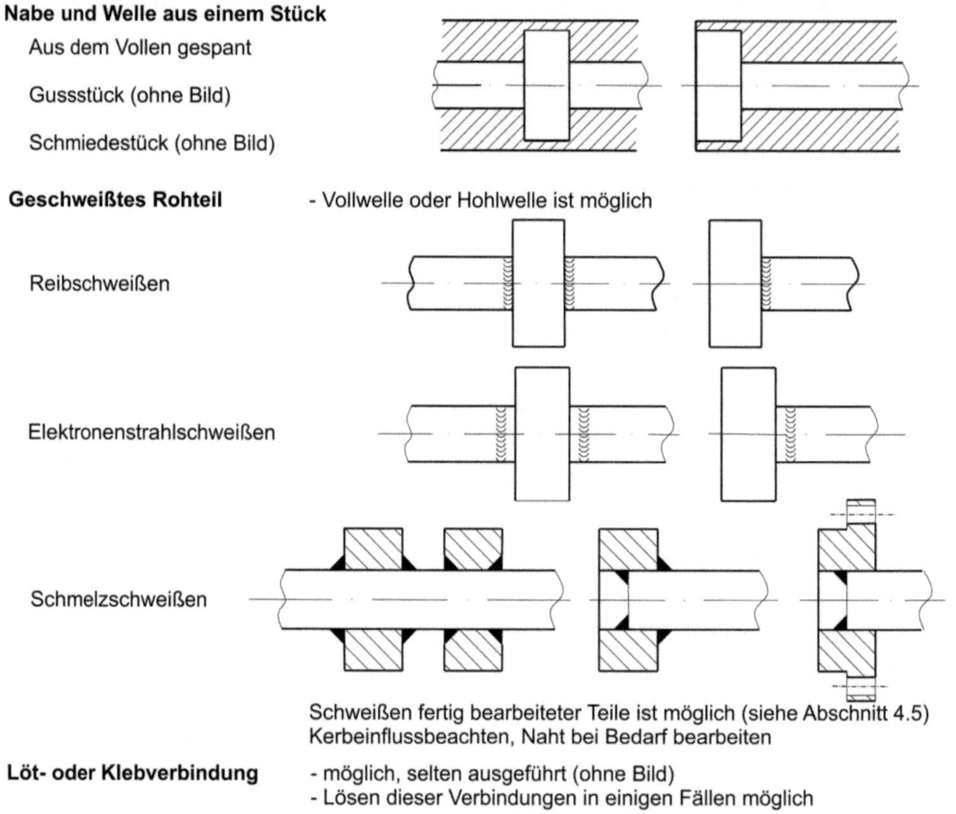

Nabe und Welle aus einem Stück
Aus dem Vollen gespant
Gussstück (ohne Bild)
Schmiedestück (ohne Bild)
Geschweißtes Rohteil
- Vollwelle oder Hohlwelle ist möglich
Reibschweißen
Elektronenstrahlschweißen
Schmelzschweißen
Schweißen fertig bearbeiteter Teile ist möglich (siehe Abschnitt 4.5)
Kerbeinflussbeachten, Naht bei Bedarf bearbeiten
Löt- oder Klebverbindung
- möglich, selten ausgeführt (ohne Bild)
- Lösen dieser Verbindungen in einigen Fällen möglich

Bild 5.3 Nicht demontierbare Welle-Nabe-Verbindungen

Vor der Entscheidung für eine montierbare bzw. demontierbare WNV sollte der gestaltende Konstrukteur die Verbindungen nach *Bild 5.3* für seinen Anwendungsfall geprüft haben. Ein Anwendungsbeispiel dieser Gruppe zeigt das folgende Bild.

umlaufende Schutzgasschweißnaht
Stahlrohr St35.8
Gabelkopf GTW-S 38-12

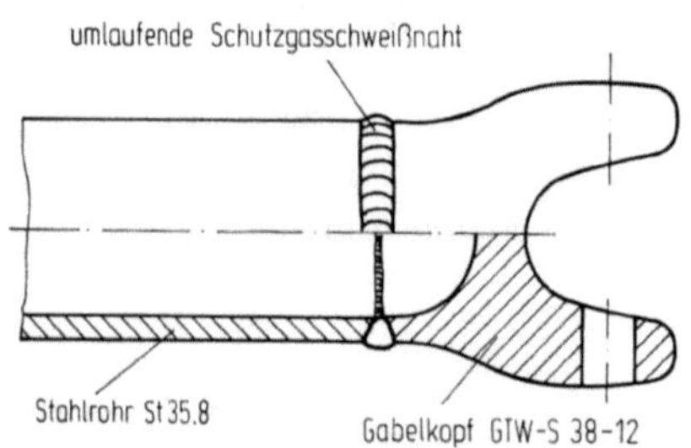

Bild 5.4 Gelenkwelle, Rohteil [14]
Tempergusskopf Schmelzschweißen vor der Endbearbeitung gefügt.

Zu den sehr günstigen WNV ist die **Übermaßverbindung/Pressverbindung** zu rechnen; zur Begründung werden die Eigenschaften genannt.

Positive Eigenschaften:

- Herzustellen ist nur ein zylindrischer Wellensitz und eine zylindrische Bohrung.
  ISO-Qualität der Welle: 6 oder 5, eventuell 4
  ISO-Qualität der Bohrung: 7 oder 6, eventuell 5
- Es werden keine weiteren Formelemente, keine Normteile und keine Zulieferungen benötigt.
- Montage durch Wärmedifferenz (Schrumpf-/Dehnverbindung, Erwärmen des Außenteils, eventuell Kühlen der Welle) oder Aufpressen (Schmierung beachten!).
- Hohe übertragbare Momente und Axialkräfte, auch für dynamische Beanspruchungen geeignet.
- Justieren beim Montagevorgang ist möglich (z. T. nur mit Einschränkungen).

Negative Eigenschaften:

- Beschädigungsfreie Demontage bei großem Übermaß ist kaum erreichbar, ggf. durch hydraulische Aufweitung

Alle anderen WNV benötigen neben der zylindrischen Bohrung und Welle zusätzliche Formelemente, Zulieferteile wie Passfedern oder Keile und Elemente zur Axialsicherung oder Profile an Welle und Bohrung. Der Aufwand für die Teilefertigung und die Montage ist hier höher. Zu ihrer Anwendung sollte man nur dann greifen, wenn Eigenschaften gefordert werden, über die eine Übermaßverbindung nicht verfügt. Mithilfe von *Tabelle 5.1* werden wesentliche Eigenschaften benannt, um die Auswahl zu unterstützen.

Bemerkungen zu Formschlussverbindungen

Unter den Formschlussverbindungen erfreut sich die **Passfeder** nach wie vor einer großen Beliebtheit. Auf Probleme bei der Berechnung *(Abschnitt 3.5)* und das Passungsproblem *(Bild 5.2)* wurde bereits verwiesen. Auf ein drittes Problem muss aufmerksam gemacht werden: Die laut Maschinenelementeliteratur zulässige Anwendung von zwei Passfedern; wobei eingeräumt wird, dass nicht beide Passfedern voll tragen werden und daher mit einem Traganteil von 75 % gerechnet wird. Der Fertigungsaufwand, der notwendig ist, um die zwei Nuten in die Welle und besonders in die Nabe so einzubringen, dass beide Federn gut tragen, bleibt dabei unberücksichtigt. Wer das Problem gedanklich durchdringen möchte, sollte allein einmal die Lagetoleranzen an Welle und Nabe eintragen und sich überlegen, welche Zahlenwerte für das 75 %ige Tragen erforderlich sind. Es ist besser, dem Vorschlag von *Bild 5.5* zu folgen.

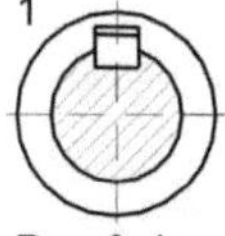

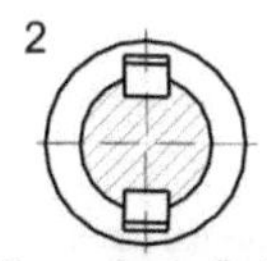

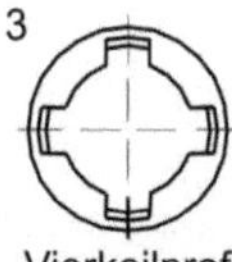

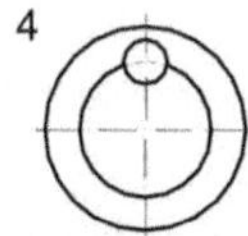

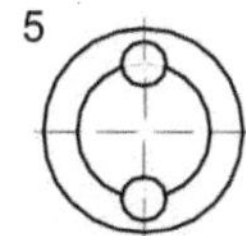

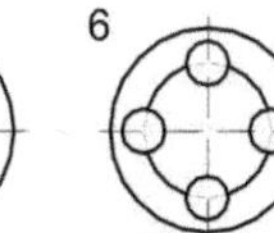

Bild 5.5 Welle-Nabe-Verbindungen

(Wer das (Un)Glück hat, in einer Werkstatt das Montieren einer Doppelpassfederverbindung zu beobachten, wird sehen können, wie der Monteur zur Feile greift, um das Aufschieben der Nabe zu ermöglichen. Wie viel Prozent wird der Traganteil dann betragen?)

Werden dagegen die leider nur am Wellenende möglichen **Längsstifte** verwendet, so tritt das geschilderte Problem nicht auf. Die Stiftlöcher in Welle und Nabe werden im montierten Zustand gebohrt und gerieben, so ist das Tragen aller Stifte (Anzahl beliebig) gewährleistet. Allerdings ist die annähernd gleiche Festigkeit von Welle und Nabe erwünscht, andernfalls ist das Bohren sehr sorgfältig und mit großem Zeitaufwand zu betreiben. Die Demontierbarkeit ist gegeben, wenn Kegelstifte mit Gewinde verwendet werden (siehe *Bild 5.8*). Für sehr große Wellendurchmesser, für die Werkzeuge für Keilprofile nicht mehr verfügbar sind, ist das eine gute Verbindung *(Bild 5.6)*. Der **Querstift** mit seiner kleinen Scherfläche ist dagegen nur für geringe Drehmomente anwendbar (ein Anwendungsbeispiel zeigt *Bild 4.291*).

Bild 5.6 Längsstiftverbindungen an großen Drosselklappen [25]

Tabelle 5.2 Formschlüssige Welle-Nabe-Verbindungen

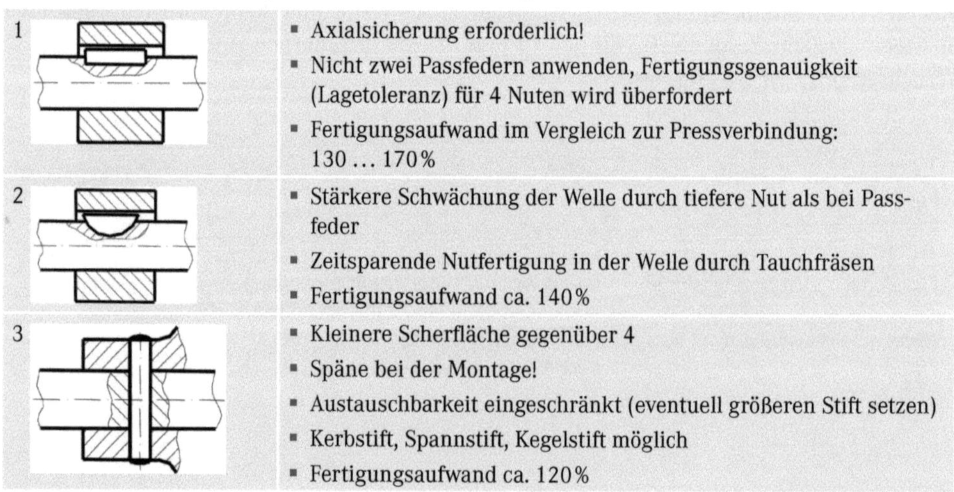

1	▪ Axialsicherung erforderlich! ▪ Nicht zwei Passfedern anwenden, Fertigungsgenauigkeit (Lagetoleranz) für 4 Nuten wird überfordert ▪ Fertigungsaufwand im Vergleich zur Pressverbindung: 130 ... 170 %
2	▪ Stärkere Schwächung der Welle durch tiefere Nut als bei Passfeder ▪ Zeitsparende Nutfertigung in der Welle durch Tauchfräsen ▪ Fertigungsaufwand ca. 140 %
3	▪ Kleinere Scherfläche gegenüber 4 ▪ Späne bei der Montage! ▪ Austauschbarkeit eingeschränkt (eventuell größeren Stift setzen) ▪ Kerbstift, Spannstift, Kegelstift möglich ▪ Fertigungsaufwand ca. 120 %

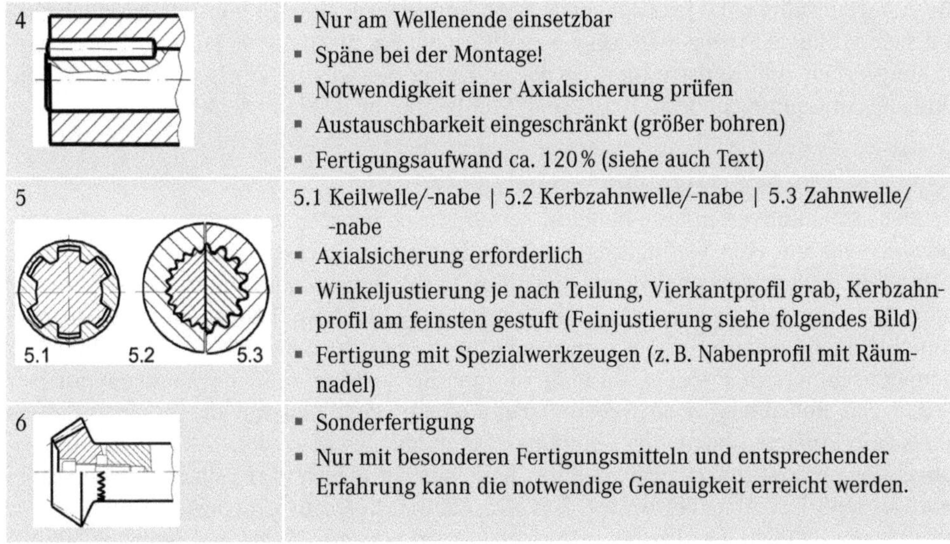

4		▪ Nur am Wellenende einsetzbar ▪ Späne bei der Montage! ▪ Notwendigkeit einer Axialsicherung prüfen ▪ Austauschbarkeit eingeschränkt (größer bohren) ▪ Fertigungsaufwand ca. 120 % (siehe auch Text)
5	5.1 5.2 5.3	5.1 Keilwelle/-nabe | 5.2 Kerbzahnwelle/-nabe | 5.3 Zahnwelle/-nabe ▪ Axialsicherung erforderlich ▪ Winkeljustierung je nach Teilung, Vierkantprofil grab, Kerbzahnprofil am feinsten gestuft (Feinjustierung siehe folgendes Bild) ▪ Fertigung mit Spezialwerkzeugen (z. B. Nabenprofil mit Räumnadel)
6		▪ Sonderfertigung ▪ Nur mit besonderen Fertigungsmitteln und entsprechender Erfahrung kann die notwendige Genauigkeit erreicht werden.

Das **Keilprofil** mit 4 bis 20 Mitnehmern setzt entsprechende Fertigungsmittel voraus:

Keilwelle: Abwälzfräsen, Keilwellenschleifen

Keilnabe: Keilprofilräumen

Sind diese Fertigungsmittel verfügbar, lassen sich Keilprofilverbindungen im Durchmesserbereich von 10 bis 150 mm sehr gut verwenden; besonders für Schieberädergetriebe werden sie bevorzugt. Der Begriff Keilwelle ist eigentlich irreführend, denn es ist keine Keilform vorhanden. Der Begriff wurde vom Parallelkeil abgeleitet, eine ursprünglich für die Passfeder verwendete Bezeichnung. Ist ein Justieren der Winkellage erforderlich, kann das mit dem Keilprofil nur in groben Schritten gemacht werden. Abhilfe für diesen Fall bietet die stufenlos arbeitende Konstruktion nach *Bild 5.7*.

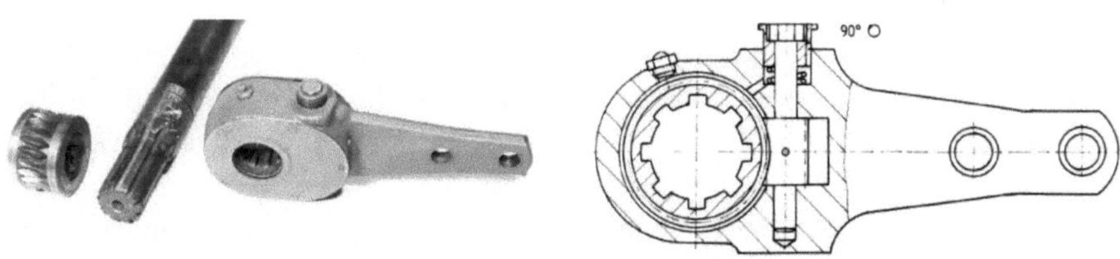

Bild 5.7 Hebel mit integrierter Justiereinrichtung
Die Winkellage des Hebels auf der Welle muss einstellbar sein. Die dargestellte Einrichtung mit Schneckengetriebe ist aufwendig, lässt aber große Verstellwinkel zu. Die Tragfähigkeit wird durch das Schneckengetriebe begrenzt.

Viel einfacher und sicher für viele Anwendungen in seiner Feinstufigkeit ausreichend, ist die **Kerbverzahnung** nach DIN 5481 *(Tabelle 5.2)*. Eine interessante Formschlussverbindung wurde bereits mit *Bild 4.36* vorgestellt, die Befestigung von Mischerarmen auf einer **Vierkantwelle**. Der Wert dieser seltenen Verbindung besteht vor allem darin, dass die

Mischerarme völlig ohne jede spanende Bearbeitung auskommen. Selbstverständlich sind in dieser Art keine Präzisionslösungen ausführbar, aber für die unter starker Schmutzeinwirkung arbeitende Konstruktion ist diese Lösung als äußerst zweckmäßig anzusehen. Ähnliche Anwendungsfälle sind für Land- und Bergbaumaschinen denkbar.

Bemerkungen zu Kraftschlussverbindungen

Die klassische Keilverbindung bleibt in keiner Maschinenelementequelle unerwähnt, obgleich es sich um eine Verbindung handelt, die längst „ausgestorben" sein sollte. Worin bestand ihr großer Wert und warum sind diese Verbindungen heute nur noch selten anzutreffen? Die Herstellung einer spielfreien Verbindung (für schwellende und Stoßbeanspruchung dringend erforderlich) war in der Frühzeit des Maschinenbaus (Entwicklung der Dampfmaschine) ein Problem, da man von der Herstellung dafür notwendiger präziser Wellen und Bohrungen noch weit entfernt war. Mit dem Keil war die Beseitigung des Spiels kein Problem und an den Dampfmaschinen hat sich besonders die Anwendung von Tangentkeilen bewährt. Der Nachteil des Keils besteht jedoch darin, dass die Nabe in jedem Fall eine Exzentrizität erfährt. Das war bei den langsam laufenden Maschinen der Frühzeit unerheblich, ist aber heute für jede schnell laufende Welle unakzeptabel. So sind für die heute üblichen Drehzahlen nur WNV brauchbar, die einen exakten Rundlauf garantieren und sich gut auswuchten lassen. (Aus diesem Grund entfällt z. B. auch die Passfederverbindung wegen Unwucht für viele schnell laufende Anwendungen.) Damit verbleibt heute für die Keilanwendung nur noch die Befestigung von Hebeln. Dabei sollte Wert darauf gelegt werden, die rückseitige Zugänglichkeit des Keils zu gewährleisten, da die Montage sonst Schwierigkeiten bereiten könnte. Zwar wird der Nasenkeil als demontierbar von der Montageseite angesehen, das trifft aber nur zu, wenn der Keil mit schwachen Schlägen eingetrieben worden ist. Da ein ähnliches Problem bei Kegelstiften mit Abziehgewinde (DIN EN 28736 und 28737) besteht, müssen hier **Bemerkungen zu Verbindungen mit Keilen und Kegelstiften** eingefügt werden:

- Keile und Kegelstifte werden mit **kräftigen** Hammerschlägen (mit Messingzwischenlage) eingetrieben und sitzen in diesem Zustand auch bei ungleichmäßiger Beanspruchung gut und fest.
- Zum Lösen sind von der Gegenseite ebenfalls kräftige Schläge erforderlich. Das Lösen von Nasenkeilen an der Nase ist problematisch und das Ziehen von Kegelstiften mit Abziehgewinde gelingt nur bei leicht eingeschlagenen Stiften. Für derartige Kegelstifte haben sich Schlagwerkzeuge nach *Bild 5.8* bewährt.
- Aussagen wie, z. B. Kegelstifte mit Gewindezapfen können mit Abdrückmuttern gezogen werden, sind fragwürdig. Leider werden derartige Aussagen offensichtlich immer wieder mangels eigener Erfahrungen übernommen.

Geradezu ideal ist das Demontieren eines Kegelsitzes mithilfe eines hydraulischen Druckstoßes. Nabe oder Welle benötigen dafür eine Zuführbohrung und eine Ringnut zur Verteilung des Öldrucks auf den Umfang des Kegels *(Bild 5.9)*. Mit einer ölgefüllten Fettpresse ist die Erzeugung eines Druckstoßes problemlos beherrschbar.

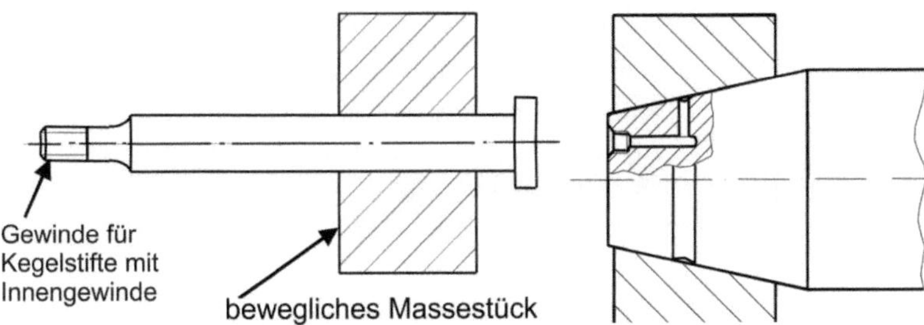

Bild 5.8 Vorrichtung zum Herausschlagen von Kegelstiften
Auch als Stiftzieher oder im Werkstattjargon Rückwärtshammer bezeichnet.

Bild 5.9 Kegelpressverbindung
Öldruck durch die Welle zum Lösen der Verbindung; Drucköl kann auch das Fügen erleichtern.

Die **Stirnreibverbindungen** mit zentral angeordnetem Gewinde zur Befestigung von Schleifscheiben, Trennscheiben und Kreissägeblättern sind weit verbreitet. Sie werden immer so verwendet, dass die Mutter (z.B. Nutmutter oder Spezialmutter) durch das zu übertragende Drehmoment festgezogen wird, d.h. die Gewindesteigung muss der Drehrichtung angepasst werden und gegebenenfalls ist Linksgewinde erforderlich. Damit dürfte klar sein, dass die Verbindungsart für wechselnde Drehrichtungen ungeeignet ist. Werden dezentral angeordnete Schrauben zur Erzeugung der Reibkraft verwendet *(Bild 5.10)*, sind wechselnde Drehrichtungen beherrschbar. Für diesen Fall ist die Verwendung von Passschrauben nicht zu empfehlen; die Drehmoment übertragende Reibung wird durch sachgemäß angezogene Schrauben erzeugt (bevorzugt mindestens mit Festigkeitsklasse 8.8 arbeiten!).

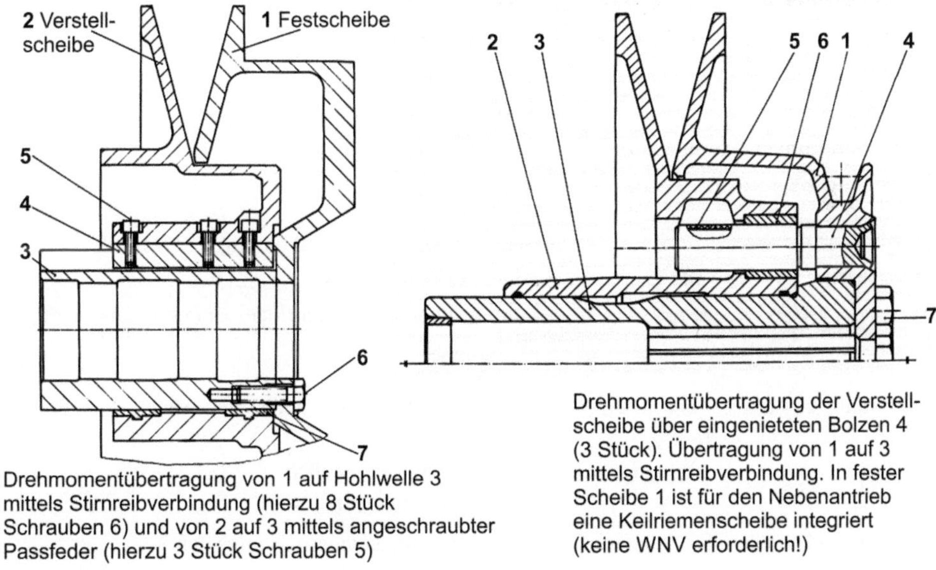

Bild 5.10 Verstellbare Keilriemenscheiben für regelbare Breitkeilriemengetriebe

Tabelle 5.3 Kraftschlüssige und form-kraftschlüssige Welle-Nabe-Verbindungen

1 Kegelpressverbindung 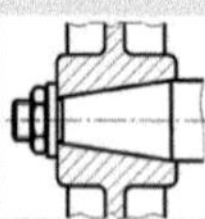	▪ Einseitige Axialsicherung erforderlich (z. B. Nutmutter) ▪ Übertragbarkeit von Kräften und Momenten ähnlich der Zylinderpressverbindung, aber abhängig von Aufpresskraft ▪ Sehr gut demontierbar (siehe z. B. *Bild 5.9*) ▪ Fertigungsaufwand > 130 %
2 Keilverbindung 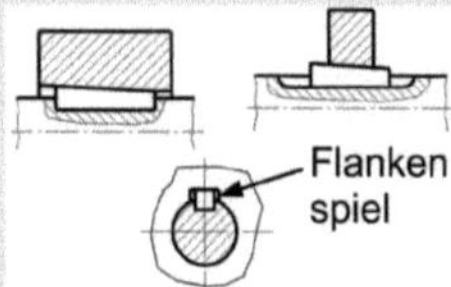 	▪ veraltete Verbindung, gut für Hebelbefestigung ▪ Nabe exzentrisch durch Keil, nie exakter Rundlauf! ▪ bei 2.1 keine axiale Justierung möglich, axiale Lage nur grob bestimmt ▪ bei 2.2 axiale Justierung möglich; mit Hohlkeilen beliebig ▪ durch Keilverspannung für dynamische Beanspruchung geeignet ▪ gute Demontierbarkeit nur bei rückwärtiger Zugänglichkeit des Keils ▪ Fertigungsaufwand 150 … 200 %
3 Stirnreibverbindung 3.1 mit Zentralgewinde 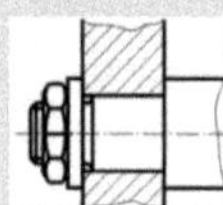	▪ Übliche Verbindung für Schleifscheiben, Trennscheiben, Kreissägeblätter ▪ Drehmoment muss Zentralgewinde immer festziehen, d. h. nur für eine Drehrichtung gut, bei Bedarf Linksgewinde anwenden ▪ Fertigungsaufwand > 140 %
3.2 mit dezentralen Schrauben 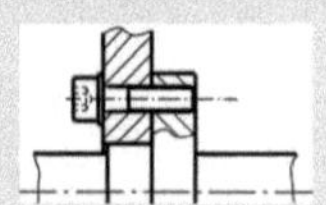	a) Schraubengewinde im Wellenbund b) Schraubengewinde im Wellenzapfen ▪ Anzahl der Schrauben ≥ 3 ▪ Fertigungsaufwand > 160 %
3.3 mit dezentralen Schrauben und Formschluss liber Kegel	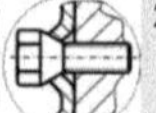 z. B. Radbefestigung an Kfz
 4 Klemmverbindung 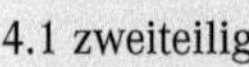 4.1 zweiteilig 	▪ Sehr gut bei Montage auf durchgehender Welle ▪ Alle Justierungen moglich ▪ Tolerierung beachten (geringes Übermaß anstreben) ▪ Fertigungsaufwand > 300 %
4.1 einteilig, geschlitzt 	▪ Gestaltung muss satte Anlage gewährleisten (weitere Bilder) ▪ Alle Justierungen möglich ▪ Fertigungsaufwand bis 250 %
5 Mit Spannelementen der Zulieferindustrie 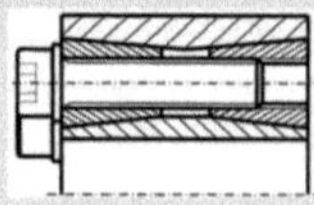	▪ z. B. Ringspannelemente, Spannsätze usw. ▪ Kataloge der Zulieferer für Auswahl und Dimensionierung nutzen 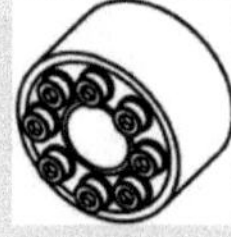

Bei den **Klemmverbindungen** mit geteilter oder geschlitzter Nabe muss auf die richtige Anordnung der Schraube Wert gelegt werden. Es ist wichtig, auf dem gesamten Umfang eine gleichmäßige Anpressung zu erzeugen. Dafür sind zwei Maßnahmen erforderlich:

- Spielsitze vermeiden, z. B. H7/k6 bevorzugen
- Minimaler Abstand der Schraube von der Welle

Man stelle sich dazu eine moderne Schlauchschelle vor *(Bild 5.11)*. Die Schraubenkraft wirkt im Blechband und bringt die Schelle auf dem gesamten Umfang zur Anlage. (siehe auch *Bild 3.105* bis *3.109*) Da die Passung H7/k6 im Allgemeinen als leichte Übermaßpassung ausfällt, könnte das Montieren bei geschlitzter Nabe etwas mehr Kraft beim Aufschieben erfordern. Dem kann durch eine aufspreizende Abdrückschraube oder Eintreiben eines schlanken Keils abgeholfen werden. Wird die Nabe entsprechend dem Beispiel nach *Bild 5.12* gestaltet, darf durchaus eine Spielpassung (z. B. H7/h6) zur Anwendung kommen, denn die Schraube wird die dünnwandige Nabe vollflächig zur Anlage bringen. Geradezu grotesk wirkt die an einem Müllfahrzeug aufgefundene Klemmverbindung *(Bild 5.14)*. Es wurde nicht nur der Schlitz weit über die Welle hinausgeführt, sondern die Nabe wurde auch noch durch die langlochartige Aussparung besonders biegeweich ausgeführt. Der Ansatz für die Schraube zeigt das im *Abschnitt 3.2.2* vorgestellte Flanschproblem in Vollendung. Der „Konstrukteur“ dieses eigenartigen Gebildes hatte weder Vertrauen zur Schraubenkraft noch zur Elastizität des verwendeten Stahls.

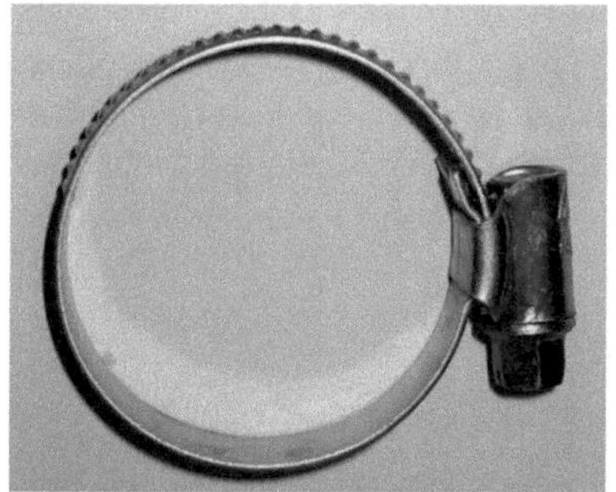

Bild 5.11 Schlauchschelle
Die Schraube greift einseitig in das geriffelte Blechband ein und zieht die Schelle satt anliegend zusammen.

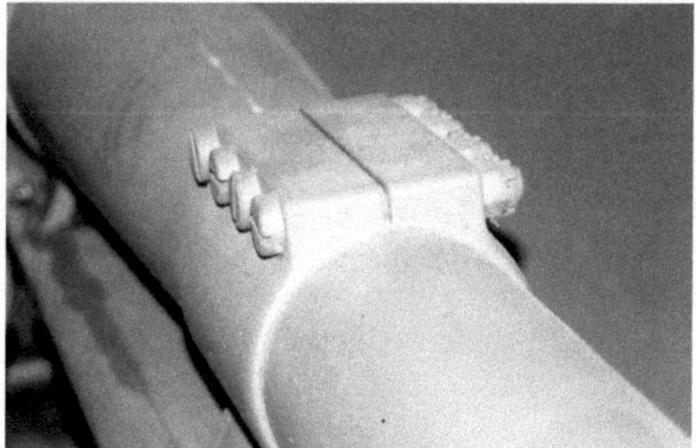

Bild 5.12 Rohrbefestigung mit zweckmäßig gestalteter Schelle (Bofors 1928)
Die Schrauben bringen die Schelle vollflächig zur Anlage; Schlitzschrauben und Kronenmuttern werden heute nicht mehr verwendet.

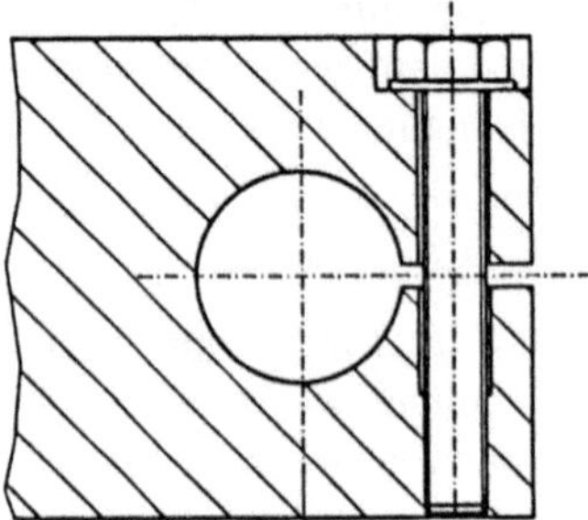

Bild 5.13 Klemmverbindung richtig ausgeführt Schraubenabstand minimal - die Schraube soll ähnlich einer Schelle die Bohrung auf dem ganzen Wellenumfang zur Anlage bringen. Die Dehnlänge ist durch die weitergeführte Durchgangsbohrung vergrößert und beeinflusst die Sicherungswirkung der Schraube positiv. Passungsempfehlung: H7/k6

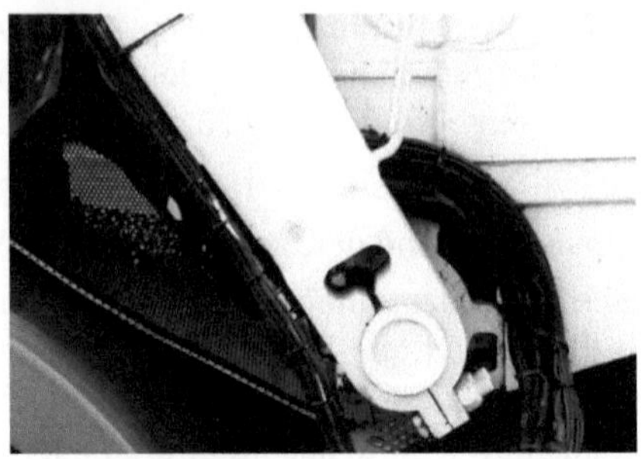

Bild 5.14 Klemmkopf am Ladearm eines Müllfahrzeuges. Herstellung durch Brennschneiden und Feinbohren der Hauptbohrung.
SEHR UNZWECKMÄSSIGE GESTALTUNG!
(siehe Text)

Axialsicherungen

Eng verknüpft mit einem Teil der WNV sind Axialsicherungen. Sie können als Wellenbund oder Bohrungsabsatz durch Zerspanprozesse erzeugt oder in ihrer klassischen Gestalt als Stellring (DIN 705) angewendet werden. Der Stellring, ursprünglich sehr verbreitet, ist inzwischen durch den Sicherungsring (DIN 471) weitgehend abgelöst worden *(Bild 5.16)*, es gibt ihn auch für Bohrungen (DIN 472). Zu diesen Ringen, in der Werkstatt nach dem ursprünglichen Hersteller immer noch als Seegerringe bezeichnet, sind Sicherungsscheiben (DIN 6799) und weitere Ringe auch zum Sichern von Wälzlagern (DIN 983, 984) hinzugekommen. Firmenschriften und Internet, heute im Allgemeinen in den Konstruktionsabteilungen vorhanden, informieren darüber ausführlich.

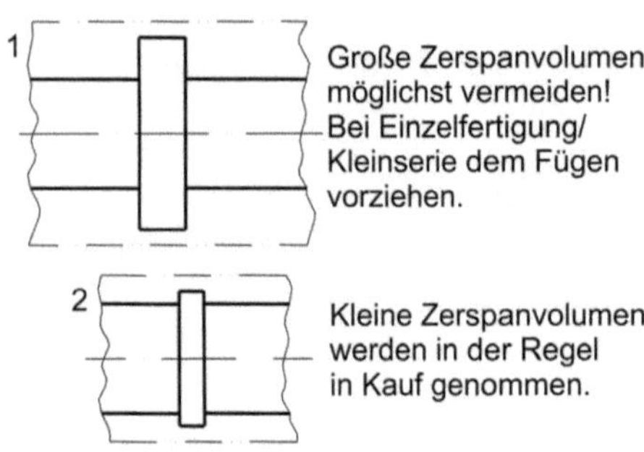

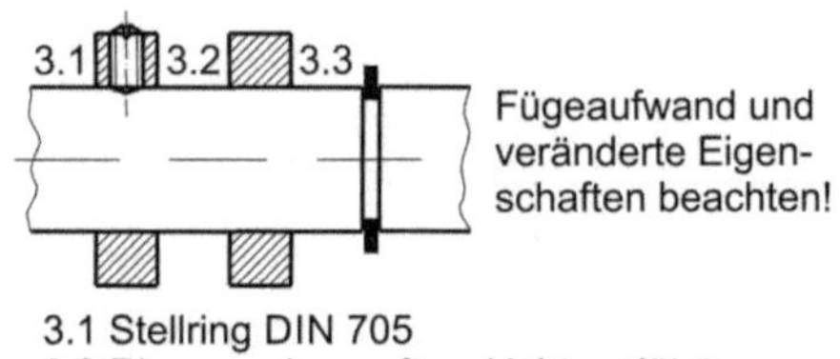

3.1 Stellring DIN 705
3.2 Ring geschrumpft, geklebt, gelötet
3.3 Sicherungsring DIN 471 bzw. Sicherungsscheibe DIN 6799
Fügen erhöht die Anzahl der Bauelemente!

Bild 5.15 Zerspanen oder Fügen?

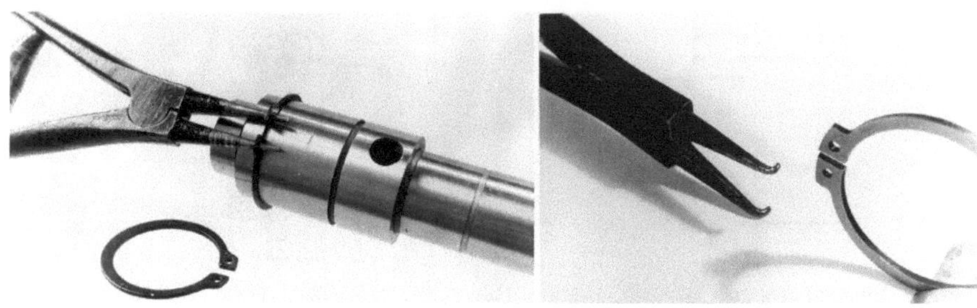

Bild 5.16 Sicherungsringmontage
Die Zugänglichkeit mit einer der beiden Zangen muss gewährleistet sein.

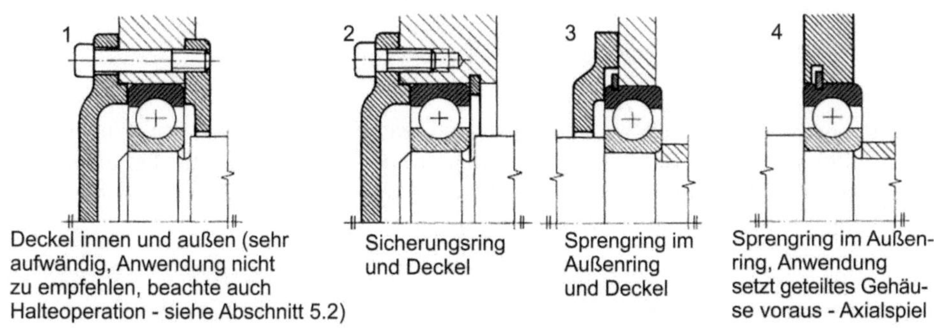

Bild 5.17 Axialsicherungen von Wälzlagern im Gehäuse [7]

Das richtige Bemaßen der Sicherungsringnut wurde bereits im *Abschnitt 4.9* vorgestellt und dabei auch angemerkt, dass ohne zusätzliche Maßnahmen keine spielfreie Verbindung erreicht wird. Das Auftreten von Axialspiel trifft auch für alle in *Bild 5.17* dargestellten Sicherungen zu. Deutlich sichtbar ist es jedoch nur im Bildteil 4. Die Kombinationen Deckel und Seegerring bzw. Sprengring nach Bildteil 2 bzw. 3 können allerdings spielfrei ausgeführt werden, wenn die Deckel auf „Anzug" ausgelegt werden, d. h. so toleriert sind, dass zwischen angeschraubtem Deckel und Gehäuse stets ein Spalt bleibt. Die Anwendung von Sprengringen ist allerdings wegen der ungünstigen Montage und Demontage (sie haben keine Montagelöcher) eher auf Sonderfälle beschränkt.

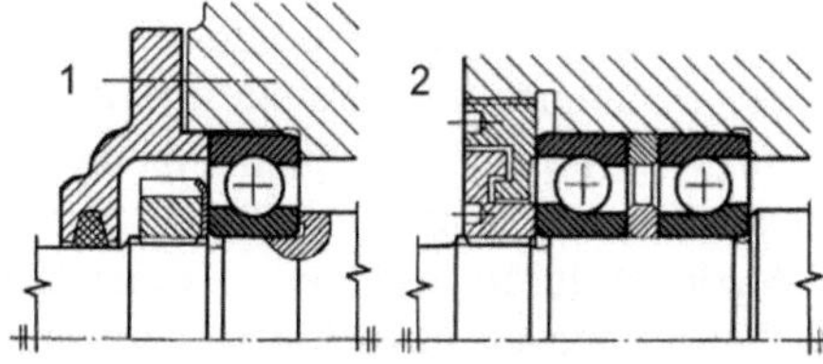

Bild 5.18 Axialsicherungen ohne Axialspiel [7]
1 Gehäuse: Verspannung durch Schrauben Welle: Verspannung durch Nutmutter DIN 781
2 Verspannung mit Gewinde an Konstruktionsteilen, die Gewinderinge bilden hier eine Labyrinthdichtung (Sonderausführung, Zentrierung beachten!)

Muss Spielfreiheit garantiert werden, kann ansonsten nur Gewinde helfen (*Bild 5.18* und *Bild 5.19*). Bei allen Beispielen mit Gewinde treten immer erhöhte Herstellkosten auf. Der höhere Aufwand für spielfreie Axialsicherungen ist auch im *Bild 5.18* gut „ablesbar", wenn man sich die notwendigen Arbeitsgänge durchdenkt.

Vergleich des Herstellaufwandes und des möglichen Axialspiels

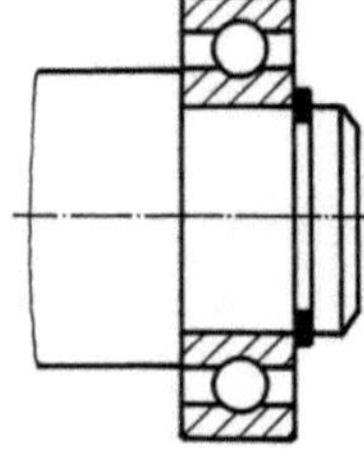

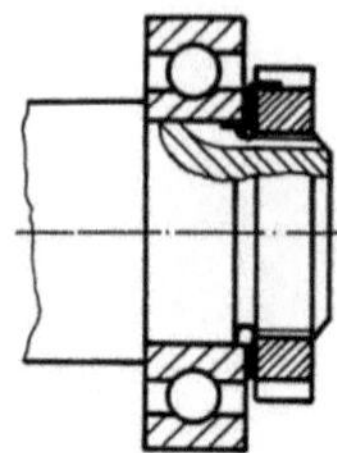

Arbeitsgänge:	Einstich drehen	Gewinde und Freistich drehen und Nut fräsen
Zulieferung:	Sicherungsring	Nutmutter, Sicherungsblech
Montage:	Ring einschnappen	Sicherungsblech aufsetzen, Mutter aufschrauben, Sicherungsblech umbiegen
Relative Kosten:	100%	310%
Zur Funktion:	Axialspiel von ca. 0,1 mm möglich	spielfrei

Bild 5.19 Axialsicherung mit Sicherungsring bzw. Nutmutter [nach 9]

Derartige Lösungen sind daher nur anzuwenden, wenn das Axialspiel funktionsbedingt ausgeschaltet sein muss. Da alle Wälzlagerkanten abgerundet sind, tritt bei axialer Belastung ein Stülpeffekt auf, der gegebenenfalls mit scharfkantigen Zwischen- oder Stützringen bekämpft werden muss.

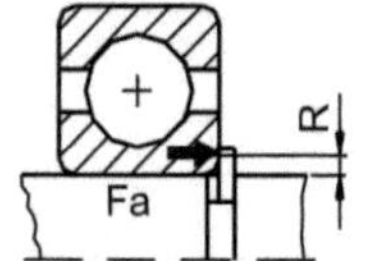

Durch Abrundung des Wälzlagers wirkt Axialkraft Fa im Abstand R.

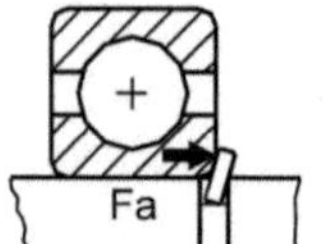

Dadurch erhält der Sicherungsring eine Stülpverformung.

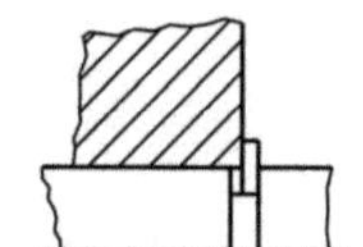

Bei Bauteilen mit scharfkantiger Anlage tritt das Stülpen nicht auf.

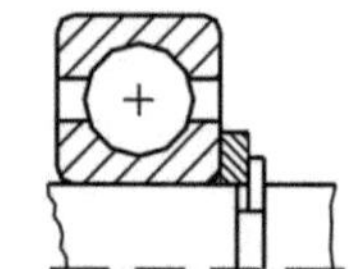

Daher bei axial belasteten Wälzlagern scharfkantigen Ring dazwischen legen

Bild 5.20 Anlage von Sicherungsringen

Die Axialsicherungen mit Stellring *(Bild 5.21)* benutzen Gewindestifte zum Festlegen des Ringes auf der Welle. Die ursprüngliche Version mit Querschlitz ist heute durch Gewindestifte mit Innensechskant abgelöst. Verwendet werden aber z. T. immer noch die Gewindestifte mit Spitze oder Zapfen *(Bild 5.22).* Sie widersprechen jedoch einem Grundsatz moderner Montageprozesse, der darin besteht, jegliche Spanverfahren aus der Montageabteilung zu verbannen. Begründet wird das mit der möglichen Verschmutzung durch Späne, die insbesondere nicht in Schmierstellen oder Schmiermittel geraten dürfen. In beiden o. g. Fällen muss aber die Welle zur Aufnahme von Spitze oder Zapfen angebohrt werden. Das kann durch die Anwendung des Gewindestiftes mit gehärteter Ringschneide vermieden werden. Die Ringschneide dringt beim Anziehen in die Welle ein. Das ist als axiale Sicherung (**keine Axialkräfte!**) ausreichend und kann eventuell durch Verwendung mehrerer Gewindestifte verbessert werden. Bei Demontage wird das durch die Ringschneide aufgeworfene Material abgeschert. Bei erneuter Montage wird diese Stelle mit einer Schlichtfeile geglättet und ist ohne Probleme weiter verwendbar.

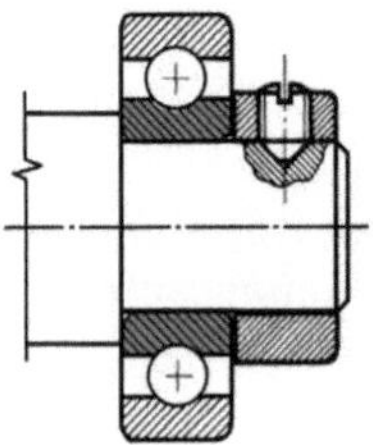

Bild 5.21 Axialsicherung mit Stellring (DIN 705)

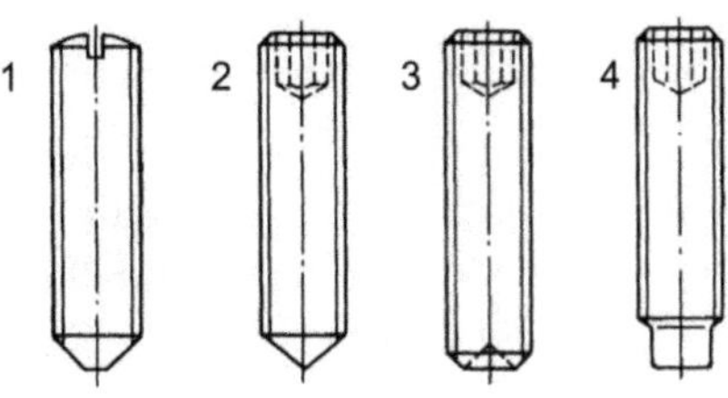

Bild 5.22 Gewindestifte
1 mit Schlitz, Anwendung vermeiden!
2 mit Innensechskant und Spitze (DIN 914), wegen Bohren beim Montieren meiden.
3 mit Innensechskant und Ringschneide (DIN 916), bevorzugen.
4 mit Innensechskant und Zapfen (DIN 915), Bohren bei Montage!

Über die relativen Kosten einiger Axialsicherungen für beispielsweise Wellendurchmesser 40 mm werden durch [9] folgende Werte genannt:

- Sicherungsring relative Kosten = 100 %
- Scheibe mit Splint 110 %
- Stellring DIN 705 befestigt mit Kegelstift 300 %
- Stellring DIN 705 befestigt mit 2 Gewindestiften DIN 914 300 %
- Nutmutter und Sicherungsblech 310 %

Die häufige Verwendung von Sicherungsringen dürfte damit nochmals gut nachvollziehbar sein.

Mit dem folgenden Bild werden Axialsicherungen vorgestellt, die für gröbere Anwendungsfälle gedacht sind. Der Federstecker kann mit einer kleinen Kette gegen Verlieren gesichert werden.

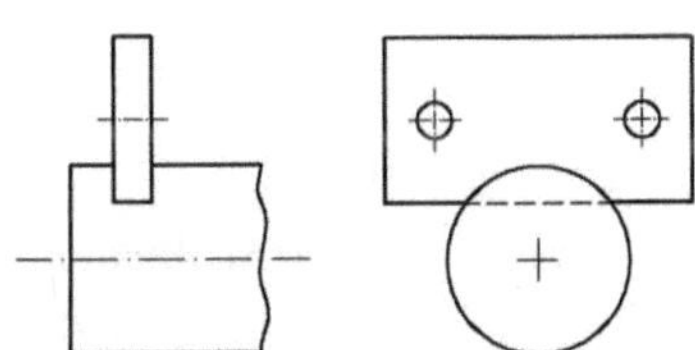

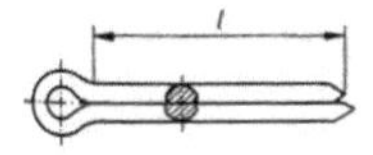

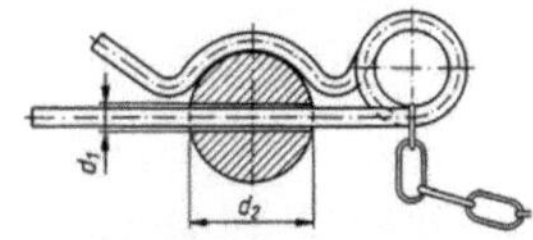

Nicht zur Kraftübertragung verwenden!

Achshalter, DIN 15058
Kleinste Baugröße 20 x 60 mm für zwei M 8-Schrauben. Im Förderanlagenbau übliche aber auch anderswo verwendete Axial- und Verdrehsicherung.

Splint ISO 1234
Verwendung mit Bolzen DIN EN 22341 (siehe Bild 4.109)

Federstecker, DIN 11024
Gut für häufig zu lösende Bolzenverbindungen (z. B. an Baumaschinen zum Wechseln von Schaufeln und dergleichen)

Bild 5.23 Sicherungselemente ohne Präzisionsanspruch

5.2 Die montagegerechte Baugruppe

Wie bereits mit dem Beispiel der Seiltrommel *(Bild 5.1)* indirekt dargelegt, ist die Anzahl der zu montierenden Bauelemente eine grundlegende Größe für den Montageaufwand und folglich für die Montagegerechtheit. Daraus wird deren erste Hauptregel der abgeleitet:

> Mo1: Wenige Bauelemente anstreben!

So einfach und sicher auch logisch diese Regel klingt, es gibt keine Formel oder einen ähnlichen Lösungsansatz, wie viele Bauteile denn zu einer Baugruppe gehören dürfen bzw. ob man eine gegebene Baugruppe um 10 %, 25 % oder 50 % der Elemente verringern kann oder muss. Es liegt allein im Geschick des Konstrukteurs, aus wie vielen Einzelteilen er eine Baugruppe aufbaut.

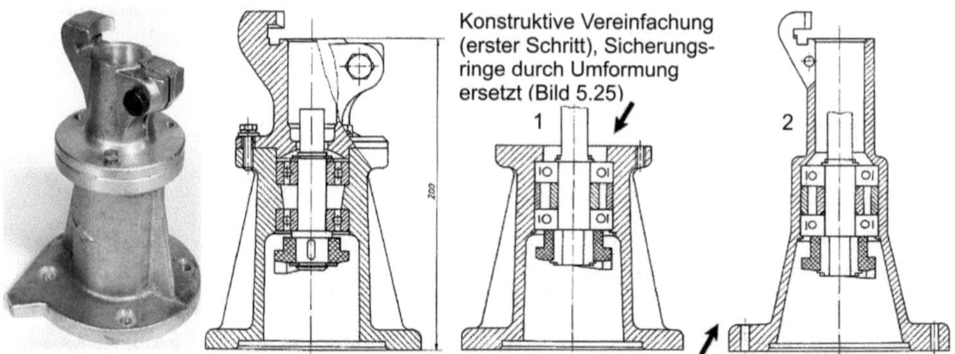

Bild 5.24 Lagerbaugruppe

Die Lagerbaugruppe nach *Bild 5.24* wurde über viele Jahre für den Antrieb einer Rüttelflasche für das Verdichten von Beton produziert. Durch eine gründliche konstruktive Bearbeitung mit dem Ziel der Montageautomatisierung konnte eine Verringerung der Teilezahl von 20 auf 8 erreicht werden. Dabei wurden allerdings die Nachteile einer Reparaturunfreundlichkeit in Kauf genommen - siehe *Bild 5.25*.

Bild 5.25 Wälzlagersicherung durch Umformung (Gehäuse Aluminiumguss)
Die Reparaturunfreundlichkeit ist zu berücksichtigen.

Dieser Lösungsvorschlag soll hier keinesfalls als allgemeingültig dargestellt werden. Das folgende Bild zeigt ein ähnlich extremes Beispiel. Neben der Verringerung der Anzahl der Bauelemente von 17 auf 7 (alle Normteile wurden mitgezählt, denn jedes Teil ist einzeln zu handhaben) liegt ein besonderer Gewinn darin, dass die zwei kleinen Druckfedern eingespart werden konnten. Leider lässt sich daraus nicht ableiten, dass bei jeder konstruktiven Überarbeitung 50 % der Bauelemente entfallen können.

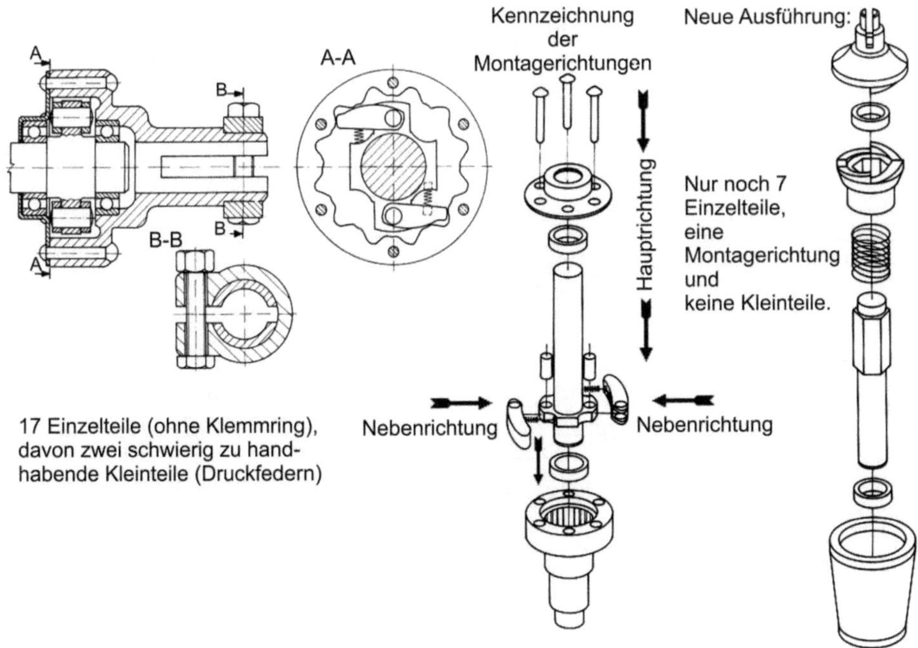

Bild 5.26 Schaltklinkenfreilauf

Einen guten Weg zu wenigen Bauelementen bietet die Integralbauweise (Einstückbauweise anstelle gefügter Bauelemente). In diesem Zusammenhang sei auf die *Bilder 4.170* und *4.98* zum Thema Stanzlaschen verwiesen. Andere Beispiele stellen die Leiter nach *Bild 4.162* sowie die Seiltrommel *(Bild 5.1)* dar. Selbstverständlich leistet die im *Abschnitt 2* kurz dargestellte Verwendung von Zukaufgruppen auch eine Entlastung der eigenen Montageabteilung.

Mo2: In zweckmäßige Baugruppen und Untergruppen gliedern!

Die zwei folgenden Bilder und Erläuterungen dürften die Regel **Mo2** ausreichend illustrieren und verdeutlichen.

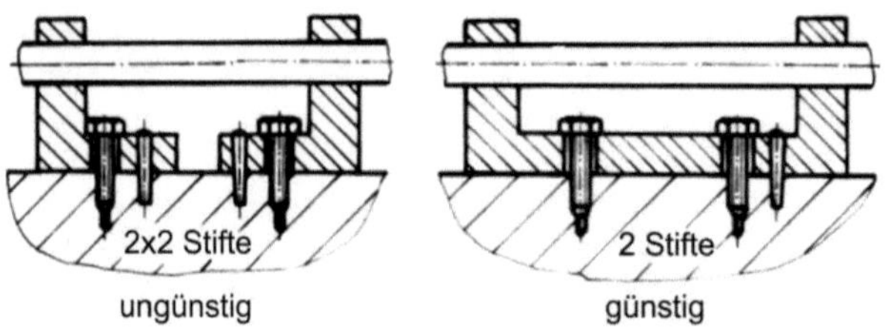

Bild 5.27 In zweckmäßige Baugruppe gliedern! (schematische Darstellung)

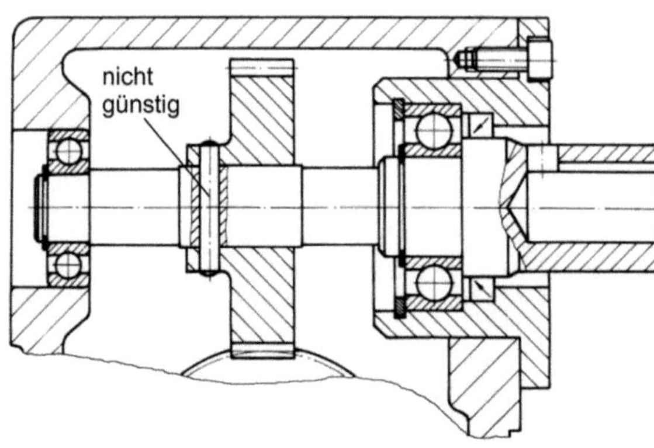

Bild 5.28 Antriebswellen eines Schraubgetriebes Unzweckmäßig gestaltet: Zahnrad muss innerhalb des Gehäuses auf die Welle gesetzt und verstiftet werden. Mehr zur zweckmäßigen Gestaltung im Text.

Bei *Bild 5.28* kommt hinzu, dass nach der Montage des Zahnrades im Innern des Gehäuses das linke Kugellager unter ungünstigen Bedingungen eingebaut werden muss. Dieser Umstand ist sehr einfach zu beheben: Der äußere Durchmesser der Lagerbuchse ist etwas größer als der Kopfkreisdurchmesser des Zahnrades auszuführen. Dann kann die komplett vormontierte Welle - einschließlich des linken Kugellagers - von rechts in das Gehäuse eingesteckt werden. Die Befestigungsschraube muss dafür etwas versetzt werden. Die im *Bild 4.278* dargestellten Wellenbaugruppen sind montagegünstig gestaltet. In beiden Fällen lassen sich die komplett montierten Wellen in die Gehäuse einfügen. Das betrifft auch die Keilriemenscheiben, denn sie sind mit Bohrungen versehen, um die Befestigungsschrauben einschließlich Schraubwerkzeug durch die Riemenscheiben hindurch zu stecken.

Die weiteren Regeln zum montagegerechten Konstruieren sind in *Tabelle 5.4* und *Tabelle 5.5* sowie mit *Bild 5.29* bis *Bild 5.31* illustriert. Eine sehr gute Einarbeitung in diese Problematik bildet das Konstruieren von Maschinenbaugruppen für die automatisierte Montage, mit der sich die Autoren mehrere Jahre befasst haben. Gegenüber der manuellen Montage stehen die Anforderungen an die Gestaltung für die automatische Montage mit erheblich größerer Schärfe. Die entsprechenden Gestaltungsregeln sind u. a. in [44] aufgezeichnet. Die folgenden Tabellen und Bilder sind eine Zusammenfassung, die auf die Handmontage eingeschränkt ist.

Alle Handhabevorgänge berücksichtigen, möglichst einschränken bzw. einfach gestalten.

Dazu gehört:

- **Die Montagearbeiten am Basisteil (z.B. Gehäuse) sollten ohne Drehen, Kippen und Wenden möglich sein!**

  Die Bedeutung dieser Forderung wächst mit der Masse des Basisteils.
- **Halteoperationen vermeiden!**

  (siehe *Bild 5.29*) Das gilt insbesondere, wenn mehr als zwei Handhabungen gleichzeitig gefordert werden sollten (der dreihändige Montagearbeiter ist nicht verfügbar). Eine formschlüssige Lagesicherung kann eventuell Abhilfe schaffen.
- **Zugänglichkeit sichern!**

  Das betrifft sowohl das zu montierende Bauteil, als auch das Montagewerkzeug *(Bild 5.30)*.
- **Beobachtbarkeit des Montagevorgangs gewährleisten!**

  (siehe *Bild 5.31*)
- **Fügefasen und Vorzentrierungen anwenden!**

  (siehe *Bild 5.32*)
- **Spanen einschränken bzw. vermeiden!**

  Das betrifft z.B. Bohren von Stiftlöchern und von Kegelsenkungen für Gewindestifte *(Bild 5.21)*
- **Eine Baugruppe sollte extern prüfbar sein, alle Mess- und Prüfvorgänge sollten ohne Demontage möglich sein!**

Tabelle 5.4 Regeln für die montagegerechte Baugruppengestaltung

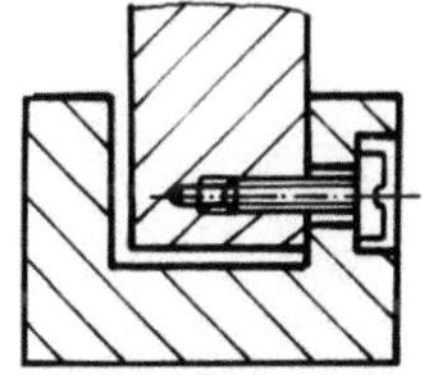
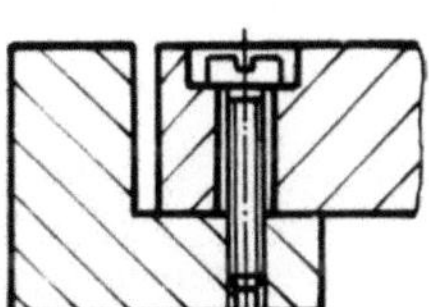

Bild 5.29 Halteoperationen vermeiden!
Links: **UNGÜNSTIG** - beim Einschrauben der Zylinderkopfschraube ist eine Halteoperation notwendig.
Rechts: Halten ist vermieden.

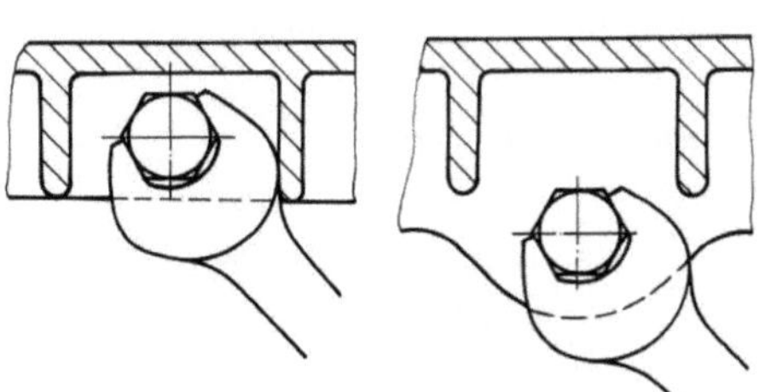

Bild 5.30 Zur Zugänglichkeit mit Schraubwerkzeugen [14]
Wegen der Maulschlüsselanwendung wird die rechte Lösung empfohlen. Das ist eine einseitige Betrachtung! Bei abhebenden Kräften ist diese Empfehlung falsch (siehe Flanschproblem, Abschnitt 3.2) und außerdem können Innensechskantschrauben verwendet werden.

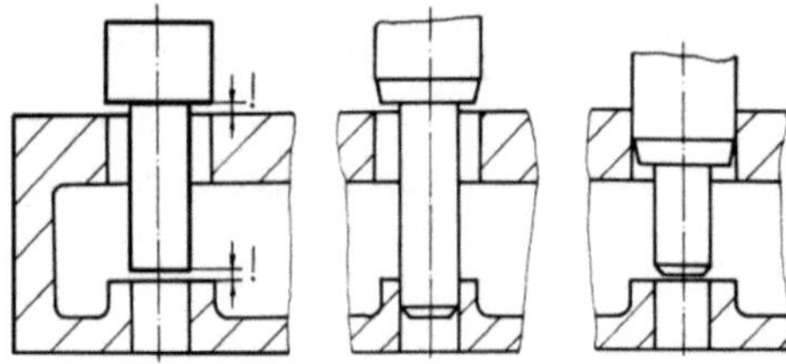

Bild 5.31 Gleichzeitiges Anschnäbeln vermeiden!
Links außen: Sehr ungünstig!

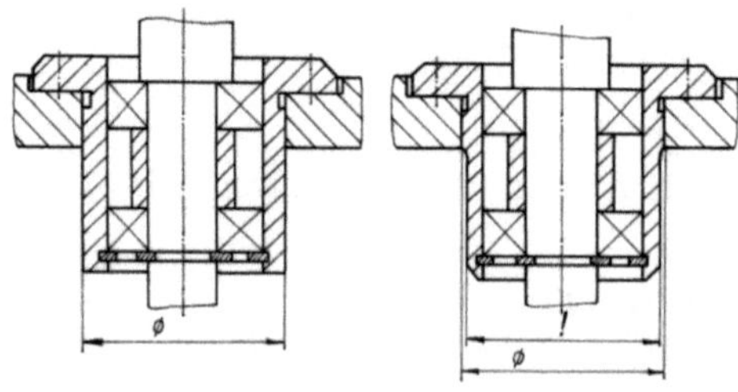

Bild 5.32 Pressweg kurz halten!
Zentrierdurchmesser (Ø) auf notwendige Länge beschränken. Fase und Vorzentrierung (!) erleichtern den Fügevorgang.

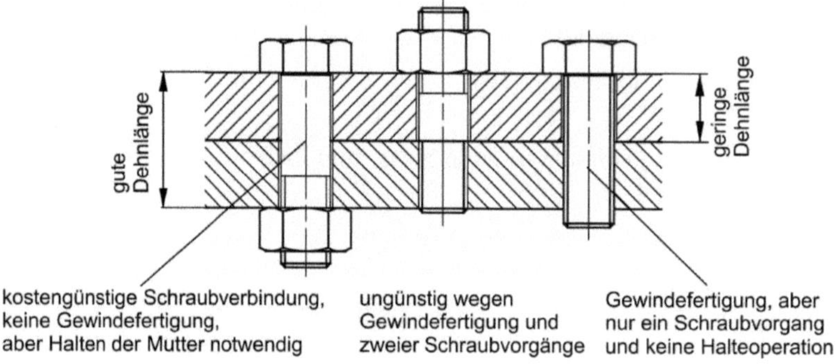

Bild 5.33 Klassische Schraubverbindungen

Tabelle 5.5 Hinweise zu montagegerechten Schraubenverbindungen

- **Die günstigste Schraubensicherung ist eine sachgerecht ausgelegte und montierte hochfeste Schraubenverbindung (Festigkeitsklasse 8.8 oder höher).**

  Hinweis: Losdrehsicherungen sind bei Schwingungen (Vibrationen) zweckmäßig, sie dürfen nicht den Kraftfluss beeinträchtigen und die Flächenpressung unzulässig erhöhen.

Setzvorgänge werden beherrschbar wenn:

- keine plastisch verformbaren Elemente im Kraftfluss liegen,
- die freie Dehnlänge der Schraube groß genug ist ($l > 1{,}5\,d$),
- die Flächenpressung unter Kopf- bzw. Mutternauflage zulässig ist,
- verspannte Flächen ebene Oberflächen mit geringer Rauheit haben und
- die Schrauben bis zur zulässigen Vorspannkraft angezogen werden.
- **Sicherungselemente wie Federringe, Sicherungsbleche und ähnliche sind teilweise veraltet und unzuverlässig und erfordern zusätzliche Handhabung**, als verlierbare Elemente beinhalten sie Fehlerpotential (z. B. bei Wartung).

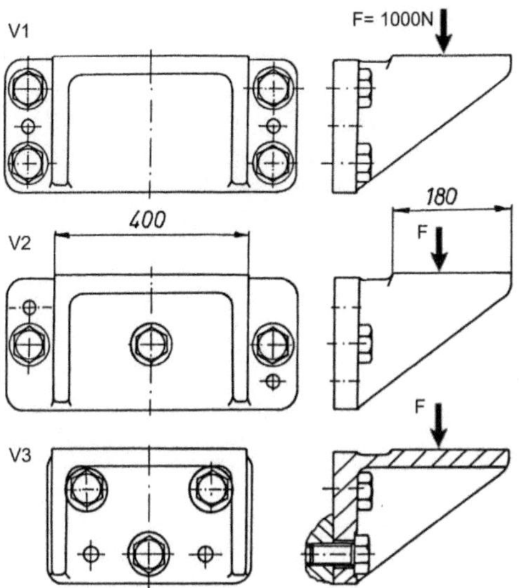

Bild 5.34 Fehler- bzw. mängelbehaftete Konsolvarianten

Aufgabe 5.1 Stellen Sie die Fehler der drei Konsolvarianten nach *Bild 5.34* zusammen.

■ 5.3 Justieren

Allgemein wird unter Justieren verstanden, dass Bauelemente während der Montage so bewegt werden, dass sie die für die Funktion notwendige Lage erhalten. Eine einfache Justiereinrichtung zeigt *Bild 5.35*. Die Lage des Gartentors wird mithilfe der Langlöcher so eingestellt, dass das Tor richtig anschlägt und damit ein leichtes Einschnappen und Verschließen möglich ist. Dieser Justiervorgang ist erforderlich, weil der Abstand der Türpfosten und die Abmessungen des Torflügels toleranzbehaftet sind. Es werden also Summentoleranzen kompensiert. Für den gleichen Zweck ist neben der Wirkung als Gelenk die Augenschraube im *Bild 4.107* vorgesehen. Der Schraubenschaft dient nicht nur zum Halten des Torflügels sondern gleichzeitig zum Justieren der Lage des Torflügels. Als Justier- und Befestigungselement wirken die beiden Sechskantmuttern. Andere Justiereinrichtungen des „Alltags" können an modernen Küchenmöbeln betrachtet werden. Da sind einmal die Scharniere, die mehrere Justierbewegungen des Türblatts möglich machen. Zum anderen verfügen die einzelnen Schrankteile über verstellbare Füße für die Justierung der Schrankhöhe. Sie sind im Normalfall hinter einer Sichtblende versteckt. Dem jungen Leser wird empfohlen, diese Einrichtungen näher zu betrachten.

Bild 5.35 Gartentor (Aluminiumkonstruktion)
Die Detailansicht zeigt Langlöcher an beiden Scharnierteilen. Besteht dafür eine erkennbare Notwendigkeit?

Justieren von Kegelrad- und Schneckengetrieben

Immer wiederkehrende Justieraufgaben im Maschinenbau treten bei der Montage von Kegelrad- und Schneckengetrieben auf. Bei beiden Getrieben kann die richtige axiale Lage der Kegelräder bzw. des Schneckenrades infolge Summentoleranzbildung der beteiligten Bauelemente nur durch Justieren erreicht werden. Beim Kegelradgetriebe *(Bild 5.36)* sind beide Räder beim Justieren axial zu bewegen. Werden die Teilkegel nicht zur Deckung gebracht, tragen die Zahnflanken nur unvollkommen *(Bild 5.37)*, was zu erhöhtem Verschleiß führt. (Hinweis: Für Leistungsgetriebe sind heute nur noch bogenverzahnte Kegelräder in Anwendung – z. B. Kfz-Differenzialgetriebe. Der geschilderte Sachverhalt des Justierens trifft dafür aber ebenfalls zu.) Die konstruktiven Möglichkeiten zur Beherrschung der Justieraufgaben wurden bereits im *Abschnitt 4.9.3* behandelt und sind sinngemäß zu übertragen. Im *Bild 5.38* ist für den Justiervorgang das Einstellen mittels Schraubdeckel vorgesehen. Dabei ist das Ziel, ein Tragbild einzustellen, das unter Betriebslast eine möglichst große Fläche der Flanke erfasst, d. h. die Verformungen der beteiligten Elemente sind zu berücksichtigen. Das Prüfen des Tragbildes erfolgt bei beiden Getriebearten durch Tuschieren.

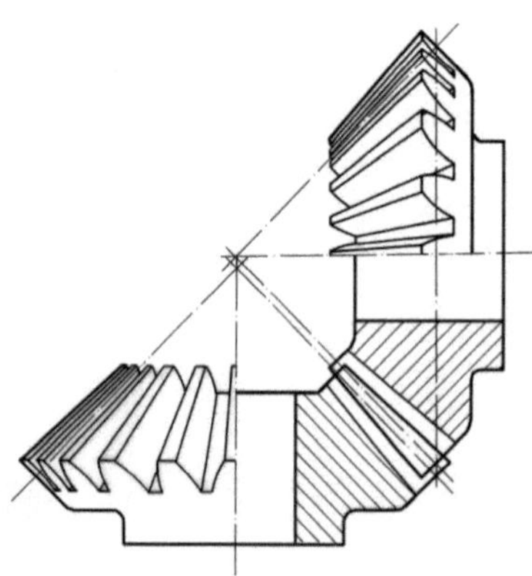

Bild 5.36 Kegelradstufe
Durch Justieren der axialen Lage beider Räder müssen die Teilkegel zur Deckung gebracht werden.

Bild 5.37 Kegelrad
Das Kegelrad war unzureichend justiert; die Zahnflanken zeigen, dass nur die äußeren Flankenteile getragen haben.

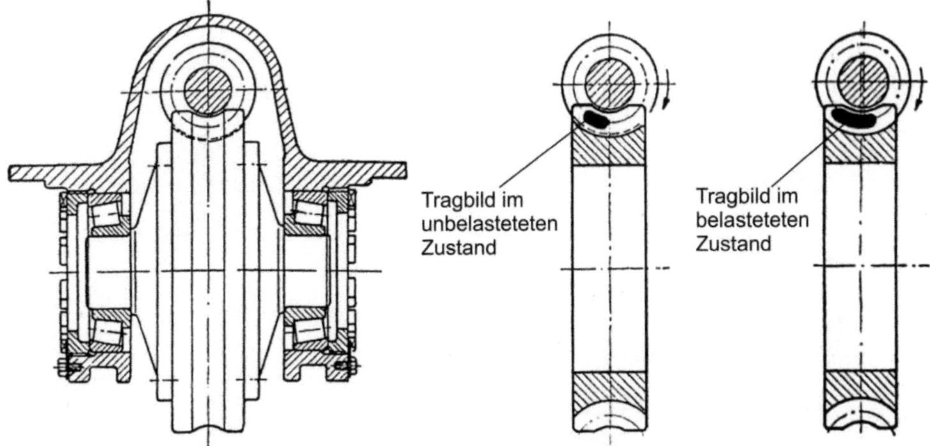

Bild 5.38 Schneckenradjustierung [36]

Justieren von Lagerbuchsen

In ähnlicher Weise wie bereits im *Abschnitt 4.9.3* beschrieben, können Justieraufgaben durch Passen oder Einstellen beherrscht werden. *Bild 5.39* und *Bild 5.40* zeigen Konstruktionsbeispiele für das Justieren der axialen Lage von Lagerbuchsen (Wellenlagerung mit Festlager, in der Regel Wälzlager). Die dargestellten Möglichkeiten sind in verschiedensten Variationen in Anwendung. Beim Einstellen mit Gewinde kommen je nach der notwendigen Feinfühligkeit der Justierbewegung Normal- und Feingewinde zur Anwendung. Feinste Justierbewegungen sind mit Differenzialgewinde erreichbar (hier nicht beschrieben).

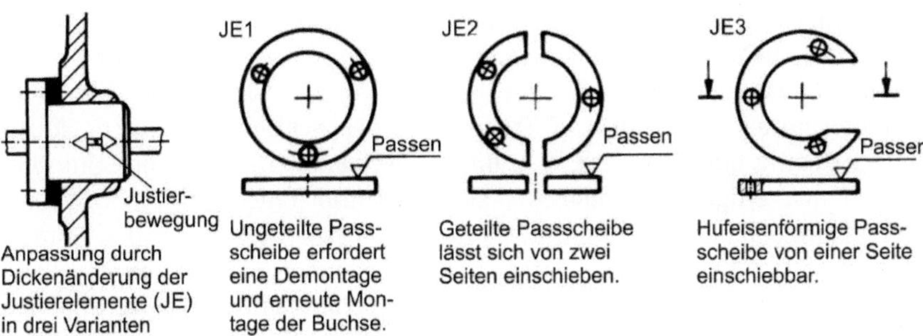

Bild 5.39 Justieren von Lagerbuchsen durch Passen

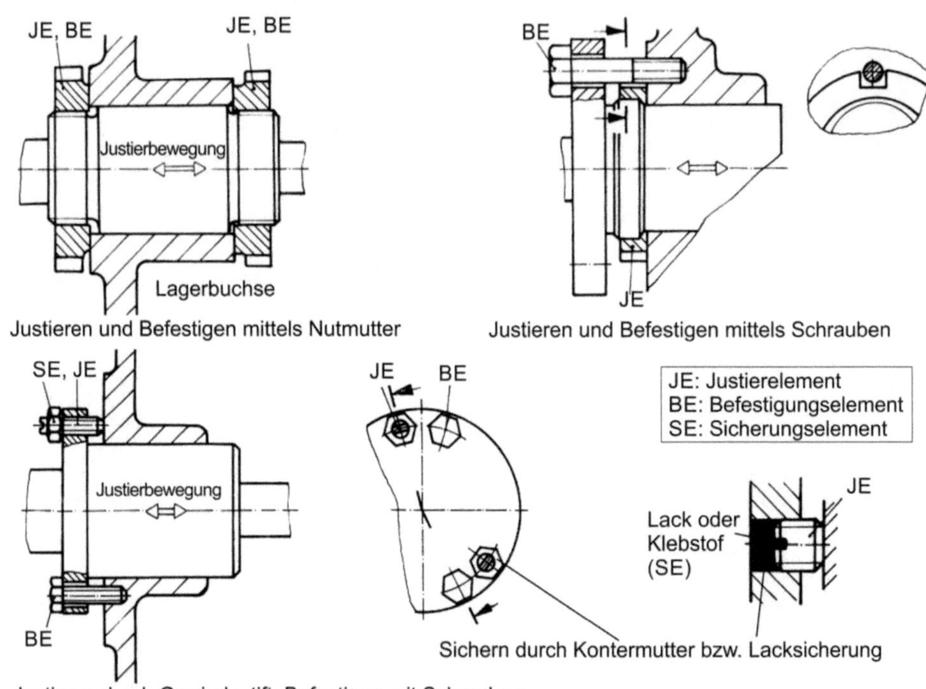

Bild 5.40 Justieren von Lagerbuchsen durch Einstellen
Im Bild sind die Gewinde mit Kernlochbohrungen nicht dargestellt – solche Vereinfachungen sind zulässig. Der Einsteiger sollte solche Vereinfachungen meiden, siehe 4.9.1 und 6.

Justieren mit Mutter und Kontermutter

Die Verwendung von Feingewinde und Nutmuttern für Justieraufgaben ist recht häufig anzutreffen (*Bild 5.41* links). Wer einen derartigen Justiervorgang zum ersten Mal manuell ausführt, ohne dass eine gute Anleitung gegeben wurde, wird längere Zeit für diesen Vorgang brauchen. Es wird vielfach nicht erkannt, dass das **System Mutter und Kontermutter mängelbehaftet** ist. Allein die häufig anzutreffende falsche Sicherung mit flacher Kontermutter (siehe *Bild 4.154*) erhärtet diese Feststellung. Zur Erklärung: Ein Gewinde hat Flankenspiel zwischen Bolzen und Mutter. Dieses Spiel ist erforderlich, damit sich die Mutter leicht aufschrauben lässt. Wird die Mutter axial belastet, kommt es zur einseitigen Anlage der Gewindeflanken. Bei Anwendung von Normalmutter und flacher Kontermutter *(Bild 5.42)* wird zunächst die flache Mutter aufgeschraubt und leicht verspannt, es liegt die obere Gewindeflanke an. Jetzt wird die Normalmutter aufgeschraubt und kräftig angezogen. Dabei findet ein Wechsel der Flankenanlage bei der flachen Mutter statt, sie liegt nun unten an der Flanke an. Die obere Mutter liegt oben an und trägt die Schraubenlast. Der Sinn der Kontermutter kommt nur zum Tragen, wenn die Schraubenverbindung durch Stoßbelastung kurzzeitig entlastet wird, d. h. die Mutterkombination von der Unterlage abhebt. In diesem kurzzeitigen Zustand dürfen sich die Muttern nicht verdrehen, d. h. die Schraubenverbindung soll sich in diesem Zustand nicht lockern. Da die beiden Muttern gegeneinander auf dem Gewindebolzen verspannt sind, kann das Verdrehen und damit das Lockern nicht eintreten. Ähnliche Wechsel der Anlageflanken treten beim Spiel einstellen nach *Bild 5.41* links auf. Schraubt man JE in die gewünschte Lage - Kontrolle durch zwischengelegte Fühllehren entsprechender Dicke - liegt JE rechts an. Wird jetzt SE aufgeschraubt, wirkt beim Auftreffen auf JE eine Kraft von rechts und führt zum Wechsel der Anlageflanke von JE und das Spiel J_1 ist verstellt. Der geübte Monteur verspannt daher beide Muttern leicht gegeneinander und schraubt die verspannten Muttern gefühlvoll, gleichzeitig mit zwei Hakenschlüsseln arbeitend, bis zum gewünschten Justierpunkt. Dadurch kann der Wechsel der Anlageflanke vermieden werden. Alternativen sind die im *Bild 5.41* dargestellten Kontermöglichkeiten V1 und V2.

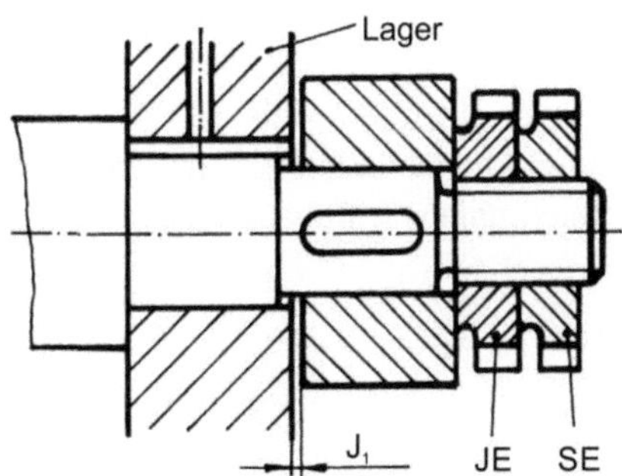

Spalt J_1 soll 0,01 bis 0,02 mm eingestellt werden. Justiert wird mit Nutmutter JE, gesichert mit Nutmutter SE durch Kontern. Durch das Gewindespiel wird der Justiervorgang zum gefühlvollen Probieren (siehe Text und nächstes Bild).

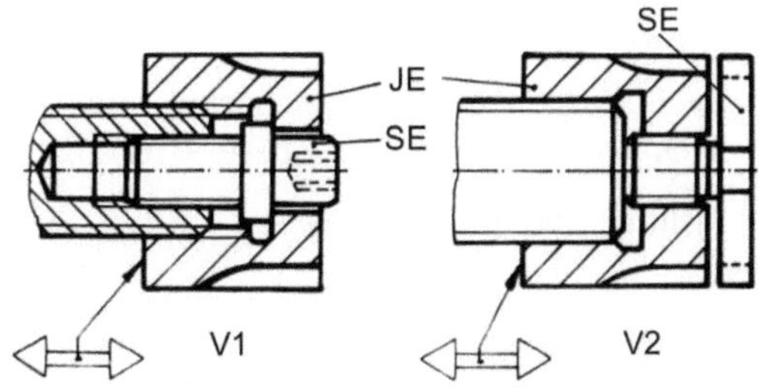

V1 und V2 sind Varianten zum Kontern ohne Spielveränderung (keine Normteile!). Hier tritt beim Kontern kein Wechsel der Flankenlage ein, in beiden Fällen verspannen die Sicherungselemente die Justierelemente nach rechts.

Bild 5.41 Justieren des Axialspiels einer Gleitlagerstelle

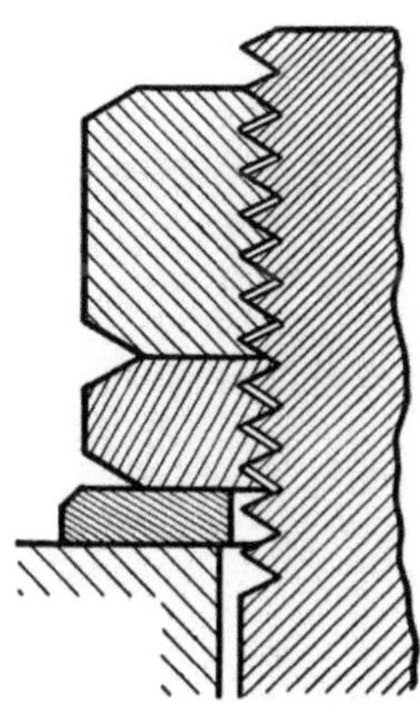

Bild 5.42 Schraubensicherung mit Kontermutter
Die obere Mutter liegt mit der Oberseite der Gewindeflanken am Bolzengewinde an. Sie ist die tragende Mutter und verspannt gleichzeitig die untere - die Kontermutter - sodass die untere Flanke dieser Mutter anliegt.
Die Beanspruchung des Gewindes steigt - Kontermutter meiden!

5.4 Fügen und Montieren – Lösungen

Lösung zu Aufgabe 5.1

- Zur Montierbarkeit der 3 Varianten

V1 und V2:	Montierbarkeit gegeben
V3:	Nicht montierbar, die oberen Schrauben sind nicht zugänglich. Mit Innensechskantschrauben kann Abhilfe geschaffen werden.

- Zur Anordnung der Stifte

  Die Stifte dienen der Lagesicherung und zum leichten Wiederfinden der richtigen Lage nach einer Demontage. Die beste Wirkung ist bei maximalem Stiftabstand zu erwarten.

  Richtige Anordnung: V2

  Noch gut Anordnung: V1

  Unzweckmäßig: V3

- Weitere Beurteilungen

  Kraftgerechte Gestaltung: Die Konsolgestalt aller drei Varianten ist zweckmäßig – Rippen im Druckbereich.

  Kraftgerechte Schraubenanordnung:

Richtig:	V3, 2 Kraftschrauben, eine Heftschraube richtig angeordnet
Falsch:	V2, Abhebeseite nicht beachtet

V1: Häufig üblich, aber gleiche Schraubenanzahl auf Abhebe- und Andruckseite ist nicht erforderlich.

6 Zur Darstellung

Heute liegen ausgeführte Konstruktionen in verschiedenen Dokumentationsformen vor. Am besten dokumentiert sind Großserienerzeugnisse, die beispielhaft durchgängig computerunterstützt entwickelt werden und teilweise als virtuelle Erzeugnisse (Einzelteile, Montagezeichnungen, Funktions- und Fertigungssimulationen etc.) digital vorliegen. Aber auch in diesen Fällen wird auf eine Zeichnungsdokumentation nicht verzichtet. So darf auch heute noch die Zeichnung als Kommunikationsbasis der Konstrukteure angesehen werden, ohne die Quelle bzw. die Art der Erzeugung in den Vordergrund zu stellen. Das direkte Erzeugen einer (zweidimensionalen) Zeichnung kann **Zeichnen** genannt werden, unabhängig davon, ob mit dem Stift auf Papier oder mit einer Zeichensoftware bzw. anderen Computerhilfen gearbeitet wird. Wird hingegen ein (meist dreidimensionales) Modell erzeugt, von dem dann eine Zeichnung abgeleitet werden kann, spricht man vom **Modellieren**, in der Konstruktion werden hierfür meist verschiedene Computerwerkzeuge (Hard- und Software) verwendet.

Die Konstruktionsaufgaben im Maschinenbau sind von sehr unterschiedlichen Schwierigkeitsgraden und gehen von sehr verschiedenen Voraussetzungen aus. Bei Variantenkonstruktionen oder Anpassungen wird man aufgrund guter Vorlagen sofort zu maßstäblichen Entwürfen kommen, auch die direkte Übernahme entsprechend vorhandener digitaler Dokumentationen und Modelle ist denkbar und üblich. Nach Anforderung sind vielleicht nur Details zu ändern. Mit steigendem Neuheits- bzw. Schwierigkeitsgrad kann der im *Abschnitt 1.1* angedeutete Weg bis zu neuen Lösungsprinzipien gegangen werden, dann erfolgt der Übergang zum Gestalten. Dabei wird es nicht ohne Ideenskizzen abgehen; diese können folgende Qualitätsunterschiede aufweisen:

- Ideenskizzen:

  Sie können ungenau, unmaßstäblich, für den Fremden unverständlich sein, wenn der Konstrukteur seine Gedanken zunächst für sich niederlegt, um damit weiter zu arbeiten. Derartige Skizzen sind Denkhilfen bzw. haben Denkmittelfunktion. Weitere Varianten werden in ähnlich grober Art aufgezeichnet, um im nächsten Schritt bereits zur maßstäblichen Darstellung überzugehen.
- Skizze als Diskussionsgrundlage:

  Die Qualität derartiger Skizzen muss sich nach dem Teilnehmerkreis richten. Für die Diskussion mit dem benachbarten Kollegen genügen eventuell die erstgenannten Ideenskizzen. Sind Nicht-Techniker bzw. Techniker anderer Gebiete in die Diskussion einbezogen, wird man mit anspruchsvolleren Darstellungen arbeiten. Gut geeignet sind 3D-Darstellungen, die mit heutigen CAD-Techniken relativ schnell erzeugt werden können.

Als **Hauptaussage** dieses Abschnitts soll auf die Entwurfszeichnungen verwiesen werden, die unbedingt maßgenau (im zweckmäßigen Maßstab) anzufertigen sind. Es ist normal, dass im ersten Entwurf noch nicht alle Einzelheiten erscheinen können, so kann z. B. anstelle einer Schraubenverbindung ein Sinnbild (Mittellinie) erscheinen. Derartige Vereinfachungen müssen jedoch bei der weiteren Durcharbeitung rechtzeitig beseitigt werden.

Das notwendige konstruktive Gefühl bildet sich nur heraus, wenn maßgenau gearbeitet wird und auch Einzelheiten aufgezeichnet werden. ■

Dazu gehören z. B. bei einer Schraubenverbindung auch die Gewindelänge am Schraubenschaft, der Durchgangslochdurchmesser, die Gewindeüberlänge und die Kernlochüberlänge bei Bauteilen mit Gewindebohrung. Oft gehörte Bemerkungen wie „diese Kleinigkeiten können später eingetragen oder berücksichtigt werden" sind völlig unpassend und oft Vorboten von spät bemerkten Fehlern. **Bei einer Maschinenkonstruktion gibt es keine Kleinigkeiten, sondern nur Notwendiges oder Überflüssiges** – und das wird weggelassen. Wer die Geduld für die vielen technisch erforderlichen „Kleinigkeiten" nicht aufbringt, ist im Konstrukteurberuf falsch. Wäre die Befestigungsschraube für die Lagerbuchse im *Bild 1.9* eingezeichnet worden, hätte der Entwerfende bemerkt, dass der Flanschdurchmesser größer sein muss (Kleinigkeit?). Von besonderer Bedeutung ist maßgenaues Konstruieren mit eingeschränktem Bauraum (Betrachtung der Toleranzen nicht vergessen!). *Bild 6.1* zeigt eine derartige Baugruppe. Der fertigen Konstruktion ist nicht anzusehen, wie zum Teil mit jeden Millimeter (und sogar Zehntel) gegeizt werden musste, um Kolben, Kolbenstangen und Dichtungen unterzubringen und zwischen den beiden Zylinderbohrungen des Teils 15 eine Wanddicke deutlich größer Null zu erreichen. Nebenbei bemerkt: Keine Literaturquelle gibt darüber Auskunft, welche Wanddicke zwischen den zwei Passbohrungen stehen bleiben muss. Hier kann sich der Konstrukteur nur unter Mitwirkung eines innovativ denkenden Fertigungsspezialisten heranarbeiten.

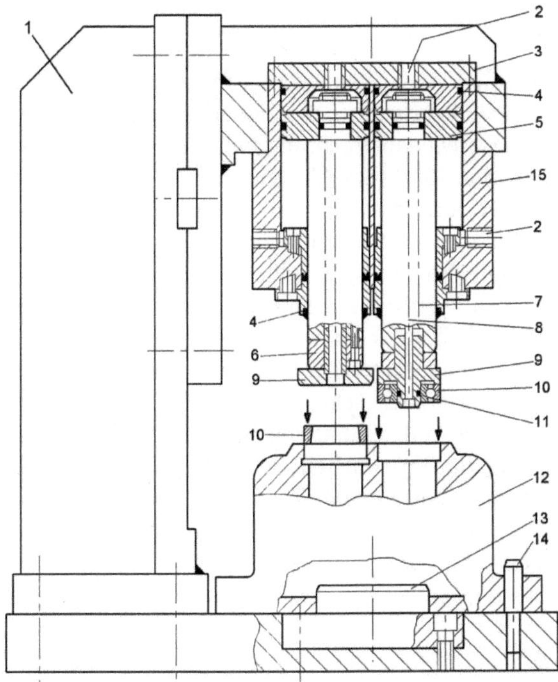

Bild 6.1 Einpressvorrichtung für kleine Achsabstände [17]
Auf einer Montagestation sollen zwei Wälzlagerkomponenten 10 eingepresst werden. Wegen des geringen Achsabstandes wird mit einem speziellen Doppelzylinder gearbeitet, bei dem die Kolbenstangen 8 außermittig zur Zylinderachse 7 angeordnet sind.

Ein zweites Beispiel einer derartigen „Engpasskonstruktion" zeigt *Bild 6.2*; die obere Lagerung der senkrechten Welle ist ungewöhnlich ausgeführt. Wer selbst eine derartige Engstelle gestaltet hat, kann nachempfinden, dass sicher mehrere „Anläufe" notwendig waren, um zur fertigungsgerechten Lösung vorzudringen. Auch hierbei wurde mit maßgenauer Entwurfszeichnung gearbeitet.

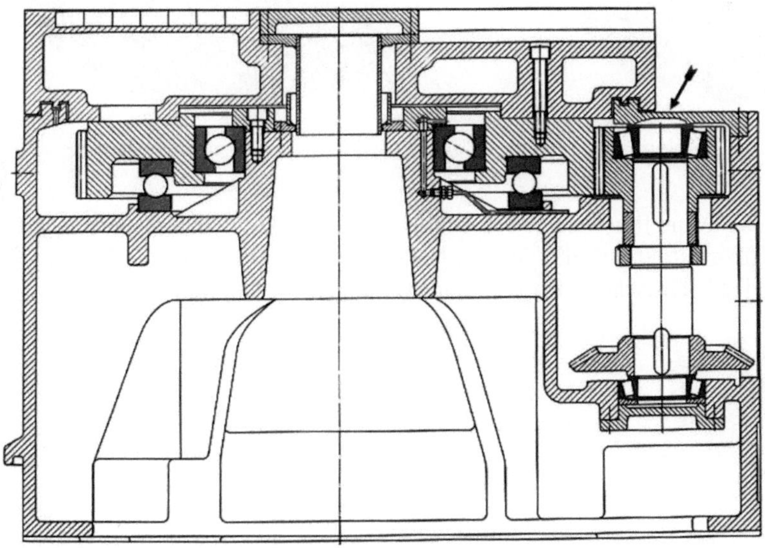

Bild 6.2 Antriebswelle und Lagerung einer kleinen Karusselldrehmaschine [12]

Aufgabe 6.1 Betrachten Sie die mit dem Pfeil gekennzeichnete Lagerstelle näher und skizzieren Sie den Deckel.

Mittlerweile ist unbestritten, dass moderne 3D-CAD-Systeme gerade für solch komplizierte Aufgaben besser geeignet sind. Volumenmodelle erlauben bei eindeutiger Darstellung die Überprüfung ihrer eigenen Geometrie, die Kollisionsbetrachtung zwischen verschiedenen Körpern und die Simulation von Bewegungen bzw. verschiedenen Lagen. Es darf allerdings nicht verkannt werden, dass die Generierung solcher Modelle genauso der Konstruktionserfahrung bedarf wie die Erstellung eines konventionellen zweidimensionalen Entwurfes; die Bedienung der gegebenen Software muss zusätzlich beherrscht werden. Je nach der Erfahrung des Konstrukteurs ist es möglich, den Entwurf direkt mit den Computerhilfen zu erstellen. Die hierfür erforderliche bzw. zweckmäßige Änderung der Vorgehensweise ist besonders für den Einsteiger, aber auch für den konventionell berufserfahrenen Konstrukteur mit der Anforderung verbunden, schon frühzeitig Grundgeometrien von miteinander in Beziehung stehenden Einzelteilen zu erzeugen. Diese sind später zu verfeinern bzw. zu verändern. Damit wenig umsonst modelliert wird, sollte die Vorstellung des zu gestaltenden Teils bzw. einiger zu gestaltender Teile im Kopf des Konstrukteurs vorhanden sein. Das räumliche Vorstellungsvermögen ist hier genauso gefordert, wie bei konventioneller Arbeit; lediglich die Ergebnisse lassen sich leichter überprüfen. Die Rolle der (Frei-)Handskizze ist hier noch genauso bedeutend wie bei der konventionellen Konstruktionsarbeit.

Darstellung – Lösung der Aufgabe

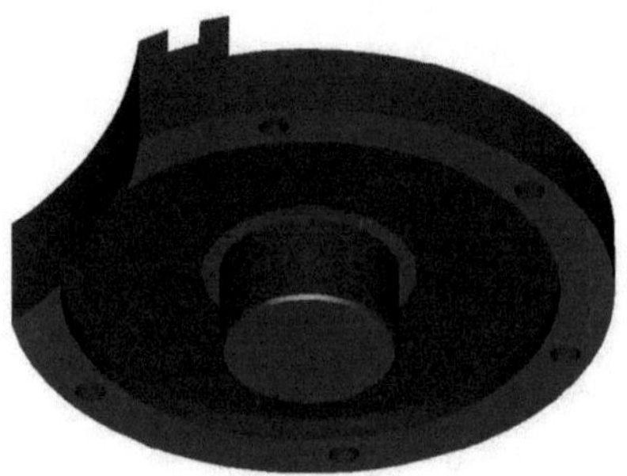

Bild 6.3 Deckel mit Lagerzapfen

Der unzureichende Bauraum führte zu dieser unüblichen, indirekten Wellenlagerung. Das Ritzel nimmt das Lager direkt auf, die längere Nabenbohrung führt auch die Welle. Die Labyrinthdichtung des Drehtisches wird als Segment auf dem Deckel weitergeführt.

7 Zusammenfassende Bemerkungen und Ausblick

Die zweckmäßige Gestaltung von Maschinen, ihrer Baugruppen und Einzelteile, setzt ein umfangreiches Fachwissen voraus. Das vorliegende Buch soll für den Einstieg einen Beitrag leisten. Es ist aber nicht möglich, allein durch das Studieren des Buches die **Grundlagen der Gestaltung** ausreichend zu **beherrschen**. Das kann nur bei aktiver Auseinandersetzung mit dem Dargestellten durch eigene Konstruktionsarbeiten erreicht werden indem das Buch über eine gewisse Zeit als **Nachschlagewerk** genutzt wird. Dadurch muss erreicht werden, dass der dargelegte Inhalt zum anwendungsbereiten Wissen wird und durch das Spezifische des Arbeitsgebietes im Einsatzbetrieb ergänzt wird.

Der angehende Konstrukteur steht immer vor der Aufgabe, aus vielen Fachgebieten der Technik und der Naturwissenschaften seinen eigenen Wissensspeicher im Kopf **selbst** zu gestalten und aufzubauen, denn die Wissensvermittlung der anderen Fachgebiete ist selten auf den Maschinenkonstrukteur zugeschnitten. Die Vertreter der anderen Fachgebiete denken in ihrer Fachwelt, sind eventuell Spezialisten eines Teilgebietes ihres Fachbereiches und kennen nicht bzw. nicht ausreichend die Gedankenwelt, die Ansprüche und Problemstellungen des Konstrukteurs. Mitunter sind es sehr triviale Erkenntnisse einzelner Fachgebiete, die in richtiger Verknüpfung zur guten konstruktiven Lösung führen.

Zum Wert der Gestaltungsregeln

Die zusammengetragenen Gestaltungsregeln sind Erkenntnishilfen für den Einstieg. Sie können die Aufgabenvielfalt der Konstruktionspraxis nie vollständig erfassen. In kurzer Zusammenfassung lässt sich der Wert der Regeln wie folgt beschreiben. Regeln sind:

- Richtwert, Richtungsangabe, Leitlinie, Hilfestellung
- Zusammengefasste Erfahrung
- Für viel Fälle zutreffend, d. h. überbetrieblich anwendbar
- Kein Dogma, d. h. im Ansatz grundsätzlich richtig, im speziellen Fall auf Anwendbarkeit zu prüfen und können durch besser zutreffende Regeln außer Kraft gesetzt werden

Regeln vollständig zu verstehen, setzt unter Umständen tiefer gehendes Fachwissen voraus. Die Mehrzahl der Regeln sind Aufwandsregeln. Das heißt ihre Nichtbeachtung führt zu höherem Aufwand in der Fertigung, während andere Regeln helfen, der Ausschussgefahr zu begegnen.

Die Regel K1 „Leite Kräfte auf kurzen und direkten Wegen!“ stellt eine Aufwandsregel dar, denn mit höherem Werkstoffaufwand kann auch bei ungünstiger Gestalt die Beanspruchung beherrscht werden. Das Vermeiden von Sandecken oder Werkstoffanhäufungen bei der Gussstückgestaltung soll dagegen Ausschuss durch Vererzung bzw. Lunkerbildung vermeiden. ■

Eine dritte Form der Regeln hat weit übergreifenden Charakter. So betrifft die Beachtung der Zugänglichkeit z. B. den Zugang mit spanenden Werkzeugen, mit Schweißelektroden oder auch mit Schraubwerkzeugen.

Das schöpferische Entwerfen und Gestalten ist keine rein wissenschaftliche Tätigkeit. Die Vermittlung der **Kunst des schöpferischen Entwerfens und Gestaltens** ist als Folge der umfangreichen wissenschaftlich und mathematisch fundierten Arbeitsmethoden und der versuchstechnischen Ausbildung des Maschinenkonstrukteurs in den Hintergrund gedrängt worden. Leyer [25] zitiert Edison mit „Erfinden ist 1% Inspiration und 99% Transpiration“ und übersetzt diese Äußerung in 1% für die Erfindungsidee und 99% für die gestalterisch konstruktive Umsetzung und sagt weiter: „**Das Grundelement der Konstruktion ist die Gestaltung, der eigentliche schöpferische Vorgang.** Richtiges Gestalten ist eine Kunst und daher einer Systematik schwer zugänglich. Jede Konstruktion muss an etwas bekanntem anschließen, die Berechnung kann nur Hilfsmittel sein, sie kann beim Festlegen der Dimensionen unterstützen, aber das ‚erfahrene Auge‘ spielt eine außerordentlich wichtige Rolle.“

Woher nimmt der Einsteiger die Erfahrung? Die Antwort wurde bereits im *Abschnitt 1*, besonders im Teil 1.5 gegeben, aber vielleicht noch unvollständig erfasst. Es wird daher hier noch einmal auf die Analyse bestehender Konstruktionen verwiesen und auf die im *Abschnitt 1.1* vorgestellte Frage nach dem „Warum ist das Vorgefundene so ausgeführt?“

Die eindringlichste Erfahrung ist selbstverständlich mit der eigenen Konstruktion bei der praktischen Umsetzung in der Werkstatt zu erhalten. Bevor es dazu kommt, sind aber der Blick und die Kritik des erfahrenen Kollegen bzw. Vorgesetzten sehr wichtig, denn die Beseitigung eines Fehlers auf der Zeichnung kostet noch relativ wenig. Conrad [6] zitiert die Zehnerregel für die Fehlerentdeckung und -beseitigung.

Relativer Aufwand für Fehlerbeseitigung:

- im Konstruktionsbüro: 0,1 … 1
- bei Beschaffung und Herstellung: 1 … 10
- beim Einsatz 10 … 100

Die Überführung der ersten eigenen Konstruktionen in funktionierende Baugruppen und Erzeugnisse sollte sich der junge Konstrukteur nie entgehen lassen. Ohne „Blessuren“ wird es dabei nicht abgehen. Es gibt keine Maschinen, die erstmalig nach Zeichnung hergestellt absolut fehlerfrei arbeiten.

Lediglich kleine Maschinenbauobjekte geringer Komplexität (z. B. Getriebe) können problemlos den ersten Probelauf bestehen, bei vollständigen Maschinen gibt es diesen Fall nicht, wobei hier nur der mechanische Teil gemeint ist und noch nicht das Zusammenspiel mit der elektronischen Steuerung und Sensorik. ■

Die Palette der Fehler und Mängel kann von sehr einfachen bis zu schwerwiegenden reichen. Die Fehlerbeseitigung darf keinesfalls nur an der Maschine vorgenommen werden, sondern muss unbedingt in die Zeichnungen/Datensätze einfließen. Das ist für nachfolgende Serienfertigung besonders wichtig, denn dort würde sich der Aufwand für die Fehlerbeseitigung mit der Größe der Serie vervielfachen. Aber auch für eine einmalig zu bauende Sondermaschine müssen die Fehler und Mängel in den Zeichnungen beseitigt sein, sodass die ausgelieferte Maschine mit dem Zeichnungssatz übereinstimmt.

Über eine zweckmäßige Erprobung und ihre Auswertung könnte die Vermittlung von Erfahrungen sicher hilfreich sein - in der Maschinenbauliteratur wird selten darüber berichtet - aber der Umfang des vorliegenden Buches ließ das nicht zu.

Zum Aussehen oder zum technischen Design

Im vorliegenden Buch wurde mehrfach auf das äußere Erscheinungsbild von maschinenbaulichen Objekten hingewiesen. Zum Bedauern der Verfasser wird diesem Sachverhalt in der konstruktiv-gestalterischen Ausbildung im Allgemeinen zu wenig, zum Teil überhaupt nicht, Rechnung getragen. Auch hier kann darüber nicht umfassend informiert werden, zumal dafür wenigstens ein relativ umfangreicher Abschnitt erforderlich wäre. Mit den folgenden Bildern, soll das recht vielschichtige Problem etwas verdeutlicht werden. Die Objekte in den Bildern mit ihrem unschönen Aussehen und den Erläuterungen sprechen sicher ausreichend „gegen sich“.

Bild 7.1 Fahrbares Elektroaggregat
Das Erscheinungsbild weist ein Formkonglomerat aus Zulieferelementen und Eigenelementen auf. Völlig unbefriedigend ist die designrelevante Anwendung verschiedener Technologien für gleichartige Zwecke (z. B. Schutzhaube tiefgezogen bzw. abgekantet)

Bild 7.2 Trennschleifmaschine (Sondermaschine)
Die Maschine zeigt ein für viele Sondermaschinen typisches Erscheinungsbild:
- Zerklüfteter Aufbau mit vielen Schmutzecken
- Recht willkürlich verlegte Rohrleitungen

Bauelemente der Ölhydraulik und Pneumatik haben sich zu selbstverständlichen Maschinenelementen entwickelt. Angeordnet werden diese Elemente sehr häufig ausschließlich nach funktionellen Gesichtspunkten ohne Beachtung der Ölzuführung. Dabei scheint die Überlegung im Hintergrund zu stehen, dass mit Rohrleitungen, Winkelverschraubungen und Schläuchen alle zu versorgenden Aggregate erreichbar sind. Als Ergebnis findet man nicht selten ein „Wirrwarr“ derartiger Elemente wie in *Bild 7.3*. Von **gutem Aussehen** kann hier nicht die Rede sein.

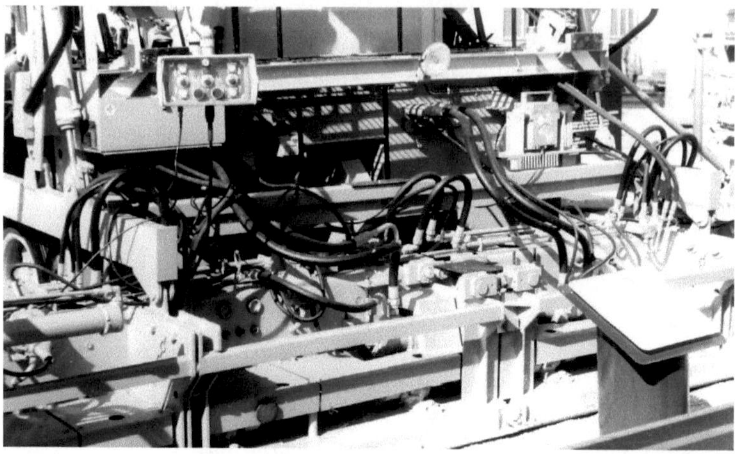

Bild 7.3 Straßenbaumaschine (Detail)

Die nächsten zwei Bilder zeigen Radaufhängungen eines Pfluges. Die Konstruktionslösung in *Bild 7.4* ist ohne Beachtung des Erscheinungsbildes entstanden. Eine konstruktive Überarbeitung unter Beachtung designrelevanter Gesichtspunkte führte zur Lösung nach *Bild 7.5*. Die Funktion blieb unverändert. Das Aussehen dürfte von jedermann positiver empfunden werden und gleichzeitig ist eine fertigungsgünstigere Gestaltung entstanden. Allein Überlegungen zur Beseitigung der gebrauchsüblichen Verschmutzung hätten zur Ablehnung der ersten Version führen müssen. Offensichtlich bleiben diese Gesichtspunkte viel zu häufig unbeachtet (siehe auch *Bild 3.66*).

Bild 7.4 Hinterradaufhängung eines Aufsattelpfluges
Funktionsmuster

Bild 7.5 Hinterradaufhängung eines Aufsattelpfluges
gestalterisch verbesserte Lösung

Die abgebildete Sondermaschine zur durchlaufenden Bearbeitung eines Bremsbandes zeigt eine recht ansprechende Gesamtansicht. Da bei Sondermaschinen, im Gegensatz zu Serienerzeugnissen keine Mustermaschine voran geht, lassen sich nachträglich konstruktive Änderungen oder Ergänzungen nie vollständig ausschließen. Bei dieser Maschine war das Anbringen einer Leuchte L erforderlich, um Einstellvorgänge besser beobachten zu können. Des Weiteren musste die Absauganlage (zwei Absaugrohre nach oben) nach der Ersterprobung durch die gekennzeichnete Zusatzeinrichtung A ergänzt werden. Damit wurde das Erscheinungsbild der Maschine negativ beeinflusst.

Bild 7.6 Bandschleifmaschine (Sondermaschine)
Die nachträglich angebauten Einrichtungen L und A zerstören die ansprechende Gesamtansicht.

Zum Begriff Aussehen bzw. Produktästhetik stellt Tjalve [40] fest, dass sich für den Konstrukteur keine genauen Regeln aufstellen lassen. Aber er nennt Richtlinien, die mit Wahrscheinlichkeit zu vernünftigen Resultaten führen können. Eine wesentliche Rolle spielen dabei die Begriffe Einheit und Ordnung.

- Einheit: Ein Produkt soll als eine geschlossene Einheit erscheinen, in der die einzelnen Elemente logisch und harmonisch zusammen gefügt sind. Elemente, die den Gesamteindruck beinträchtigen, schaden dem Aussehen *(Bild 7.6)*.
- Ordnung: Besonders gut gestaltete Produkte fallen durch einen hohen Grad an Ordnung als Erfüllung eines ästhetischen Verlangens auf (ein Gegensatz zeigt *Bild 7.3*). Der höchste Grad an Ordnung kann aber zu Monotonie führen.

Dem interessierten Leser kann außer der bereits erwähnten Quelle [40] praktisch keine Literatur empfohlen werden, die sich an den Maschinenbaukonstrukteur richtet. In der Kraftfahrzeugindustrie und einigen Zweigen der Haushaltsgeräteindustrie ist die Mitwirkung von Designern eingeführt, im Maschinenbau jedoch noch selten anzutreffen und zum Teil umstritten. Informationen über Designaufgaben und Teilaufgaben, Designwirkungen und -ziele sowie Darstellungen über effektive Designermitarbeit im Maschinenbau sind wenig verbreitet. Die Autoren werden versuchen, diesen Zustand künftig zu verändern.

Literatur- und Bildquellen/ Weiterführende Literatur

[1] *Ambos, E.:* Urformtechnik metallischer Werkstoffe. Deutscher Verlag der Grundstoffindustrie Leipzig, 1982

[2] *Ambos; Hartmann; Lichtenberg:* Fertigungsgerechtes Gestalten von Gussstücken. Darmstadt: Hoppenstedt Technik Tabellen Verlag, 1992

[3] *Awiszus; Bast; Dürr; Matthes (Hrsg.):* Grundlagen der Fertigungstechnik. 5. Auflage, Fachbuchverlag Leipzig im Carl Hanser Verlag, 2012

[4] Beispielhafte Gusskonstruktionen. Fachreihe „konstruieren + gießen"; Zentrale für Gussverwendung (ZGV), Düsseldorf, siehe auch www.dgv.de/beratung.htm

[5] *Bode, E.:* Konstruktions-Atlas: Werkstoff- und verfahrensgerecht Konstruieren; 1000 Konstruktionsbeispiele bildlich dargestellt. Hoppenstedt Technik Tabellen Verlag 1991

[6] *Conrad, C.-J.:* Grundlagen der Konstruktionslehre. 6. Auflage; Carl Hanser Verlag 2014

[7] *Decker, K.-H.:* Maschinenelemente. 19. Auflage Carl Hanser Verlag 2002

[8] *Derndinger, H.-O.:* Entwicklung und Konstruktion in der Industrie.

[9] *Ehrlenspiel, K.; Kiewert; Lindemann:* Kostengünstig Entwickeln und Konstruieren. Springer Verlag 2003

[10] *Ehrenstein, G. W.:* Mit Kunststoffen konstruieren. 2. Auflage Carl Hanser Verlag München 2002

[11] *Erker; Hermsen; Stoll:* Gestaltung und Berechnung von Schweißkonstruktionen. Deutscher Verlag für Schweißtechnik (DVS) GmbH 1959

[12] FAG Kugelfischer: Die Gestaltung von Wälzlagerungen. Publ.-Nr. WL 00200/4 DA

[13] *Flimm, J.:* Spanlose Formgebung Carl Hanser Verlag 1996

[14] *Fritz, A. H.; Schulze, G. (Hrsg.):* Fertigungstechnik. VDI-Verlag 1990

[15] *Grünhagen, F.:* Vorrichtungsbau. Springer-Werkstattbücher Heft 35. Berlin 1941

[16] *Hertel, H.:* Leichtbau. Springer Verlag 1960

[17] *Hesse; Krahn; Eh:* Betriebsmittel Vorrichtung. 2. Auflage, Carl Hanser Verlag 2012

[18] *Hintzen; Laufenberg; Kurz:* Konstruieren Gestalten Entwerfen. Viewegs Fachbücher der Technik, 2. Auflage 2002

[19] *Jorden, W.; Schütte, W.:* Form- und Lagetoleranzen. 8. Auflage, Carl Hanser Verlag 2014

[20] *Jung, A.:* Technologische Gestaltbildung. Springer Verlag, 1991

[21] *Junker; Köthe; Lienemann:* Schraubenverbindungen – Berechnung und Gestaltung. Verlag Technik Berlin 1968

[22] *Kempken; Kunzendorf; Wagenleiter:* Zeichnen von Schweißverbindungen. Verlag Handwerk und Technik Hamburg 1986

[23] *Koller, R.:* Konstruktionsmethode für den Maschinen-, Geräte- und Apparatebau. Springer-Verlag Berlin Heidelberg New York 1979

[24] Konstruieren mit Gusswerkstoffen. Herausgeber: Verein Deutscher Gießereifachleute und VDI Gießerei-Verlag GmbH Düsseldorf 1966

[25] *Leyer, A.:* Maschinenkonstruktionslehre. Heft 1 (1963) bis Heft 6 (1971) Birkhäuser Verlag Basel und Stuttgart

[26] *Neumann, A. (Hrsg.):* Schweißtechnisches Handbuch für Konstrukteure. Teil 1: Grundlagen, Gestaltung Verlag Technik 1978

[27] *Neumann, A.:* Schweißtechnisches Handbuch für Konstrukteure. Teil 3: Maschinen- und Fahrzeugbau. Deutscher Verlag für Schweißtechnik (DVS) Düsseldorf 1986

[28] *Niemann, G.:* Maschinenelemente. Springer Verlag 1961

[29] *Reschtschetow, D.:* Grundlagen der Konstruktion von Maschinen (russ). Verlag Maschinostrojenije (Maschinenbau) Moskau 1967

[30] *Oehler, G.; Weber, A.:* Steife Blech- und Kunststoffkonstruktionen. Springer Verlag 1972

[31] *Richter, R.:* Form- und gießgerechtes Konstruieren. Deutscher Verlag für Grundstoffindustrie 4. Auflage, Leipzig 1984

[32] *Rieberer, A.:* Schweißgerechtes Konstruieren im Maschinenbau. DVS-Verlag Düsseldorf 1989

[33] *Rögnitz, H.:* Das Gestalten der Form. Teubner Verlagsgesellschaft Leipzig 1950

[34] *Schreyer, K.:* Werkstückspanner (Vorrichtungen) Springer Verlag Berlin 1969

[35] Schweißgerechtes Konstruieren im Maschinenbau. Merkblatt 379 Beratungsstelle für Stahlverwendung Düsseldorf 1965

[36] *Schröck, J.:* Maschinenschlosserei. Fachbuchverlag Leipzig 1950

[37] *Sieker, K.-H.:* Fertigungs- und stoffgerechtes Gestalten in der Feinwerktechnik. Konstruktionsbücher Springer Verlag 1954

[38] *Sittauer, H.:* Gebändigte Explosionen. Transpress Berlin 1972

[39] *Steinhilper, W.; Röper, R.:* Maschinen- und Konstruktionselemente. Springer Verlag Berlin 1982

[40] *Tjalve, E.:* Systematische Formgebung für Industrieprodukte. VDI-Verlag GmbH – Fachpresse Goldach, 1978

[41] TrumaBend V-Serie; CNC-Abkantpressen. Trumpf Werkzeugmaschinen GmbH + Co. KG

[42] *Trumpf GmbH + Co, Ditzingen (Hrsg.):* Faszination Blech.

[43] *Volk, C.:* Das Maschinenzeichnen des Konstrukteurs. Springer Verlag 1954

[44] *Wächter, K. (Hrsg.):* Konstruktionslehre für Maschineningenieure Verlag Technik Berlin 1987

[45] STUDIO WIR DRESDEN

[46] *Muhs; Wittel; Becker; Jannasch; Voßiek:* Roloff/Matek Maschinenelemente. 21. Auflage Springer Vieweg Verlag 2013

[47] *Moeller E.:* Handbuch Konstruktionswerkstoffe. Carl Hanser Verlag München 2014

[48] *Breuninger J. et al.:* Generative Fertigung mit Kunststoffen. Springer Verlag GmbH, Berlin Heidelberg 2013

[49] *Lippert, R. B.; Lachmayer, R.:* Konstruktion für die Additive Fertigung – Methodik auf den Kopf gestellt? In: *Lachmeyer, R.; Lippert, R. B.; Kaierle, S.* (Hrsg.): Konstruktion für die Additive Fertigung 2018. Springer Verlag GmbH, Berlin Heidelberg 2020

[50] *Hoenow G., Meißner T.:* Konstruktionspraxis im Maschinenbau. Carl Hanser Verlag München 2021

Sachwortverzeichnis

A

Abhebeseite *47, 53, 260*
Abkanten *70, 168, 177, 179, 181*
Abkantprofil *68, 142, 179*
Abkantung *64, 70, 180*
Abmaße *207f., 214*
Abstandsstege *69*
Achsbefestigung *59*
Achshalter *249*
additive Fertigung *134*
- Gestaltungsziele *135*
Al-Guss *44, 58, 191*
Anbohren *195*
- schräges *195*
Andrückseite *47, 53, 85*
Anschnitt *194*
Ansteckteile *116f., 123, 134, 230*
Arbeitsfläche *62, 78, 109, 129, 131, 133, 151, 153, 199, 202*
- an Schweißkonstruktionen *62, 151, 153*
- ebene *199*
Arbeitsflächengestaltung *131*
Aufbohren *214, 216, 222*
Aufspannung *90f., 140, 173, 190, 197, 202*
Ausfallstücke *175*
Aushebeschrägen *120, 123, 186*
Ausklinkung *142, 164*
Aussehen *267*
Außenkern *115f., 123, 133, 189, 230*
Außenkontur *25, 27, 112, 114f., 121, 176, 195*
Austauschmethode *217*
Automatenstahl *95*
Axialsicherung *220, 235, 247, 249*
- spielfreie *220, 247*

B

Ballen *112, 114, 117, 119, 123, 133*
Baustahl *143, 176*
Beanspruchung *15, 18, 57, 62, 96, 146, 149, 160, 164, 266*
- dynamische *57, 62, 96, 146, 149, 160, 164*
- statische *62, 160*
Beanspruchungsart *32, 38*
Bearbeitung *23, 25, 27f., 33, 56, 91, 100, 104, 106, 110, 131*
- spanende *91*
Bearbeitungszeichnung *148*
Bearbeitungszugabe *124, 131f.*
Berechnungsphase *33*
Berechnungsverfahren *15, 80*
Biegebeanspruchung *15, 32, 35, 37, 41f., 46, 52, 60, 74, 78, 85*
Biegeelastische Elemente *76*
Biegemomentenverlauf *40, 50*
Biegespannungsgitter *127*
Bindebleche *146*
Blasenbildung *126*
Blattfeder *74, 127*
Blechaugen *169*
Blechaussteifung *64*
Blechbiegeteil *53, 160, 178, 182*
Blechfaltkonstruktion *143, 178*
Blechformate *173*
Blechformteile *68, 89, 155, 160, 169, 181*
Blechleichtbau *167*
Blechleiter *169*
Blechschelle *78*
Blechschneiden *14, 100, 106, 175*
Blechteilgestaltung *64, 166f., 172*
Blechversteifung *65, 68, 71*
Blechwinkel *69, 155*
Bohren *14, 28, 100, 103f., 119, 140, 188, 194, 214, 216, 220, 222, 240, 249, 253*
Bohrer *188, 194f., 214, 222*
Bohreraustritt *195*
Bohrerbelastung *195*
- einseitige *195*
Bohrungen *203*
- abgesetzte *203*
Bohrungskern *117*
Bördel *64, 68, 70, 92, 168, 172*
Bordwand *185*
Breitkeilriemengetriebe *243*
Bremshebel *140*
Brennriefen *104*
Brennschneiden *90, 100, 103f., 155, 157, 163, 176, 246*
Brennschneidteil *92, 103ff., 156, 160, 163, 185, 231*

C

C-Gestell *35, 144*

D

Dachgepäckträger *89*
Dehnlänge *62, 246, 254*
Design *267*
- technisches *267*
Diagonalverrippung *44f.*

Doppelkörper *193*
Drehbearbeitung *25, 140, 158, 160, 195*
Drehen *27f., 88, 100, 104, 115, 189f., 192f., 195, 197, 214, 222, 248*
- von Stange *140, 198f.*
Drehkopf *182*
Drehmeißel *196*
Dreibackenfutter *192*
Dreiblechnaht *150, 154*
Dreieckverrippung *45, 63, 84*
Drücken *181*
Durchbiegung *32, 39, 60*
Durchsetzung *171, 185*

E

Eckaussteifung *63, 164*
Ecksicke *68, 177*
Eckversteifung *162*
Einformen *113, 142*
Einsatzstahl *95*
Einstellmethode *217, 219ff.*
Einstücklösung *235*
Einstückteil *148*
Eisenwerkstoffe *15*
Entformen *114, 116, 124*
Entformungsrichtung *120*
Entgraten *128*
Entlastungskerben *62*
Entwicklungsrisiko *30*
Erscheinungsbild *18, 134*
- gefälliges *134*

F

Federstecker *249*
Feinbearbeitung *190*
Feingestaltung *129, 205*
Feinschlichten *100*
Fertigungsdurchlauf *102, 189*
Fertigungsgenauigkeit *240*
Fertigungsprozess *91*
Fertigungstechnik *11, 88, 117*
Fertigungsverfahren *87*
- Gliederung *87*
Fingerfräser *190*
Fläche *223*
- geschabte *223*
Flächenberührung *73*
Flächenpressung *71, 254*
Flächenträgheitsmoment *67*
Flachprofil *80, 92, 142*
Flanschbiegung *55*
flanschlose Verschraubungen *56, 58*
Flanschproblem *19, 55, 57, 245, 253*
Flugzeugholm *141*
Formen *115, 119*
- kernlos *115, 119*
Formenwelt *88, 101, 103, 107, 112, 140, 172, 179, 181, 186*
- Strangteile *140*
Formherstellung *114, 119*
- manuell *114, 119*
Formherstellung (Guss) *112, 122*
Formschluss *158, 178, 239, 241*
Formtoleranzen *190, 222*
Fräsersatz *201*
Freiformschmieden *186*
Freimachung *134*
Freistich *195, 200, 248*
Fügefasen *253*
Fünfseitenbearbeitung *202*
Fußflansch *53, 58, 83, 134*
Fußgestaltung *58, 122, 165*
Fußleiste *230*
Fußplatte *18, 46f., 53, 83, 193*

G

Gasblasen *124f.*
Gesenkschmieden *88, 186*
Gestalteinfluss *94, 117, 189*
Gestalten *12, 16, 32, 87*
- fertigungsgerechtes *12, 16, 87*
- kraftgerechtes *32*
- montagegerechtes *16*
Gestaltergänzung *140f.*
Gestaltungsregeln *47, 60, 74, 123, 252, 265*
Gestellgestaltung *164*
Getriebegehäuse *45, 55, 57, 118, 122, 155*
Gewährleistungspflicht *30*
Gewindeauslauf *24, 196*
Gewindebohrer *194*
Gewindefreistich *196*
Gewinden *28, 140, 194*
Gewindestifte *14, 27, 249, 253*
Gießbett *114*
Gießerei *45, 112, 117, 120, 123, 129, 132*
Gießereipraktikum *117*
Gratbildung *128, 175*
Gratlage *128*
Greiferkopf *105*
Grenzrachenlehre *225*
Grobblech *18, 64, 100, 143, 155, 163, 185*
Grobgestalt *33, 117, 155*
Größeneinfluss *40*
Großserienfertigung *17, 89, 93, 101, 167, 181, 186, 217*
Großzahnräder *79*
Grundbohrung *194, 203*
Grundfertigungsverfahren *12, 93*
Grundplatte *19, 45f., 78, 84f., 107, 146, 155, 230, 232*
Gruppenaustauschbarkeit *217*
Gussrundung *25, 28, 109, 118f., 123, 131*
Gussstück *110f.*
- bearbeitungsfreies *110f.*
Gussstückgestaltung *45, 60, 107, 112, 123, 134, 266*
Gusswerkstoffe *38, 88, 96, 167*

H

Haarwinkel *225*
Halbzeug *33, 93, 166, 202*
Halteoperationen *253*
Haubenbefestigung *60*
Hauptnachteil *168*
Hauptvorteil *107, 166*
Hebel *15, 41, 80, 89f., 92f., 105, 128, 167, 212, 241*
Heftschrauben *47, 54, 83, 85*
Herstellaufwand *40*
Hinterschnitt *116, 118, 123, 133, 147*
Hochspannungsmast *79*
Hohlguss *46f., 113, 120, 123*
Hohlprofil *44, 51, 63, 71, 84, 92, 138, 146, 155, 160, 231*
H-Profil *138*
Hutprofil *67*

I

Innenbearbeitung *197, 203*
ISO-Toleranzen *207, 210*

J

Justieren *27, 237, 255 ff.*
- Kegelräder *257*
- Schneckenrad *256*

K

Kaltbiegestellen *161*
Kantenpressung *28, 71, 73*
Kantenüberhitzung *151*
Kegelstift *240, 242, 249*
Kehlnaht *62, 92, 146, 150, 152*
Kehlnahtdicken *152*
Keilprofil *187 f., 204, 240 f.*
Keilriemenscheibe *93, 171, 226, 236, 243, 252*
Kerbstelle *148, 150*
Kern *113, 117, 120, 129, 133*
- armierter *129*
Kerne *121*
- vereinigte *121*
Kernentfernen *129*
Kernentgasung *126*
Kernkasten *114, 116, 121, 134, 189*
Kernlagerung *59*
Kernmarken *117*
Kernöffnungen *123, 126, 147*
Kernstützen *121*
Kippständer *91*
Kleinserienfertigung *11, 90, 105, 120, 142, 158, 168, 181, 217, 221*
Klemmnabe *106, 170*
Klemmschraube *52, 77, 116, 157, 189, 221, 231*
Klemmverbindung *77, 244, 246*
Klumpfuß *58*
Knickbeanspruchung *65*
Knicklänge *83 f.*
Knieblech *162*
Knotenpunkt *152, 161*
Know-How *30, 88*
Kolbenbolzen *221, 228, 234*
Kolbenkompressor *228*
Kombimaschine *172 f., 177*
Konstruktionskunststoffe *97*
Konstruktionswerkstoffe *94, 99*
Kontermutter *165, 220, 258 f.*
Kontern *259*
Korrosion *63, 146, 159, 165, 230*
- Schweißspalt *63, 146, 159, 165, 230*
Kostendenken *90*
Kostenminimum *117*
Krafteinleitung *52, 158*
Kraftschlussverbindung *242*
Kraftschraube *47, 53, 83, 260*
Kraftumlenkung *34, 48, 55, 60, 77, 160*
Kraglänge *37, 188*
Kragträger *15*
Kran *35, 142, 147, 160, 182*
Krantransport *78*
Kreissägewelle *226, 233*
Kreuzprofil *46, 50, 80, 85*
Kugelkopf *22, 26 f.*
Kühlkörper *140*

L

Lagerauge *46, 48, 54, 90, 233*
Lagerbock *37, 41, 45 f., 51, 61, 83, 118, 130, 189, 193*
Lagerdeckel *53, 57, 229*
Lagerfuß *52*
Lagerkörper *46, 50 f.*
Lagesicherung *157, 253*
- formschlüssige *157*
Lagetoleranzen *88, 101, 158, 190, 193, 205, 222, 224, 233, 239*
Längsstiftverbindung *240*
Lappenverbindung *182*
Laserschneiden *157, 174, 176*
Lichtbogenschweißen *237*
Linienberührung *71, 73, 83*
Löcher *111, 120*
- gegossene *111, 120*
Lochnaht *150*
Lochverstärkung *170*
Lünette *197*
Lunker *124, 266*

M

Maschinenelemente *14, 235, 267*
Maschinenpark *64, 189*
- verfügbarer *64, 189*
Maschinenschraubstock *23, 27*
Maßgenauigkeit *13, 95, 101*
Materialdicken *103*
- schneidbare *103*
Materiallager *101*
Mehrfachspanneinrichtung *81, 85*
Mengenbereich *88, 92, 107*
Mengenleistung *88*
Messerkopf *189, 199*
Messerscheibe *108*
Messmittel *32, 101, 207, 216*
Messzeuge *95, 101, 222*
Mindestwanddicke *80*
Minimalwanddicken *109*
Mischerarm *111, 120, 241*
Modell *113, 118, 123, 134*
- geteiltes *113, 123*
- ungeteiltes *118, 123, 134*
Modellbau *117*
Modelleinrichtung *112, 116, 123, 133, 230*
Modellkosten *89, 108, 122*
Modell-Nr. *132 f.*
Modellteilung *115, 122, 134, 230*
Montage *14, 24, 28, 33, 79, 92, 101, 218, 239, 244, 247, 252, 257*

N

Naht *18, 122, 150, 167*
- schubbeanspruchte *18, 150*
- verputzte *122, 167*
Nahtanhäufung *152*
Nahtwurzel *148, 153*
Naturausformung *120*
NC-Maschinen *106, 172, 176, 199*
Nibbelmaschine *100, 106*
Nietkonstruktion *19, 141, 145*
- geschweißte *19, 145*
Normteile *14, 16, 30, 216, 235, 239, 251, 259*
Nutfräsen *200 f.*

O

Oberflächenangaben *221*
Oberflächenrauigkeit *13*

P

Passfeder *72, 110, 236, 239, 241, 243*
Passflächen *109, 221*
Passmethode *217f.*
Passscheibe *218, 257*
Passteil *215, 218*
Passzugabe *218*
Planierschild *64*
Polygonbearbeitung *202*
Präzision *91, 111, 187, 215, 242, 249*
Präzisionsfertigung *100*
Pressrest *141*
Pressverbindung *237f., 240, 243f.*
Produkthaftung *30*
Punktberührung *73, 83*
Punktschweißen *68, 143, 177, 181, 184*
Putzsteg *128*

Q

Querschnitt *38*
- materialökonomischer *38*
Querstiftverbindung *240*
Querverrippung *44*

R

Rachenlehre *225*
Radkörpergestaltung *79*
Radnaben *109*
Randversteifungen *68*
Rauheit *205, 221, 254*
Räumen *204, 214, 222, 241*
Räumnadel *204, 241*
Rautiefe *221f.*
Rechteckprofil *67, 231*
Reibschweißen *238*
Reitstockabstützung *192*
Relativkosten *88*
Riemenschutzhaube *167*
Rippe *48, 60, 108, 131, 177*
- dreieckförmige *60*
- durchlaufende *60*
Rippenguss *46, 118, 123*
Rippenrohr *128*
Rohgussfläche *109*
Rohgusstoleranzen *129, 133*
Rohrbefestigung *245*
Rohrstabanschlüsse *156*
Rohteil *90, 104, 109, 189, 238*
Rückwärtshammer *243*
Rundbiegen *172*
Rundheitstoleranz *223*
Rundlauftoleranz *227*
Rundstahlbügel *58*
Rundtisch *202*

S

Sandecke *41, 126, 131, 133, 266*
Sandform *113, 115, 118, 122*
Sandformguss *89, 107*
Säulenfuß *134*
Schablonenformen *112*
Schablonieren *112, 123*
Schaumstoffmodell *112*
Scheibenfräser *190, 200f.*
Schelle *77f., 245*
Scherschneiden *175*
Scherschneidfläche *175*
Schlichten *100*
Schlüsselflächen *74, 201*
Schlussteil *216, 219*
Schmelzschweißen *143, 184, 238*
Schmieden *80, 166*
Schmiedestück *185, 238*
Schneidkanten *103*
Schnellspannschraubstock *104, 211*
Schnittfläche *104*
Schnittkraftmesser *75*
Schraubenansatz *54, 56, 157, 189*
Schraubensicherung *164, 254, 259*
Schraubentasche *53, 56*
Schraubenwinde *22, 25*
Schrumpfverbindung *239*
Schruppen *100*
Schubbeanspruchung *79, 150*
Schweißelektrode *150, 154, 266*
Schweißgruppe *148, 153, 161*
Schweißnaht *148, 161*
Schweißposition *156*
Schweißstoß *148*
Schweißteil *18, 22, 83, 86, 92, 148, 152, 155, 160, 231*
Schweißverfahren *141, 143, 148, 181*
Schwenklager *106, 157*
Sechskantstahl *28, 202*
Seilbahnstütze *165*
Seilscheibe *115f.*
Seiltrommel *126, 236, 250f.*
Senken *28, 194, 214, 222*
Senker *194*
Senkung *204*
- rückseitige *204*
Serienfertigung *88, 92, 217, 267*
Setzstock *197*
Sicherungsring *216, 219, 246ff.*
Sicke *64f., 70*
Sickenbilder *66*
Sickenverläufe *66*
SLM-Bauteile
- Gestaltungsrichtlinien *137*
Sonderprofile *69, 138f.*
Sonderstrangprofile *139*
Spaltkorrosion *159*
Spannansatz *193, 198*
Spanneinrichtung *22, 26, 73, 81, 211*
Spannen *22, 26, 85, 88, 133, 192, 197f., 203*
Spannfläche *202, 233*
Spannmarken *193*
Spannnuten *192*
Spannschlitz *202*
Spannungsgitter *127*
Speichen *80*
- biegebeanspruchte *80*
Speiser *124*
Spiegel *64, 68, 70*
Spiel *23, 25, 28, 71, 138, 208, 215, 219, 236, 258*
Spielsitz *25, 28*
Spitzendrehteil *198*
Splint *144, 249*
Sprengring *247*
Stahlguss *97, 110, 123*
Ständer *96, 105, 162, 165f., 231*
- gegossener *96, 166*
- geschweißter *105, 162, 165f., 231*
Stangendrehteil *198*
Stangenköpfe *18, 155f.*

Stanzformung *172, 185*
Stanzlaschen *140, 171, 251*
Stativschlitten *157, 231*
Steifigkeit *27, 32, 60, 62, 68, 70, 134, 146, 160, 184, 191*
Stellring *219 f., 246, 248*
Stirnlauftoleranz *224*
Stirnreibverbindung *226, 243*
Stirnwalzenfräser *189, 200*
Stoßen *204*
Strangteil *23, 140 f., 202*
Stülpverformung *248*
Stumpfnaht *148*
Stützwinkel *111*
Summentoleranz *23, 212, 216 f., 220, 226, 255 f.*

T

Tauchfräsen *190, 200, 240*
technische Zeichnung *19, 24*
Temperguss *93, 96, 108, 123, 158, 160, 185, 238*
Toleranzfeld *208 f., 214*
Torsion *15, 32, 38, 42 f., 45, 51, 62 f., 74, 78, 84, 147*
- bei offenem Querschnitt *45*
Torsionsfederung *75*
Torsionssteifigkeit *43, 45, 64*
T-Profil *41, 46 f., 50 f., 80, 92, 118, 137, 160*
Trägeranschluss *161*
Tuschieren *222, 256*

U

Überbestimmung *206 f.*
Überlappung *145, 150*
Übermaßverbindung *237 f.*
Umformen *14, 87, 168*
U-Profil *46, 64, 67, 138, 141, 161, 232*
Urformen *87*

V

Ventilkopf *109, 202*
Verbindung *56, 58*
- flanschlose *56, 58*
Verformung *20, 32, 36, 38, 43, 59 f., 70, 73, 96, 152, 193, 198, 228*
Verformungsbehinderung *61 f.*
Verschraubung *57*
- flanschähnliche *57*
Versteifung durch Eckbleche *164*
Versteifung durch Mittebleche *164*
Versteifungselemente *67*
- Blech *67*
Vierbackenfutter *192*
Vierkantwelle *111, 241*
Vollformgießen *107, 112, 230*
Vorlegekeile *93*
Vorzentrierung *254*

W

Walzenfräser *201*
Wandanschluss *127*
Wanddicke *123*
- minimal gießbar *123*
Wanddickenübergänge *149, 160*
Wandverdickung *125, 133, 168*
Wärmekonzentration *127*
Wasserstrahlschneiden *75, 103, 160, 176*
Welle-Nabe-Verbindung *216, 220, 235, 237 ff.*
- Eigenschaften *237*
Werkstoffanhäufung *124, 128, 133, 266*
Werkstoffe *14, 33, 39, 93 ff., 137, 143, 146, 176*
- Maschinenbau *95*
Werkstoffwahl *94*
Werkzeugauslauf *201, 204*
Werkzeugkraglänge *188*
Werkzeugspeicher *189*
Widerstandsmoment *67*
Wiederholgruppe *30*
Wiederholteil *30*
Windrad *79*
- Mast für *79*
Winkel *177*
- biegesteife *177*
Winkelhebel *92, 155*
Winkelprofil *138, 142, 161*
Wölbung *64, 70*

Z

Zahnrad *81*
- geschweißtes *81*
Zeichnung *148, 213, 261*
- technische *148, 213, 261*
Zentrieransatz *198*
Zentrierung *193, 197 f., 232*
Zugänglichkeit *144, 150, 154, 163, 183, 242, 244, 247, 253, 266*
Zugbeanspruchung *32, 34, 150*
Zugstab *40*
Zugstabanschluss *63*
Zulieferer *30, 88, 172, 244*
Zulieferkomponenten *16, 30*
Zuschnitt *101*
Zwischenradlagerung *20*
Zylinderformtoleranz *194, 223*